U0872294

VVER 运行现场操作标准化系列教材
——通用技能知识

李连海　张　迅　马　立　主编

中国原子能出版社

图书在版编目（CIP）数据

VVER 运行现场操作标准化系列教材. 通用技能知识 / 李连海，张迅，马立主编. --北京：中国原子能出版社，2023.12

ISBN 978-7-5221-3178-8

Ⅰ. ①V… Ⅱ. ①李…②张…③马… Ⅲ. ①核电厂–电力系统运行–技术培训–教材 Ⅳ. ①TM623.7

中国国家版本馆 CIP 数据核字（2023）第 226377 号

内 容 简 介

本书由经验丰富的 VVER 核电机组运行人员结合理论知识和现场运行经验编制，书中内容适用于所有从事核电生产技术人员参考使用。本书对核电厂运行操作通用技能进行了标准化的阐述，包括：隔离相关知识、核电办公软件的使用、工器具的使用、现场各类风机和泵的就地控制、400 V/6 kV 电气操作、UPS 不间断电源的运行、阀门操作相关知识、常规岛油氢系统操作、现场系统和设备的巡检等内容，特别是现场操作的相关规定经过了多年的核电现场实践验证，是 VVER 机组核电厂生产运行人员的有效指导，同时也可为其他核电机组的现场操作提供参考。

VVER 运行现场操作标准化系列教材——通用技能知识

出版发行 中国原子能出版社（北京市海淀区阜成路 43 号 100048）
责任编辑 王 为
装帧设计 邢 锐
责任校对 冯莲凤
责任印制 赵 明
印　　刷 北京九州迅驰传媒文化有限公司
经　　销 全国新华书店
开　　本 787 mm×1092 mm 1/16
印　　张 21.875
字　　数 505 千字
版　　次 2023 年 12 月第 1 版 2023 年 12 月第 1 次印刷
书　　号 ISBN 978-7-5221-3178-8　　**定 价** **88.00** 元

发行电话：010-68452845

《VVER 运行现场操作标准化系列教材——通用技能知识》

编委会

主　编　李连海　张　迅　马　立

副主编　顾汉彬　汪安平　汪晓明

　　　　杨　涛　曲华伟　熊炎林

编写人员

罗　刚　孟　涛　王　涛　翟茂臣

栾记萌　李思政　王延宝　周武越

郭承强　张　震　石伟志　单明东

金国强　向亚军　刘树明　刘　涛

刘元锋　秘金松　丁深根　王　鹏

张海军　沈智远　谢　谦　陈双龙

冯　越　苏小军　刘世江　刘　杨

杨　凡　赵俊伦

目　录

第 1 章　隔离相关知识

1.1　隔离基础知识

1.1.1　隔离的定义和目的

隔离是指对明确界定的设备，按确定的状态要求，进行操作后用上锁、挂牌的方式禁止对其进行任何操作的运行行为，以达到以下目的之一：

1）建立并维持一个可以确保安全条件的工作区域，以避免在此区域内工作的人员受到伤害；

2）确保与核安全功能相关的设备处于正确状态，而这些设备的状态无法在主控室得以确认；

3）防止对设备的误操作或由于设备的偶发性故障造成的人身伤害或设备损坏。

1.1.2　隔离票分类说明

由运行一处隔离办公室签发的工作许可证的类型有：

1）介入许可证（PI）；

2）临时软管许可证（PJ）；

3）维修许可证（PW）；

4）试验许可证（PT）；

5）使用外源许可证（PR）；

6）特殊作业许可证（PX）。

1.1.3　介入许可证的适用范围与发出

1）PI 适用于运行人员以外的人员进入运行现场，在设备不退出运行条件或者热备用下，从事不会对人身和设备安全造成威胁的工作。即它满足两个条件：

设备的运行不会危及工作人员的安全；

相关工作不会影响设备的正常运行或者热备用状态。

2）PI 只有“注释指令”，而无“设备指令”。

3）对 PI 的规定：

介入许可证副本保留在主控室，工作期间主控操纵员跟踪工作设备的状态变化（必要时通知现场操作员跟踪状态），为保证对设备状态的可靠跟踪，介入许可证工期一般不允许超过 3 天（用于缺陷跟踪的 PI 票可适当放宽，但须征得运行工程师同意），大修期间可适当放宽；

工期超过 3 天的 PI 的延期按照后面“延期”章节管理规定执行；

介入工作负责人保证工作人员的安全，运行人员保持对设备的控制，能够随时决定中止介入工作；

工作开始前必须通知主控室操纵员。

4）介入工作通常为：振动测量，清理油污，一些设备的年检，仪表的试验（包括在线校表）、防腐、拆装保温、搭脚手架、紧盘根、风机/泵轴承加润滑油、调校记录仪等；其级别比作业通知书更高，可以涵盖作业通知书的范围。

1.1.4 临时软管许可证的适用范围与发出

PJ 适用于电站临时软管端接工作的管理。

软管使用部门在 SAP 系统中提出工作申请，工作负责人通过 WCM 系统填写临时软管端接工作包申请，完善工作内容、风险分析及应对措施等。如果需要临时打开防火屏障，则办理防火屏障打开许可证，并在申请中填写防火屏障打开许可证申请号，隔离经理批准后打印并发放 PJ 工作许可证。工作负责人完成现场软管端接，并在现场悬挂 PJ 票现场信息单后通知软管使用部门。软管使用部门在软管使用完毕后，提出拆除申请，由 PJ 票工作负责人拆除软管，归还工作许可证和现场信息单，隔离经理验证终结 PJ 工作许可证。

1.1.5 维修许可证的适用范围与发出

PW 适用于同时满足下述条件的工作：

1）需要拆卸或打开设备、系统；

2）设备、系统中的工作源有可能危及人身和设备的安全；

3）进入区域的工作能源能够被正常的隔离手段完整、可靠、合理地切断。

PW 的发出及有关规定：

1）在 PW 上的所有隔离措施实施之后，隔离经理才可在 WCM 系统上生效 PW；

2）隔离经理生效许可证，意味着他对选择“隔离许可证”，对安全措施的设置和实施，对该证所覆盖的工作区域的安全条件负责；

3）如果隔离经理在生效许可证时无法确认工作区域内残余介质或能量已安全排空（疏水、排气、降温、卸压、吹扫等），就必须在隔离许可证上注明，并亲自或委托其他隔离经理在发放许可证时向工作负责人交代清楚，如果此工作存在较大人身伤害和工业安全风险，则禁止生效工作许可证并及时汇报值长协调解决（如重新办理 PX 申请、采取批准的处理方案等），如果隔离经理修改了许可证，那么他应对安全措施中的修改部分的实施负责，并对修改后的安全措施的设置负全部责任；

4）在同一给定的设施上，可以发出若干张 PW；

5）对于仪表离线校验工作，应办理 PW。

1.1.6　试验许可证的适用范围与发出

PT 的适用范围：PT 适用于需要将设备投入、退出运行或置于非正常运行状态才能进行的工作，比如马达的试转、检验设备的运行功能、取用介质时临时占用阀门（不涉及 PR 票覆盖的范围）等。

PT 试验许可证的发出及有关规定：

1）隔离经理生效 PT 许可证，意味着他对选择“试验许可证”和必要的隔离边界、隔离边界的正确实施、选择的试验设备负责，但他不对试验“占用”状态的设置和实施负责；

2）在某一给定的设施上，只能发出唯一一份试验许可证，即同一设备只能交给一个试验负责人管辖。在 WCM 系统中保证了这一功能的实现，被“占用”的状态与“隔离指令”或另一“试验指令”相冲突；

3）PT 不能与其他许可证共存；

4）隔离经理将 PT 发给试验负责人，试验负责人核实隔离边界，并检查试验边界的完整性，在许可证上签字认可，并取得相应“占用”设备的绿色标志牌，这时表明被“占用”的设备已移交给试验负责人；

5）带有隔离指令（LD/LC）的 PT 票，若隔离指令内容影响系统/设备实现其功能，则自隔离实施起系统/设备视为“不可用”；对于不带有隔离指令（LD/LC）的 PT 票，因状态改变导致系统/设备无法实现其功能，期间系统/设备视为“不可用”，系统/设备状态改变前需征得主控许可；

6）试验负责人只能操作他所“占用”的设备，运行一/二/三处保留在各种情况下监视设备状态的职责；

7）被工作负责人持试验票“占用”的阀门的停送电由工作负责人自己负责，工作负责人持试验票“占用”的泵和风机的停送电在工作负责人提出申请后，运行人员协助执行，停送电期间工作负责人应该在场；

8）设备的专设安全设施驱动系统（ESFAS）定期试验以试验许可证形式占用设备，但不用打印试验标牌，运行值配合试验负责人在线设备状态，试验负责人只验证试验信号，不对设备进行任何操作。

1.1.7　使用外源许可证的适用范围与发出

PR 使用外源许可证的适用范围：PR 适用于需要向设备、系统引入其自身以外的其他动力源的维修或试验类工作，如包含设备测绝缘的检修类工作、贯穿件试验、容器水压试验、安全壳打压试验、不进入树脂床内部的换树脂工作等。

PR 的发出：隔离经理确认 PR，意味着他对选择“引入外源许可证”和履行下述保证负责：

1）所有进入工作区域的原动力源都已被完整可靠地隔离；

2）工作区域内没有任何其他工作；

3）至少有一个非源项边界以“占用”的方式交给工作负责人管辖，使“引入”或“释放”外源成为可能。

考虑到引入外源所具有的潜在风险，应严格限制 PR 的有效时间。

只有在 PR 完全解除隔离，即引入的外源已被释放，所设置的隔离边界已全部解除后，才能在原工作区域发出其他许可证。在 WCM 系统中 PR 不能被中止。

使用外源许可证时需对引入的液体介质进行一致性检查，确保引入的液体介质与系统介质一致，如不一致需要编制专门的打压和冲洗方案。

对于阀门检查维护工作，若内容涉及电动头绝缘测量工作，若注明使用所加电压为 24 V 的万用表测量，则不需办理 PR 许可证。

1.1.8 特殊作业许可证的适用范围

作为 PW 的特殊形式，PX 既有 PW 的特征，又有与 PW 不同的特点（风险）。

与 PW 相同的特点：

1）需要拆卸或打开设备、系统；

2）设备、系统中的工作源有可能危及人身和设备的安全。

与 PW 不同的特点：

1）进入工作区域的工作源不能用正常的隔离手段完整、可靠地切断，比如在大修期间开启/关闭稳压器入孔的工作，由于此时燃料在堆芯内，为了保证核安全和运行的需要，部分进入一回路的水源并未隔离，因而必须采用 PX 许可证；

2）带压（水温≥70 ℃或蒸汽压力≥0.1 MPa）拆除保温且存在介质泄漏、带压（水温≥70 ℃或蒸汽压力≥0.1 MPa）堵漏作业；易燃/易爆/有毒气体、危险化学品、燃油等无法进行回路有效隔离排空或无法实现加强隔离的工作；

3）需要频繁地使用进入工作区域的工作源，比如需要进入除盐床内部进行更换树脂的工作等；

4）在主变/厂变/启动变等区域内进行有重大工业安全风险及对机组安全运行存在较大潜在风险的作业（如搭脚手架），也采用 PX。

若为工业安全高风险作业，请根据《作业安全风险分析及高风险作业许可管理》要求办理工业安全风险作业许可证。

特殊作业许可证的作用：隔离经理在使用特殊工作许可证时，必须核实相应的特殊作业许可证原件齐备。这是因为：

1）无法用正常的隔离手段将工作区域置于安全状态，需要用特殊作业许可证中有关措施来弥补隔离手段的不足；

2）对附有《工业安全中/高风险作业许可证》的特殊作业许可证，隔离经理无法独立地对工作区域的安全负责。

PX 的发出：

1）PX 作为 PW 的一种特殊形式，应最大限度地使用正常的隔离手段来保证“特殊工作”现场的安全，只有在无任何正常隔离手段可实施时，才允许出现 PX 中无隔离措施的情况；

2）隔离经理生效 PX，意谓他对选择特殊作业许可证、对核实特殊作业许可证的有效性和对其规定的机组状态、对实施程序中要求隔离经理执行的指令负责；

3）隔离经理在发放 PX 时，向工作负责人详细、准确地解释未能隔离的工作能源、风险和其他关键点，并回答工作负责人的有关提问；

4）在发出 PX 后，若附有《工业安全中/高风险作业许可证》则将复印件交给主控操纵员，通知操纵员此项“特殊工作”即将开始，提请操纵员履行《工业安全中/高风险作业许可证》上规定的操纵员的职责。

1.1.9 隔离实施的要求

隔离实施者可以是隔离经理本人或由其委派的授权人员，隔离经理应向被指派的授权操作人员明确隔离的目的、隔离工作需要达到的安全条件以及在隔离操作过程中所要注意的安全事项，隔离实施应该符合以下要求：

1）检查隔离牌与隔离操作单一致；

2）对于附有 TCA/TSD 的隔离许可证，应检查其是否已按工作流程需要实施完毕；

3）隔离实施前，隔离操作单必须经过相应机组相应岗位主控室操纵员、值长（副值长）的审查和同意（签字认可），并且将待隔离设备退出运行状态；

4）涉及 BOP 车间管辖的系统隔离，必须由对应机组 BOP 的具有隔离经理授权专门人员实施，系统的隔离工作不能影响机组的正常工作；

5）遵照监护操作制的要求，操作人和监护人同时对隔离步骤执行的正确性负责；操作过程中按操作单的或者隔离经理要求的顺序和要求准确操作设备、挂牌、上锁，每项操作完成后，在操作单上予以标识；操作人和监护人同时对隔离步骤执行的正确性负责；同时，对于有需要独立验证的隔离操作步骤，应由不同于操作人和监护人的第三人进行独立验证；

6）在隔离操作中应观察每项操作的后果，保证达到工作所要求的安全条件，如果出现非预期的情况，隔离操作必须停止，并汇报隔离经理，同时在查明原因并处理后再继续操作；同时对于涉及多岗位的隔离操作应由不同地点共同配合执行，但应保证隔离操作单在流转过程中得到控制，隔离安措组织人负责协调隔离安措票的多岗位流转；

7）完成隔离操作后，应及时向相应机组岗位的主控室操纵员报告，操作者和监护者在操作单上签名并注明日期，受隔离经理委派的操作人员还应将操作单交还隔离经理，并向隔离经理说明隔离操作执行情况；

8）如果隔离经理委派其他授权人员实施隔离，应在必要时验证关键点；

9）日常期间非停/SPV 设备上进行的隔离应由隔离经理或授权具有该岗位中级授权人员实施，由隔离经理或其具有该岗位中级授权人员进行独立验证或监护（与实施者不能为同一人），确认隔离关键点并加盖 CC1 专用章；

10）400 V 以上开关的所有电气操作均需要采用监护制，400 V 开关操作人员须获得现操初级授权，6 kV 开关操作人员须获得 6 kV 开关操作授权；

11）对于现场高辐射风险区域（如橙区、红区）、需采取控制措施的表面或空气污染区域、热点附近区域，实施隔离时相关区域的电动阀本体可以不挂隔离锁。

隔离边界一般不会将“2”“3”“4”“5”“6”“7”字头的阀门设置为边界。例：曾有人提票给 1KAA10AA201 加隔离链条。

1.1.10 隔离的解除

隔离解除者可以是隔离经理本人或由其委派的授权人员，隔离经理应向被指派的授权人员明确解释解除隔离的要点。

隔离解除应该符合以下要求。

1）根据需要，现场检查确认工作负责人已将相关设备恢复到初始状态，工作现场已经清理。

2）工作负责人需要提供与工作许可证相关 TCA 已经关闭的证明材料。

3）只有在设备恢复后，才能解除 TSD 相关的许可证。隔离经理向工作负责人指明在 TSD 取消后要求工作负责人签名以证实安装和取消的一致性；必要时，进行现场验证 TSD 取消的有效性或实施功能再鉴定以验证系统和设备可运行。

4）在 WCM 系统中关闭动火证、消防系统隔离单、防火屏障打开许可证等，对有 TCA/TSD 的工作票，需确认相应的 TCA/TSD 已经关闭，在主控室相应的清单记录完整。

5）在解除隔离操作单上注明待解除隔离边界的状态，但是这个状态并非最终要求的状态，系统的最终状态必须使用主控操纵员准备的系统操作单或者批准的在线文件执行。

6）现场解除隔离前，操作单必须经过相应机组主控室操纵员和值长/副值长的审查和同意（签字）。

7）解除隔离人员收回隔离牌和隔离锁，系统和设备的状态按照主控操纵员准备的系统操作单或者批准的在线文件执行。

8）确认系统与“竣工”文件的一致性。

9）如果在解除隔离过程中发现被隔离系统或设备无法恢复到运行状态，应该立即恢复隔离措施，隔离经理重新确认工作许可证，并召回工作负责人。

10）完成解除隔离和在线后，应立即报告主控室操纵员，并在操作单上签字确认，受隔离经理委派的授权人员还应报告隔离经理，并将取下的隔离牌和操作单交还隔离经理。

11）如果隔离经理委托其他授权人员解除隔离，应在必要时验证关键点。

12）PX 票工作结束后通知主控操纵员工作结束，收回附有《工业安全高风险作业许可证》的复印件。

13）结票后 10 天内无其他工作导致标牌丢失等不符合“工完、料尽、场地清”要求的，运行一/二/三处将提状态报告进行考核，一个工作年内同一工作负责人出现两次这种情况的将取消该工作负责人授权。同时，开工前工作负责人确认现场设备无标牌的，应及时找运行人员确认设备正确性并由运行一/二/三处安排制作标牌。此外，工作过程中工作负责人应主动保护好设备标牌，若发生标牌丢失应及时通知运行一/二/三处重新制作标牌。如果发生未及时通知运行一/二/三处并擅自结票的，运行一/二/三处将提状态报告进行考核，一个工作年内同一工作负责人出现两次这种情况的将取消该工作负责人授权。

14）对于转动设备仅是常规测绝缘或外观巡检的，则直接结票；对于地坑泵解体后的品质鉴定，若其地坑长期无水源进入且附近也无输水排气阀可以注水试验时，也直接结票；对于转动设备因系统状态暂时不允许品质鉴定时，则由运行一/二/三处删除工作许可证隔离指令，恢复设备备用，然后将工作许可证重新发放给工作负责人，并根据试验窗口通知工作负责人进行品质鉴定；对于仅有大修期间才能进行品质鉴定的，则将设备维护工作转由大修期间执行。

15）对于现场挂有缺陷牌的工作许可证，由隔离经理确认工作负责人在归还工作许可证时将缺陷牌和绑扎带一起归还（禁止生拉硬拽和遗留绑扎带在现场），与存根对应无误后准予结票；如果工作负责人确认现场确无缺陷牌，则由工作负责人在工作许可证上签字说明，方可结票。

1.2　执行隔离中的注意事项

1.2.1　隔离一般原则

1）除运行人员外任何人都不能操作电站运行部门管辖的系统和设备。

2）试验负责人只有在持有试验工作许可证时才可以操作试验许可证占用的设备。

3）任何情况下非运行人员都不能操作挂有隔离牌的设备。

4）只有受控的、有效的图纸或文件才能作为隔离参考文件。

5）系统、设备或电气回路的工作许可证发出之前，所有可能引起人身伤害和设备损坏的能源都必须与工作区域隔离。

6）设备的隔离挂牌上锁应遵循先高能侧、后低能侧的原则，以避免某些低压设计的设备超压损坏。

7）隔离操作的实施过程中，应执行监护制。

1.2.2　工艺系统隔离原则

1）应将所隔离范围内的汽/气、水等介质排尽，如工艺上不允许或不可实现，应在工作许可证上注明此类信息及注意事项。

2）在隔离边界内如果没有一条正常的卸压管线，应采取其他的能够保证系统和设备卸压的措施，例如，拆除法兰、拆除仪表管等，但这些措施都应标明在工作许可证上，并提醒工作负责人执行。

3）工艺系统管道内含酸、碱等腐蚀性介质或含有毒有害性介质，应在工作许可证上注明以提醒工作负责人注意防护。

4）工艺系统管道内含有氢气等易燃易爆气体，如果有动火或开口检修等易导致氢爆风险活动，除隔离卸压外还需吹扫至合格水平。如果工艺上不允许或不可实现，则应在工作许可证上注明此类信息和注意事项。

5）当系统因设备缺陷无法完全隔离时（如隔离边界阀门内漏等），在系统和设备许可的情况下考虑扩大隔离边界。如果系统和设备不允许扩大隔离边界时，工作负责人应充分评估检修工作的必要性及以上因素所导致检修工作的风险；如果该项工作必须进行，由隔离经理和工作负责人进行协商，工作负责人认可后开工，同时隔离经理在工作许可证上注明注意事项。若符合《工业安全高风险作业许可管理》程序要求的，则办理对应风险许可证。

6）系统、设备处于高于环境的压力、温度下工作时，在隔离工作许可证的确认，发出前要进行排水、排气。在工作许可证上注明高能风险的提醒注意。

7）必要时应用双重隔离措施。

8）在工作区域或通往工作区域的压力来源之间的大气压下的输水/排气阀非特殊要求都应保持在开启位置。

1.2.3 电气隔离原则

1）涉及电气系统的隔离活动应遵守电力操作一般行业规定，在电气设备停运时按照电气倒闸操作票进行停运操作，操作完成后在必要的电气设备上按照隔离操作单进行挂牌上锁。

2）设备检修完成后首先按照解除隔离操作单收回所有的隔离锁、隔离牌等设施，然后使用电气倒闸操作票将系统启动或将电气系统恢复到指定状态。

3）检修设备的电源开关应拉出，并上锁挂牌以确保切断电源，而不是简单地将其控制开关置于“OFF（断开）”位置并挂牌。

1.3 标准隔离操作

1.3.1 隔离操作单的阅读和使用

对于隔离操作单执行，需要主控确认状态的由操纵员将设备摆至正确状态在本条指令 KKS 码前画“√”；现场人员执行过程在确认设备并理解指令后画长横线，执行完成在本条指令后画“√”。无须主控确认状态的则本条指令前面不进行标识。试验指令“占用”状态不需确认，在指令后无须画“ √ ”。解除隔离操作单，阅读确认指令后，在本条指令上画长横线，执行完成后在指令后画“ √ ”。

为了缩短设备不可用时间，只能人员到现场才能停运隔离的工作，现场操作员到达现场后通过电话联系操纵员将相应设备置于所需状态，并由现场人员在设备 KKS 码前面画“ √ ”。

隔离过程中如出现已经确认并理解指令画长横线后无法执行（比如已经确认完设备需要断电，画长横线后设备无法断电）的特殊情况，对本条指令用彩笔标出并进行说明，防止出现执行遗漏情况。缺陷处理后由执行值画“ √ ”签字表示执行完成。

1.3.2 现场隔离操作要点

挂牌锁时一定要使（禁止操作牌、行政隔离牌等）正面对外，隔离牌应挂在看不见设备标牌就不能操作设备的位置。链锁要锁死阀门，让人无法操作。

在现场隔离中锁链要锁在相应的位置上，按照操作单的要求将阀门操作到位之后，用链条穿过阀盘，另一端通过管道阀体使阀盘固定，然后在隔离锁上挂好禁止操作牌，将链条的两端锁住即可。使用中应注意的是隔离完毕之后应保证该阀门无法再进行开关操作，同时又不影响周围设备的正常运行。

对手动的阀门可锁定操作手轮和手柄。对可装卸的“8”字形孔板，可以象征性上锁。如果实心在管道内，可以穿过空心部分上锁。

电动阀门隔离时一般置要求状态后，现场把票直接锁在手轮上就可，但也要尽量保证手轮无法再转动。

气动隔离阀：失气开的气动阀不能作为隔离边界，除非在隔离气源后该阀门有强制关闭手轮或用其他装置将阀门离开中性点关闭，锁链挂在操作手轮上。失气关的气动阀要将气源隔离，并检查确认阀门已关闭，且气源和阀门上都应挂上锁链。

低压开关抽屉，抽屉开关拉至隔离位置并锁定开关抽屉把手。

各种高低压开关，将开关置于试验位或隔离位后可锁定专设卡子，或柜门。

注：如果 6 kV 开关小车或开关室本体需要检修，应将开关小车拉出柜外后锁档板。

1.3.3 电气开关柜标准隔离

1.3.3.1 6 kV 电气开关柜标准隔离

按照 6 kV 设备停电操作单进行电气设备停电，然后按照隔离操作票进行隔离上锁。其主要步骤如下：

1）确认操作设备正确，并检查就地设备状态正确；

2）就地核实开关已经断开，通过断路器窥窗观察开关指示“O”（见图 1-1）；

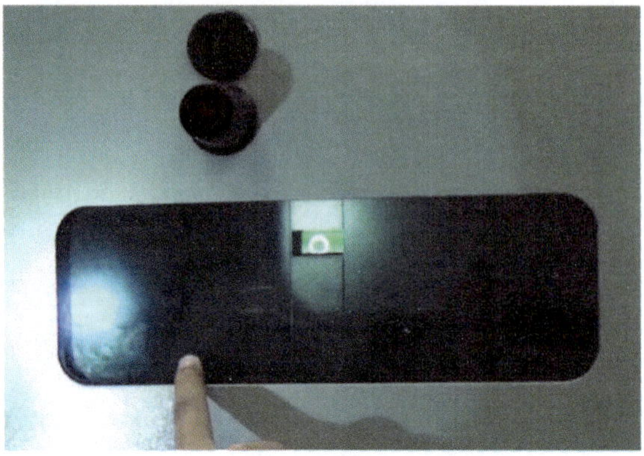

图 1-1　断路器窥窗开关指示

3）通过电缆室窥窗观察接地刀闸断开，指示位置“O”如图 1-2（a）所示。弹簧舌片指示位置“O”如图 1-2（b）所示，仅能作为辅助判定条件；

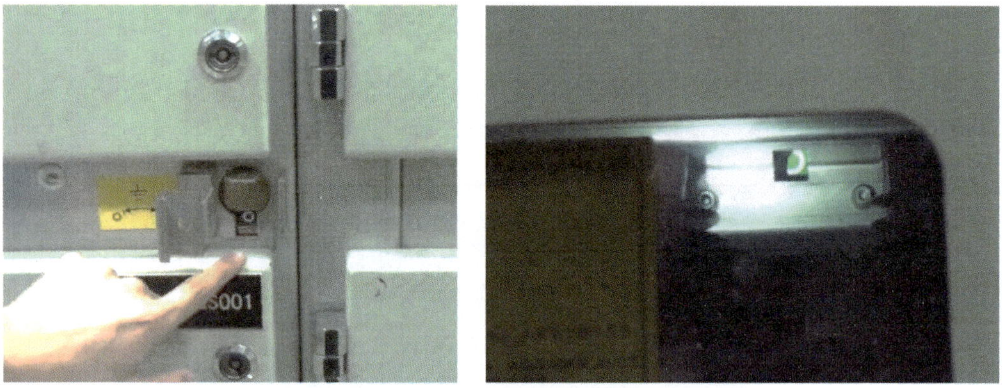

(a)　　(b)

图 1-2　接地刀闸分合指示

4）征得主控室同意后，方可开始设备停电操作；

5）使用专用“T”形钥匙打开电气柜“低压室”柜门；

6）按操作单顺序断开储能电源开关 SM10、控制保护电源开关 SM30，某些开关柜还有 SM34、SM60 等，如图 1-3 所示；

7）关闭电气柜“低压室”柜门，检查相应报警灯亮（MCB POWER OFF）；

8）检查开关小车间隔的柜门关闭，所有螺栓均锁紧，将小车开关逆时针摇 20 圈摇至“试验/隔离”位，如图 1-4 所示；

注：沿逆时针摇 20 圈左右，到达目标位置后会听见“咔”的声响。

9）压下弹簧锁舌片，插入地刀操作手柄，如图 1-5（a）所示，沿顺时针方向 90°合上地刀，通过窥窗观察接地刀闸合上，指示位置“1”如图 1-5（b）所示；

10）对开关柜实施隔离操作

a. 核对设备无误；

图 1-3 断开小开关

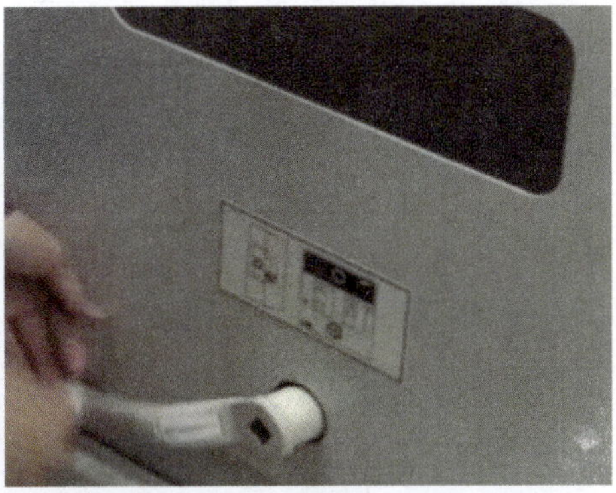

图 1-4 摇出小车

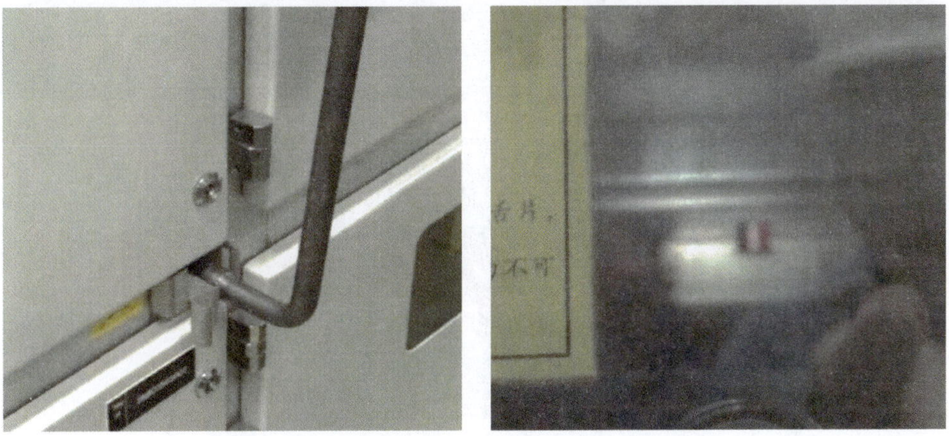

(a) (b)

图 1-5 合上地刀

b. 将隔离锁穿过隔离票顶部小孔，如图 1-6（a），并穿过开关柜隔离孔后锁实，如图 1-6（b）；

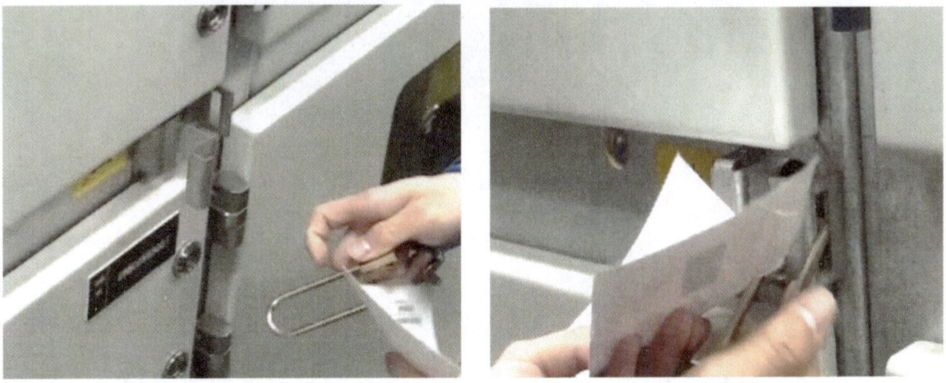

(a) (b)

图 1-6 对开关柜实施隔离操作

c. 使用胶带将隔离牌固定在“低压室”小开关上边沿，如图 1-7 所示；

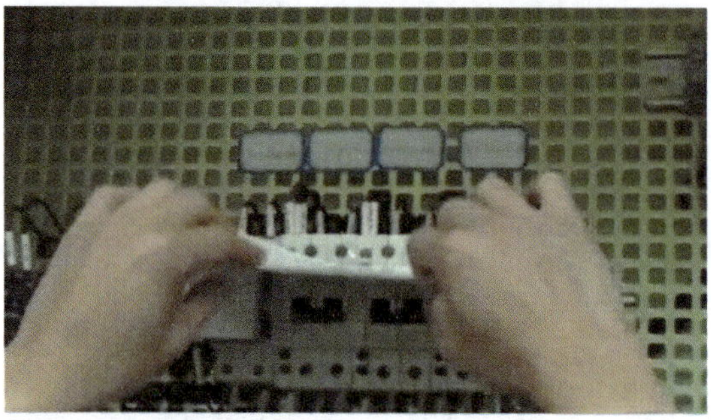

图 1-7 “低压室”小开关隔离

注：隔离牌应将带字的一面朝上，方便观察。

11）操作结束后，关闭柜门，并向主控室汇报设备停电隔离已实施完毕。

1.3.3.2 400 V 电气进线开关柜标准隔离

1）确认操作设备正确，并检查就地设备状态正确。

2）就地核实开关处于断开位，开关指示“O”（OFF），如图 1-8 所示。

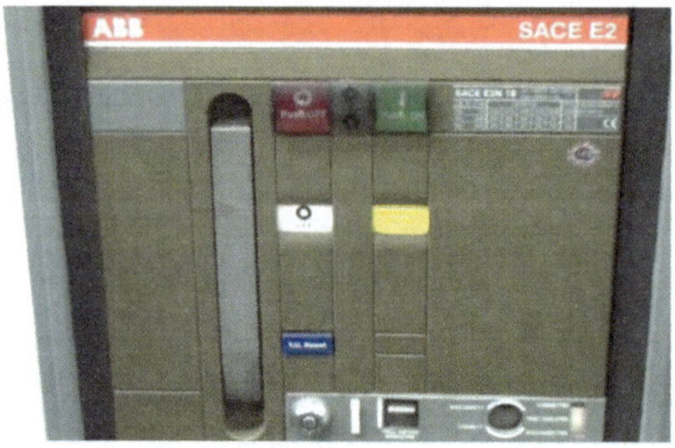

图 1-8 400 V 电气进线开关指示

3）使用专用“T”形钥匙打开电气柜柜门，按照操作单要求断开仪控小开关，如图 1-9 所示。

图 1-9 400 V 进线开关柜内的仪控小开关

4）在开关柜面板插入专用操作钥匙，并顺时针旋转钥匙 90°，如图 1-10 所示。

图 1-10　400 V 进线开关的专用钥匙

5）按下开关柜操作孔挡板，插入专用操作手柄，如图 1-11 所示，逆时针转动操作手柄将开关柜缓慢摇至隔离位，如图 1-12 所示。

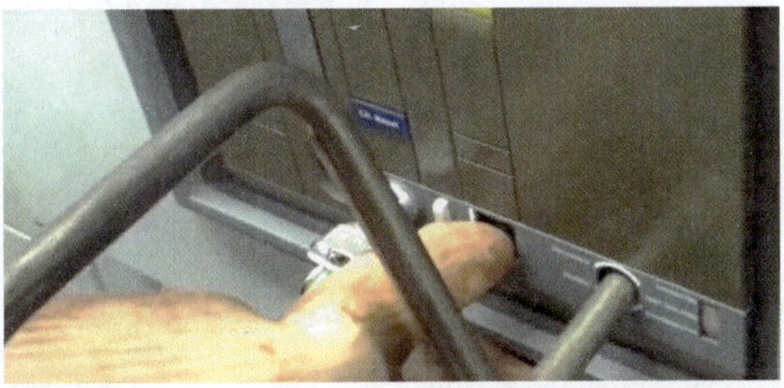

图 1-11　400 V 进线开关的操作手柄

图 1-12　400 V 进线开关手柄的操作

6）逆时针旋转操作钥匙 90°，并拔出钥匙。

7）对开关柜实施隔离：

① 核对设备无误；

② 拔出开关柜隔离锁舌片，如图 1-13 所示；

③ 将隔离锁穿过隔离票顶部小孔，并穿过隔离锁舌片后锁实，如图 1-14 所示；

④ 核实设备按照要求正确隔离，将隔离牌带字的一面朝上，方便观察。

图 1-13 400 V 进线开关的隔离锁舌片

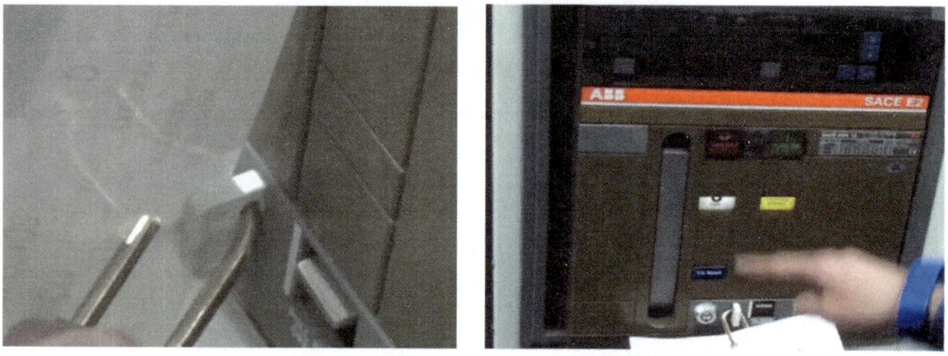

图 1-14 400 V 进线开关的隔离挂锁

8）操作结束后，及时向主控室汇报隔离已实施完毕。

1.3.3.3 400 V 电气开关柜（8E）标准隔离

1）确认操作对象正确，并检查设备状态正确。

2）就地核实开关处于断开位，开关指示“O”，如开关处于送电状态，即开关位置“1”，如图 1-15（a）所示，则需要对设备断电，断电前必须向主控汇报，在得到主控允许后，将开关逆时针旋转 90° 至断电位置“O”，如图 1-15（b）所示。

(a) (b)

图 1-15 400 V 电气开关柜（8E）的开关指示

3）继续将开关逆时针旋转 90° 至“推入退出”位置，如图 1-16 所示。

图 1-16　400 V 电气开关柜（8E）的“推入退出”位

4）拉出开关柜，置于隔离闭锁位置，如图 1-17（a），并逆时针旋转 45° 至隔离位，如图 1-17（b）。

(a)　(b)

图 1-17　400 V 电气开关柜（8E）的拉出和置于隔离位

5）对开关柜实施隔离：

① 核对设备及位置与隔离牌对应无误；

② 拨出开关柜隔离锁舌片，如图 1-18 所示，将隔离锁穿过隔离票顶部小孔，穿过隔离锁舌片后锁实；

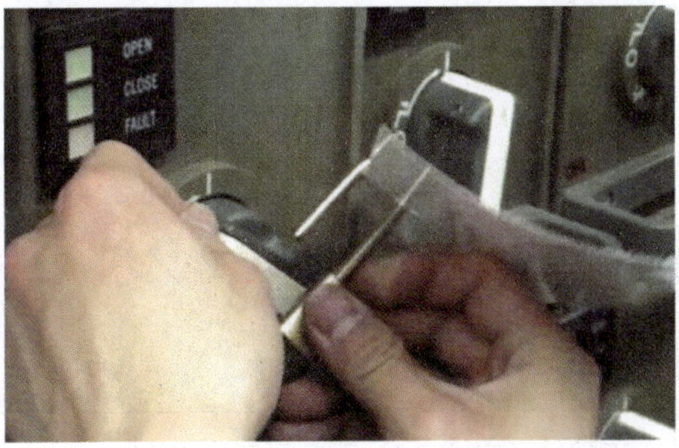

图 1-18　400 V 电气开关柜（8E）的拉出和置于隔离位

③ 核实设备按照要求正确隔离，将隔离牌带字的一面朝上，方便观察。

6）操作结束后，及时向主控室汇报隔离已实施完毕。

1.3.3.4 400 V 电气开关柜（16E/20E）标准隔离

由于 16E 与 20E 等开关柜隔离方法基本相同，开关在体积、重量和容量有差别，此处以 16E 开关为例，其断电标准隔离如下所述。

1）确认操作对象正确，并检查设备状态正确。

2）就地核实开关处于断开位，开关指示“O”，如开关处于送电状态，即开关位置“1”，如图 1-19 所示，则需要对设备断电，断电前必须向主控汇报，在得到主控允许后，将开关逆时针旋转 90° 至断电位置“O”，如图 1-20 所示。

图 1-19　400 V 电气开关柜（16E/20E）的开关指示——“1”位

图 1-20　400 V 电气开关柜（16E/20E）的开关指示——“0”位

3）继续将开关逆时针旋转 90° 至“推入退出”位置，如图 1-21 所示。

图 1-21　400 V 电气开关柜（16E/20E）的“推入退出”位

4）拉出开关柜，开关置于隔离闭锁位，如图 1-22 所示，并逆时针旋转 45° 至“隔离位”，如图 1-23 所示。

图 1-22　400 V 电气开关柜（16E/20E）的拉出

图 1-23　400 V 电气开关柜（16E/20E）的隔离位

5）对开关柜实施隔离：

① 核对设备及位置与隔离牌对应无误；

② 拨出开关柜隔离锁舌片，将隔离锁穿过隔离票顶部小孔，穿过隔离锁舌片后锁实，如图 1-24 所示；

③ 核实设备按照要求正确隔离，将隔离牌带字的一面朝上，方便观察。

图 1-24　400 V 电气开关柜（16E/20E）的隔离上锁

6）操作结束后，及时向主控室汇报隔离已实施完毕。

1.3.3.5　400 V 电气开关柜（BN*50）标准隔离

1）确认操作对象正确，并检查设备状态正确。

2）就地核实开关处于断开位，开关指示“O”，如开关处于送电状态，即开关位置“1”，如图 1-25（a）所示，则需要对设备断电，断电前必须向主控汇报，在得到主控允许后，将开关逆时针旋转 90° 至断电位置“O”，此时“Fault”灯亮，如图 1-25（b）所示。

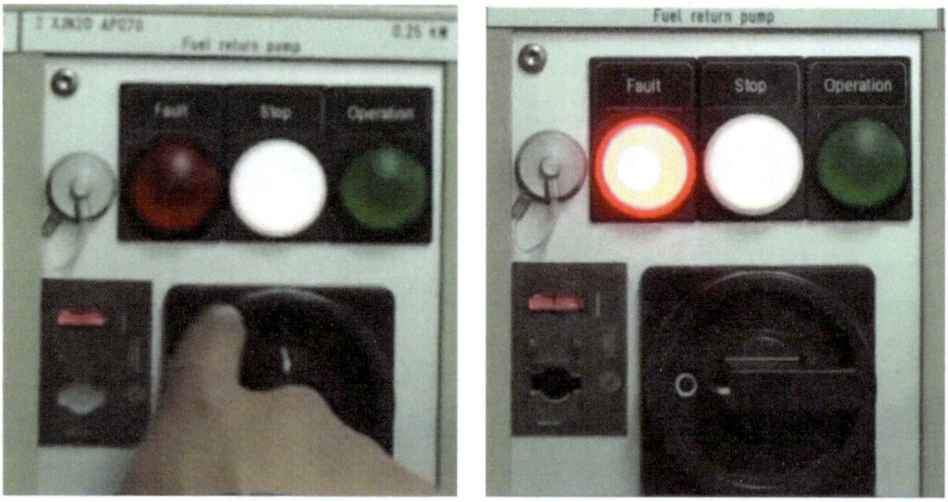

(a)　　(b)

图 1-25　400 V 电气开关柜（BN*50）的开关指示

3）插入专用钥匙，如图 1-26 所示，将开关逆时针旋转 90°，此时“Fault”灯灭，状态指示由红色“1”变为绿色“0”，如图 1-27（a）所示。

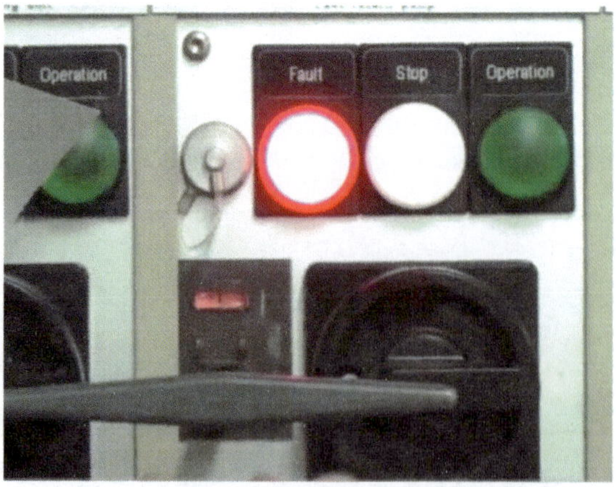

图 1-26　400 V 电气开关柜（BN*50）的专用钥匙

4）继续逆时针旋转 90°，如图 1-27（b），然后拔出钥匙。

5）对开关柜实施隔离：

① 核对设备及位置与隔离牌对应无误；

② 将隔离锁穿过隔离票顶部小孔，穿过隔离锁小孔后锁实，如图 1-28 所示；

③ 核实设备按照要求正确隔离，将隔离牌带字的一面朝上，方便观察。

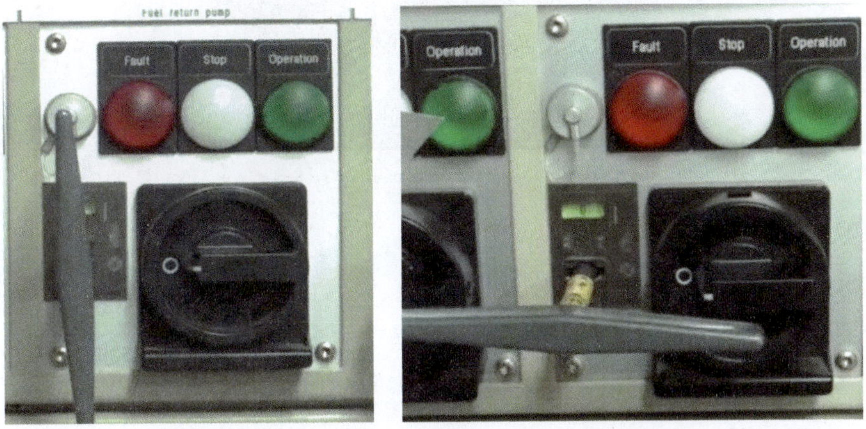

图 1-27　400 V 电气开关柜（BN*50）的隔离上锁

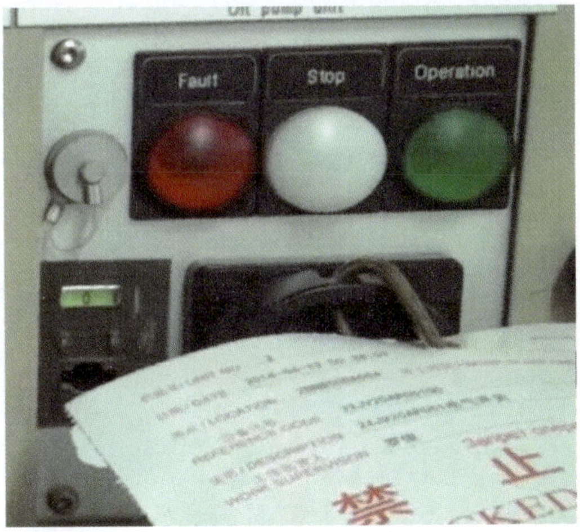

图 1-28　400 V 电气开关柜（BN*50）的隔离上锁

6）操作结束后，及时向主控室汇报隔离已实施完毕。

1.3.3.6　400 V 电气开关柜（B**80）标准隔离

1）确认操作对象正确，并检查设备状态正确。

2）就地核实开关处于断开位，开关显示“0”且如图 1-29（a）所示灯亮；如开关处于送电状态，即开关位置“1”左侧方框显示红色，如图 1-30（a）所示，且如图 1-29（b）所示灯不亮，则需要对设备断电，断电前必须向主控汇报，将开关拨至断电位置，此时开关显示“0”，左侧方框显示绿色，如图 1-30（b）所示。

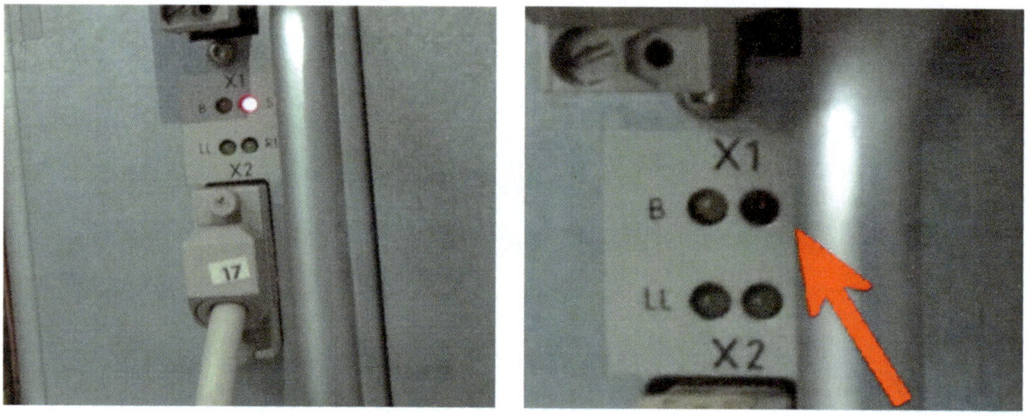

(a)　　　　(b)

图 1-29　400 V 电气开关柜（B**80）内的开关状态指示灯

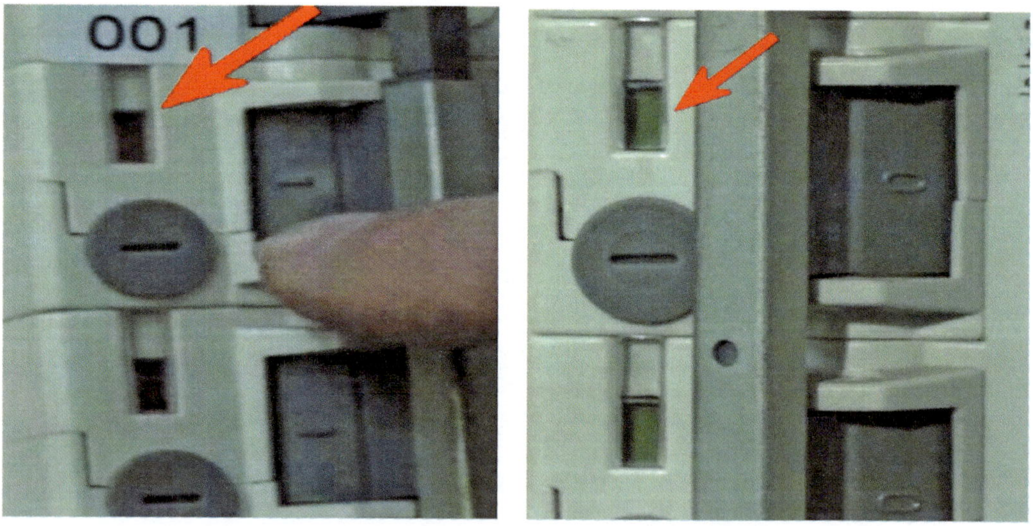

(a)　　　　(b)

图 1-30　400 V 电气开关柜（B**80）的送电位（a）和断开位（b）

3）对开关柜实施隔离：

① 核对设备及位置与隔离牌对应无误；

② 将隔离锁穿过隔离票顶部小孔，穿过隔离锁小孔后锁实，如图 1-31 所示；

③ 核实设备按照要求正确隔离，将隔离牌带字的一面朝上，方便观察。

4）操作结束后，及时向主控室汇报隔离已实施完毕。

图 1-31　400 V 电气开关柜（B**80）的隔离上锁

1.3.4　工艺设备标准隔离

对于电动设备的工艺部分隔离，应满足“先电气，后工艺”原则，即电动设备隔离时先将其电源隔离后再进行本体隔离。

1.3.4.1　“一”字形手柄式

通过绷直链条的方式，将链条按照阀门关方向，以“8”字缠绕法对阀门进行缠绕后固定上锁。

注意：一定要注意“8”字须缠紧，必要时可以多缠几次，否则很容易在现场被误碰导致部分开启。

1.3.4.2　扳手手柄式

通过绷直链条，将链条沿阻止阀门打开方向缠绕扳手手柄一圈后固定上锁。逆向缠绕且也需多缠几次，否则很容易在现场被误碰造成部分开启。

图 1-32　“一”字形手柄式阀门的隔离

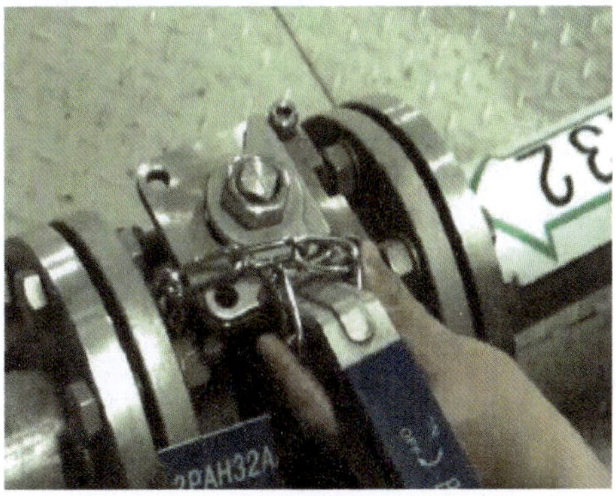

图 1-33　扳手手柄式阀门的隔离

1.3.4.3 辐条型手轮式阀门

通过绷直链条将链条，按照阻止阀门打开方向进行缠绕后固定上锁，注意缠绕时固定在辐条处，如图 1-34 所示。

(a) 长辐条　　(b) 单辐条　　(c) 多/短辐条

图 1-34　辐条型手轮式阀门的隔离

1.3.4.4 小型梅花空心手轮式

由于该类阀门手轮较小，链条无法穿过手轮，多采用的是“十”字形缠绕法，具体做法为将链条绷直斜绕阀门手轮一圈，拉紧链条后沿另一方向斜绕阀门一圈，最后将链条紧压在“十”字中心后上锁，如图 1-35 所示。

图 1-35　小型梅花空心手轮式阀门的隔离

注：实质上是用链条“包覆”阀门，并不能保证上锁后无法再次被操作，因为在现场很容易被踢开、脱落，导致隔离失效。可能的话，尽量将锁穿过手柄，防止完全脱落。

1.3.4.5　带自锁压板式扳手手柄式

通过绷直链条，将链条穿过其自锁压板缠绕一圈后固定上锁。该类阀门的隔离上锁操作相对较简单，只要隔离方式正确，能够保证无法再次进行操作，但现场此类阀门数量也不多，如图 1-36 所示。

图 1-36　带自锁压板式扳手的阀门隔离

电磁阀、气动阀等，就地仅有执行机构，无就地操作手轮，就地无法操作。

1.4　现场隔离操作中的风险与防范

1.4.1　工业安全风险及防范

1）火灾/爆炸风险：同氢气相关的系统如 MKG；防范：提前释放静电，携带便携式测氢仪，尽量在吹扫后隔离。

2）缺氧窒息风险：同氮气相关系统如 KRJ 等；进入无通风的房间、地井、坑洞时也有窒息风险；防范：严格执行先通风、再测氧的工业安全原则。

3）危险品风险：如酸、碱、氨水等；防范：使用防酸碱手套，关注现场环境情况。

4）烧伤/烫伤：如常规岛的高温蒸汽管道，或开启蒸汽阀疏水等；防范：使用防烫手套。

5）坠落风险：如需要登高隔离的阀门；防范：严格遵守安全守则，使用安全带和防坠器，使用脚手架前检查可以使用。

6）辐射风险：控制区内隔离操作等；防范：携带 6150 仪表，关注环境剂量水平，严守辐射防护要求。

7）触电风险：电气隔离时，严守电气五防，遵守电业安规。

1.4.2 运行风险及防范

1）走错间隔导致隔离错误，造成隔离不完整或者误隔离运行系统的设备造成机组瞬态；防范：将防人因失误工具用到实处，严格执行自检和监护操作，切实做到逐步操作，严防走错间隔。

2）风险分析不足，隔离对正常运行系统造成影响，甚至进入技术规格书限制条件；防范：召开工前会，充分分析系统隔离的影响，确认隔离操作具备执行条件。

1.5 隔离实施和操作的流程简图

1.5.1 隔离实施流程

隔离实施流程如图 1-37 所示。

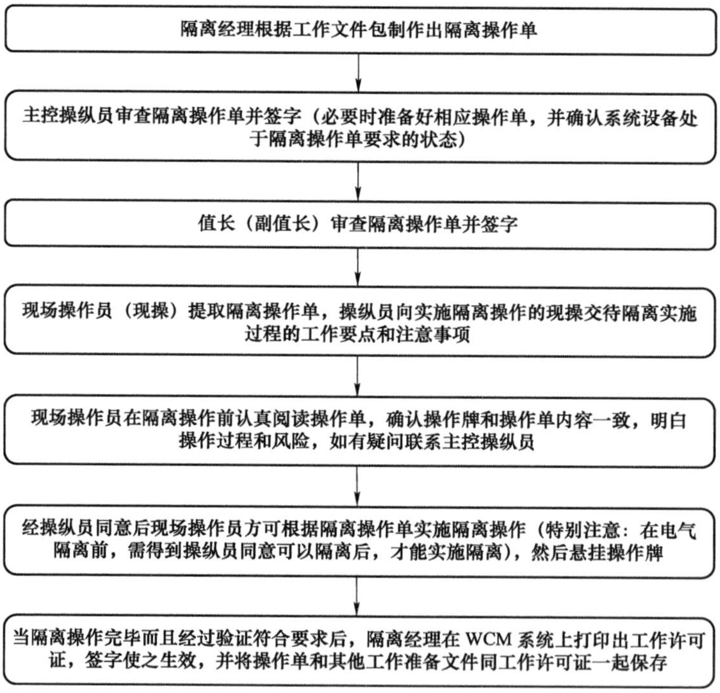

图 1-37 隔离实施流程图

1.5.2 隔离解除流程

隔离解除流程如图 1-38 所示。

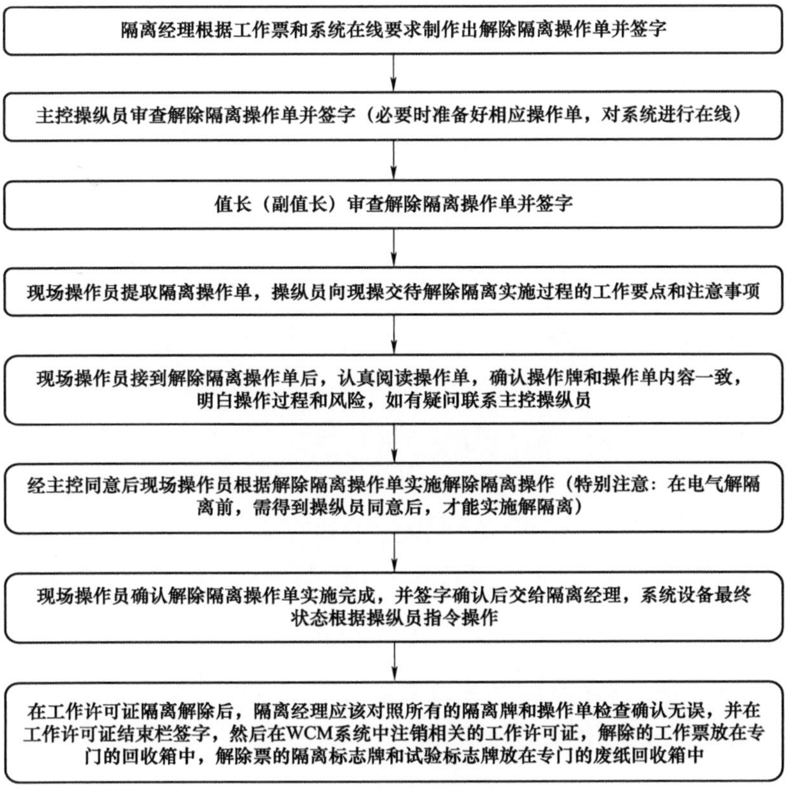

图 1-38　隔离解除流程图

第 2 章　办公软件使用

2.1　SAP 提票系统

SAP 提票系统的使用方法如下所述。

1）在电脑桌面上，双击 SAP 图标打开软件。

2）双击左上角“登录”，如图 2-1 所示。

图 2-1　登录界面

3）输入本值本机组用户名及密码，如图 2-2 所示。

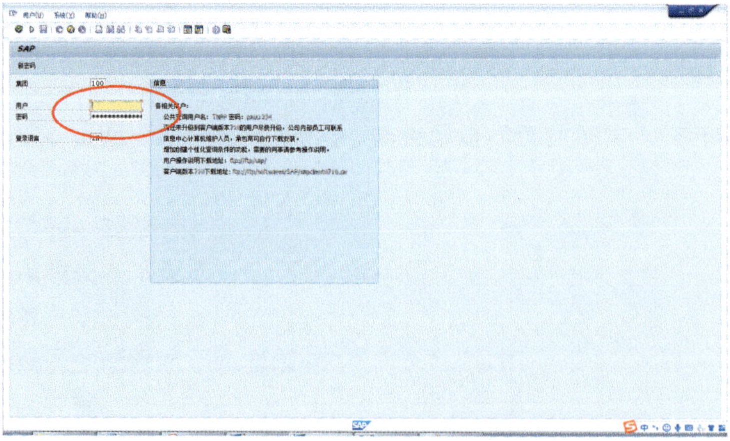

图 2-2　输入用户名和密码界面

4）选择第二项“继续此登录，但不结束系统中的其他任何登录”，防止顶退他人的登录账号，然后点击右下角的“ √ ”进行登录，如图 2-3 所示。

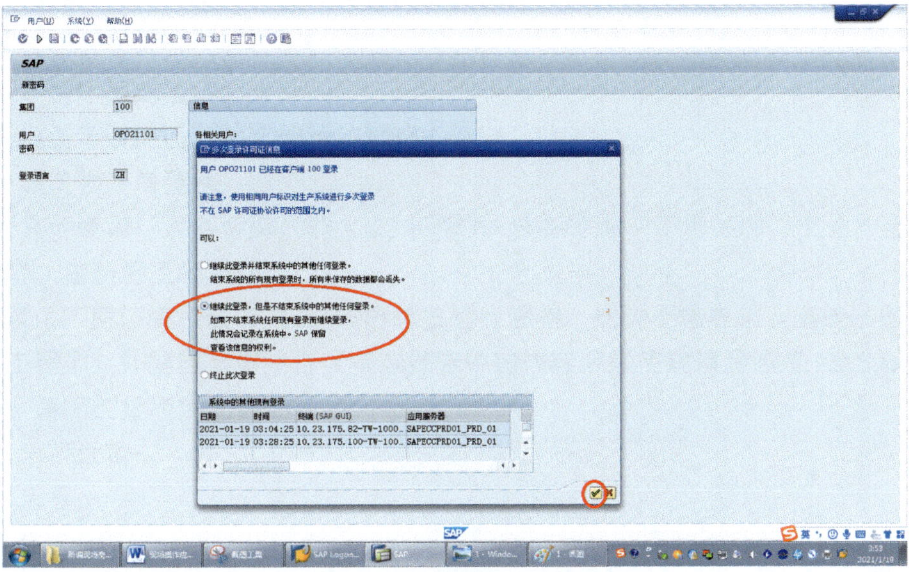

图 2-3　“继续此登录”界面

5）点击“工作申请单提报”下的“创建通知单”（见图 2-4）。

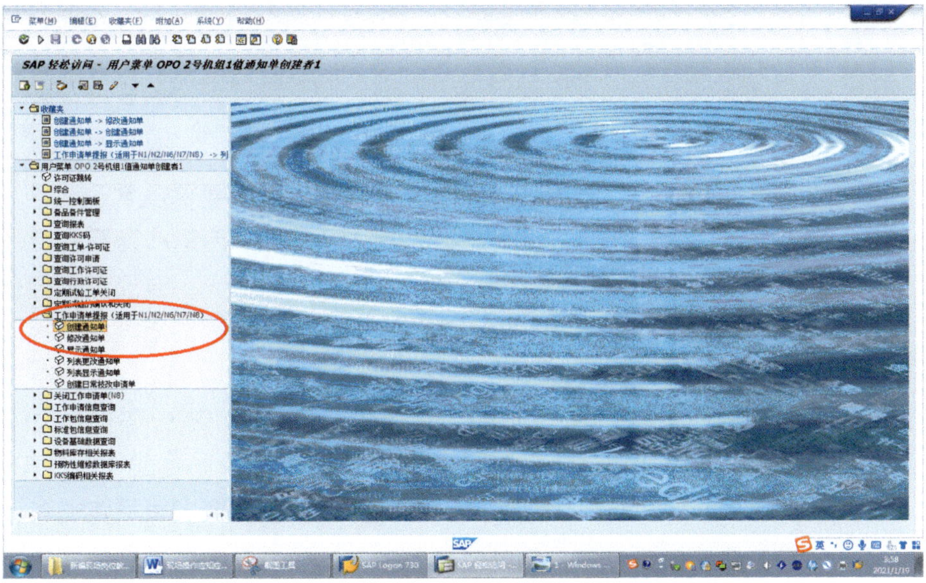

图 2-4　“工作申请单提报”界面

6）点击  选择提票类型

运行人员提票涉及的提票类型如图 2-5 所示。

N1 票：基本上都是与设备或系统直接相关的缺陷才提 N1 票。例如：

① 设备异音、轴承油位低、盘根盐结晶、主控各类报警等；

② 机组生产厂房、设备或系统缺陷：电梯；

③ 工业地漏堵塞（非水泥的，如钢制的）：钢制地坑，地漏补水；

④ 测绝缘：阀门测绝缘与泵测绝缘不要同一申请。

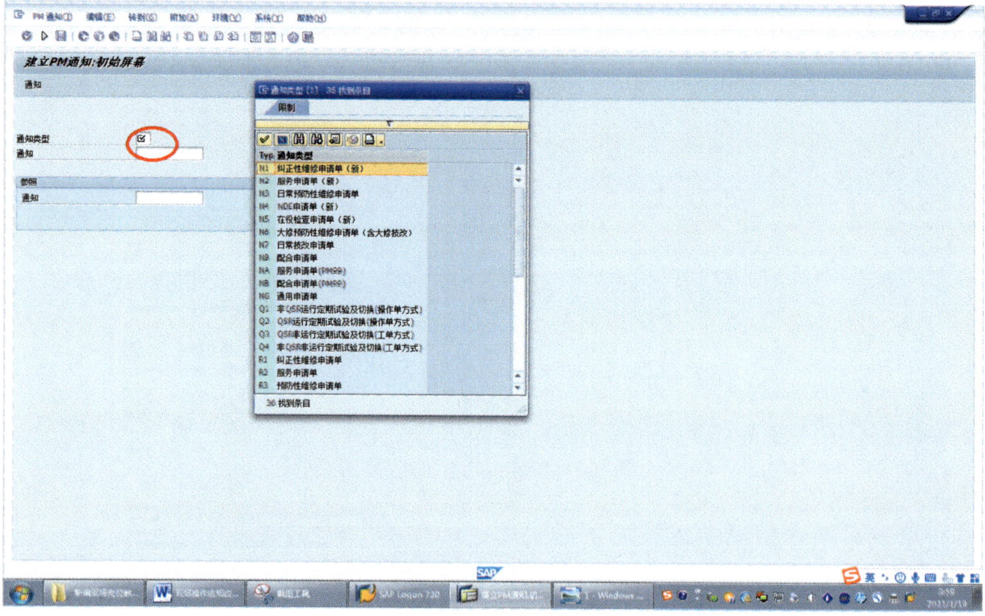

图 2-5　提票类型

N2 票：通常是需要提供服务类型的票，例如，厂房脏需要清理、电话故障需要修理等，所以提票需要选择服务类型：

① 脚手架；

② 临时泵排水；

③ 保温；

④ 门窗，门密封胶条；

⑤ 通信（电话、广播、电话线、广播线等）；

⑥ 厂房清洁、去污（跟设备无关的）：非控区选“工业清洁”、控制区选“防护性支持工作”；

⑦ 天花板拆装、脱落；

⑧ 厂房地漏堵塞（水泥的）；

⑨ 水泥地坑；

⑩ 卫生器具及生活污水下水管道；

⑪ 检查井及井盖；

⑫ 围墙、铁丝网；

⑬ 消防箱的门和玻璃；

⑭ 场地去污；

⑮ 爬梯、楼梯、护栏、钢平台等相关；

⑯ 设备管道刷漆大于 5 m^2；

⑰ 厂房地面或墙体刷漆；

⑱ 设备管道表面凝结水或油迹清理；

⑲ 建筑物厂房漏水；

⑳ 其他标识：设备标牌（非 KKS 标牌）、设备铭牌、厂房标牌、工业安全标牌、辐防标牌、消防保卫标牌；

注意：厂房门牌和设备 KKS 码标牌归运行管辖，缺少不需提票，直接发邮件给标牌管理工程师，并提出状态报告（状态报告中的内容必须明确填写设备 KKS 编码、中文名称、房间位置和附上现场照片）。

㉑ 车辆运输；

㉒ 起重；

㉓ 焊接；

㉔ 通用服务；

㉕ 机加工；

㉖ 生产厂区道路；

㉗ 沟盖板；

㉘ 检修场地布置；

㉙ 临时铅屏蔽；

㉚ 负压棚搭设。

N8 票：通常是需要维修人员配合的工作：

① 厂房照明、指示牌照明；

② 静转机配合；

③ 解法兰排水；

④ 接软管；

⑤ 安装链条（3 和 5 字头的暂不装）：考虑到 3 和 5 字头的阀门基本是仪表阀和疏水排气阀，通常很少作为隔离边界进行隔离；

⑥ 消防喷淋试验配合遮挡系统设备；

⑦ 风管滤网脏；

⑧ 设备管道刷漆小于 5 m^2。

日常提票，选择 N1、N2 或 N8 票，取决于提票中的表述是否是由于设备缺陷产生的。若是，则提 N1 票；不是，则提 N2 或 N8 票，特殊规定除外。

7）点击通知按钮或按 Enter 键，进入提票页面（见图 2-6）。

8）红框为必填项目（见图 2-7）。

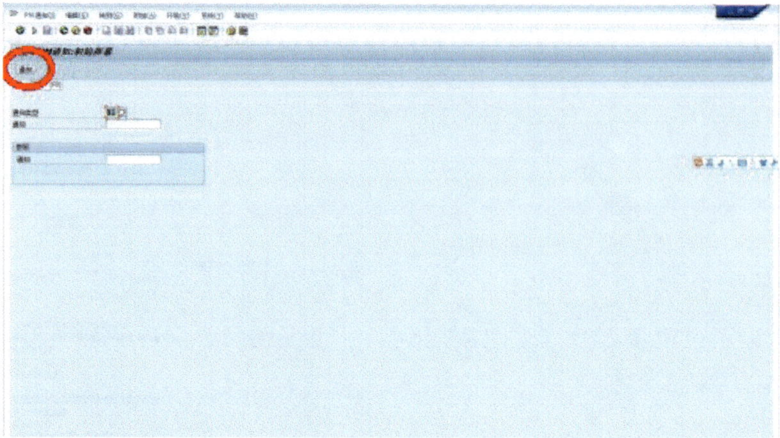

图 2-6

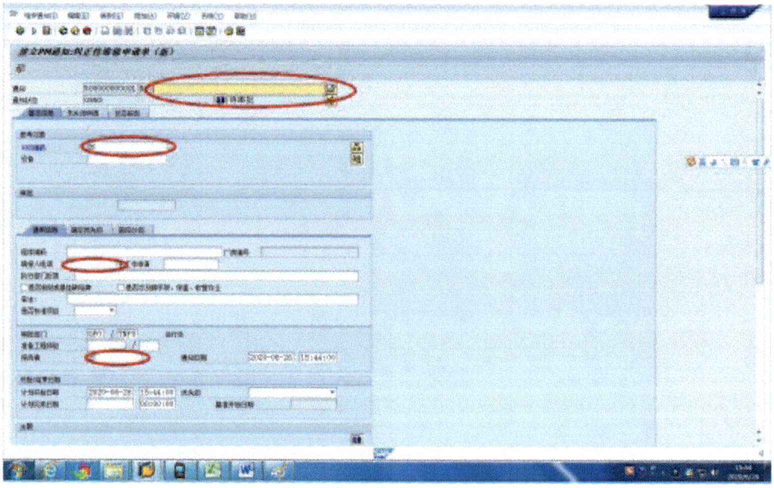

(a)

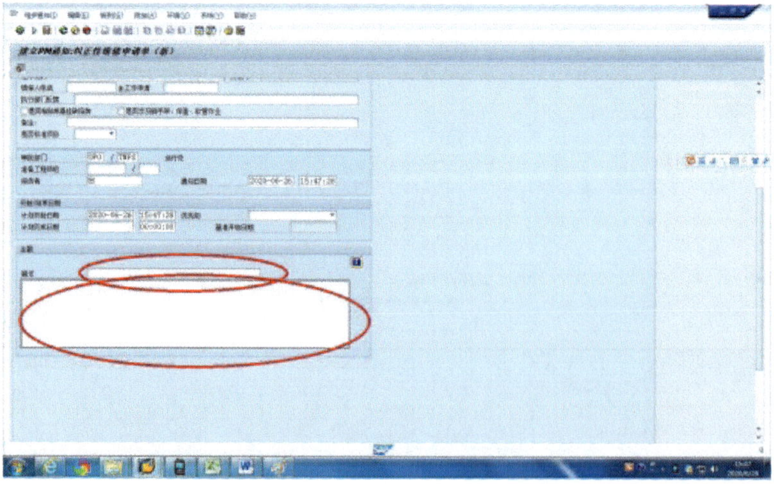

(b)

图 2-7

9）点击图中框中的按钮，取消，进入另一画面，优先级判定（见图2-8）。

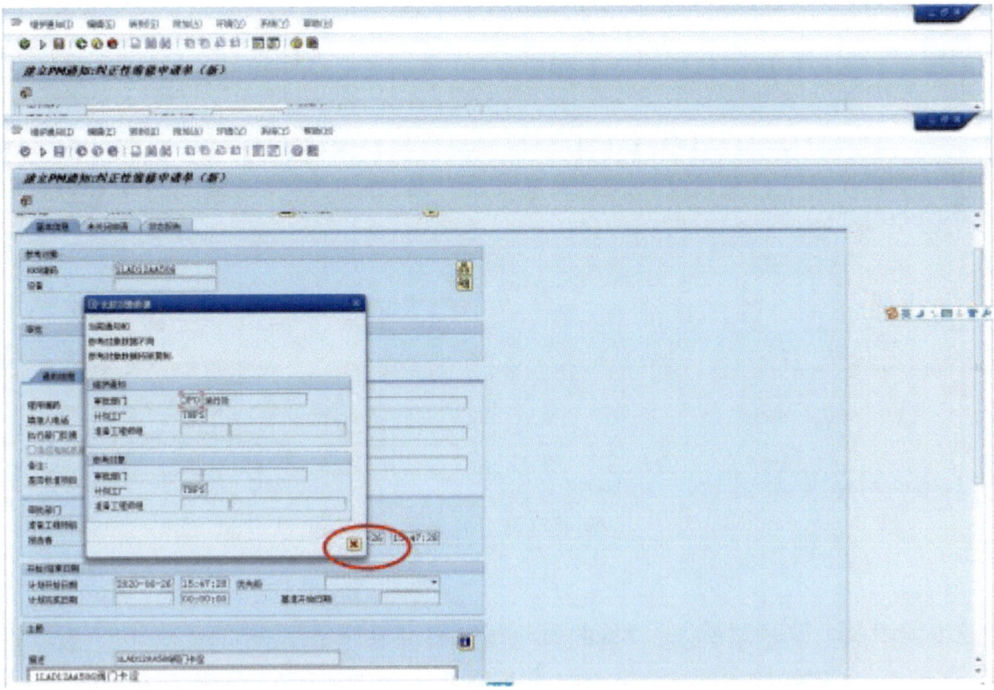

(a)

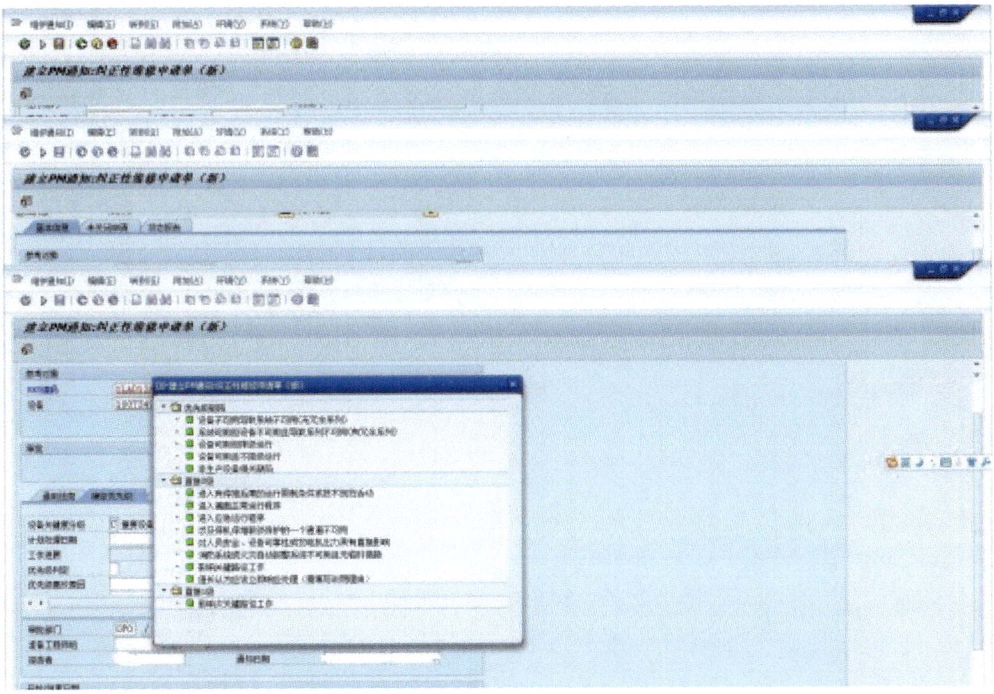

(b)

图 2-8　SAP 票选择界面

10）根据实际情况判定优先级顺序，然后选择事故隐患类型（见图 2-9）。

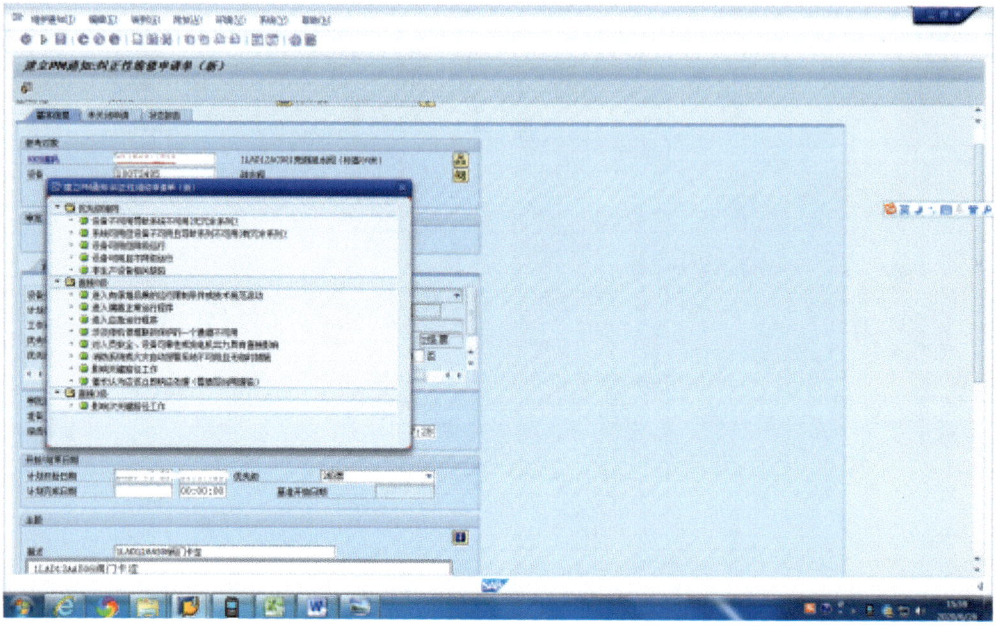

(a)

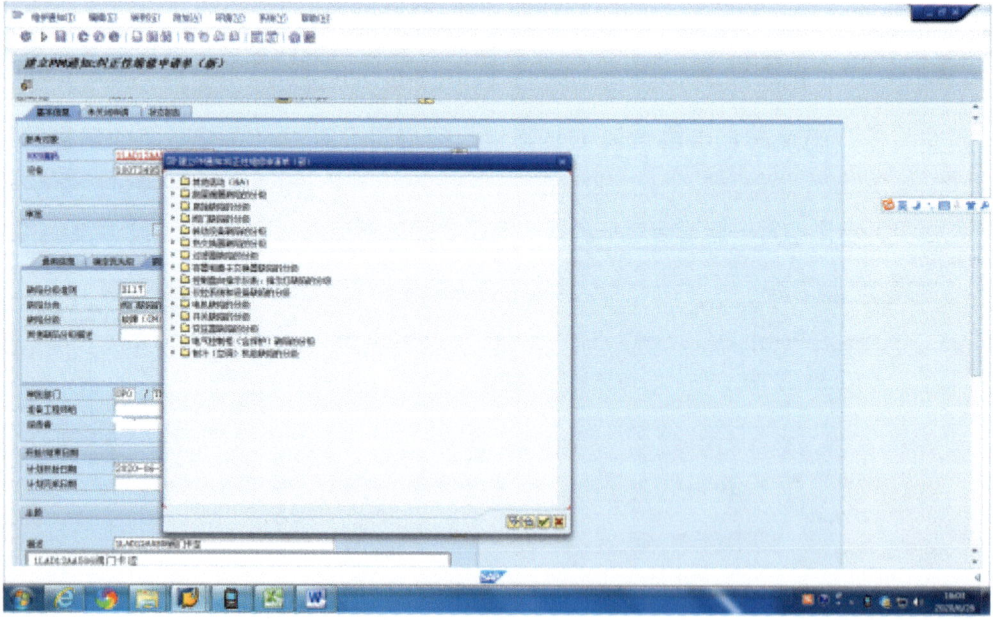

(b)

图 2-9　工作票的类型选择

11）点击“保存”按钮进行提交（见图 2-10）。

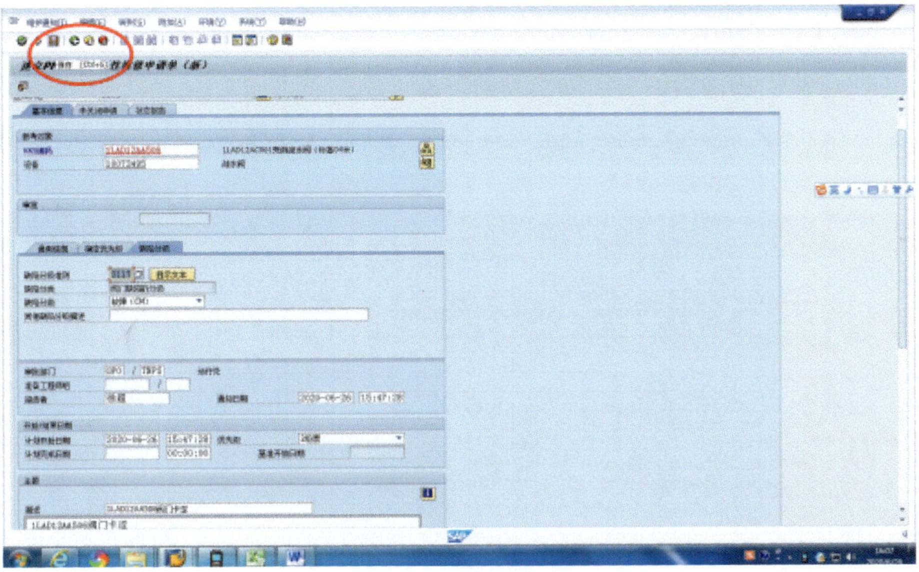

图 2-10　保存界面

12）如何查询已提工作申请：

双击“工作申请单提报”下的“列表显示通知单”，选择报告者，选择创建日期，点击左上角的时钟符号进行查询。

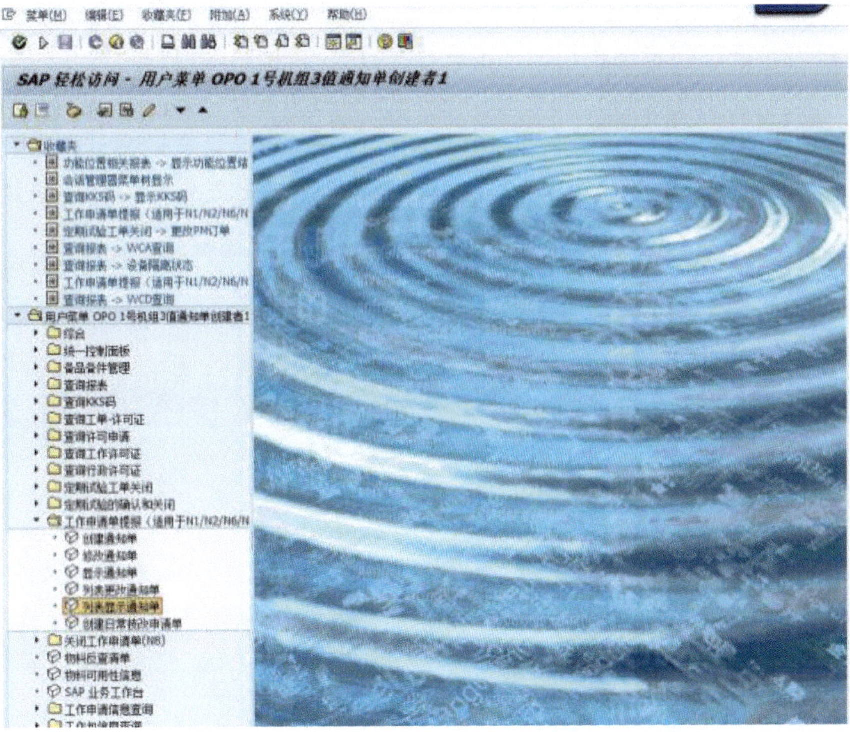

(a)

图 2-11　查询已提工作申请界面

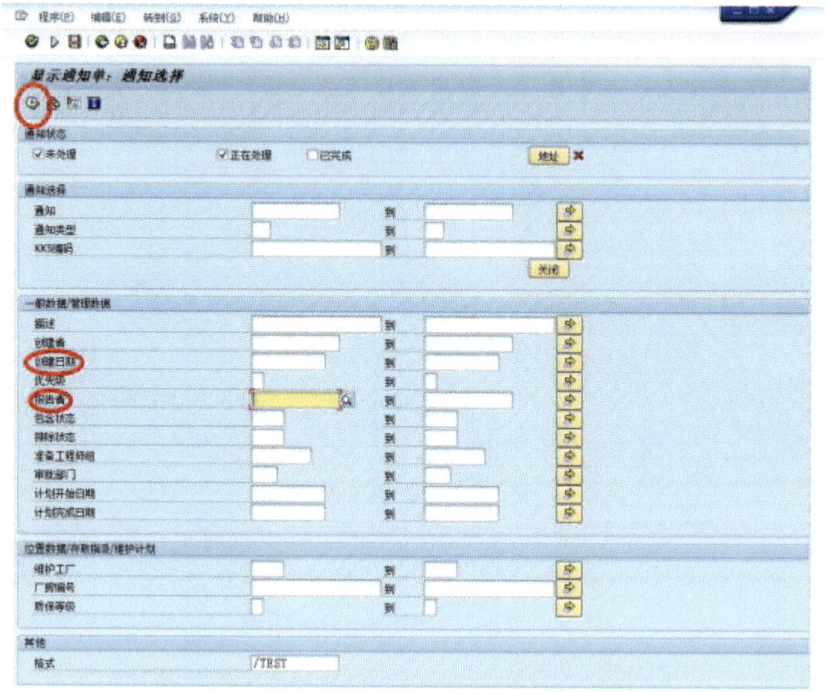

(b)

图 2-11　查询已提工作申请界面（续）

2.2　状态报告系统

状态报告系统定位为二级分析系统，主要针对异常事件进行原因分析，查找，制定措施避免后续再犯的系统。

1）登录个人工作门户，点击进入工作门户→系统→综合管理→状态报告（见图 2-12）。

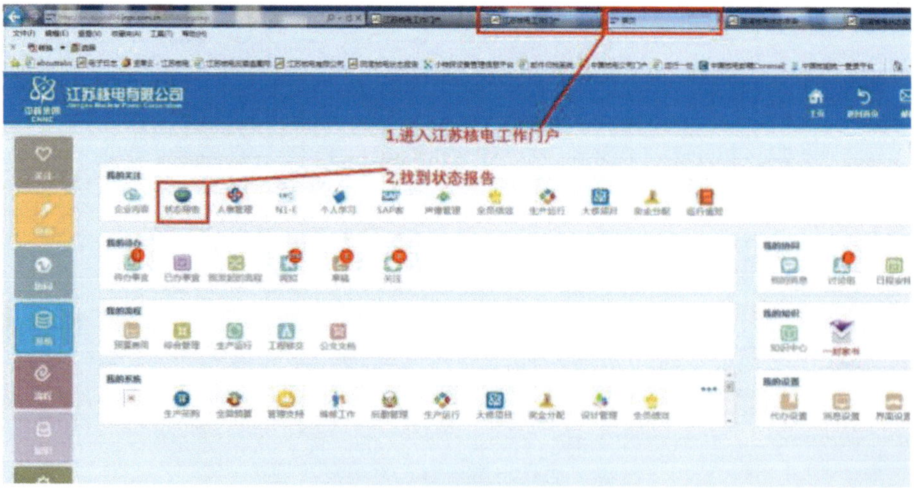

图 2-12　工作门户界面

2）在状态报告左侧条栏中，点击“填写新状态报告”系统自动弹出机组列表，根据机组号正确选择。

图 2-13　“填写新状态报告”界面

3）根据所提票的相应内容正确填写。

SAP 中 0/1 级申请必须提状态报告，如果没有提核安全处会从 SAP 抓取自动生成状态报告。现场发现任何异常也可以提状态报告，如果是消缺类的也请伴随提工作申请（但须符合维修工作申请管理程序中的内容），正常走 SAP 流程消缺，如果达到需要分析原因程度的状态报告系统同步开发，达不到就记录关闭。如果 SAP 工单长久不处理或者未处理关闭，可以提状态报告（描述时应写清楚）。

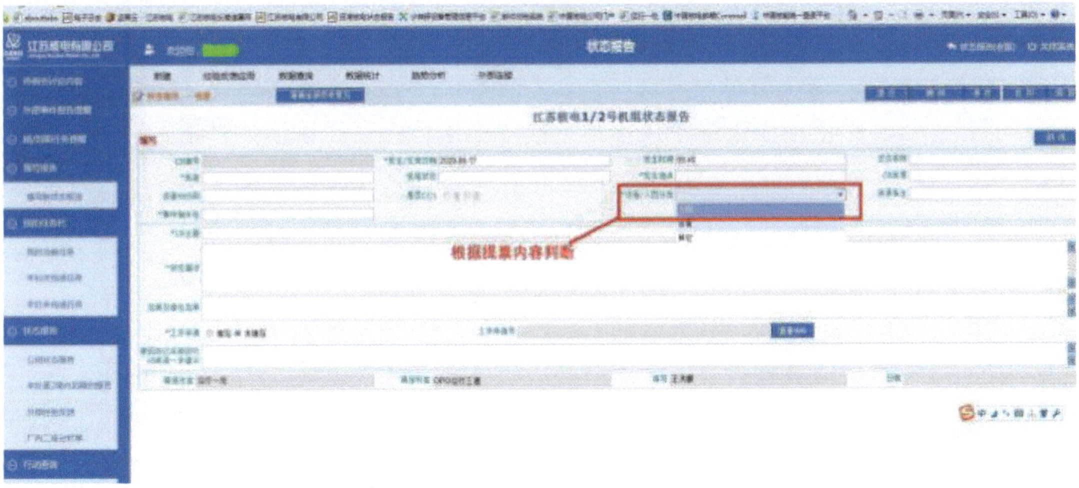

(a)

图 2-14　状态报告提出界面

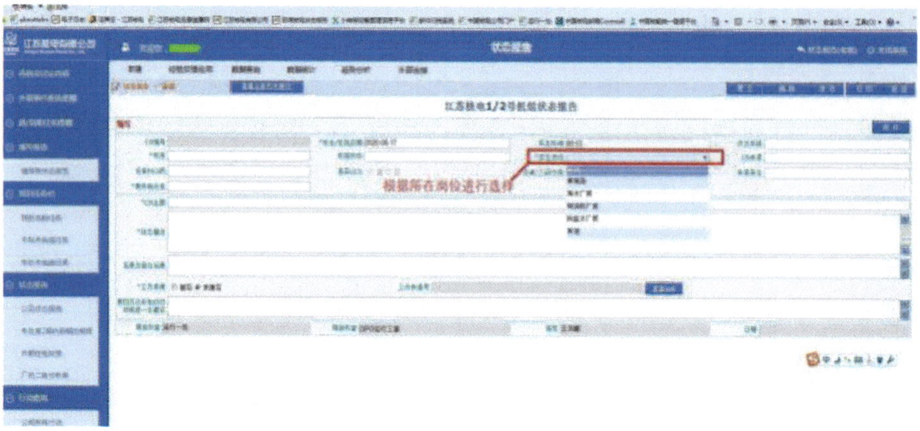

(b)

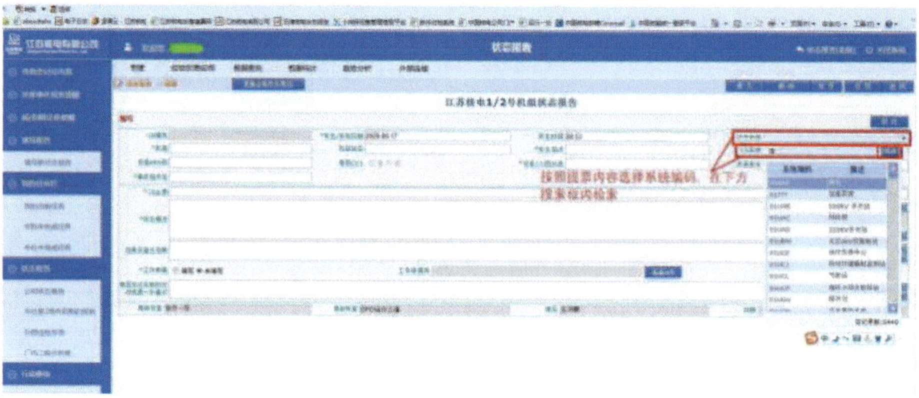

(c)

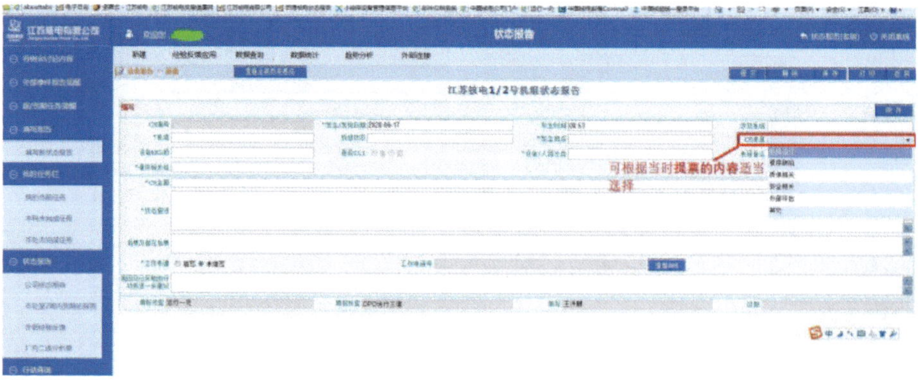

(d)

图 2-14　状态报告提出界面（续）

目前，状态报系统地点已无法选择，需要手动输入。

4）填写 CR 主题时要求与提票内容尽量保持一致，方便查找，状态描述内容格式日期+当时时间（时间要求与页面上方条目中的发生日期和发生时间一致），最后填写申请票号及相关后果，申请票号在 SAP 系统中自动生成，提票后记得保存，相关后果根据提票内容简略说明，分清主次。图 2-25 为相关说明及举例。

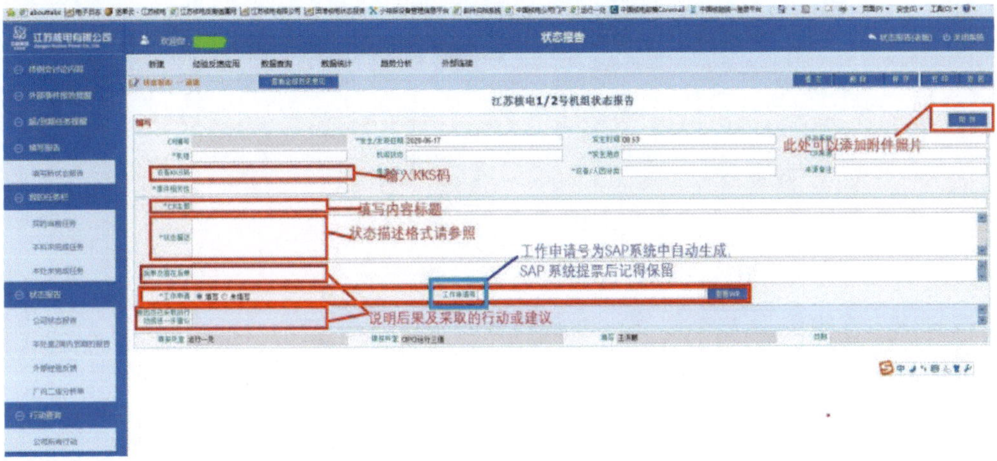

(a)

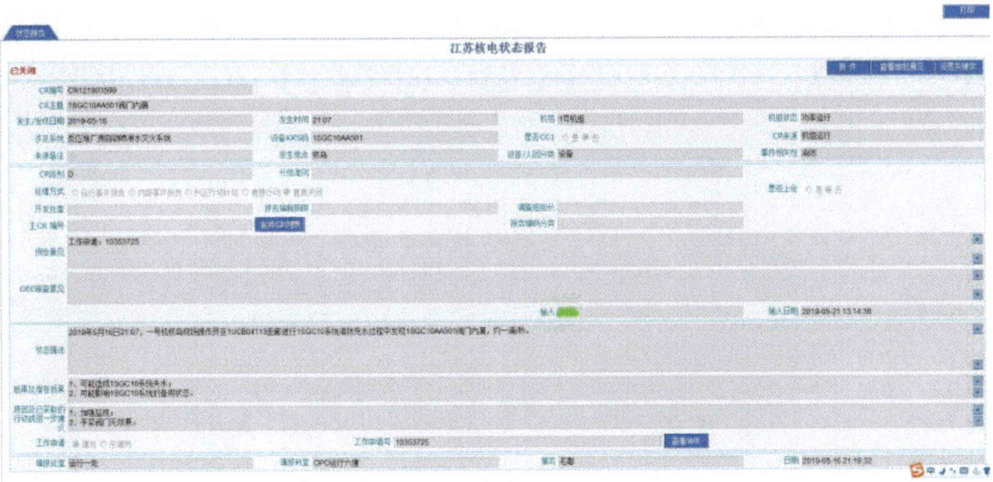

(b)

图 2-15　相关举例示意图

2.3　小神探

开机，在主界面选择“点检实施”，直接点击屏幕进入，或者方向键选中后按“OK”键进入，如图 2-16 所示。

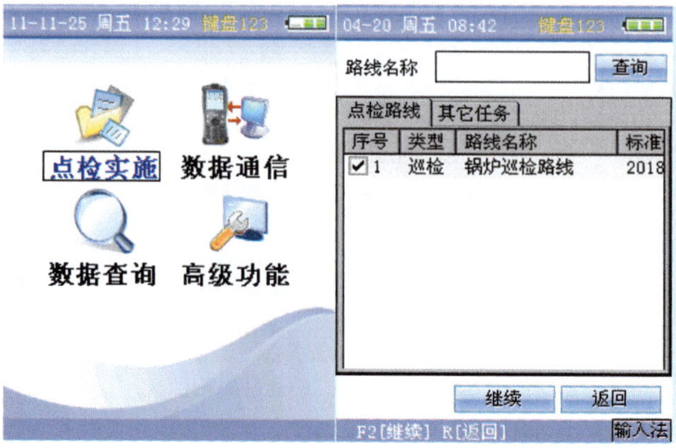

图 2-16 “点检实施”界面

在上一界面（见图 2-16）选择路线名称，勾选“路线名称”前的方框，可直接屏幕点检（使用点笔方便一点），或者先按两次“向下”方向键，会自动选择到某一条路线，再通过“向上”“向下”方向键来选择，如图 2-17（a）所示。

在上一界面（见图 2-17（a））进行员工选择，勾选“工号”前的方框，可直接屏幕点检（使用点笔较为方便），或者先按两次“向下”方向键，会自动选择到某一个员工姓名，再通过“向上”“向下”方向键来选择，如果第一页没有，可按“向左”“向右”方向键来进行翻页，如图 2-17（b）所示。

进入上一界面（见图 2-17（b））后，近距离靠近射频卡钮扣，当听到点检仪提示音响，同时点检仪上提示灯会闪烁，这时点检仪界面也同时转换到如下界面，表示刷卡成功，如图 2-17（c）所示。

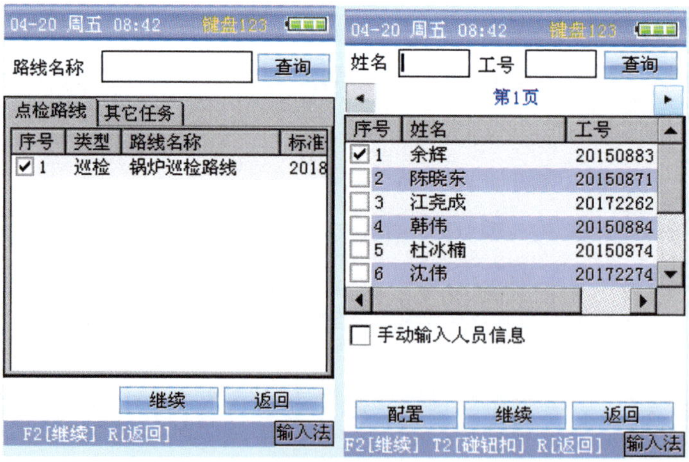

(a)

图 2-17 显示界面

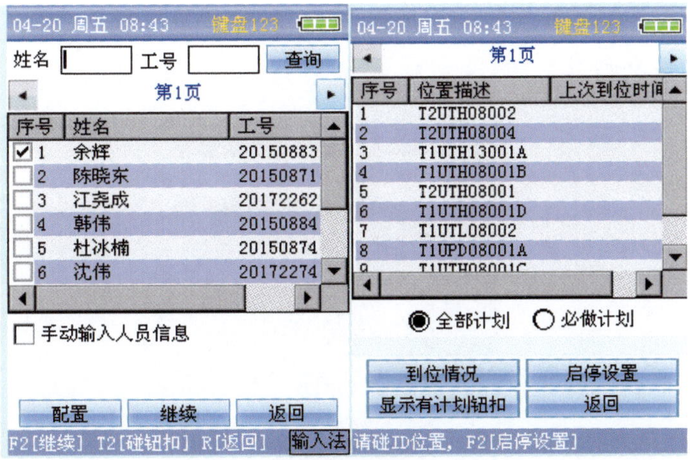

(b)

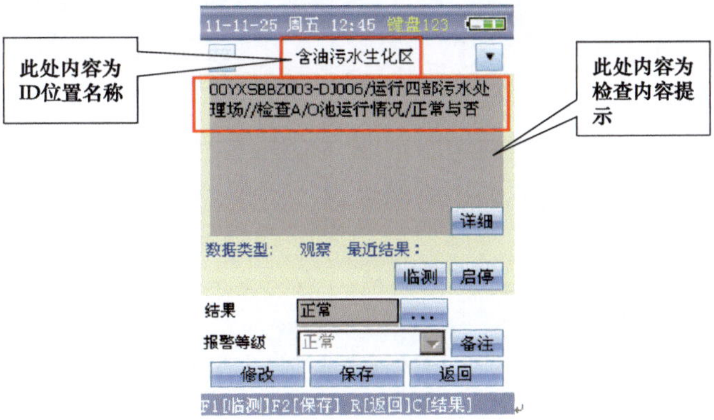

(c)

图 2-17　显示界面（续）

观察类数据操作：在此界面（见图 2-18），一般来说，若无问题，点击“保存”记录结果即可，或者按“F2”键，也是进行结果保存。若有问题，需选择“异常。

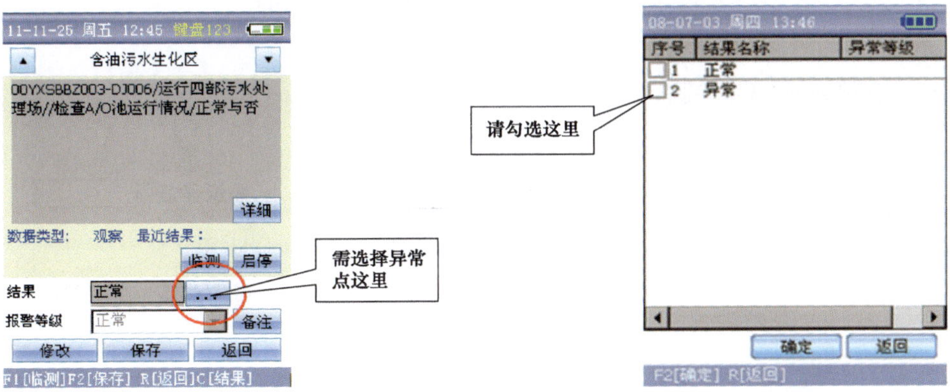

(a)　　(b)

图 2-18　观察类数据操作界面

记录类数据操作：在此界面（见图 2-19），直接在“结果”栏输入数值，可通过 C 键来消除输入错误的结果：

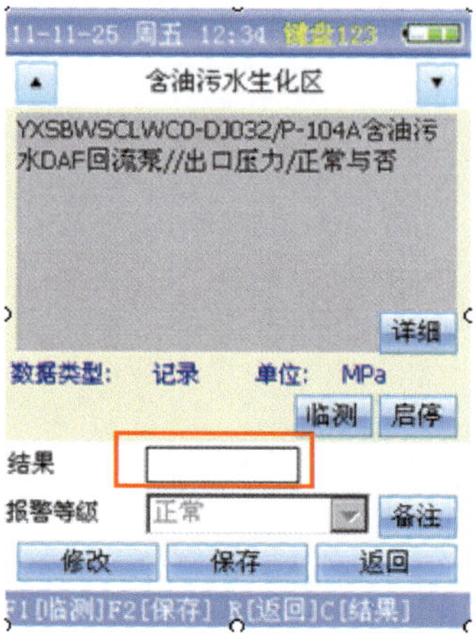

图 2-19　记录类数据操作界面

点击保存后，点检仪会自动进入到下一个数据保存界面，一直到底，此时点检仪会显示“条目到底”后，点“确定”后出现右图界面，这时按“返回”键退出，如图 2-20 所示。

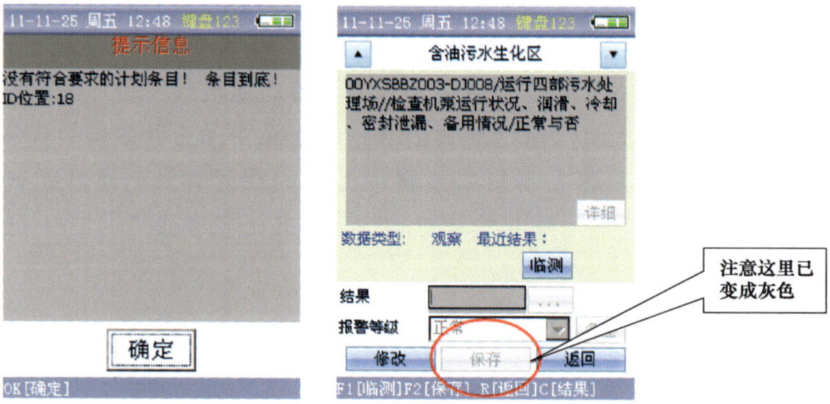

图 2-20　保存界面

图 2-21 所示界面为数据统计，当“未完成”为 0 时，可点“返回”退回到刷卡界面，或者按“R”键，如果还有未完成的项目，可点击“继续”键，转换到数据保存的界面。点击“返回”后退回到了“刷卡界面”，可以去刷另外的点。

数据通信，PC 电脑端操作：

1）在客户端电脑打开小神探设备管理信息平台通信客户端，进入如图 2-22 所示的界面。

2）数据同步：在巡检仪主界面选中“数据通信”界面后进入界面点击“数据同步”按钮后，如果连接失败，则提示信息有错误描述，如果连接成功，点检仪自动先上传数据，有新的点检计划会自动更新新的点检计划，如图 2-23 所示。

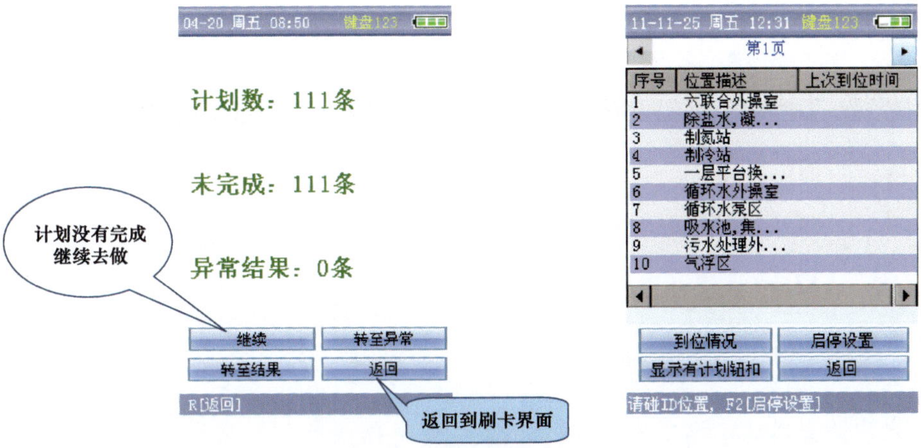

图 2-21　数据统计界面

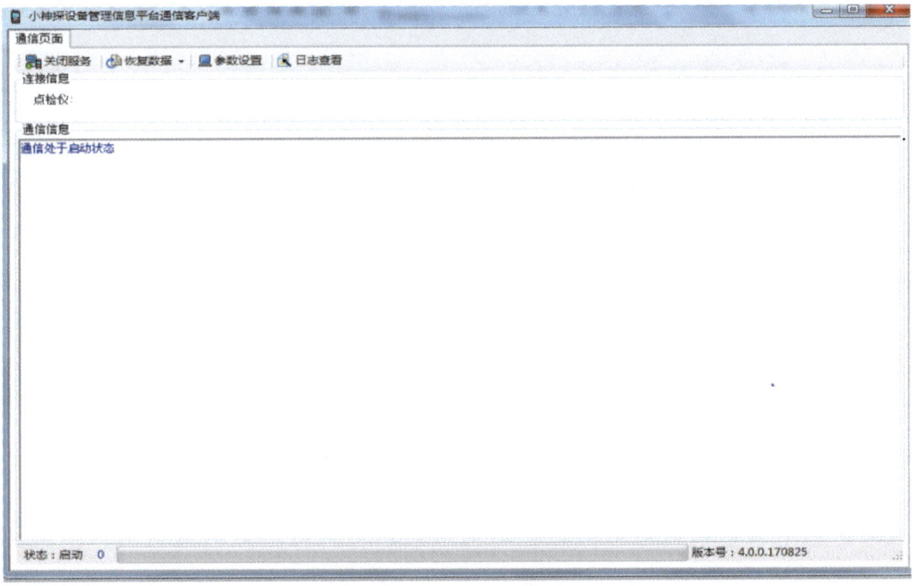

图 2-22　客户端界面

图 2-23　数据同步界面

2.4 三废管理系统

通过浏览器打开公司主页 http：//www0.jnpc.com.cn/jnpc/Login，登录“江苏核电工作门户”，如图 2-24（a）所示。

进入工作门户界面，点击“系统”→“生产运行”→“技术支持平台”，如图 2-24（b）所示。

登录后，系统默认进入“江苏核电化学三废管理系统”首页，点击“三废管理”，如图 2-24（c）所示：

新建并提交排放申请单：点击①“液态流出物管理”→②“新建”一份空白申请单，如图 2-24（d）所示。

① 按表格填写实际需要排放的中和池及各个参数→②“提交”，系统会自动生成一个排放单号，排放单进入审批流程→③ 通知当班值长审批申请单，如图 2-24（e）所示。

排放单查询：点击“排放申请单查询”，进入“申请单列表”页面，此时列表里第一条记录为刚提交的一条排放申请，如果要查询其他排放单，输入相应条件，点击“查询”即可，如图 2-24（f）所示。

填写排放数据：当排放单状态为“待当班值长批准”时，电话通知值长批准排放，当排放单状态为“待记录排放前参数”时，在图 2-24（g）中“②”记录排放前液位和时间，并开始排放相应的中和池。中和池排完之后，图 2-24（g）中“③”处，填写相应的排放数据，此时需通知值长对排放单进行“确认”，值长确认完成后，在图 2-24（g）中“④”处有值长的签名，排放单的结束状态为“已关闭”，排放单流程执行完毕。

(a)

图 2-24 三废管理系统

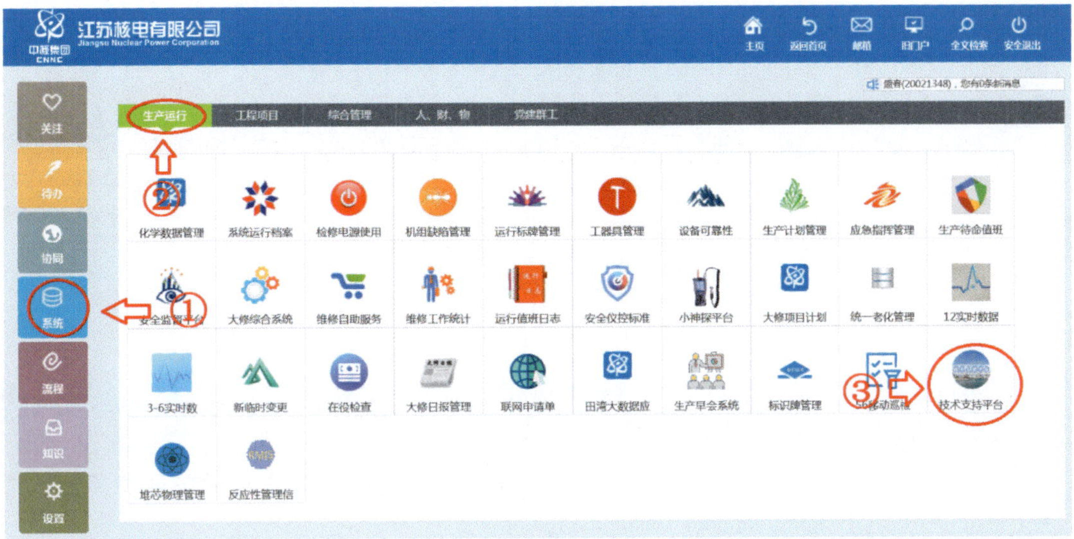

(b)

(c)

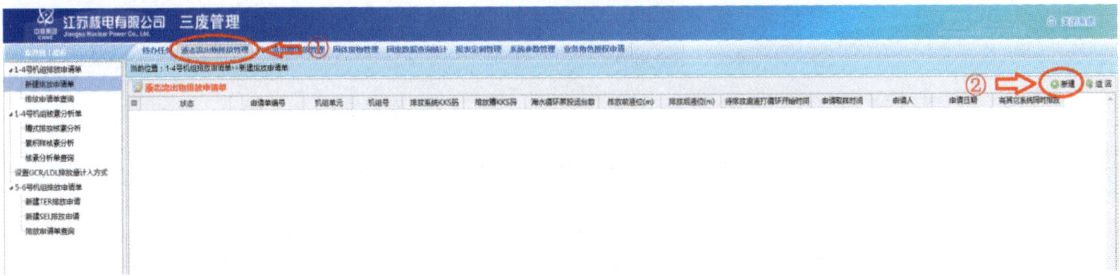

(d)

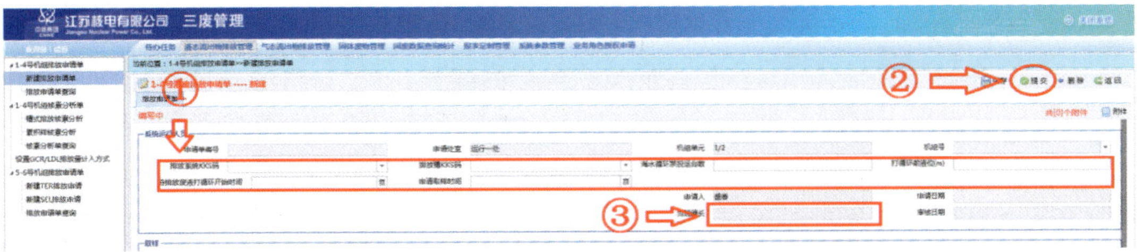

(e)

图 2-24　三废管理系统（续）

(f)

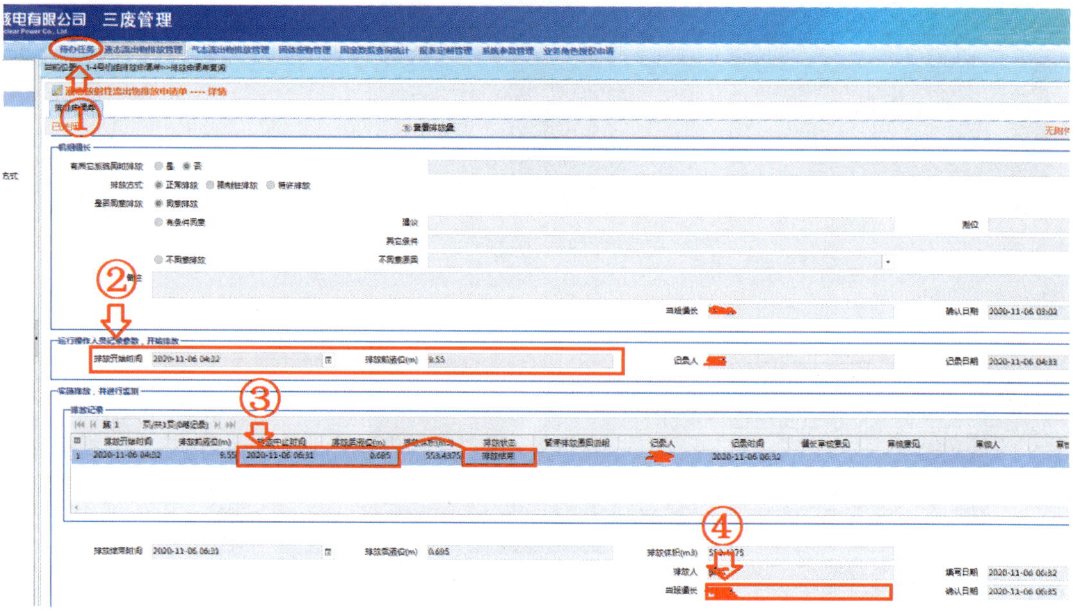

(g)

图 2-24 三废管理系统（续）

第3章　工器具使用

3.1　电气类工器具

（1）高压交流验电器（见图3-1和图3-2）

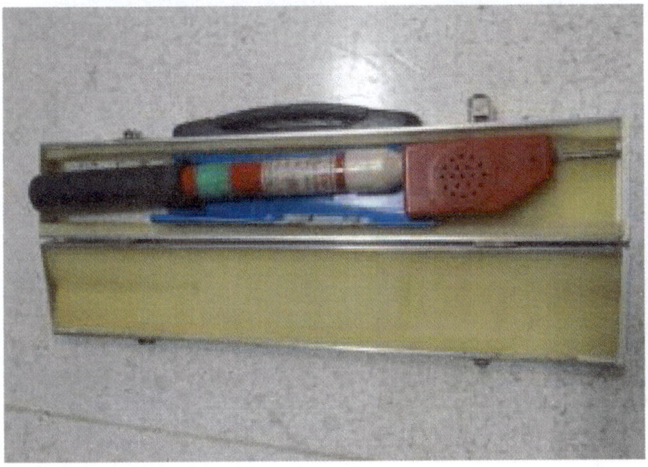

图3-1　验电器

图3-2　验电器的使用

该工具为检验10 kV电压等级设备是否带电，用以确认现场工作环境是否符合安全要求。

使用方法及注意事项：验电操作前应先对指示器进行自检试验，按下TEST键若发出有电警示声即表示设备可用。使用时将手柄拉伸后再作一次自检后才能进行验电操作。验电时，将前金属尖端接触验电设备，若设备带电就会发出有电警示音。

验电器启动电压2～3 kV，严禁用于400 V设备验电。

（2）6 kV地刀操作手柄（见图3-3）

该手柄用于操作ABB公司的6 kV开关柜上的地刀，其套头内为六角形插口。

使用方法及注意事项：插入时需要将6 kV开关柜地刀操作插口处的挡片压下，将手柄插入插口（注意要完全插入），然后按照插口处提示方向转动手柄使地刀断开或闭合，操作时要一步到位，不能来回晃，否则容易导致地刀触点损坏。摇到位，平移拔出，也不要来回晃动。注意在操作前一定要先检查相应6 kV开关的位置已经处于断开且摇出至隔离位置。因转动操作需要较大力度，所以在操作过程中应防止手柄突然脱手伤人。可与 6 kV 开关电缆五防闭锁解除工具配合使用。

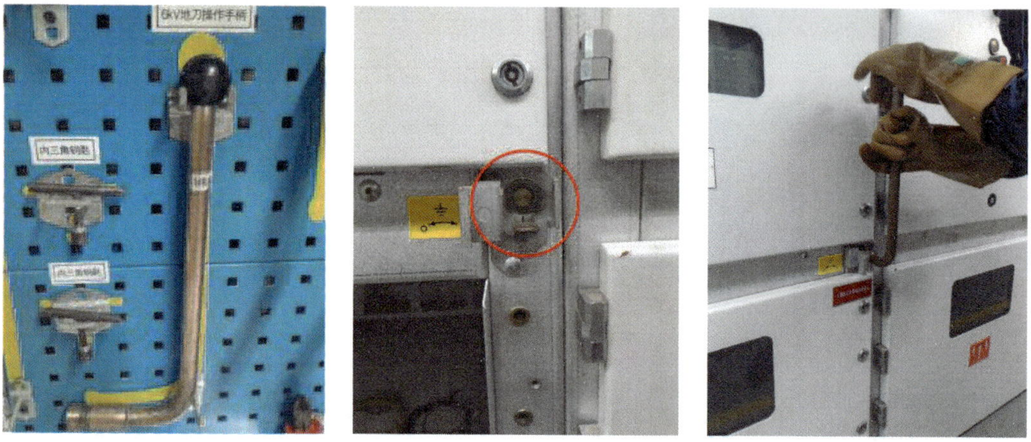

图 3-3　地刀操作手柄及使用方法

（3）6 kV 开关操作手柄（见图 3-4）

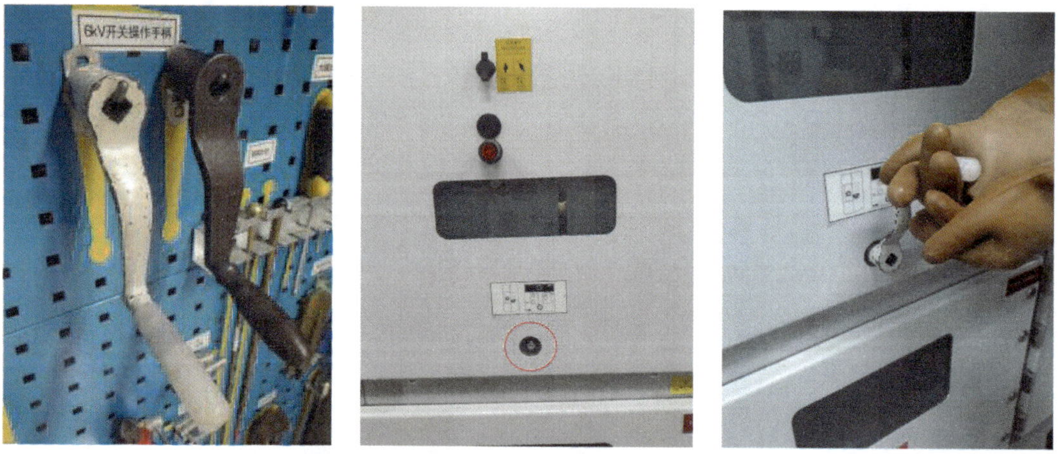

图 3-4　6 kV 开关操作手柄及使用方法

该手柄用于进行 ABB 公司的 6 kV 开关柜内开关小车的摇出或摇入操作，其套头内为菱形插口。

使用方法及注意事项：插入时将该手柄的套头插入插口（注意要完全插入），然后按照提示方向（顺时针摇入，逆时针摇出）转动手柄使开关小车摇出或摇入 20 圈直到摇不动，然后平移拔出，此时注意不要左右晃动。注意在操作前一定要先检查相应 6 kV 开关已处于断开状态。

（4）T 形钥匙（6 kV/400 V 电气柜门钥匙，见图 3-5）

该钥匙用于打开或关闭 6 kV、400 V 各电气柜的柜门。

图 3-5　T 形钥匙

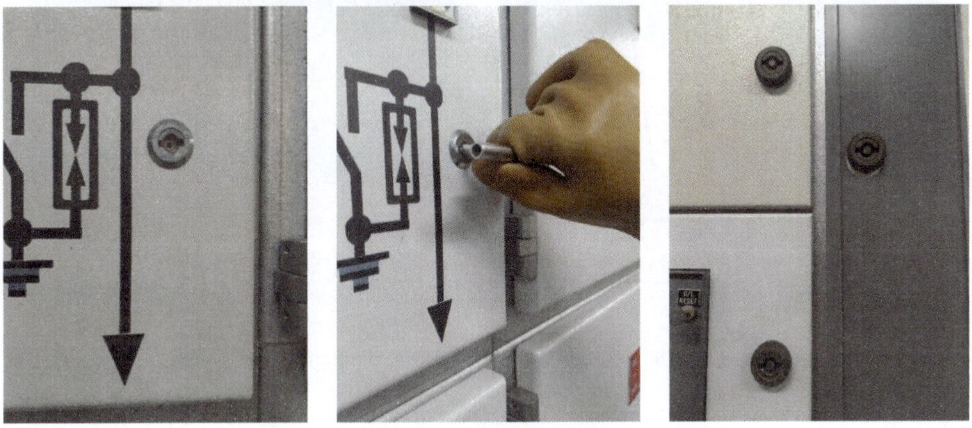

图 3-6　T 形钥匙使用方法

（5）6 kV 开关电缆室五防闭锁解除工具（见图 3-7）

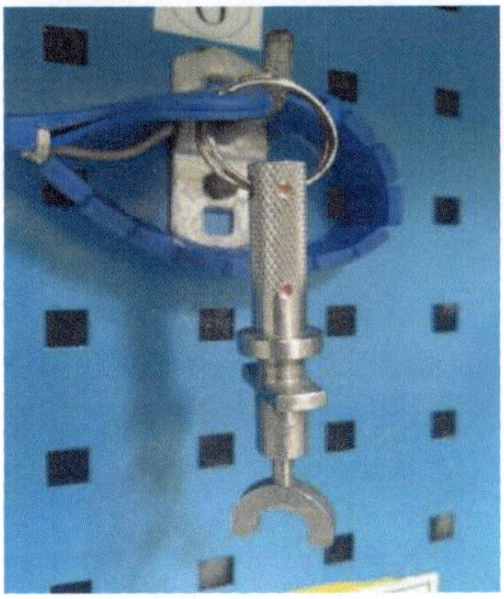

图 3-7　6 kV 开关电缆室五防闭锁解除工具

该工具用于在 6 kV 开关柜的地刀柜门打开后，解除地刀柜门处的机械闭锁（见图 3-8）。

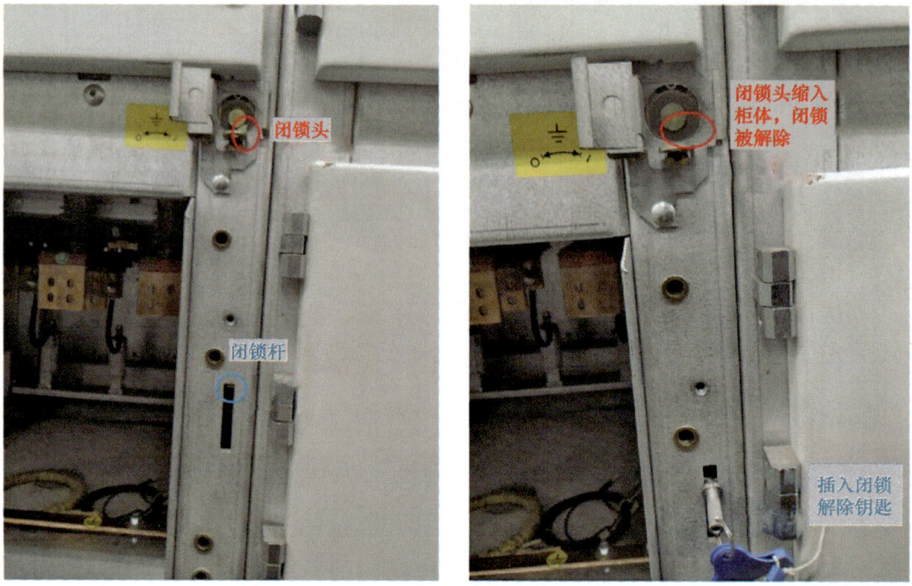

图 3-8　6 kV 开关电缆室五防闭锁解除工具使用方法

使用方法及注意事项：将前端半圆头插入地刀柜门侧的机械闭锁杆处，并横向旋转使工具卡在柜体上，可以看到上部的闭锁头已经缩入柜体，闭锁解除，可以进行开合地刀的操作。

（6）400 V 开关操作手柄（见图 3-9）

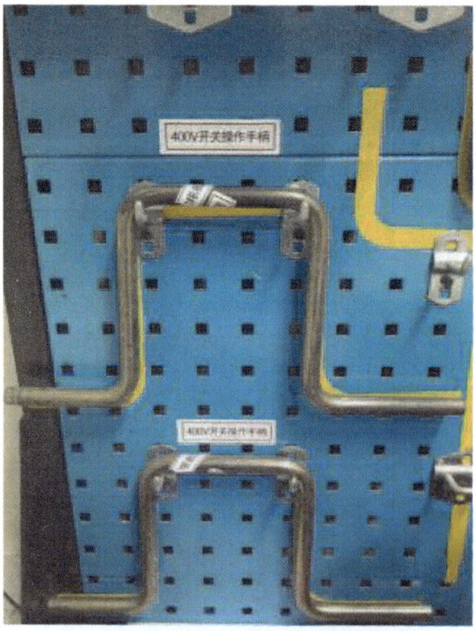

图 3-9　400 V 开关操作手柄

该手柄用于手动操作 380 V 配电柜进线开关。

使用方法及注意事项：先检查开关已经处于断开状态，将操作手柄插入开关面板上的插口，然后按照插口处提示方向转动手柄，使开关摇出或摇入到位（见图 3-10）。

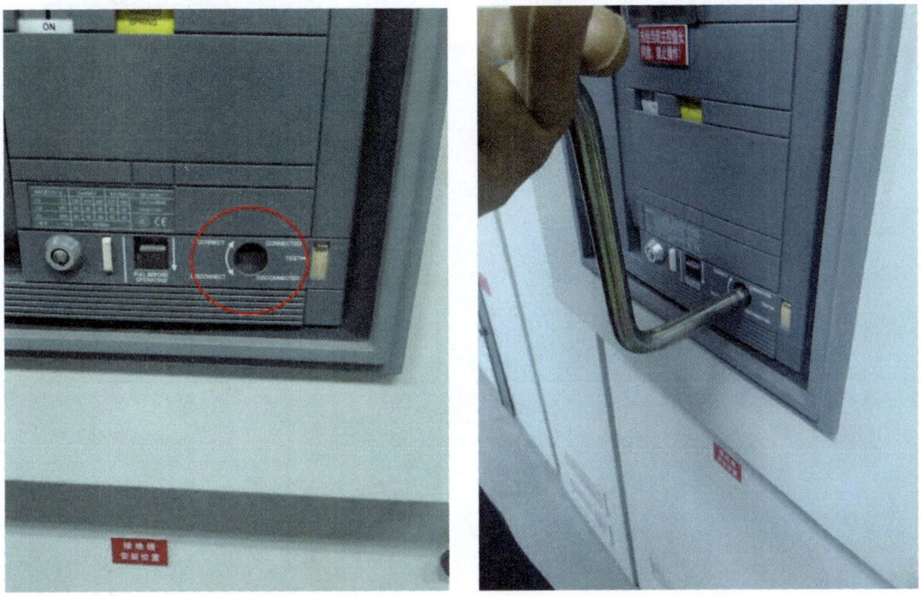

图 3-10　400 V 开关操作手柄使用方法

（7）万用表（见图 3-11～图 3-13）

FLUKE112 型万用表（见图 3-11），运行现场配备此表，只用于测量三相电机相间电阻，确认相间连接完好。

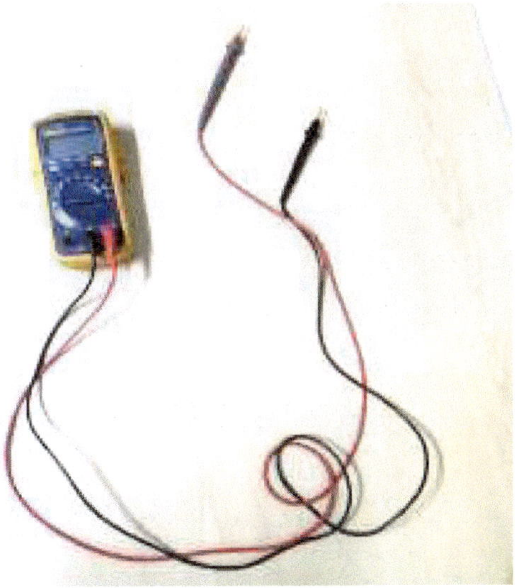

图 3-11　FLUKE112 型万用表

图 3-12　6 kV 电气柜

图 3-13　400 V 电气柜

使用方法及注意事项：使用时将万用表的旋钮旋转至“Ω”档或•)))档，将万用表的两个探针分别与任意两相连接，只有在•)))档位才会有“嘀”的声响，在“Ω”档时没有声音，只会显示阻值。万用表发出“嘀”的声响表示连接良好，分别确认AB/BC/CA 相间连接良好。

万用表的使用方法都是一样的。拿到万用表后，先给万用表装上电池，电池装好以后将量程打到通断挡，短接红黑表笔，万用表会发出滴的报警说明通断正常。然后，将量程打到电压档，将红黑表笔分别连接电源的正负极进行电压测量，交流电压测量也是一样的。将量程打到电阻挡，进行电阻测量，测量电阻要确保电路断电，以免烧坏万用表；将万用表打到电容档，就可以进行电容测量；测量电流就要将红表笔接到 A 和 mA 两个孔里，根据电路的电流进行选择挡位，然后将红黑表笔串入电路进行测量；将量程打到电阻档，按下右上角的黄色按钮就可以选择二极管挡，进行二极管的测量。

（8）兆欧表（见图 3-14～图 3-17）

图 3-14　兆欧表

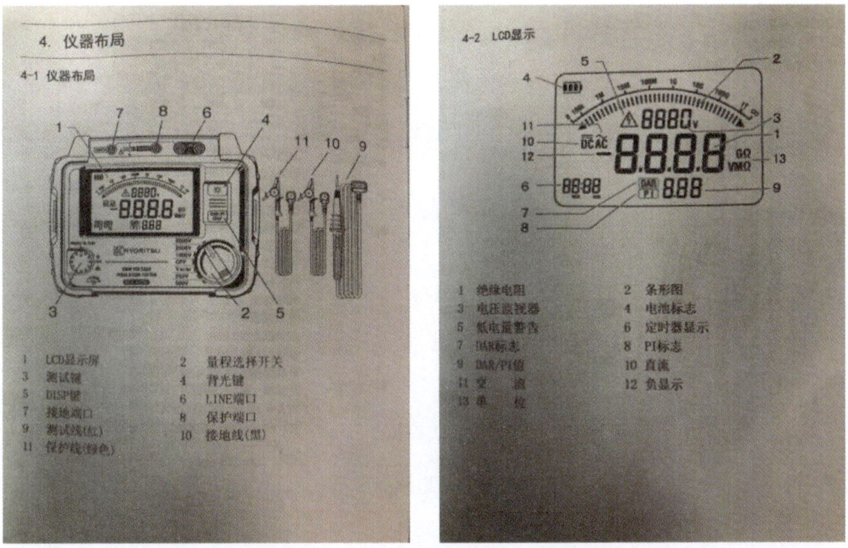

图 3-15　兆欧表及其显示、布局

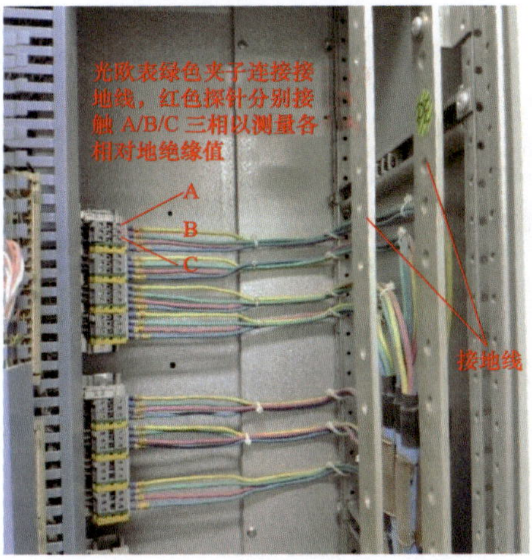

图 3-16　400 V 电气柜

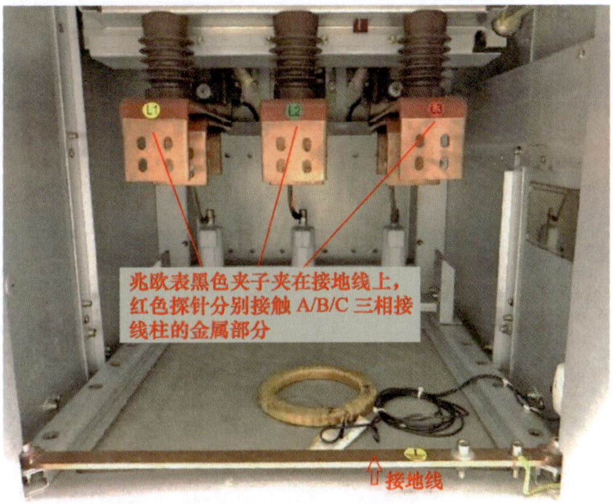

图 3-17　6 kV 电气柜

（电子式）绝缘电阻表，现场又叫兆欧表或绝缘表，用于对 6 kV/400 V 电气设备的电机绕组进行绝缘测量。兆欧表带有两根接线，红色带探针的接线为测试线，插于兆欧表的 LINE 端口；黑色带夹子的接线为接地线，插于兆欧表的 EARTH 端口。

吸收比是指同一次绝缘试验中 60 s 的绝缘电阻值与 15 s 时绝缘电阻值之比。吸收比可发现问题：绝缘异物；绝缘局部或整体受潮和沾污；绝缘油严重劣化；绝缘击穿和严重热老化。

使用方法及注意事项：使用时需将功能旋钮旋转至设备的电压等级（6 kV 设备对应 2 500 V 档位，400 V 设备对应 500 V 档位），然后将黑色接地线夹在电气柜内接地铁片上，红色测试线与被测电缆接线相连，此时按下兆欧表左下的橘色按钮并顺时针旋转锁定，即开始对设备进行单相的绝缘测量。

使用兆欧表前需要检查电池电压，当显示器左上角电池标志内为空白时，表示电池电压在操作电压下限以下不能保证精确度，需更换电池后使用。

测量前，确认量程开关切换至适当位置，测试线连接被测回路时，不要旋转功能选择开关。

绝缘测量量程时按下测试开关（橘色旋钮)，测试线会产生高压电，若碰触可能导致触电事故。

使用前需对设备进行验电操作，确认设备不带电；使用时要佩戴好绝缘手套、绝缘靴等防护用品，只有在确认相间连接良好的前提下才可以用兆欧表进行绝缘测量操作。

3.2 柴油机、发电机及网控相关工器具

3.2.1 应急柴油机中性点地刀操作手柄

应急柴油机中性点地刀操作手柄，一端手握，另一端焊接有圆筒形一侧带有缺口的卡槽，该工具只用于应急柴油机中性点地刀的分合操作，如图 3-18～图 3-21 所示。

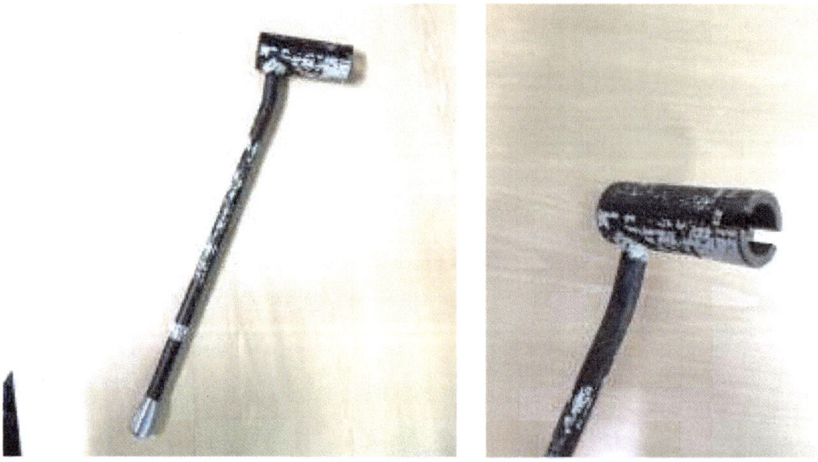

图 3-18 应急柴油机地刀操作手柄

使用方法及注意事项：使用时将圆筒形带有缺口卡槽的一侧对应操作孔内卡柱插入，然后手握操作手柄进行顺时针或逆时针方向旋转操作，顺时针为合地刀，逆时针为分地刀。

应急柴油发电机中性点地刀是纯机械结构，且无弹簧机构，只能手动操作，合闸到位后靠动触头卡住静触头保持合位。地刀操作到位时会有明显手感，同时还可以通过操作孔处观察到触头状态（从手孔处通过手电筒查看)，也可在就地柜侧面观察孔处查看动触头是否已完全咬合到位。

应急柴油机地刀分/合操作旋转角度大约只有 70°。

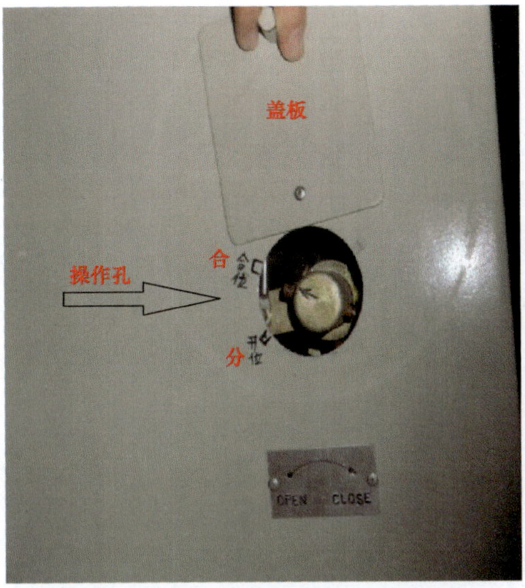

图 3-19　应急柴油机中性点地刀操作孔

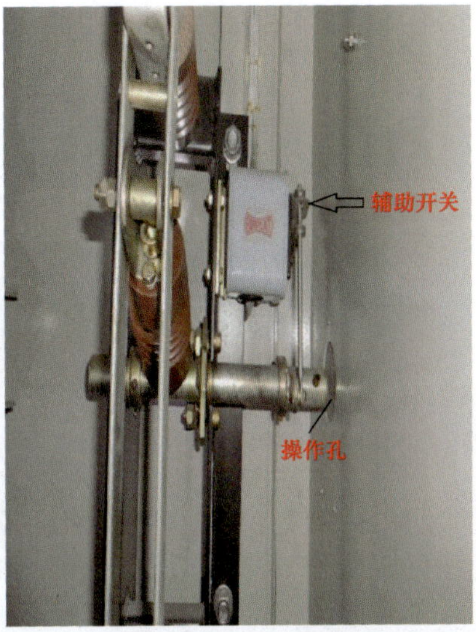

图 3-20　地刀内部结构

图 3-21　地刀未合到位

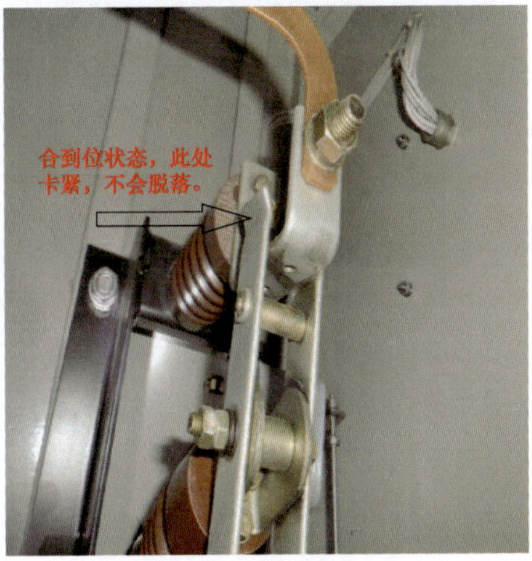

图 3-22　地刀未合到位

3.2.2　应急柴油机相关电气柜隔离钥匙

应急柴油机相关电器柜隔离钥匙，如图 3-23 所示为“T”字形，一大一小两把钥匙，两把 T 形钥匙主要供 BNA－BND50 柜\BWS10－40 柜的开关隔离时使用。大的是日常隔离使用，隔离时不仅要把开关旋钮转至 OFF 位，还要使用大的 T 形钥匙孔也旋转至 OFF 位，才能实现可靠隔离，解隔离送电时先要使用专用钥匙插入钥匙孔也旋转至 ON 位，再把开关旋钮打至 ON 位，才能送电到位。小的钥匙一般在电气开关柜用于将开关旋钮打至试验位时使用，而大的 T 形钥匙无法旋钮至试验位，通常作为运行人员只使用大的 T 形钥匙。除非特别说明，小的 T 形钥匙一般不使用。

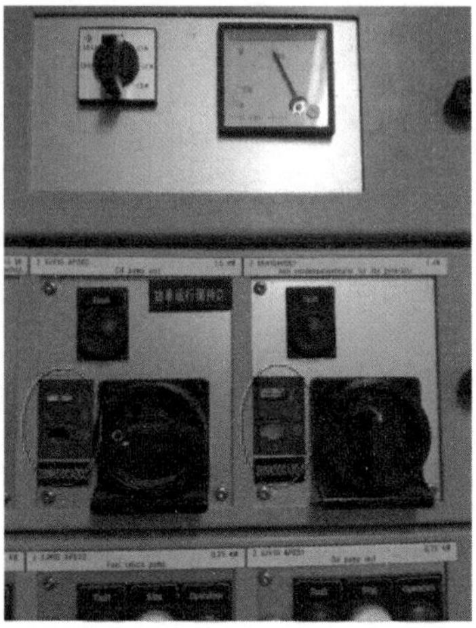

图 3-23　应急柴油机相关电气柜隔离钥匙及使用方法

使用方法及注意事项：应急柴油机辅助系统设备在备用期间其电气开关为“1”位，有机械闭锁，隔离钥匙不可插入；如需隔离设备，要先将电气开关旋转至“0”位，即断开位，隔离钥匙插入口铁片下移露出插入口，机械闭锁解除，将隔离钥匙插入旋转，使插入口上方标识由红色“1”变为绿色“0”，即电气开关处于隔离位；如将隔离设备恢复送电，则先将隔离钥匙插入旋转，使标识由绿色“0”变为红色“1”，然后将开关旋转至“1”位，即恢复送电。

3.2.3　发电机出口断路器隔离刀闸操作手柄

发电机出口断路器隔离刀闸操作的先决条件：

1）发电机：断开或者停机；

2）变压器：断开或者接地；

3）操作钥匙：按要求；

4）如果使用了制造商供应的控制柜，则要求：

① 控制柜的操作模式处于 LOCAL；

② 用螺丝刀放松并取下操作屏的罩壳；

③ 将操作钥匙插入钥匙开关；

④ 顺时针方向将操作钥匙转动 90°。

发电机出口断路器隔离刀闸操作手柄的使用（见图 3-24）：

1）手柄的操作滑片 OPENED，将手柄插入手柄操作孔中；

2）通过旋转手柄：将连接的开关元件移动到要求的开关位置；

① 顺时针转动手柄，使开关元件进入合闸位置；

② 逆时针转动手柄，使开关元件进入断开位置；

③ 使开关元件从合闸位置移动至断开位置时，需要转动手柄大约 30 圈，反之亦然。

图 3-24　发电机出口断路器隔离刀闸操作手柄及使用方法

3.2.4　接地刀闸手动操作手柄

该手柄（见图 3-25）用于 220 kV 开关站闸刀的手动操作，但正常情况下一般不会手动操作。目前该手柄存放在网控楼值班室内。

使用方法及注意事项：插入时要挤开弹簧挡板，此操作最好两人同时进行，注意不要让弹簧挡板和操作机构压住手指头。在操作前一定要先检查相应开关已经处于断开位置，然后按照插口处提示方向操作手柄使闸刀断开或闭合。

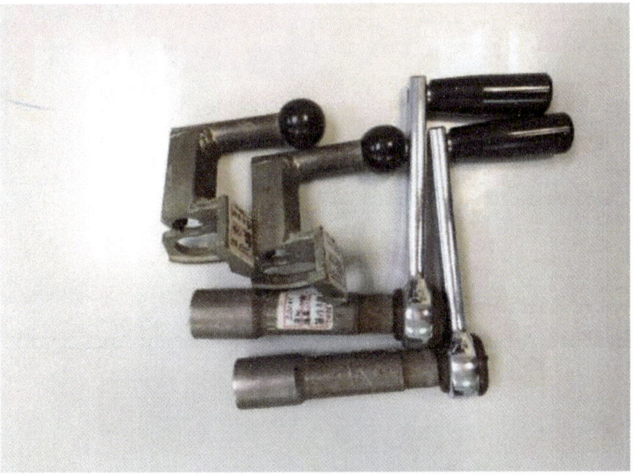

图 3-25　接地刀闸手动操作手柄

3.3 气体检测及化学药品防护工具

3.3.1 氢气测漏仪

COSMOS 系列气体检测仪，型号为：XP－3160，现场称为氢表。用来测量室内的含氢量。

氢表分为两部分，前部为测量探头，探头玻璃管内有过滤纸，使用一定时间过滤纸应更换。后部为测量机身，可手持测量，见图 3-26。

使用方法及注意事项：长按下 POWER 键即可开机，开机后会加载 1 min 左右，再将测量探头放置需要探测物体或地点，屏幕上会显示氢气浓度。屏幕左上角有电池电量显示条，当电量不足会有提示，应更换电池。使用完毕后，长按 POWER 键关机。

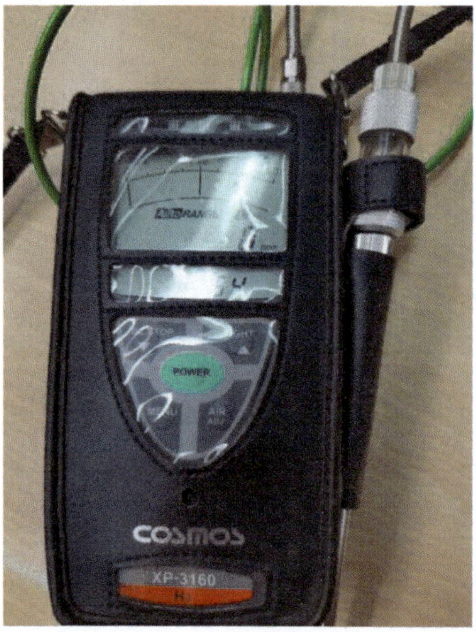

图 3-26　氢气测漏仪

3.3.2 六氟化硫仪表

六氟化硫气体检漏仪，型号为：TIF XP－1A。用于测量泄漏的六氟化硫气体。检漏仪分为两部分，前部为测量探头，后部为测量机身，可手持测量，见图 3-27。

使用方法及注意事项：按下 ON/OFF 键盘，开机后灵敏度默认 5 级，此时可听到间隔稳定的“嘟、嘟”声，如果需要可通过灵敏度调整键“↑”“↓”改变灵敏度。当有泄漏的气体被发现，“嘟、嘟”声将变得急促，发光二极管也将根据浓度的变化改变发光方式，按严重程度分为绿、橙、红，严重程度一次递增。“MUTE”为静音键。“RESET”为复位键，为保证仪器测量可靠准确，可以经常进行复位操作。

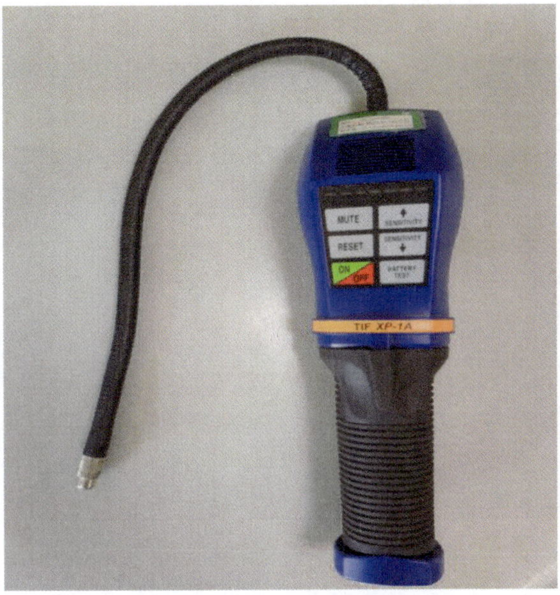

图 3-27　六氟化硫仪表

3.3.3　氧表

氧表，测量大气及室内的氧含量。

使用方法及注意事项：长按“ON/OFF”键即可打开仪表，打开后有 3 s 自检，打开后可以显示如图 3-28 所示，使用完毕后长按“ON/OFF”键后即关机。

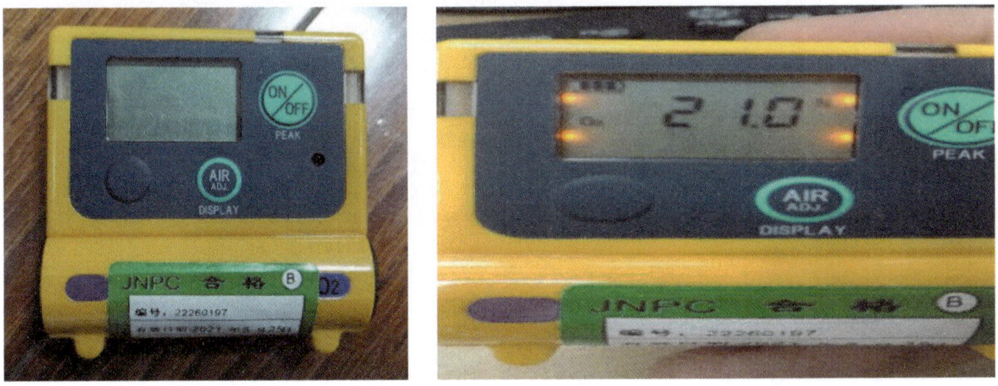

图 3-28　氧表及显示

3.3.4　各类化学药品防护装备

各类化学药品防护装备如图 3-29～图 3-34 所示。

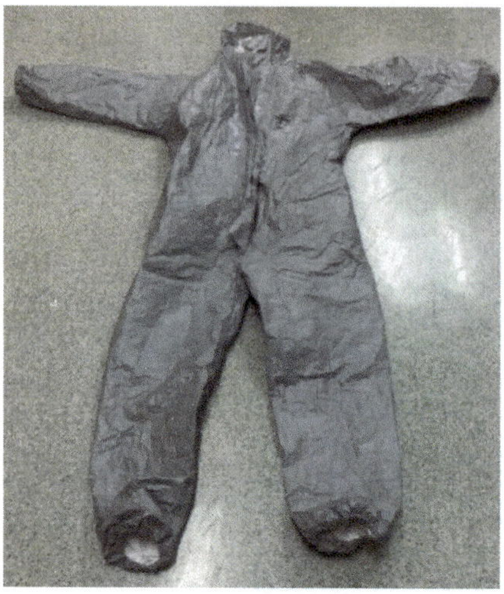

图 3-29　防酸碱服

图 3-30　防酸碱手套

图 3-31　防酸碱靴

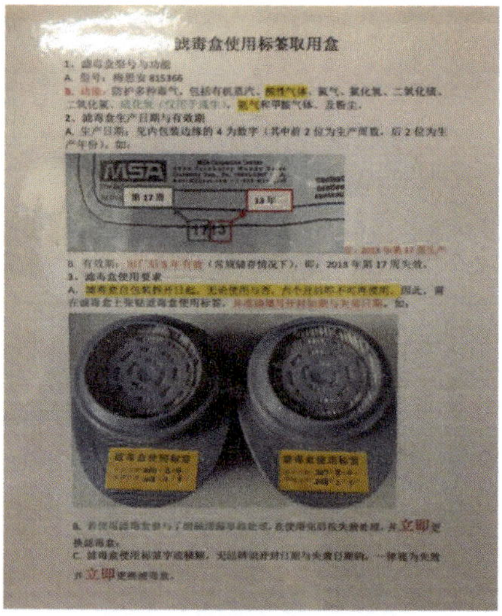

图 3-32　滤毒盒使用须知

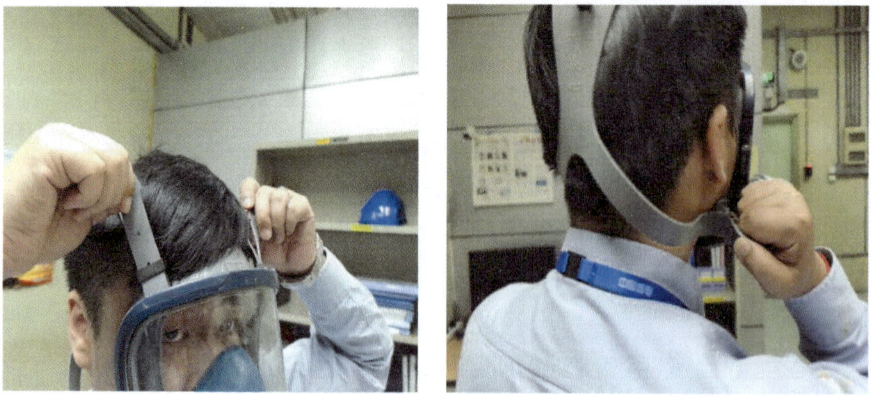

图 3-33　防酸碱面罩佩戴

佩戴时，将面罩套于头部，如图 3-34 所示调整面罩，直至贴合面部，不漏空气。防酸碱服袖口要扎住手套，裤腿要扎住防酸碱靴，防止有害介质沿手套或靴子缝隙进入。

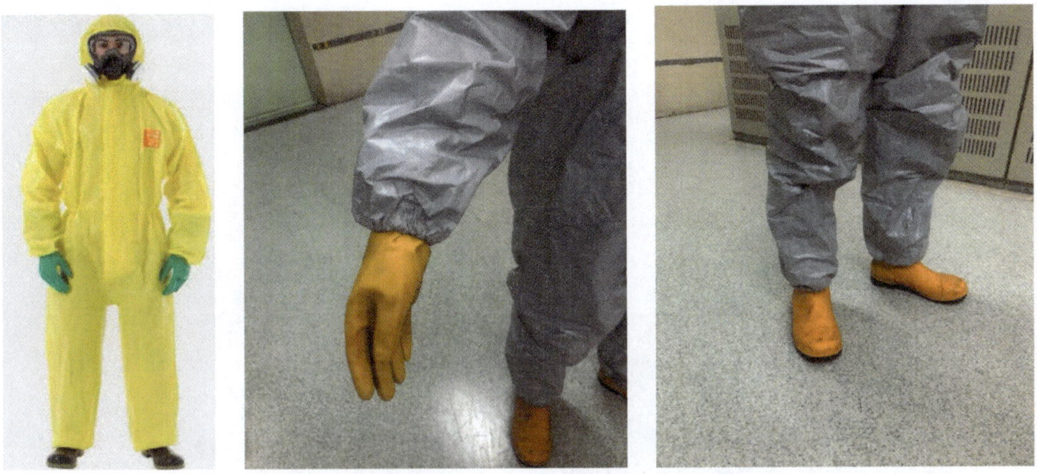

图 3-34　完整着装要求

3.4　工业安全相关工器具

3.4.1　测温枪

红外测温仪，现场也叫测温枪，是带有激光指点器的非接触式温度计。通过测量物体表面反射出来的红外线能量来反映物体的温度。多用于管道、轴承、电气部件等温度变化的设备测温。该测温枪外面有橡胶保护套，配二节 5 号电池。表面有最大值/最小值显示，单位为摄氏度，可按 MODE 键切换，见图 3-35。

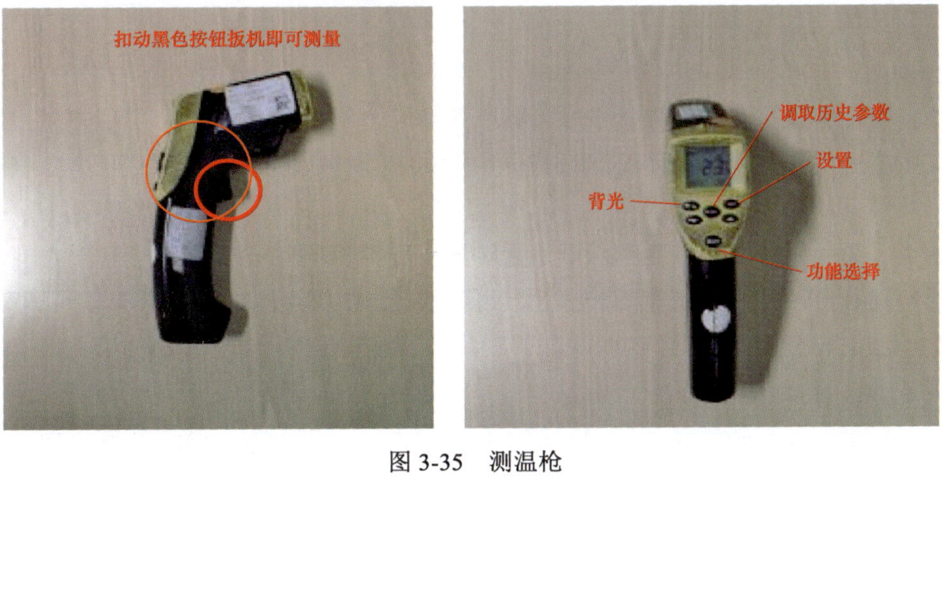

图 3-35　测温枪

使用方法及注意事项（见图 3-36）：

➢ 若需启动，扣动扳机即可，应对准测量点尽量保持不动，这样才能保证被测点温度正确；

➢ 在使用中轻拿轻放，防止内部零部件脱落；

➢ 使用时激光光束不能对准人的眼睛；

➢ 不得和强磁场接触；

➢ 更换电池时务必注意电池的正负极向；

➢ 工作温度 0～50℃，测量范围 –35～750℃；

➢ 该表检验周期为两年。

图 3-36 测温枪使用方法

3.4.2 速差式防坠器

每次使用防坠器（见图 3-37）时，必须做一次外观检查；在使用过程中，也注意查看；在半至 1 年内，要试验一次。以主部件不损坏为要求，如发现有破损变质情况及时反应，并停止使用，以保操作安全。

使用时，将速差式防坠器上部黄色绳子位置可靠固定悬挂在作业点上方，将自控器内的绳索和安全带上背部位置的半圆环联结，可任意将绳索拉出（见图 3-38），在一定位置上作业。工作完毕，人向上移动，绳即自行收回自控器内。坠落时，自控器受速度影响进行制动控制。试验时，拉出绳长 0.8 m，要求模拟人体坠落时下滑距离不超过 1.2 m 为合格。

速差式防坠器使用注意事项：

1）速差防坠器必须高挂低用，使用时应悬挂在使用者上方坚固钝边的结构物上。

2）使用本品前应对安全绳、外观做检查，并试锁 2～3 次（试锁方法：将安全绳以正常速度拉出应发出“嗒、嗒”声；用力猛拉安全绳，应能锁止。松手时安全绳应能自动回收到器内，如安全绳未能完全回收，只需稍拉出一些安全绳即可）。如有异常即停止使用。

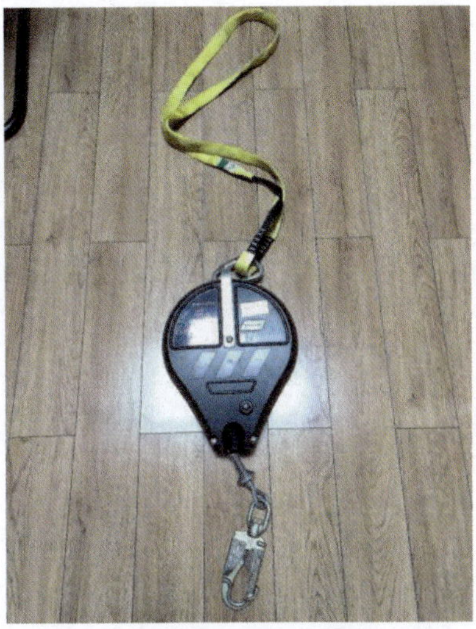

图 3-37 防坠器

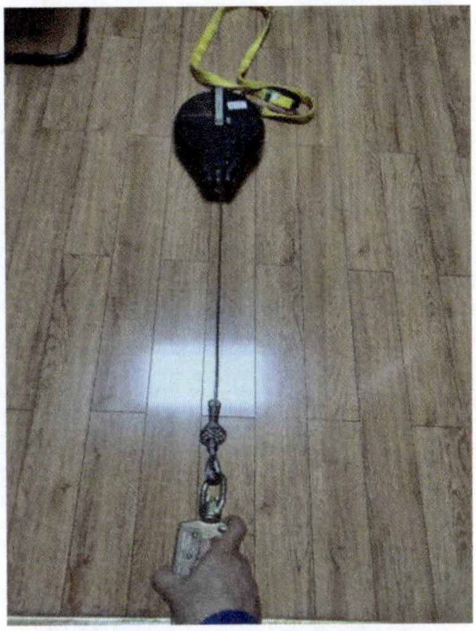

图 3-38 防坠器拉出

3）使用速差防坠器进行倾斜作业时，原则上倾斜度不超过 30°，30° 以上必须考虑能否撞击到周围物体。

4）速差防坠器关键零部件已做耐磨、耐腐蚀等特种处理，并经严密调试，使用时不需加润滑剂。

5）速差防坠器严禁安全绳扭结使用。严禁拆卸改装。并应放在干燥少尘的地方。

3.4.3 安全带

安全带的使用：

1）检查背带和挂绳，没有断丝和明显划痕；金属挂钩没有可见裂纹。

2）安全带从下往上穿戴，安全带绑扎完毕以及绳子盘好后，挂钩挂在前面，如图 3-39（a）和（b）所示。

3）先把安全带两个挂钩挂在头部上方位置，开始爬直爬梯或者脚手架，当上到腰部位置时，摘下一个挂钩挂到头部上方位置。重复此步骤上下。上到平台后，如需要往左（右）移动时，先把一个挂钩摘下挂到左（右）前方位置，再倒换另外一个挂钩，如图 3-39（c）～（f）所示。

4）两个挂钩挂好，检查挂钩处是否牢靠，注意必须高挂低用，经检查合格后，开始作业。

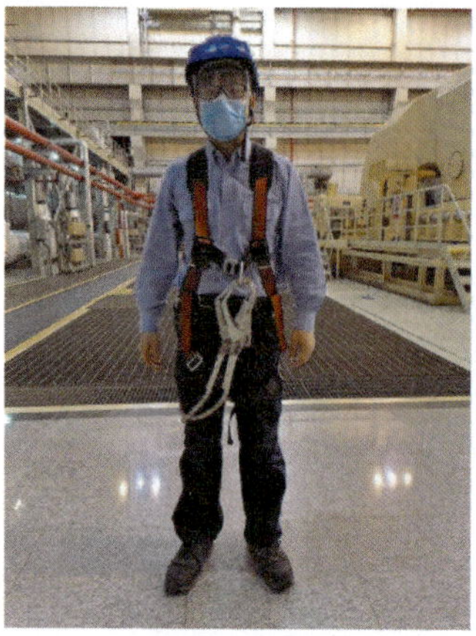

(a)

(b)

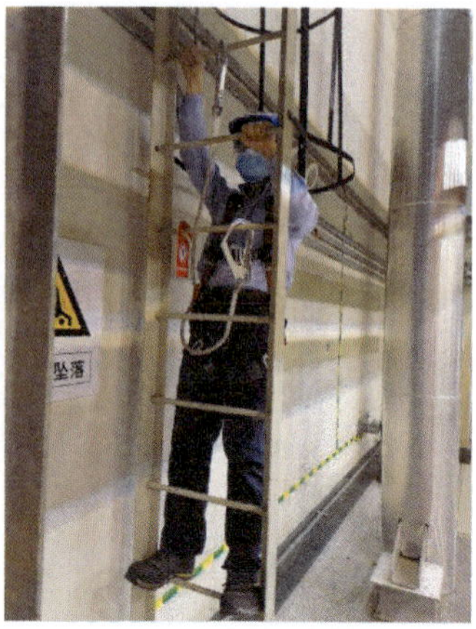

(c)

(d)

(e)

(f)

图 3-39　安全带使用图

3.4.4 液压升降台

液压升降平台的操作步骤见图 3－40～图 3-46。

图 3-40　液压升降平台

图 3-41　支腿打开 135°

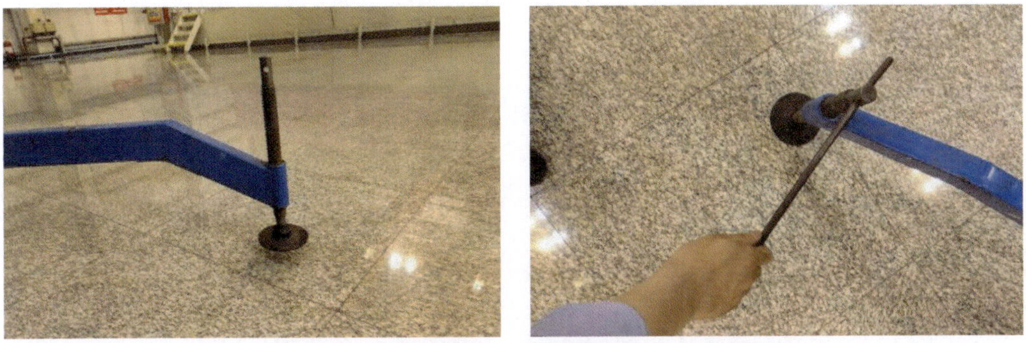

图 3-42　支腿操作

图 3-43　门上金属销，可使门可靠关闭

图 3-44　升压阀与压力表

图 3-45　上下摇动操作杆升起升降平台

图 3-46　操作平台升起后

1）在工作前将液压升降平台推至所要使用的位置，在作业前将支撑臂打开到 135°，使用细铁棒插入支腿丝杠上部孔内顺时针旋转，将底座调至水平并与地面可靠支撑。系好安全绳，检查升降机是否可靠固定，外观是否正常，没问题后工作人员即可沿爬梯爬上平台，平台上的金属门上有一个金属鞘，请将金属鞘放至凹槽内使金属门可靠关闭，防止人员坠落，注意工作人员必须把所佩戴的安全带锁紧在身体和牢固的物体上。

2）升降操作：使用前检查手压阀是否关闭（顺时针拧不动），将铁棒插入操作位置，上下摇动铁棒即可使升降平台上升，此过程中请注意压力表压力，如超出压力范围请停止操作，当上升至合适位置即可停止摇动，完成工作。当工作结束后，可以拧开手压阀泄压（逆时针泄压），升降平台缓慢下降至原位置，恢复手压阀原状态（顺时针拧不动）。工作人员从爬梯爬下平台，使用细铁棒将四个支腿丝杠逆时针旋转，使支腿与地面分离，收回四个支腿至原位置，并移动液压升降台至厂房内允许存放位置即可。

3.4.5　挖井盖工具

挖井盖工具是用来打开下水井的盖板的。目前，机组岗位上配有双侧卡口的挖井盖工具（见图 3-47 左）和单侧卡口的挖井盖工具（见图 3-47 右）。

图 3-47 挖井盖工具

使用方法和注意事项：下水井盖上开有一个小孔，挖井盖工具插入其中，旋转一定的角度，使下方的凸点与井盖“别”住，向上提拉，撬的时候要倾斜着，盖和盖沿有了缝后，用挪移的方法打开。井盖上孔口大的使用双侧卡口工具（见图 3-48 左），孔口小的使用单侧卡口工具（见图 3-48 右）。由于井盖很重的，操作时要注意安全，防止滑倒。进入下水道前，首先进行足够的通风，因为一般下水井都是密封的，里面会产生沼气和各种有毒气体。

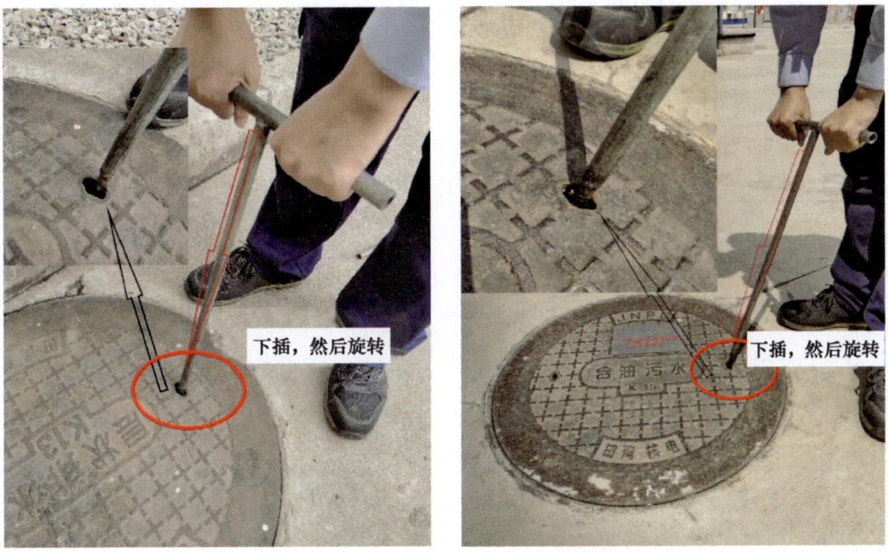

图 3-48 挖井盖工具的使用

3.4.6 剪线钳

常规岛岗位上的剪线钳为 24 寸，用于剪切钢绞线、钢丝绳、锁具等。

使用方法及注意事项：将两手把杆张开到最大，这时动力座自动打开，自由转动，然后将被剪物体放入剪口，摇动两手把即可剪断。注意不能用钳头代替锤子敲打物体；剪切时尽量用刀口中尾部，不要用刀尖；使用前检查确认各螺丝已拧紧，使用过程中应保证钳头螺丝不得松动，以防崩刃；使用后应擦拭干净，如图 3-49 所示。

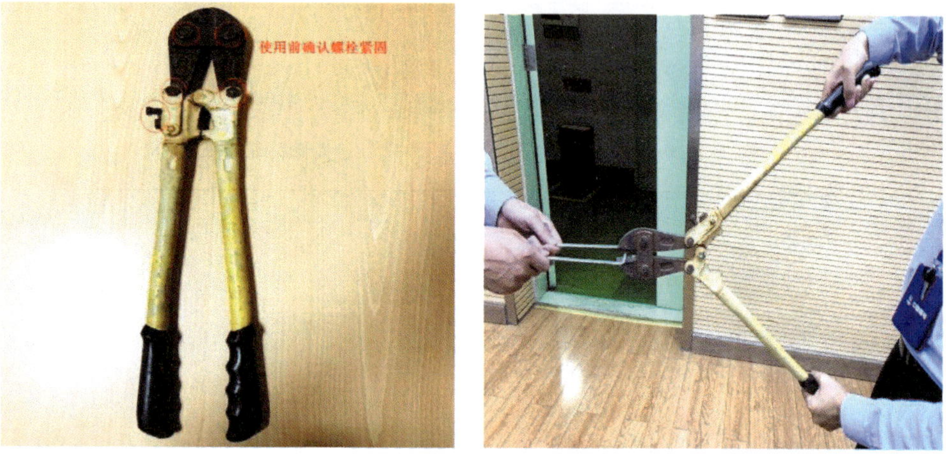

图 3-49　剪线钳及使用方法

3.4.7　磁翻板液位计导磁棒

磁翻板式液位计导磁棒是一个带有磁性的长方形棒体，当磁翻板式液位计出现断层现象时，用于校正液位计示数。目前，只有 1 号机常规岛有，2 号机常规岛没有。

使用方法及注意事项：使用导磁棒时，需汇报主控并征得主控操纵员同意才可使用；磁翻板式液位计出现断层时，将导磁棒对准液位计从下至上刷，等待浮子示数恢复慢慢向上移动，最终消除断层现象；使用导磁棒时保持适当距离，避免碰撞翻板液位计；操作时轻拿轻放，由下而上缓慢操作，避免摔坏导磁棒；使用导磁棒时，需维修人员配合，如图 3-50 所示。

图 3-50　磁翻板液位计导磁棒及使用方法

第 4 章 就地控制屏

4.1 发变组故障录波器的具体使用操作说明

发变组故障录波器的具体操作说明有以下 8 点。

1）打开 CFA10 柜门，打开显示器电源，拉出键盘（见图 4-1（a））；

2）拉出键盘后拿出鼠标，输入显示器解锁密码 Jdbh12345（见图 4-1（b））；

3）点击文件显示按钮（见图 4-1（c））；

4）点击打开文件（见图 4-1（d））；

5）向右拉出文件，找到最新的文件，显示启动的具体信息（见图 4-1（e））；

6）该按钮是选择启动的方式，模拟量显示或者开关量显示（见图 4-1（f））；

7）使用键盘上的“PgUp”和“PgDn”选择查看启动通道（见图 4-1（g））；

8）屏幕左边显示通道具体信息（见图 4-1（h））；

或者使用桌面上的后台监控软件，启动类型在列表中直接就可看出，因数据分析单元分上、下两个单元，两个单元一定都要看，最后选择最新录波文件名称双击鼠标查看动作曲线，如图 4-1（i）所示。

(a) 外观　　(b) 拉出键盘

图 4-1　CFA10 柜及其操作说明

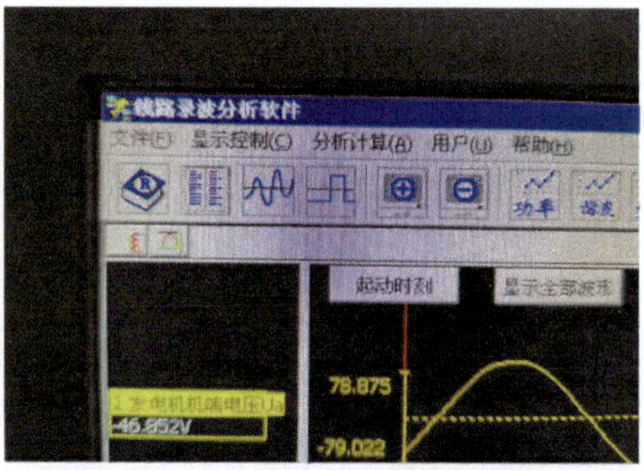

(c) 点击文件显示按钮

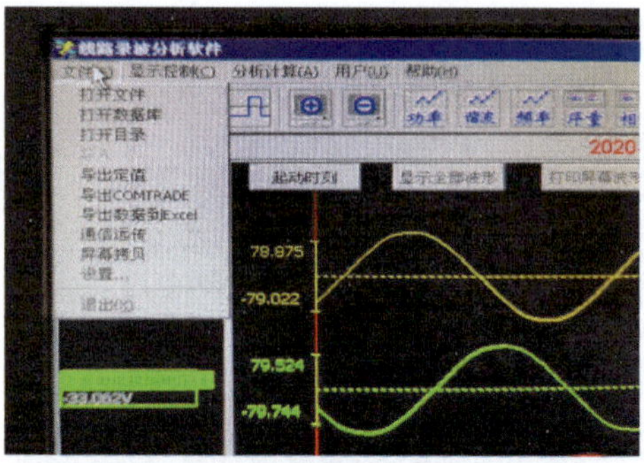

(d) 打开文件

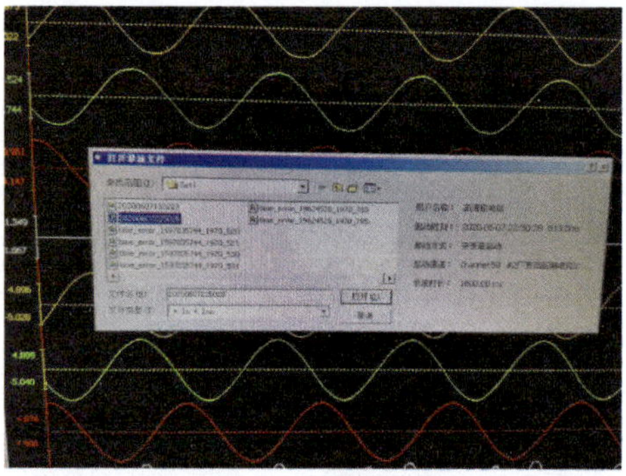

(e) 找到最新文件

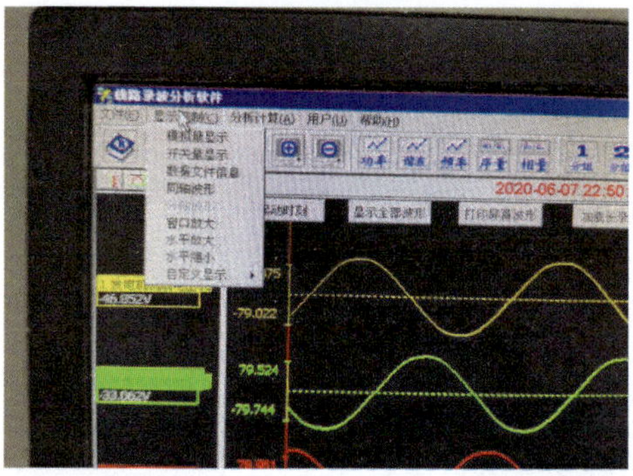

(f) 选择启动方式

(g) 选择查看启动通道

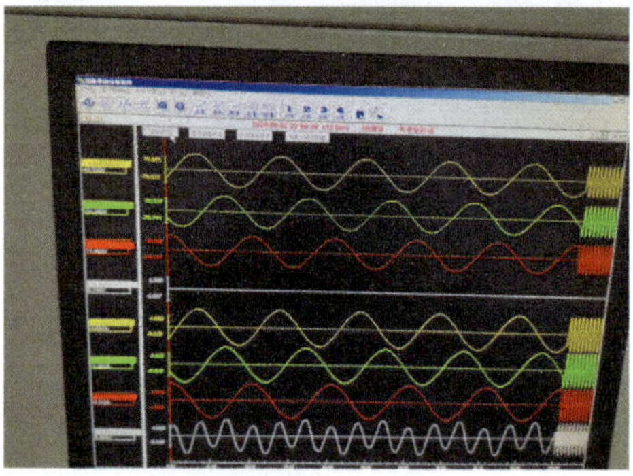

(h) 显示通道具体信息

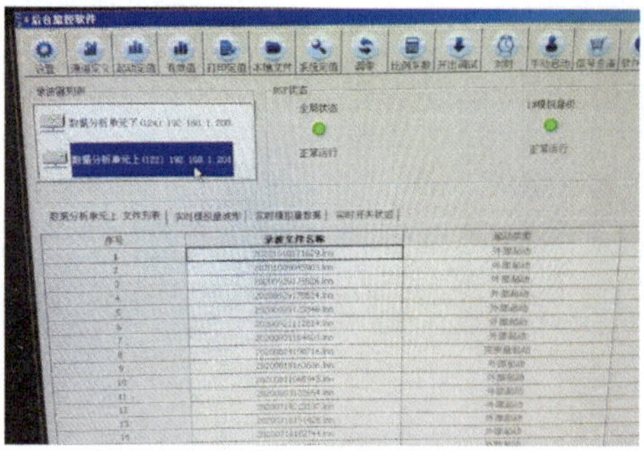

(i) 选择数据单元

图 4-1　CFA10 柜及其操作说明

4.2　发电机诊断系统现场画面操作指南

1）进入房间，找到 1CKC01 柜（见图 4-2（a））；

2）根据提示找到相应的画面（见图 4-2（b））；

3）左下角是后退键（见图 4-2（c））；

4）点击相应画面进行查看，右下角是上下翻页键，实时监测画面共 10 页，返回时使用左下角的返回键（见图 4-2（d）～（f））；

5）返回后进入报警画面查看（见图 4-2（g）和（h））。

(a) 1CKC01 柜外观

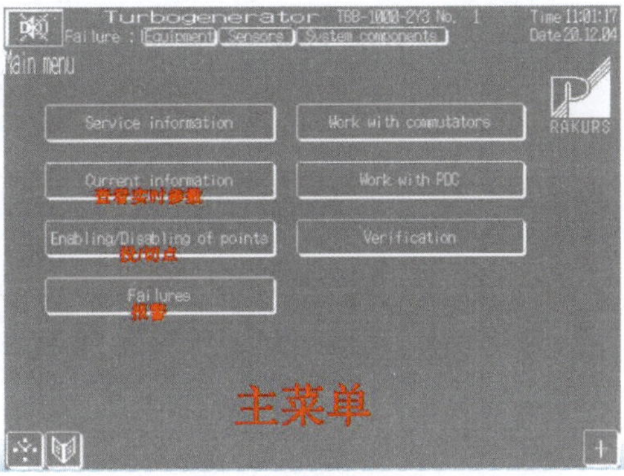

(b) 主菜单

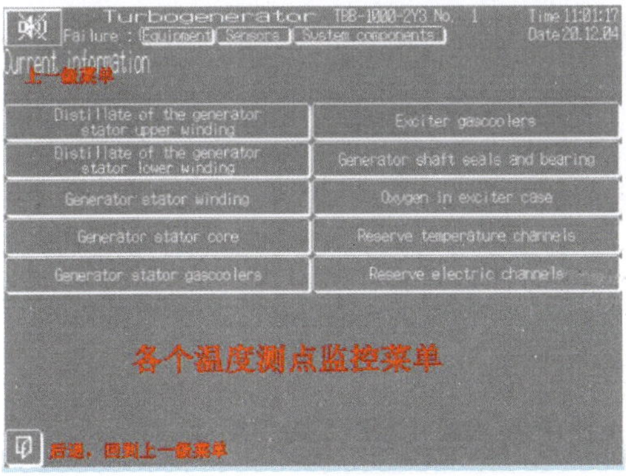

(c) 测点监控界面

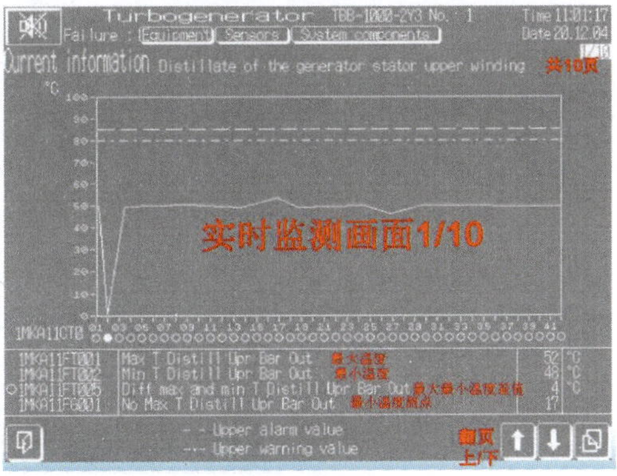

(d) 实时监测画面

图 4-2　1CKC01 柜及其操作指南

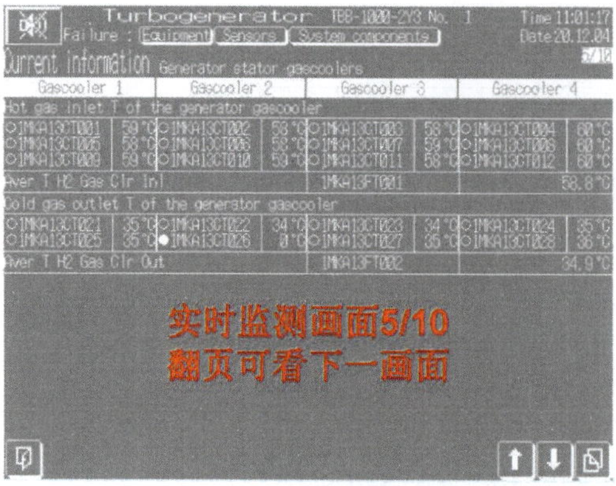

(e) 实时监测画面翻页

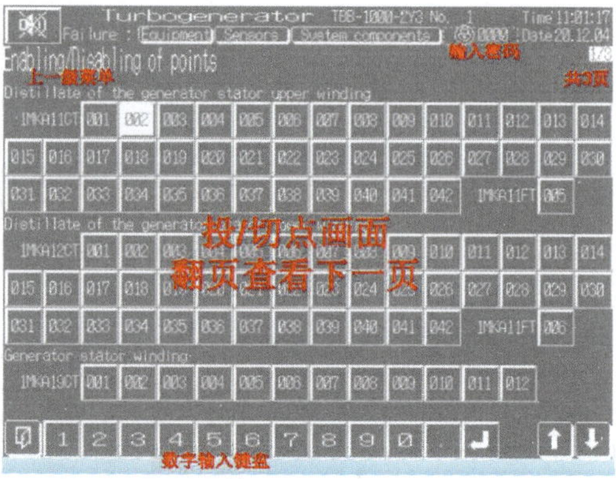

(f) 投切画面

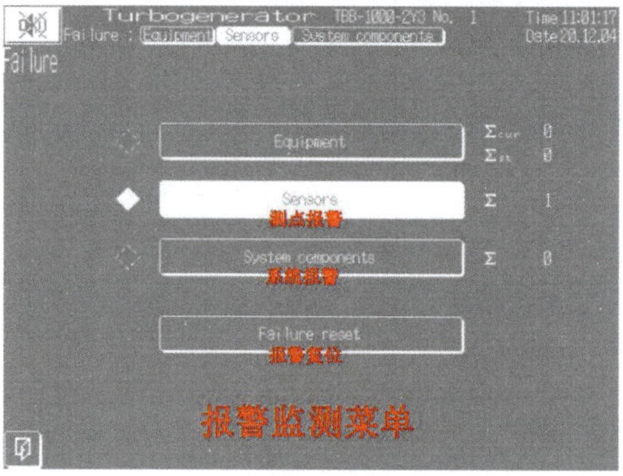

(g) 报警监测菜单

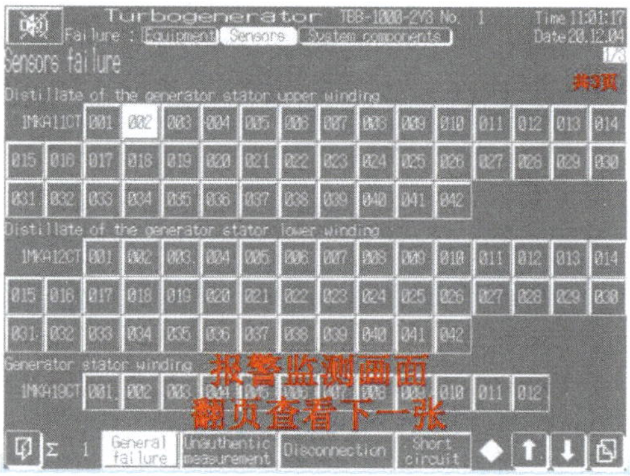

(h) 报警监测画面

图 4-2　1CKC01 柜及其操作指南（续）

4.3　消防控制屏

消防控制屏主画面如图 4-3 所示。

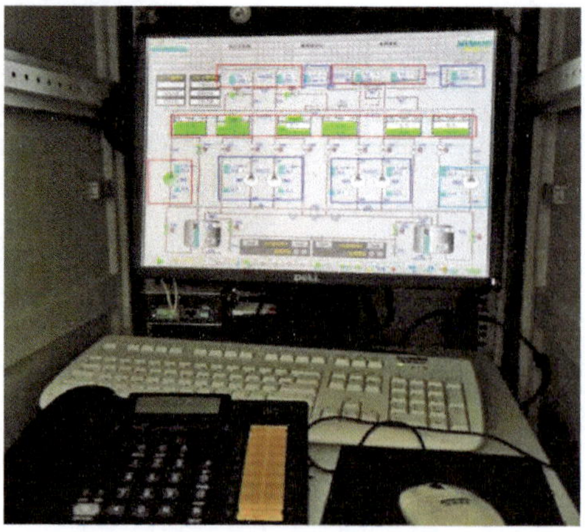

图 4-3　消防控制屏主画面

√ 稳压泵 SGC01AP003/004：

稳压泵用于维持管网压力，一台运行，一台备用。运行泵和备用泵必须处于成组控制，运行泵处于主用位。

√ 自动喷淋泵 SGC01AP001/002：

当房间内两条消防报警回路出现火灾报警，产生火警信号，处于主用位的喷淋泵会自动启动，正常备用情况下两台泵必须处于成组控制。

√ 消防大泵 SGA01AP001/002：

当发生较大火灾时，需要使用消防栓灭火，通过就地控制室或主控室消防屏手动启动 SGA01AP001/002，正常备用情况下两台泵必须处于成组控制。

√ SGC01（自动喷淋）、SGA02（室外消防栓）、SGA03（室内消防栓）压力正常略小于运行稳压泵出口压力，当压力下降明显，说明管道可能存在破口。

启泵的操作（以图 4-4 中的 SGC01AP001 为例）：

如果需要启泵，先检查泵处于主用和成组控制。在泵启动画面上，用鼠标选择手动并确定；然后选择启动，确认无误后确定执行。

从泵的启动画面手动启动，只能单独启动泵，再循环阀和其他相关阀门不会动作，只有将 SGC01AP001 退出 Aut 位，点击 Aggregate control 模块的“On”启动消防泵，才能成组启动 SGC01AP001，即泵再循环阀门打开，相关阀门关闭。泵启动后，打开泵启动画面，继续监视运行泵的轴承温度。

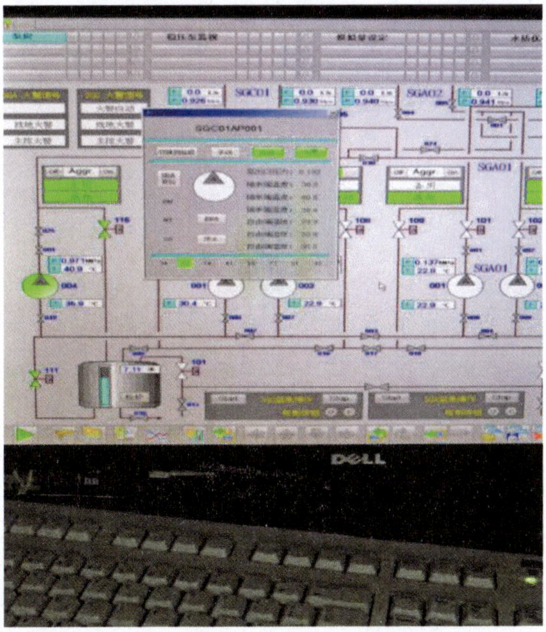

图 4-4　SGC01AP001 启动画面

消防控制屏报警查询如图 4-5 所示。

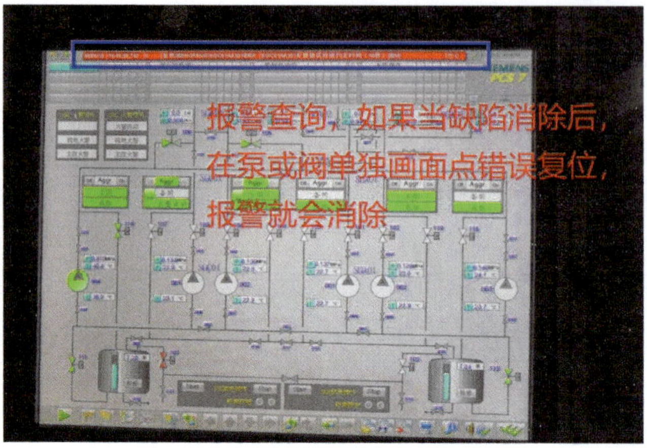

图 4-5　消防控制屏报警查询画面

历史曲线查询：

在消防控制屏主画面上，选择模拟量设定，会出现各个泵的温度和压力显示画面，然后选择对应泵下方压力温度趋势图（见图 4-6（a）)，会弹出现在的曲线画面，选择上方菜单栏中的时钟图标（见图 4-6（b）)，出现查询曲线的方式（见图 4-7（a）)，最后选择需要查询设备的相应曲线和时间（见图 4-7（b）)。

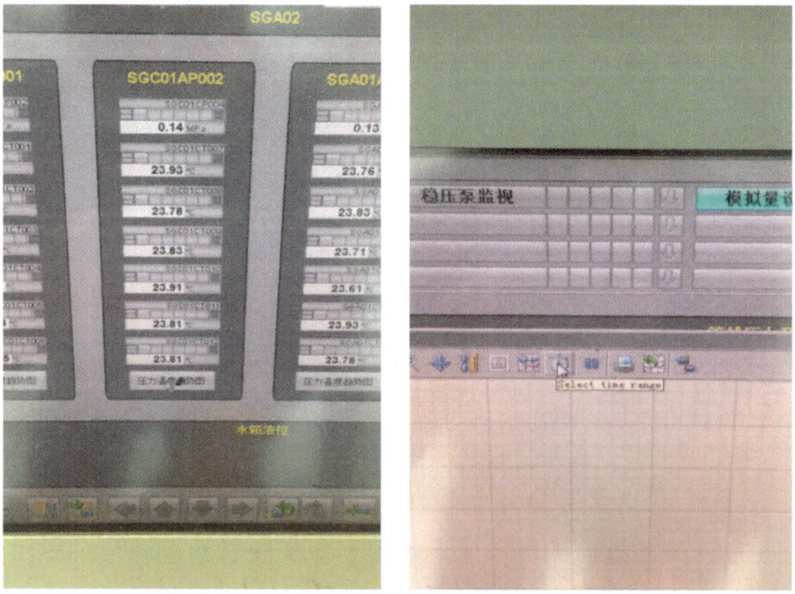

(a)　(b)

图 4-6　消防控制屏历史曲线查询（一）

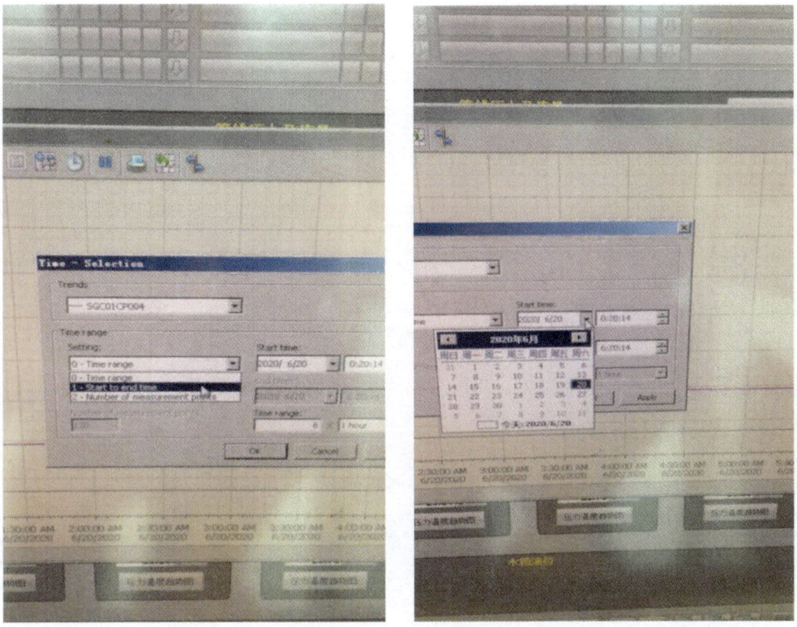

(a)　　　　　　　　　　(b)

图 4-7　消防控制屏历史曲线查询（二）

4.4　应急柴油机控制柜及控制屏

应急柴油机控制屏主要使用的情况是就地远控启动方式，一般在定期启动或者分级带载试验等非应急情况下使用。在日常巡检或试验过程中，查看相关报警以及柴油机各辅助系统运行情况。

图 4-8 所示为应急柴油机控制屏以及控制鼠标。其中，同期和就地位置切换以及转速、电压，或有功、无功等调节变送装置不包含在本书中。

图 4-8　应急柴油机控制柜及控制屏

应急柴油机现场控制屏共有 8 个画面组成：总画面（Overview）、进排气系统（Air/Exhaust）、压缩空气系统（Comp.air）、燃油系统（Fuel）、润滑油系统（Lube Oil）、发电机系统（Brg Lub Ge）以及事件记录和报警。各个系统下面的按钮为该系统的参数，XJR/XJY 为排烟温度以及柴油机转速；XJN 包含了日用油箱的油位；XJV 包含了润滑油压和油盘油位；XJG 包括高温回路温度和低温回路温度；XKA 为发电机的参数（XKA 画面共有 5 个板块）；XKV 为发电机润滑油温度。

1）Overview 画面

此画面可以监测到柴油机的频率和有功功率以及电流和线电压等按钮，可以分别显示相应的发电机出口参数，并且通过 DGS CNTROL 按钮可以实现柴油机的启停以及复位等操作，如图 4-9 所示。

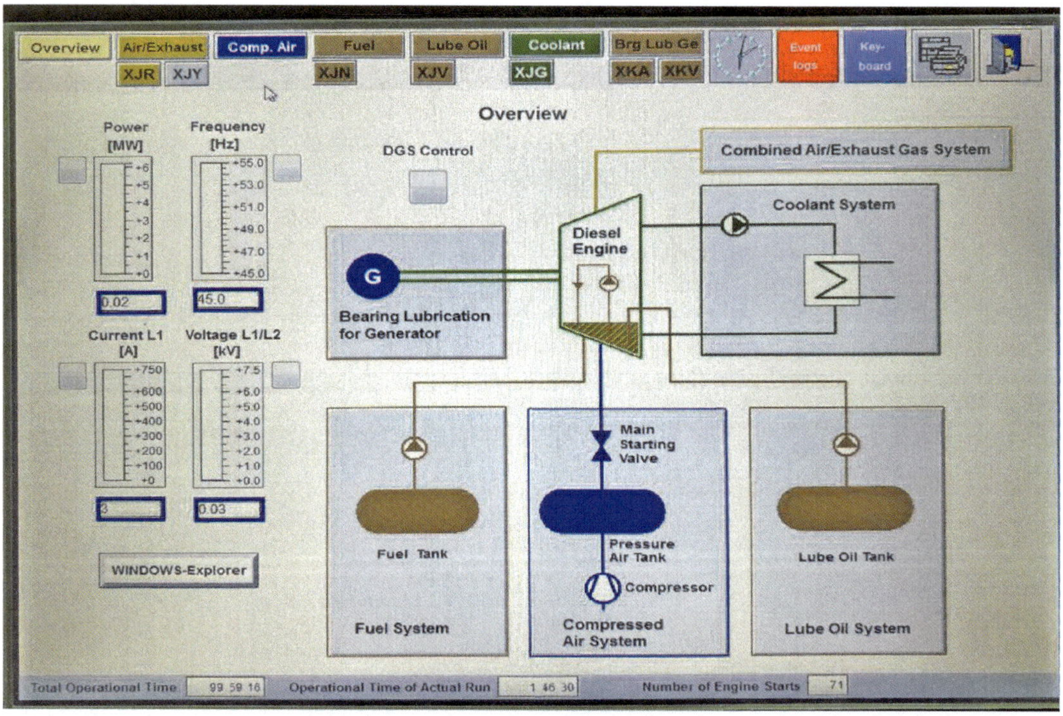

图 4-9 总画面

2）进风和排气系统（XJQ/XJR）

进风和排气系统见图 4-10。

通过把曲线拉至屏幕最右侧可以看到排风温度以及柴油机转速的数据波动显示（实时数据）。

3）压缩空气系统（XJP）

在该画面中可以看到电磁疏水阀 XJP*0AN001KA 的开关状态，以及电磁启动阀的状态，如图 4-11 所示。

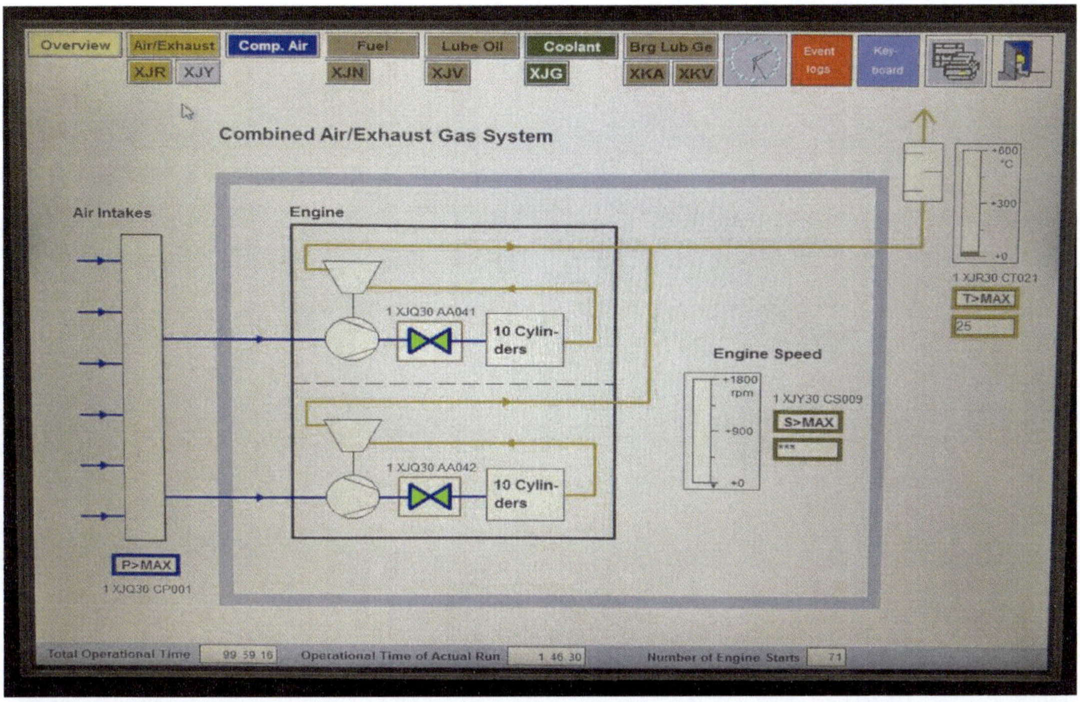

(a)

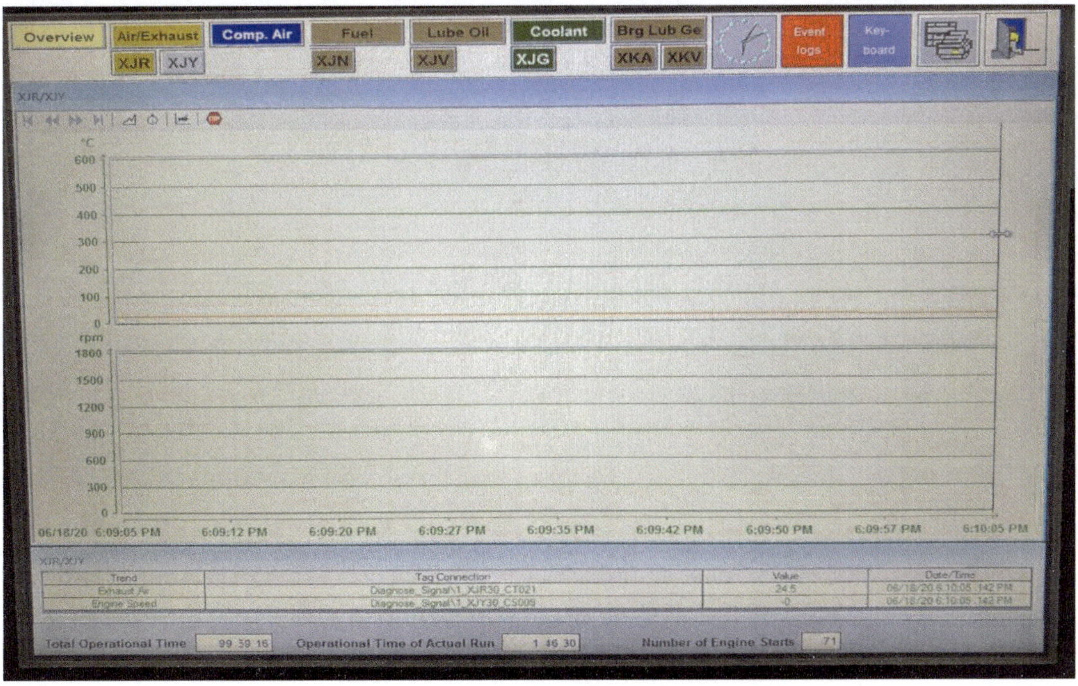

(b)

图 4-10　进风和排气系统

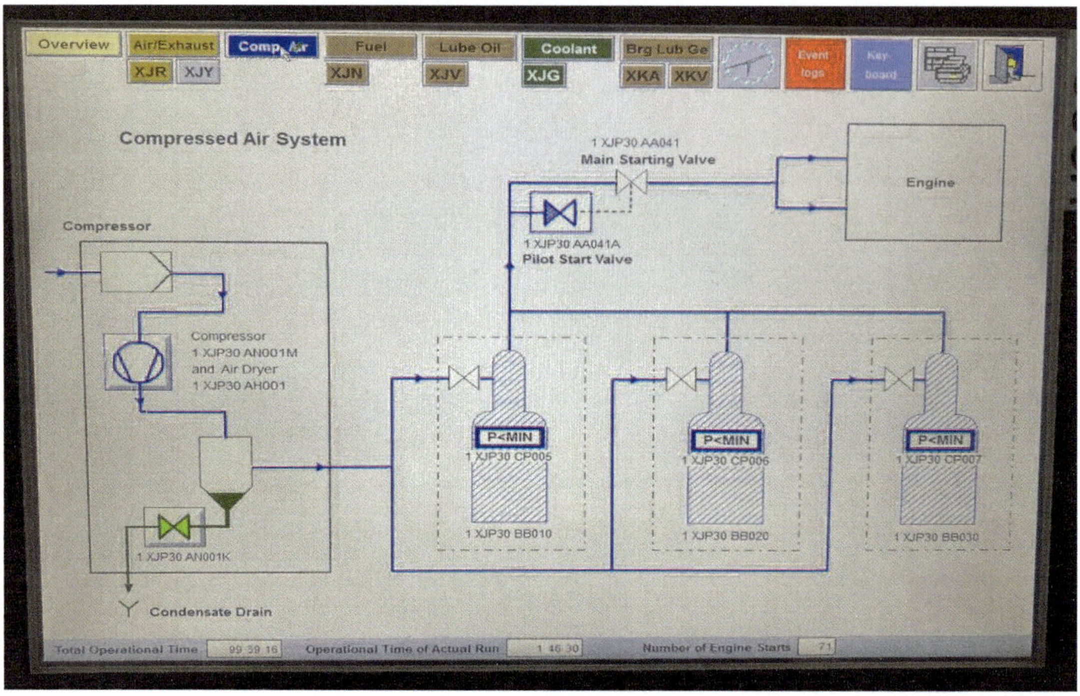

图 4-11　压缩空气系统

4）日用燃油（XJN）系统

点击 XJN 按钮可以看到日用油箱的液位情况（见图 4-12）。

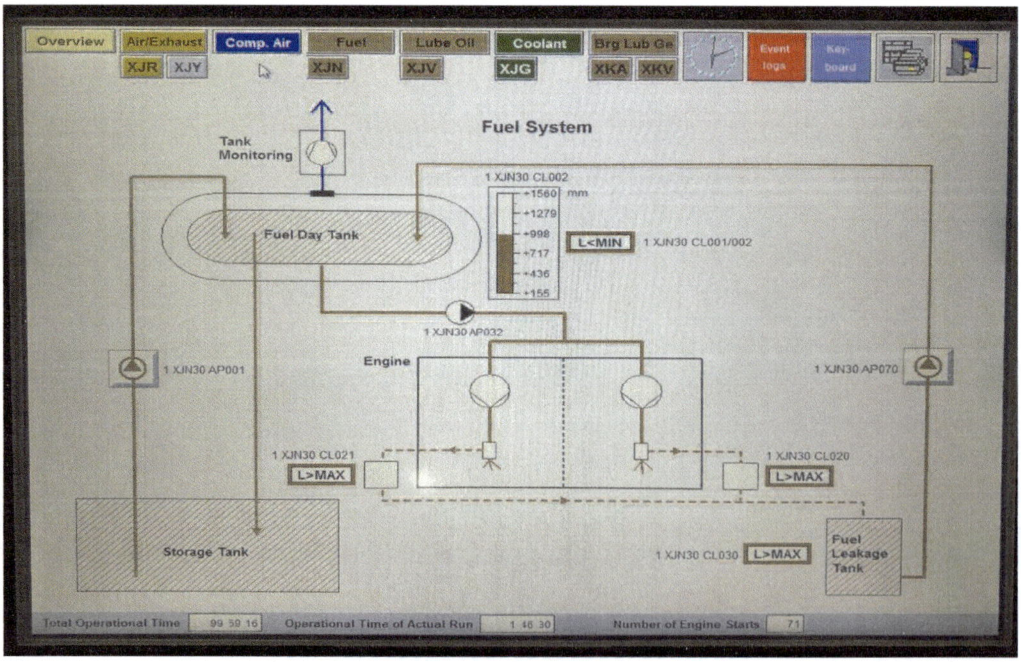

(a)

图 4-12　日用燃油系统

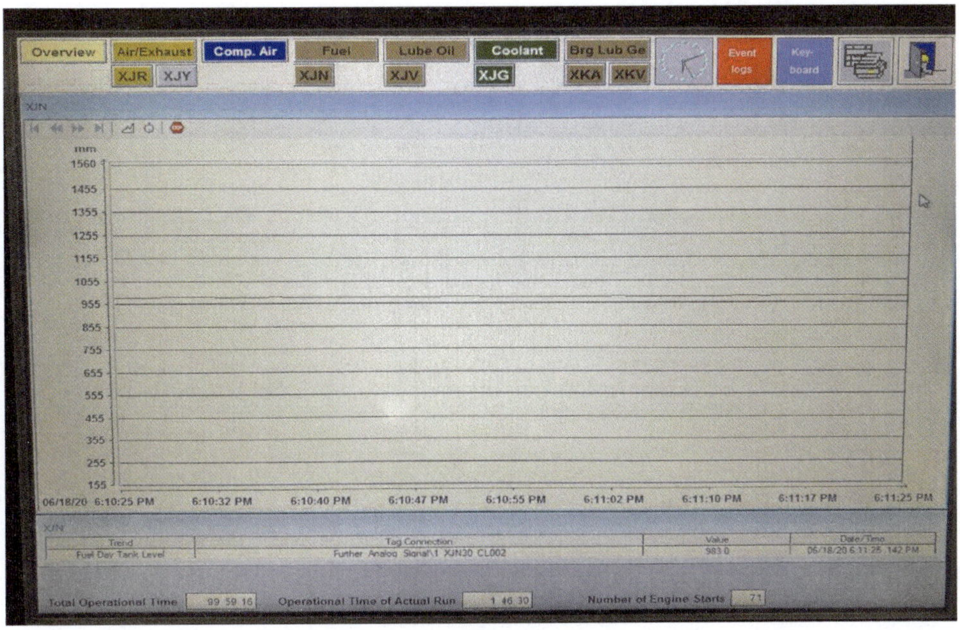

(b)

图 4-12 日用燃油系统（续）

5）润滑油及油盘油位（XJV）系统

该画面显示润滑油 XJV 系统相关的参数状态，并可以调取润滑油主回路以及支路的润滑油压曲线（见图 4-13）。

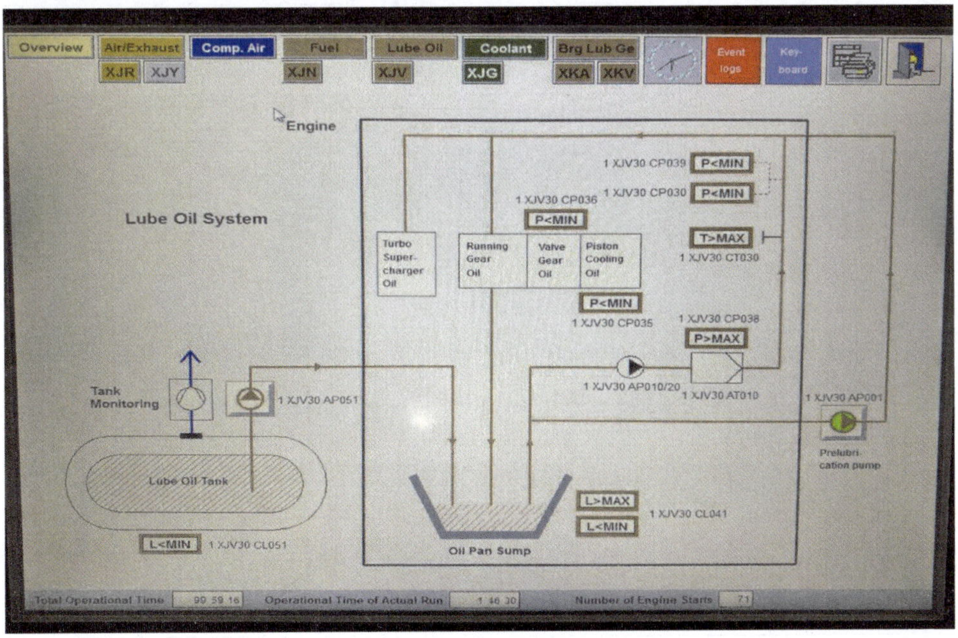

(a)

图 4-13 XJV 系统

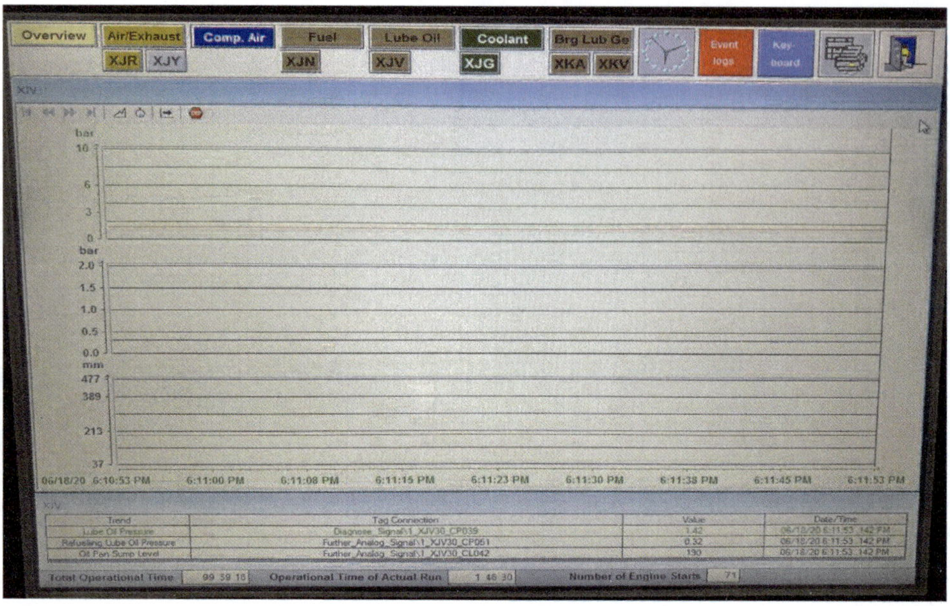

(b)

图 4-13　XJV 系统（续）

6）内部冷却回路（XJG）系统

内部冷却回路系统如图 4-14 所示。

点击 XJG 可以调出高温回路和低温回路的温度。

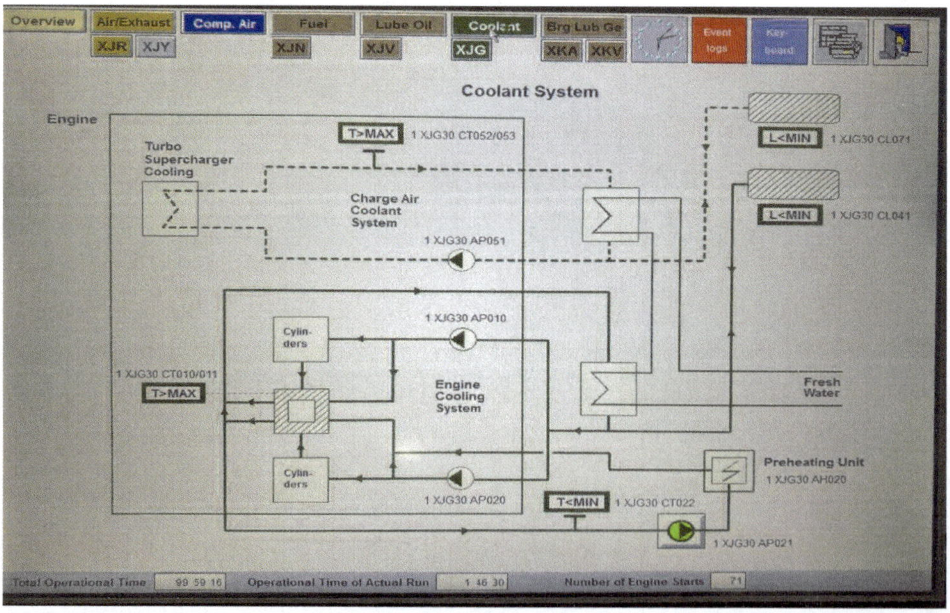

(a)

图 4-14　XJG 系统

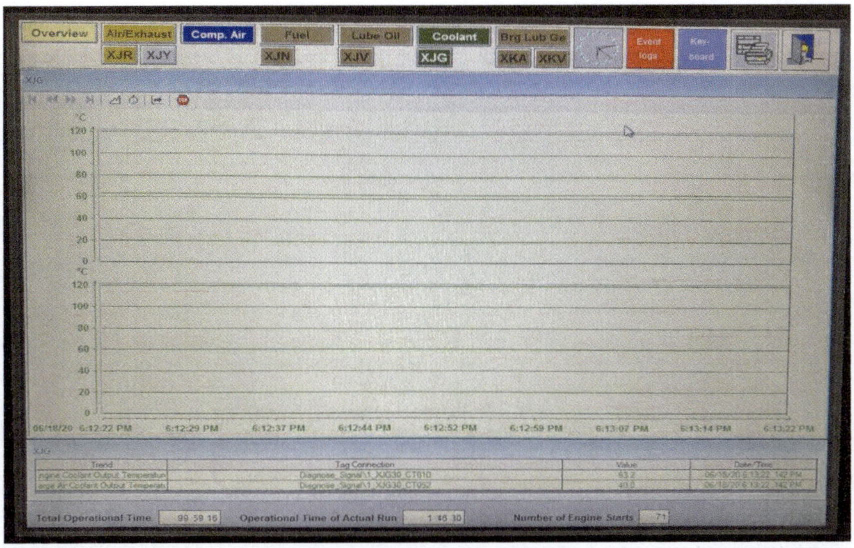

(b)

图 4-14　XJG 系统（续）

7）发电机系统（XKA/XKV）

发电机系统如图 4-15 所示。

① XKA1（电流）子画面，如图 4-15（b）所示。

② XKA2（有功、无功以及频率）子画面，如图 4-15（c）所示。

③ XKA3（线电压）子画面，如图 4-15（d）所示。

④ XKA4（相电压）子画面，如图 4-15（e）所示。

⑤ XKA5（定子线圈温度）子画面，如图 4-15（f）所示。

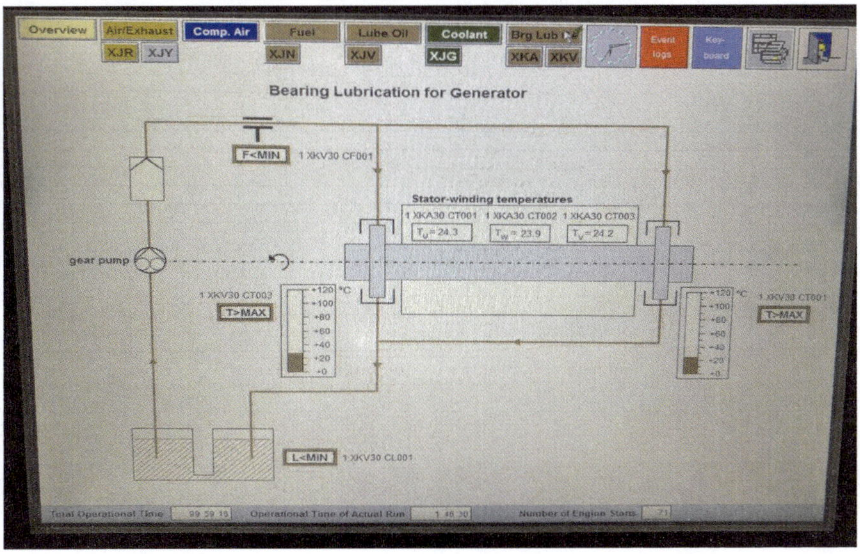

(a)

图 4-15　发电机系统

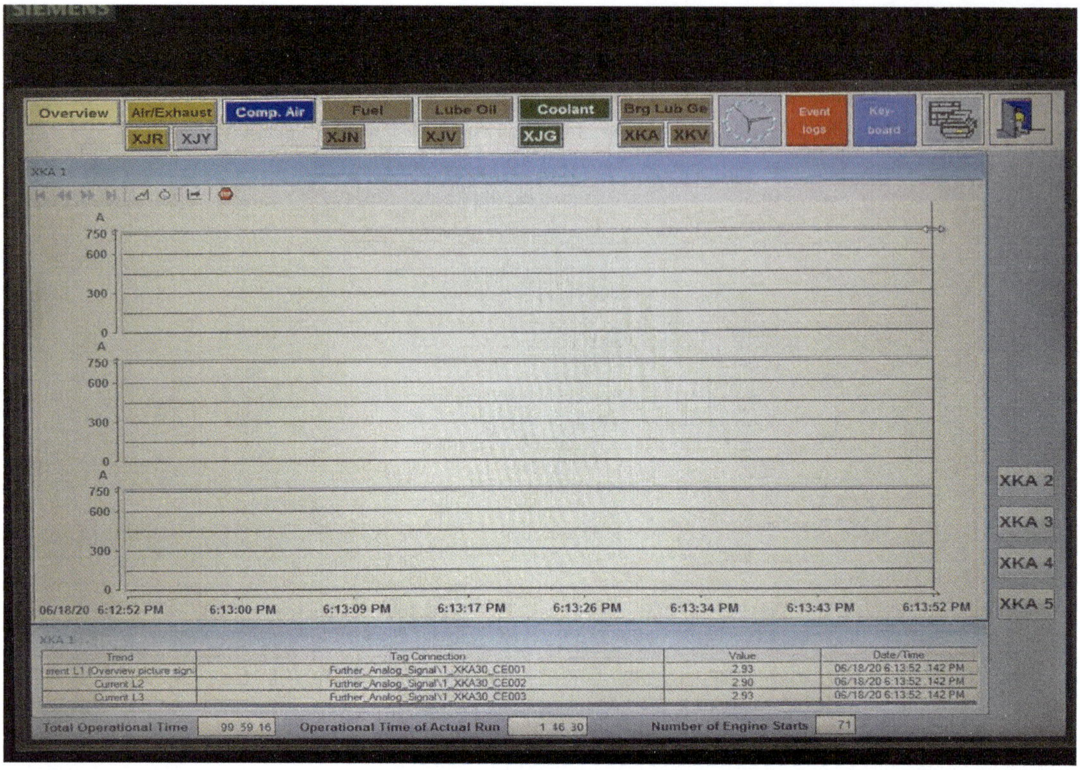

(b)

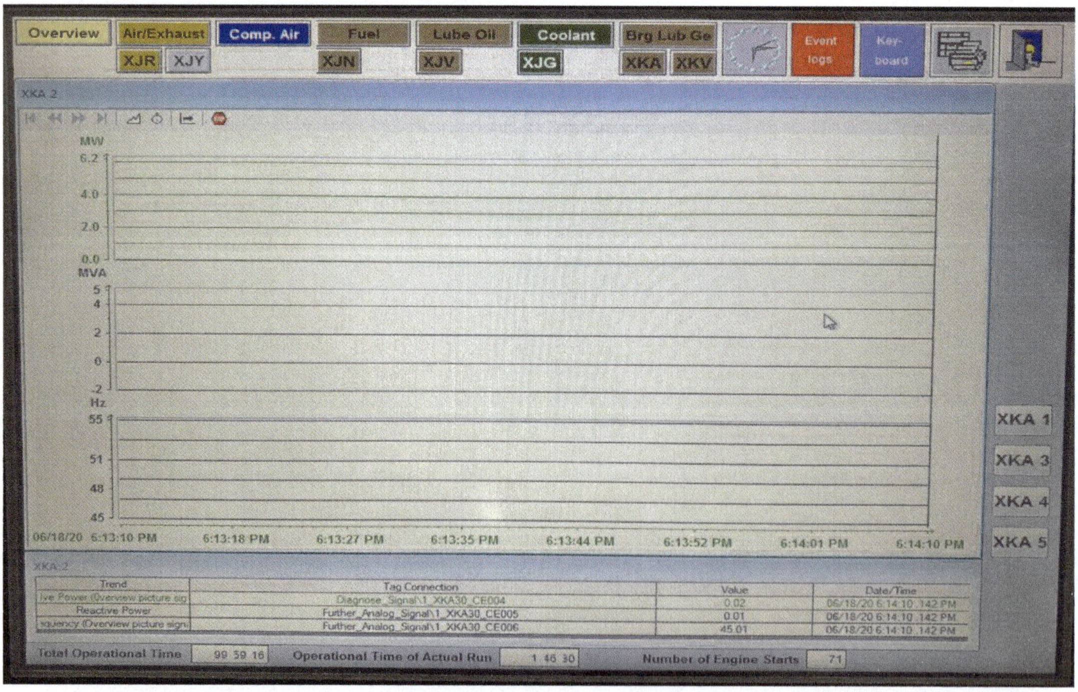

(c)

图 4-15　发电机系统（续）

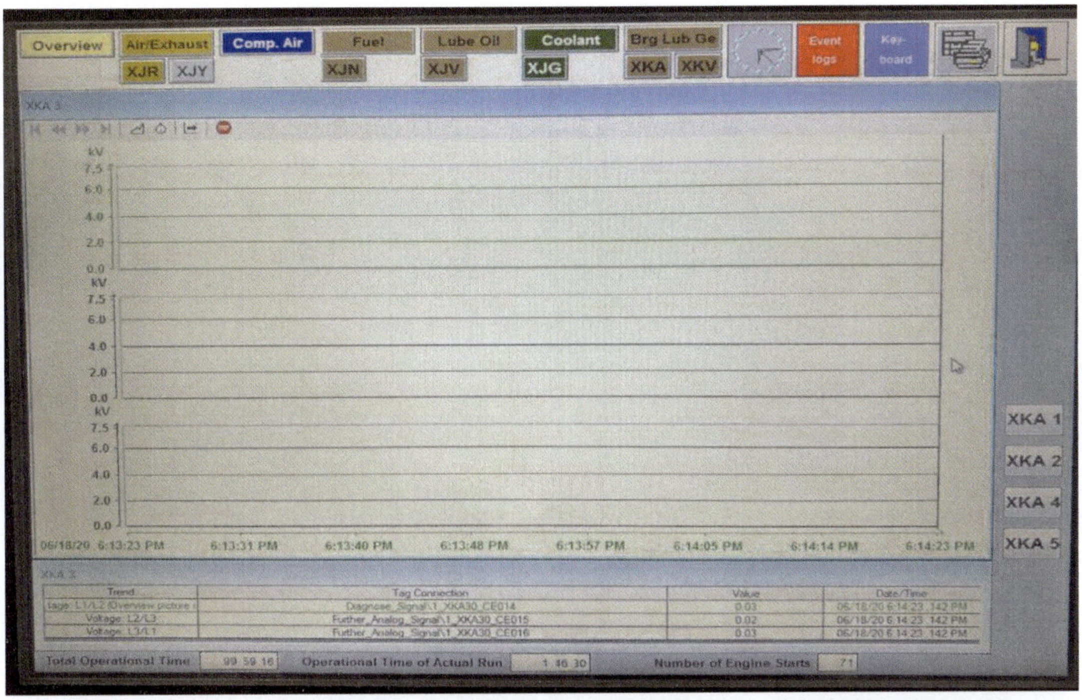

(d)

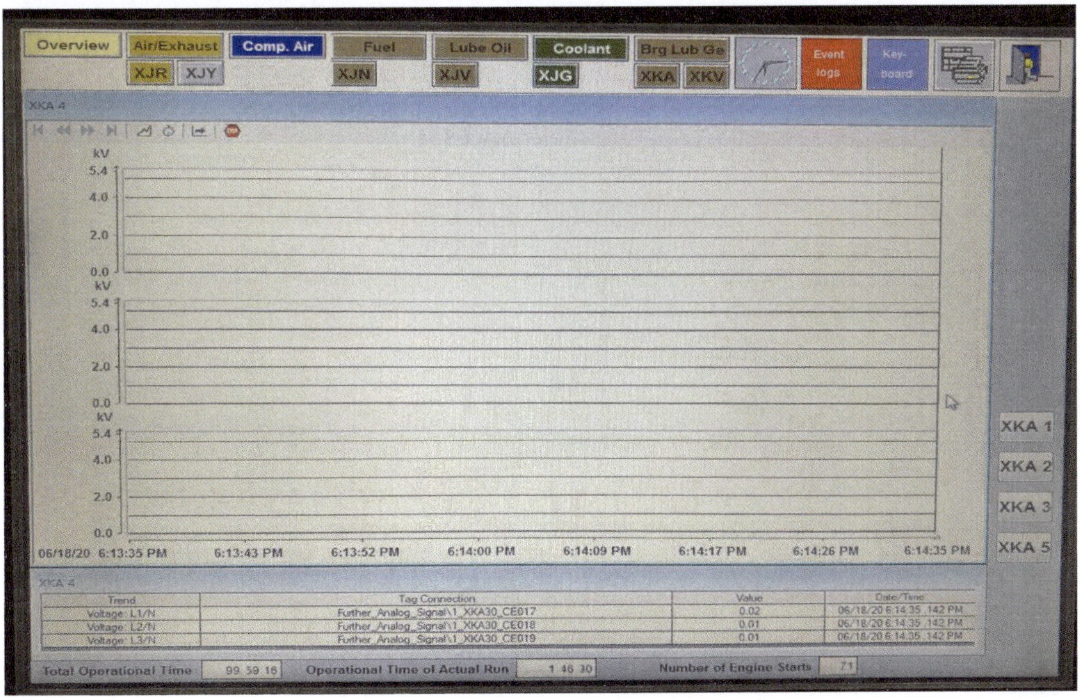

(e)

图 4-15　发电机系统（续）

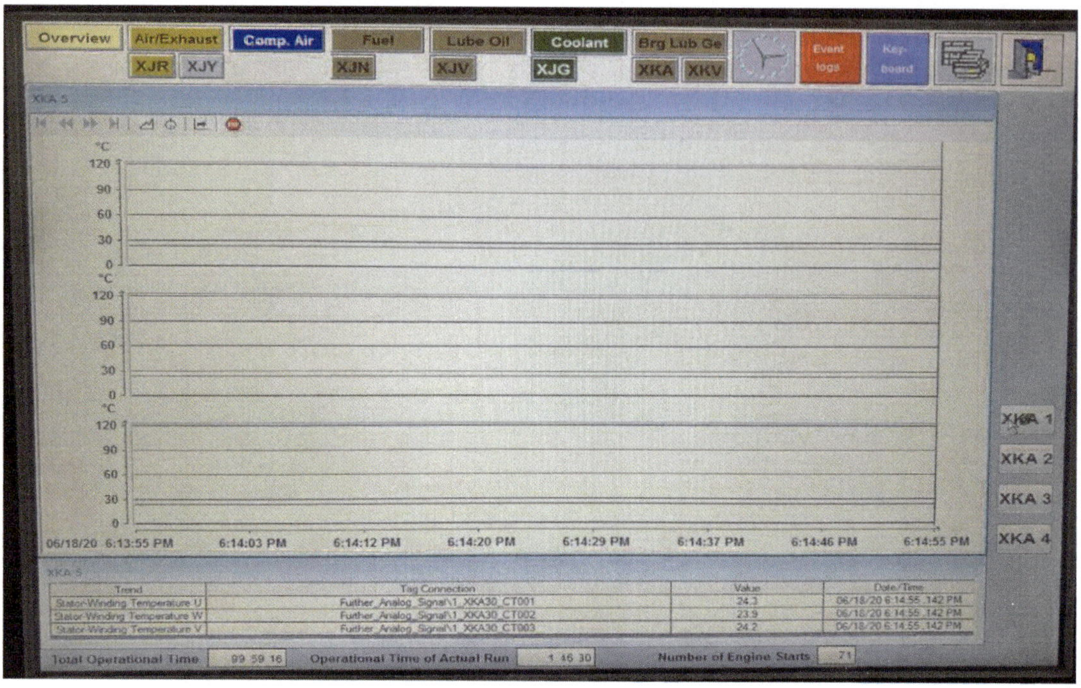

(f)

图 4-15　发电机系统（续）

8）发电机润滑油温度（XKV）系统

发电机润滑油温度系统如图 4-16 所示。

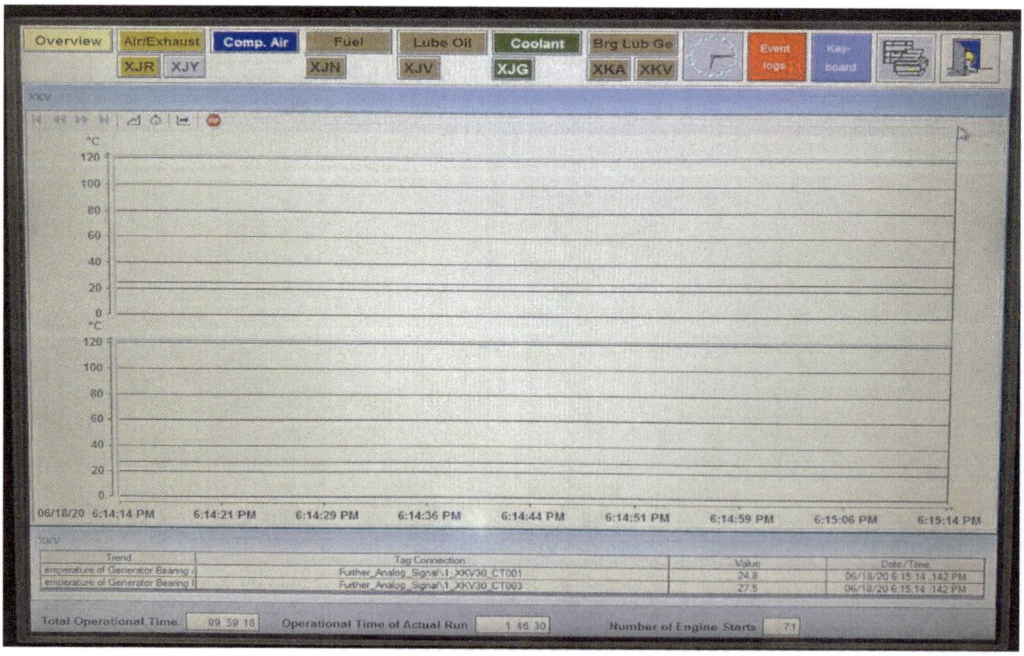

图 4-16　XKV 系统

9）EVENT logs

对于整个柴油机的辅助设备启停以及相关发生的事件的时间由 EVENT logs 来查看。其中，点击历史查询按钮可以查到更多的记录，方便统计压空压缩机启动周期等参数。

(a)

(b)

图 4-17 EVENT logs 系统

4.5 机组柴油机控制屏及控制柜

4.5.1 机组柴油机控制屏

1）报警信息

报警信息可在画面中显示，同时可选择报警级别。消除报警时，双击报警信息前三角形即可消除报警；点击喇叭形图标，即可消除声音报警。

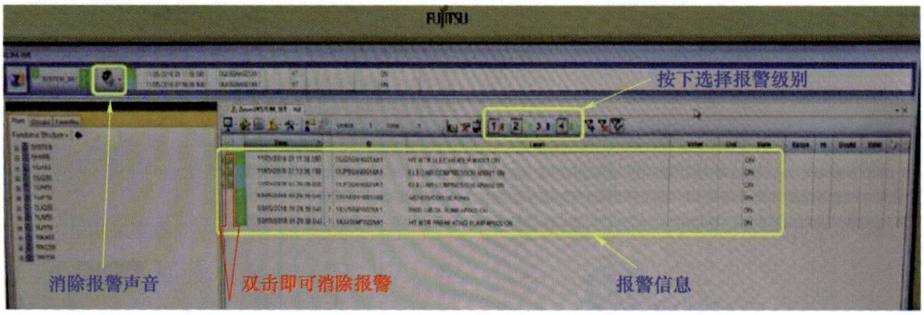

图 4-18　报警信息界面

4.5.2 机组柴油机控制画面

机组柴油机子系统的控制画面有 XJA、XJG、XJN、XJP、XJV、XJY。当某一画面缺失时，可按键盘上 F2～F7 相应键重新添加，如图 4-19 所示。

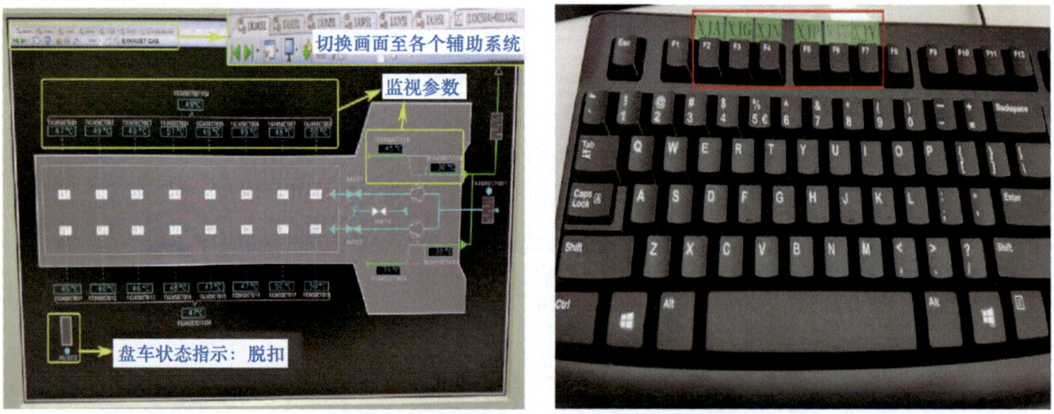

图 4-19　机组柴油机控制画面及其控制键盘

机组柴油机 XJY 画面（见图 4-20）释义：

（1）LOCAL/REMOTE

LOCAL 是指从就地启动，REMOTE 是指从主控后备盘启动。但 LOCAL 和

REMOTE 下的启动或停运都必须将 NORMAL/MANTENANCE 选择旋钮（见图 4-21）置于 NORMAL 位，若置于 MAINT 则都无法启动。若打至 MAINT 位，则 LOCAL 和 REMOTE 都无效，显示变白。

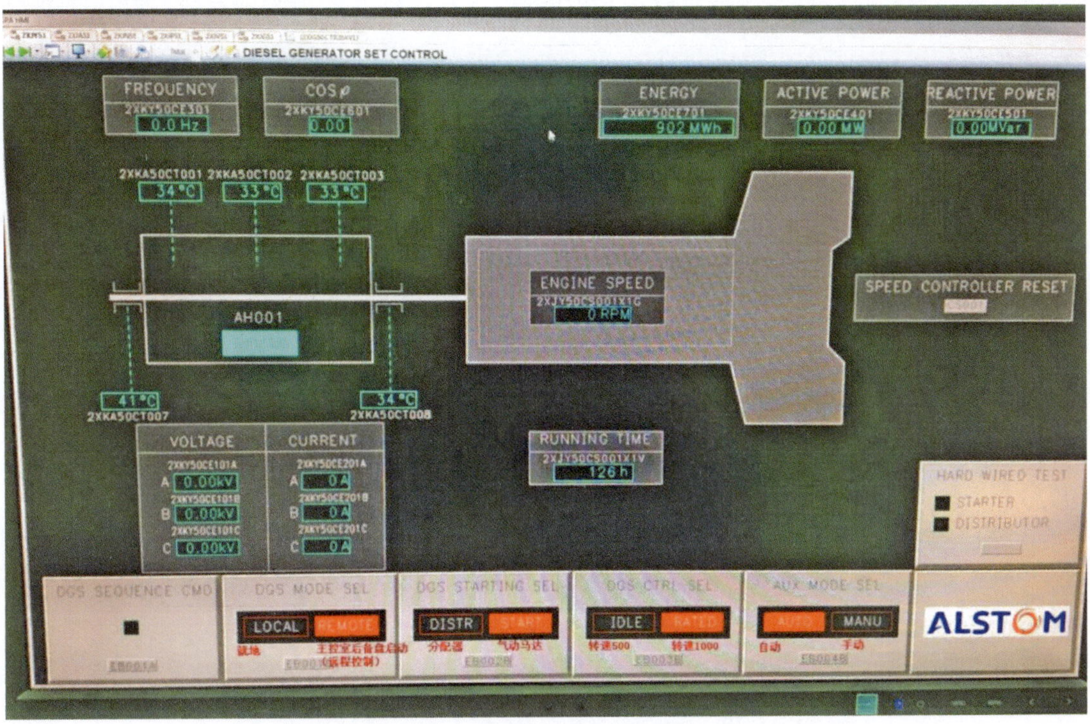

图 4-20　机组柴油机 XJY 画面

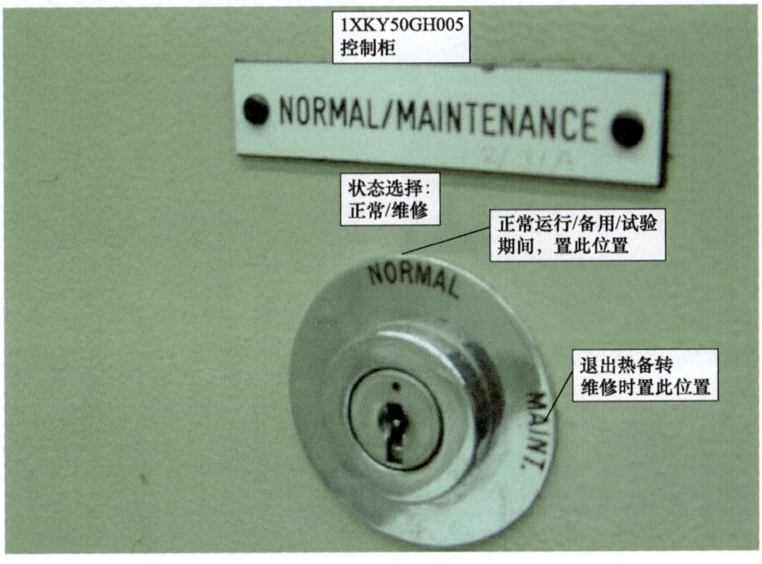

图 4-21　NORMAL/MAINTENANCE 选择旋钮

（2）DISTR/STARE

DISTR 为分配器启动，START 为气动马达启动。

（3）IDLE/RATED

非应急启动时，可从画面选择 IDLE 模式。IDLE 模式下柴油机的转速为 500 rpm，用于柴油机调试工作；在正常状态下，选择 RATED 模式，柴油机启动后设置转速为 1 000 rpm。如满足下列信号将会强制选择为 RATED 模式：

1）Emergency starting 命令；

2）正常启动或应急启动失败；

3）停机信号；

4）转速＞10%，选为 IDLE 时，延时 30 s。

（4）AUTO/MANU

AUTO 为自动，MANU 为手动。若开始时辅助系统不在自动，柴油机任一启动信号都会将辅助系统转为自动工况；若无启动信号，逻辑上允许在就地画面上将其选为手动，手动时若水温等不满足要求不会自动启停加热器。在自动工况时，辅助系统只与启动信号有关，即使打至 MAINT 位，也不影响辅助系统自动工况。

辅助系统设备运行状态：

辅助系统画面（XJV 为例）中，可读取重要监测参数并调取历史曲线，也可获知系统转动设备主/备用以及运行情况。如图 4-22 所示，XJV50AP001 为备用，XJV50AP002 为主用；且 XJV50AP002 目前为运行泵，XJV50AP001 为备用泵。

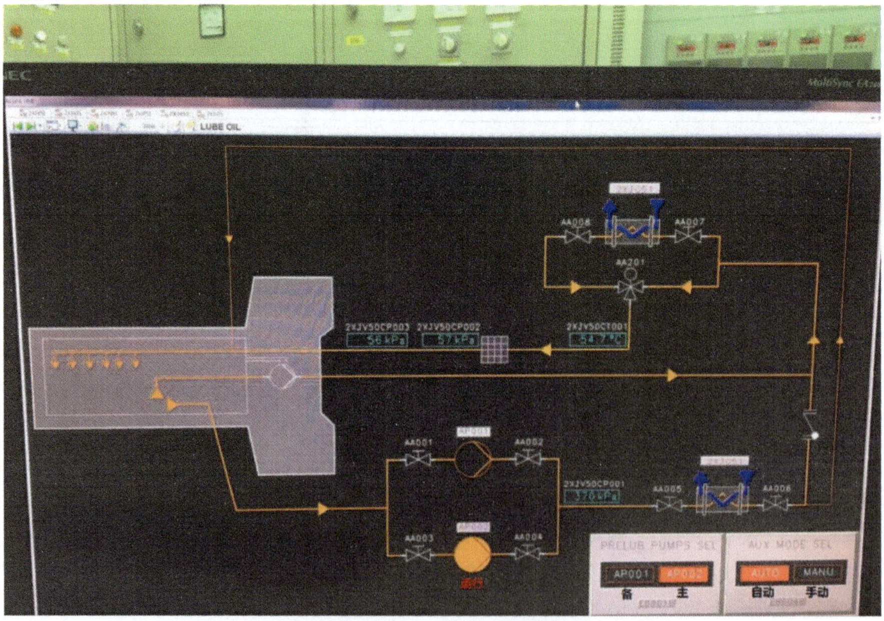

图 4-22　NORMAL/MAINTENANCE 选择开关

辅助系统画面参数历史曲线调取（见图 4-23）：

选择需要查看的参数，右键选择 OPEN—第三条，然后选择时间便会查看到历史曲线；当需要与其他参数曲线合并至一个画面时右键点击需要添加的参数 ADD TO—曲线添加，添加后点击刷新（见图 4-24），每条颜色曲线代表不同参数，在画面左下角有具体注释（见图 4-25）。

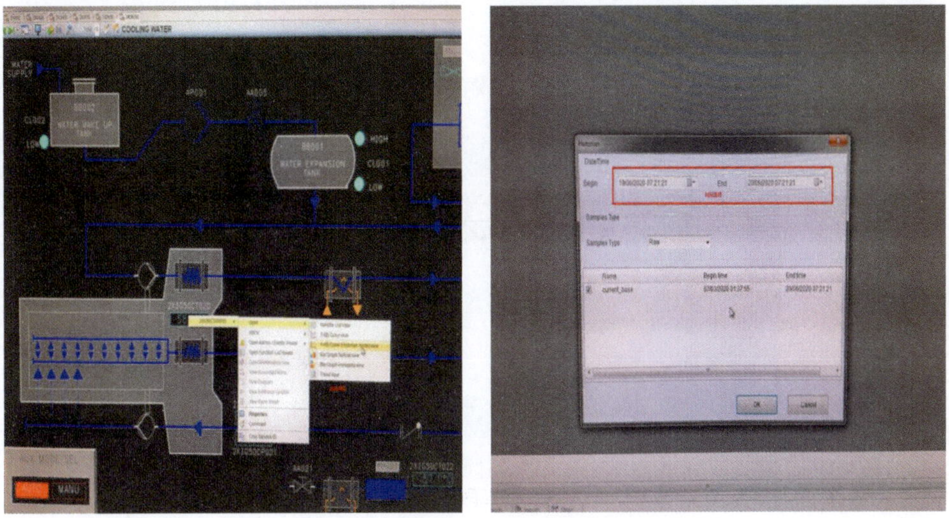

图 4-23　参数历史曲线调取界面

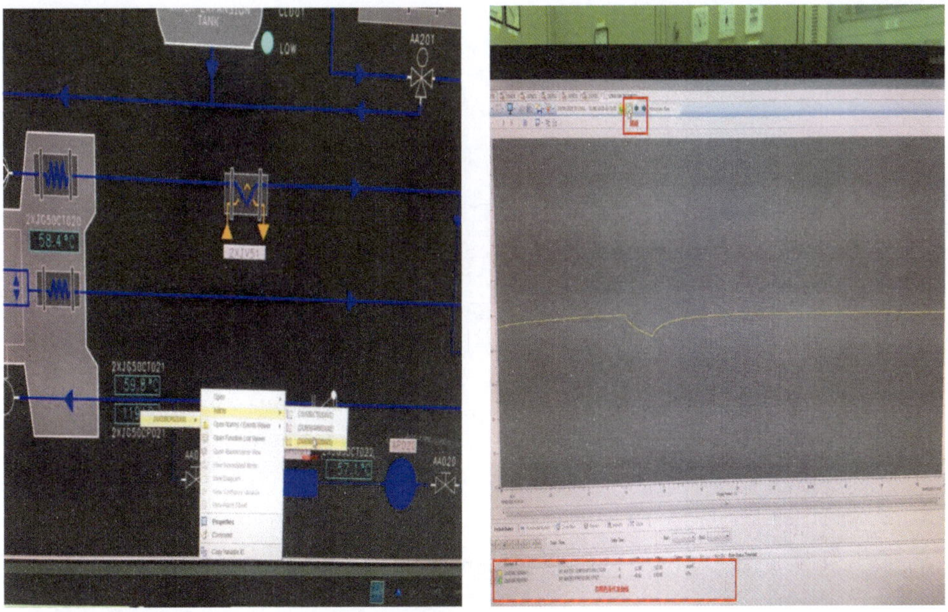

图 4-24　曲线合并刷新界面

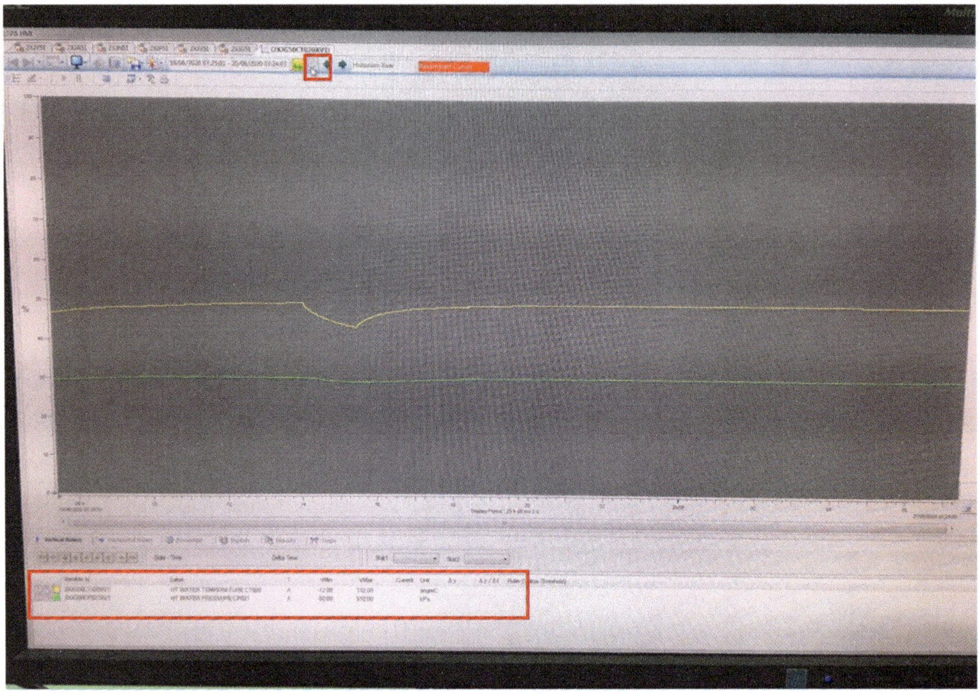

图 4-25　曲线注释界面

4.5.3　各控制柜面板及按钮功能

各控制柜面板及按钮功能界面图如图 4-26～图 4-34 所示。

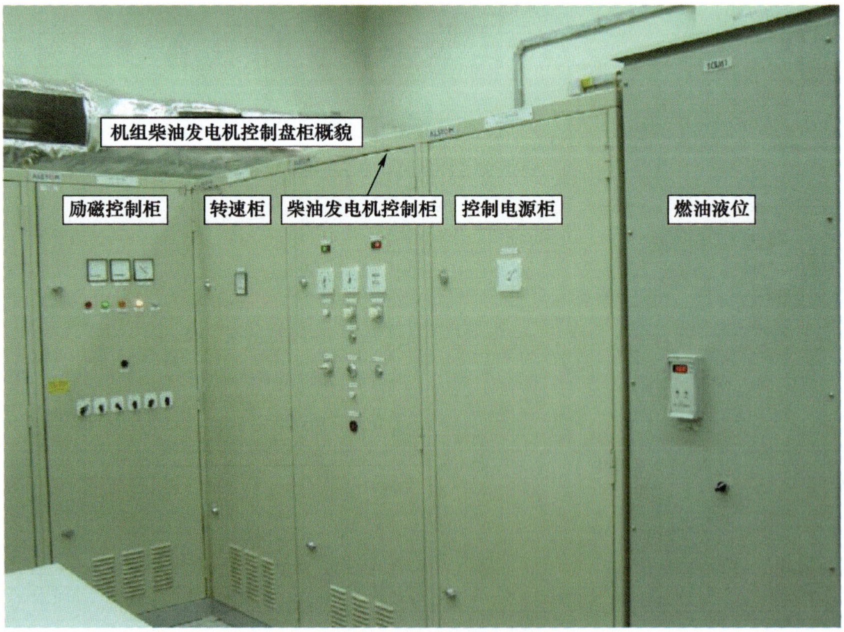

图 4-26　发电机控制盘柜

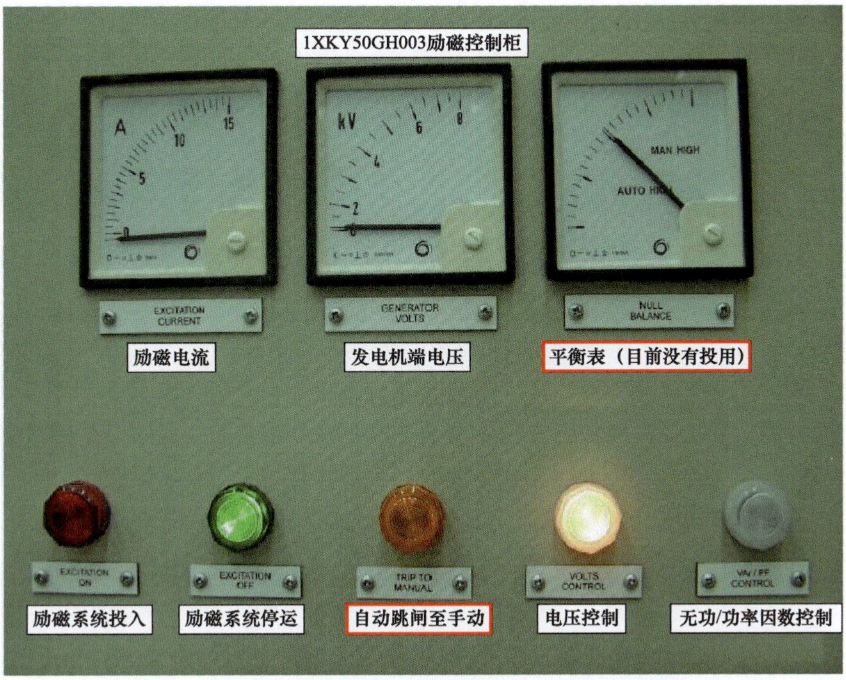

图 4-27　励磁机控制盘柜（一）

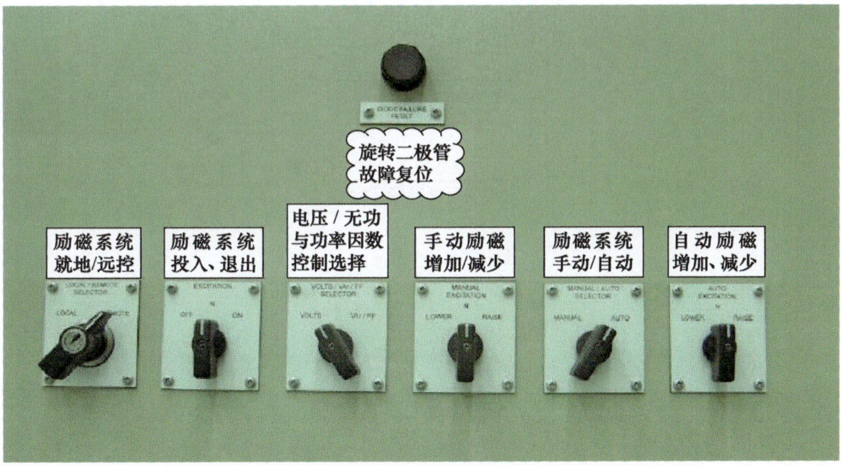

图 4-28　励磁机控制盘柜（二）

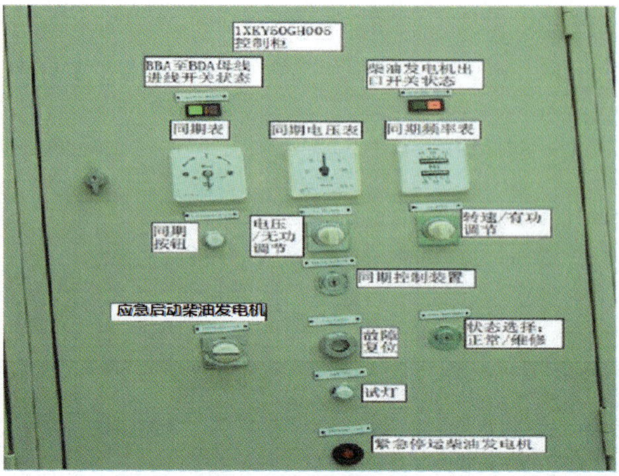

图 4-29　同期柜

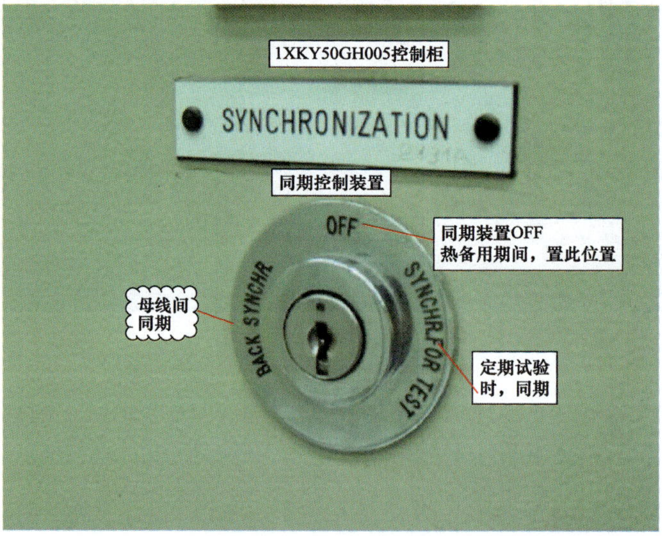

图 4-30　同期控制按钮

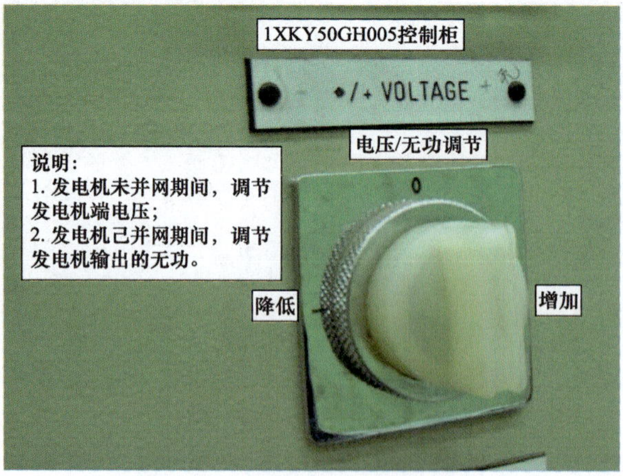

图 4-31　电压/无功调节按钮

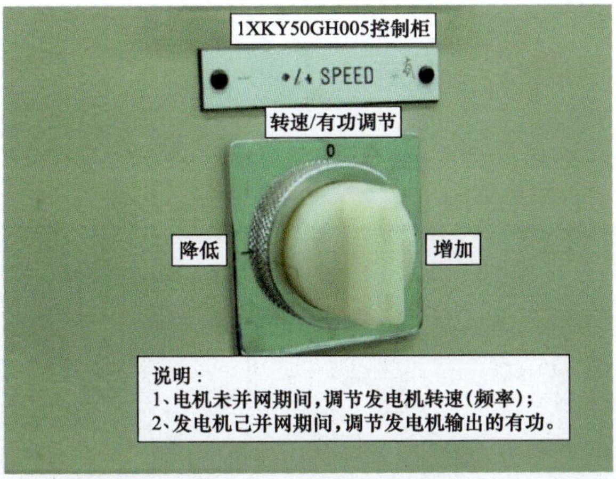

图 4-32　转速/有功调节按钮

图 4-33　正常/维修选择按钮

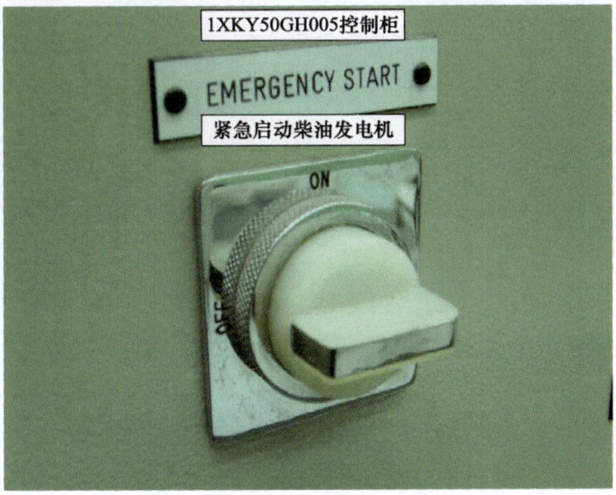

图 4-34　紧急启动按钮

4.6 各类风机就地控制柜

4.6.1 机组柴油机相关的风机

现以将 SAL18AN001 切换为 SAL18AN002 运行为例。如图 4-35 所示，SAL18AN001 处于主用且运行，SAL18AN002 处于备用。

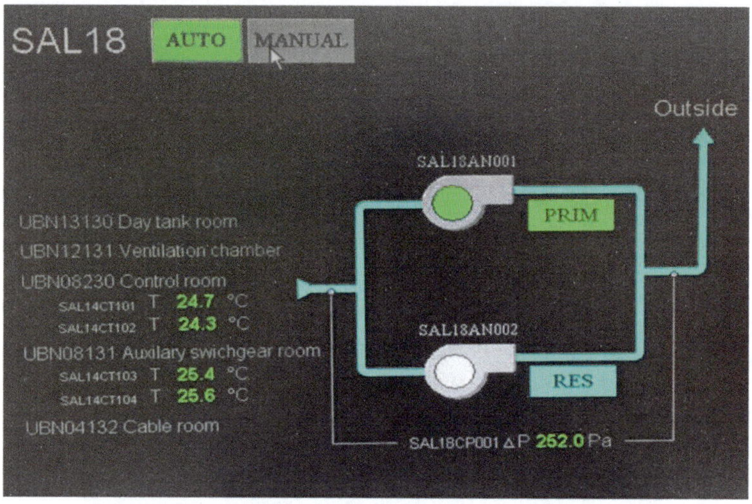

图 4-35　SAL18 风机

首先，点击画面中“MANUAL”，将 SAL18 风机的控制程序切换为手动，如图 4-36（a）所示。然后，点击 SAL18AN001 风机中绿色区域，会出现图 4-36（b）所示 SAL18AN001 控制程序。

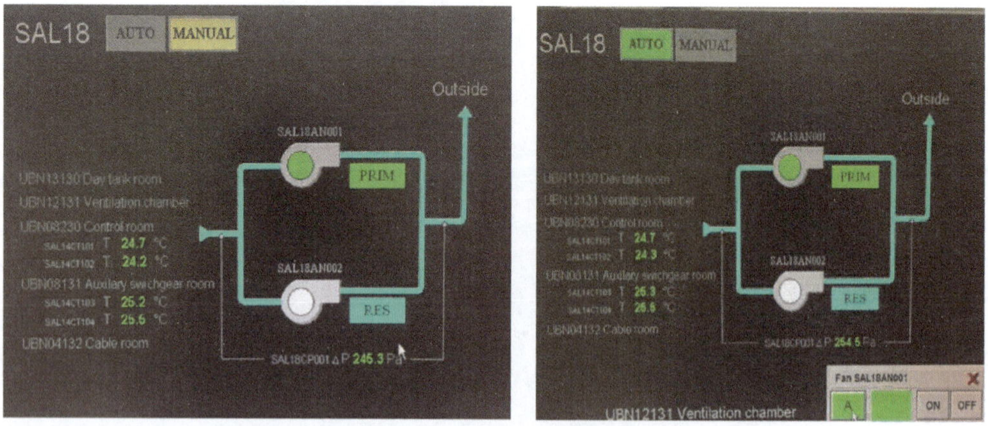

(a)　(b)

图 4-36　SAL18 控制程序切换

点击 SAL18AN001 控制程序中“A”，将 SAL18AN001 的自动控制程序由“AUTO”（Automatic）切换到“MANUAL”位，见图 4-37。同样，将风机 SAL18AN002 的自动控制程序由 Automatic 切换到 MANUAL 位（见图 4-38）。点击 SAL18AN001 控制程序中的“OFF”，将 SAL18AN001 停运。

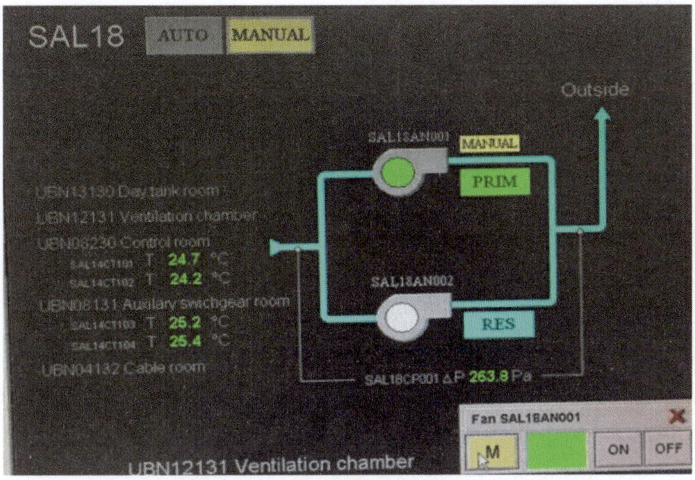

图 4-37 SAL18 控制程序切至 MANUAL 位

点击“Settings”出现图 4-38 所示，将 SAL18AN002 选择为 PRIMARY 状态，SAL18AN001 选择为 RESERVE 状态。此时，SAL18AN002 主用，SAL18AN001 备用。然后，将 SAL18AN002 启动，检查画面无报警。

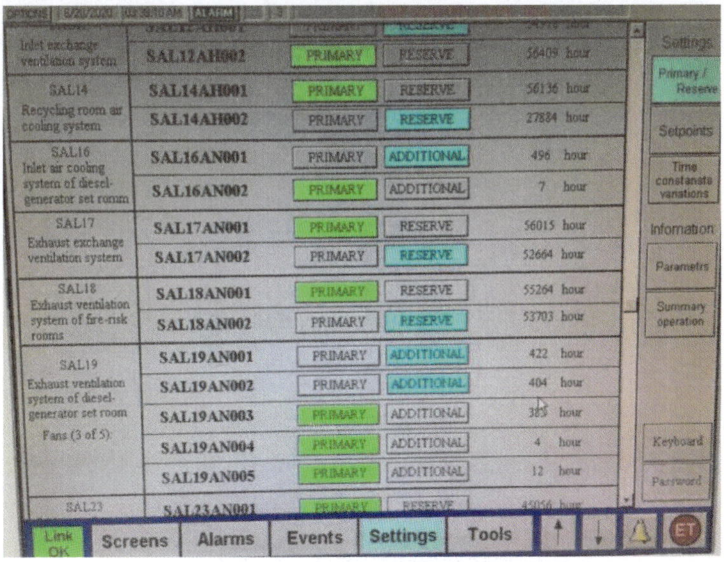

图 4-38 SAL 风机主/备用设置画面

最后，将风机 SAL18AN001 的自动控制程序由“MANUAL”切换到“AUTO”位；SAL18AN002 的自动控制程序由“MANUAL”切换到“AUTO”位，将 SAL18 风机系统的自动控制程序由“MANUAL”切换到“AUTO”位，SAL18 风机切换操作完成。

4.6.2 其他风机

按控制方式分，大致可以分为两类，一类是只能就地启停的风机，另一类是远控和就地都可启停的风机。

√ 只能就地启停的风机的就地控制柜

只能就地启停的风机，有的控制柜带指示灯，就地控制柜如图 4-39 所示。此类型的风机有 SAU20AN001、SAU30AN001、SAQ31AN001、SAQ32AN001、SAQ33AN001、SAT80AN001、SAT81AN001、SAT82AN001。

启动或停运，只需按下相应的按钮即可。相应的指示灯亮起，表明设备处于相应的状态。

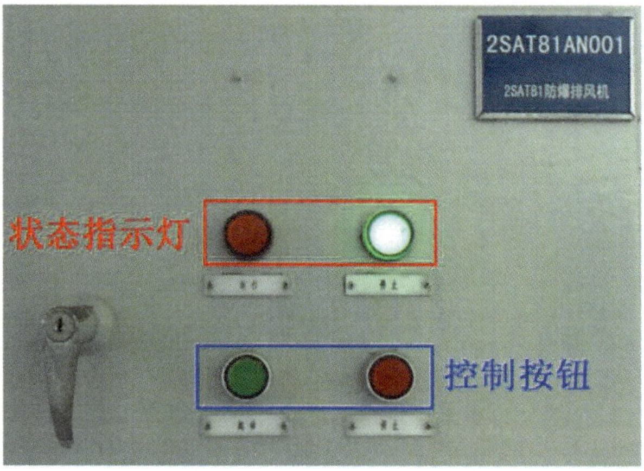

图 4-39　SAT81 风机就地控制柜

还有一种就地控制的风机，启动开关不带指示灯，见图 4-40，此类风机有 SAT90AN001、SAT21AN001、SAT50AN001、SAT60AN001。

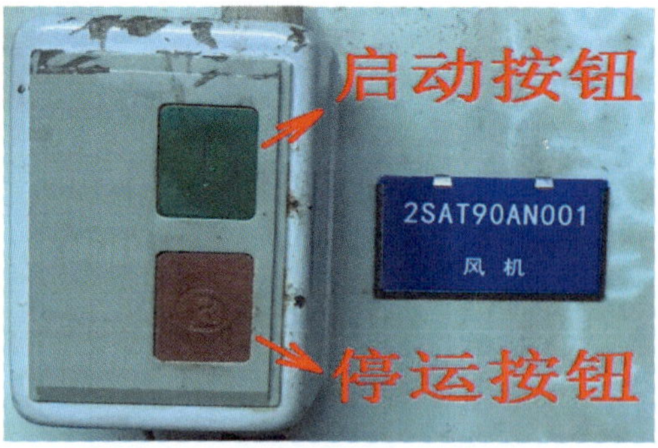

图 4-40　SAT90 风机就地控制柜

此风机只有一个磁力启动器，无指示灯。启动或停运时，按下相应的按钮即可。如果风机带电，按下按钮时，会伴随电磁吸合开关的声音，其余时间无法判断开关状态，需要就地观察风机本体或听声音辨别运行状态。

√ 远控/就地都可以启动的风机的控制柜

这类风机通常都是在 OM 画面上远程启动，但特殊情况和以下特殊的操作也会用到就地控制柜，面板布局如图 4-41 和图 4-42 所示。

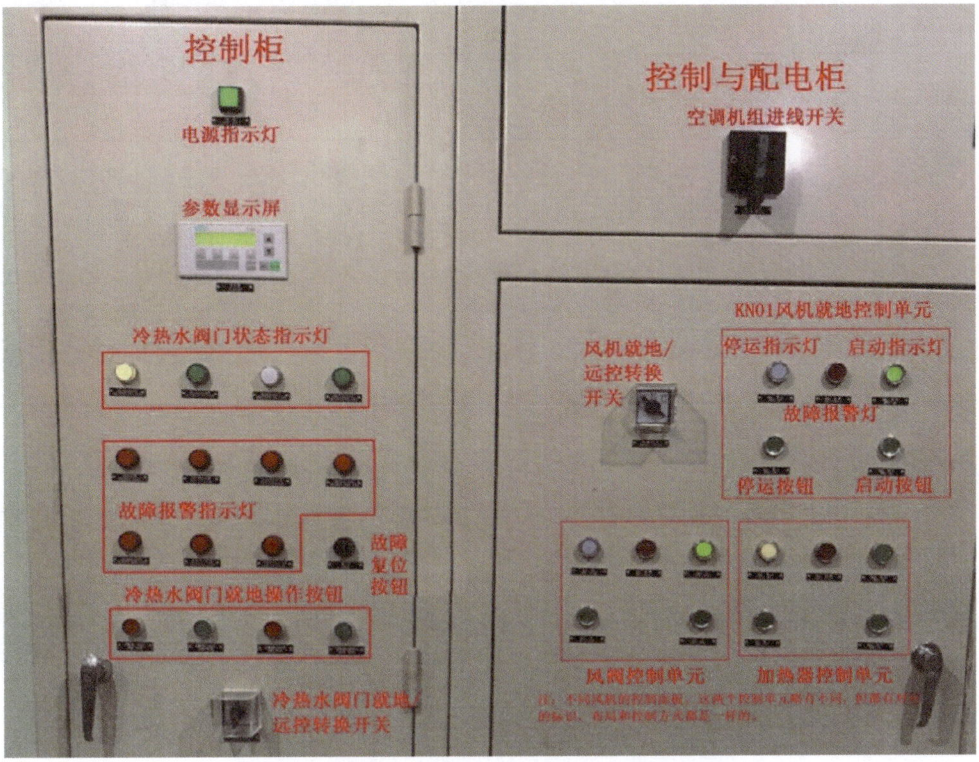

图 4-41　远控/就地都可以启动的风机的控制柜

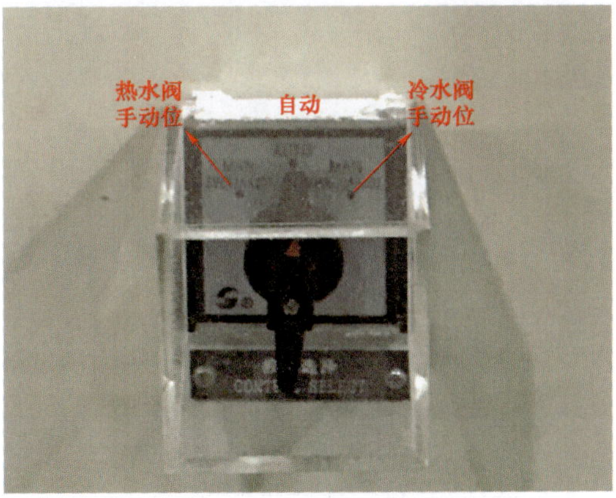

图 4-42　手动/自动切换旋钮

每组风机就地控制柜分为两个控制面板。左边的控制面板是用于冷/热水阀门就地控制与故障报警显示的，如图 4-41 所示。冷/热水阀门指示灯和冷/热水阀门就地操作按钮布置位置是相对应的，需要就地操作时，需要将冷/热水阀门就地/远控转换开关切换到手动位，然后按下相应的操作按钮即可。冷/热水阀门的开度、冷/热水供水温度、送风温度等参数，均可在参数显示屏中通过“F1/F5”键滚动翻阅。

故障报警指示灯，用于显示相应的故障报警。各故障指示灯代表的含义见表 4-1。

表 4-1　各故障指示灯代表的含义

<table>
<tr><td>
</td><td>过程故障：送风温度不在限值之内（限值范围为送风温度设定的±2 ℃）</td></tr>
<tr><td>
</td><td>KT01 差压报警：粗过滤器压差超过限值</td></tr>
<tr><td>
</td><td>KT02 差压报警：细过滤器压差超过限值</td></tr>
<tr><td></td><td>冷水阀过转矩：QKM 冷冻水调节阀力矩故障</td></tr>
<tr><td></td><td>热水阀过转矩：SBL 热水调节阀力矩故障</td></tr>
<tr><td>
</td><td>防冻保护报警：空调机组热水回水温度低于 3 ℃，触发防冻保护报警，空调机组保护停运</td></tr>
</table>

续表

	空调机组无气流：表冷器两侧压差小于额定值的 80%时，即代表空调机组流量低于额定值的 80%，会触发空调机组无气流故障，空调机组保护停运
	复位：对上述故障进行复位，如无法复位，表示故障仍未排除

右边的控制面板是用于动力电源布置和风机以及风阀的就地控制。每组风机或风阀有相应的就地控制单元，包括一个运行或开启按钮以及与之相对应的指示灯、一个停运或关闭按钮以及与之对应的指示灯、一个故障报警灯。通常情况下，风机就地/远控转换开关都打在遥控位，在 OM 画面上远程操作，如需就地操作，需将风机就地/远控转换开关打到就地，按下相应的按钮即可（见图 4-43）。

图 4-43　风机就地/远控转换开关

√ 其他类型风机就地控制柜

SAU10 系统风机比较特殊，有自己的中间控制柜（见图 4-44），但其远程控制并不在 OM 画面上完成，而是在它的上一级就地控制柜 CXV02 上完成。

该控制柜 CXV02 位于 USP04110 走廊，冷更衣室（男）入口通往消防泵房的廊道上，控制屏上还布置了 SAU20/30 的风机控制单元。SAU20/30 的风机控制单元直接控制对应的风机启停；但控制 SAU10AH001KN01 时，则需将中间控制柜 SAU10GH201 的风机就地/远控转换开关打到遥控位，再到就地控制柜 CXV02 上，通用相应按钮来完成启停操作。

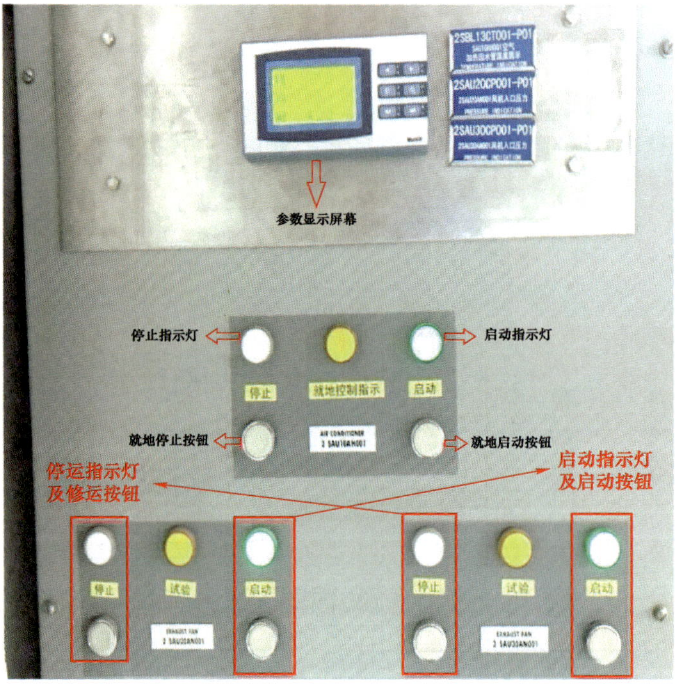

图 4-44　SAU10 系统风机就地控制柜

4.7　软管式容积泵就地控制柜

4.7.1　GCP 系统泵就地控制柜

GCP 系统泵就地控制柜上各个灯位信息和按钮功能，如图 4-45 所示。

需要就地启动时，将远控/就地控制切换按钮切换至“LOCAL”位，“LOCAL”为正转，“LOCAL LEFT”为反转（切记！），选择好就地控制后，就地点动控制柜上的“START”按钮，泵启动，并且伴随“START”按钮绿灯亮，当需要停运时，就地点动控制柜上的“STOP”按钮，泵停运，并且伴随“START”按钮绿灯灭。

日常经常需要就地操作时主要是配合维修人员拆装泵的软管。同样，根据维修人员的需求，将远控/就地控制切换按钮切换至“LOCAL LEFT”位或者“LOCAL”位（通常我们会选择反转的方式取出软管，有时候根据现场的管道布置，通过反转的方式无法将软管取出，这时会选择正转取软管），然后点动“START”按钮，待软管取出点动“STOP”按钮。回装软管和上述步骤相反，切记最后软管装好后，需要将远控/就地控制切换按钮恢复至“REMOTE”位。

2019 年，2GCP33AP002 在无操作的情况下自动启动，导致酸泄漏，现在将 GCP31/32/33 以及 GCP41/42/43 的泵在备用时打至断电位。

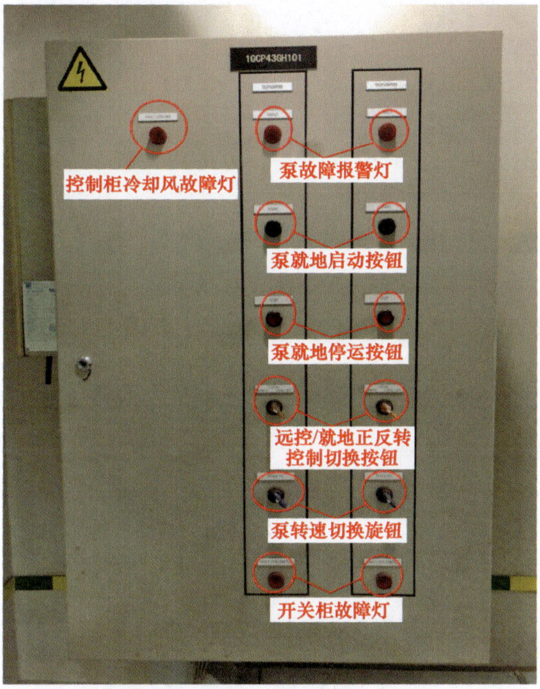

图 4-45　GCP 系统泵就地控制柜

4.7.2　QC 系统泵就地控制柜

QC 系统泵就地控制柜各个灯位信息和按钮功能，如图 4-46 所示。

日常就地操作主要是配合维修人员拆装泵的软管。根据维修人员的需求，将远控/就地控制插入钥匙并旋至“LOCAL”位，通过就地旋转第一排的按钮“Forword”正转或“Reserve”反转抽出软管（通常会选择反转的方式取出软管，有时根据现场的管道布置，通过反转的方式无法将软管取出，会选择正转取软管），旋钮一旦转向正转的档位，泵就地立即正转，恢复中间位停运。回装软管和上述步骤相反，切记最后软管装好后，需要将远控/就地控制切换钥匙转至中间位。

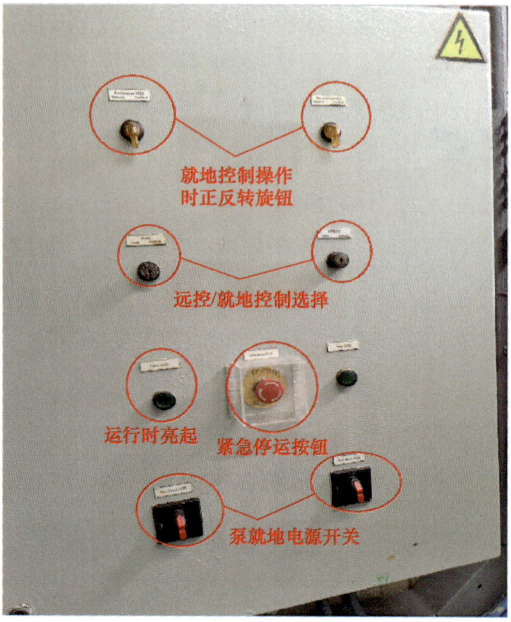

图 4-46　QC 系统泵就地控制柜

4.8　柱塞式容积泵就地控制柜

4.8.1　KBA51AP001 泵变频柜

1）KBA51AP001 变频柜面板

图 4-47 所示为 KBA51AP001 变频柜面板。

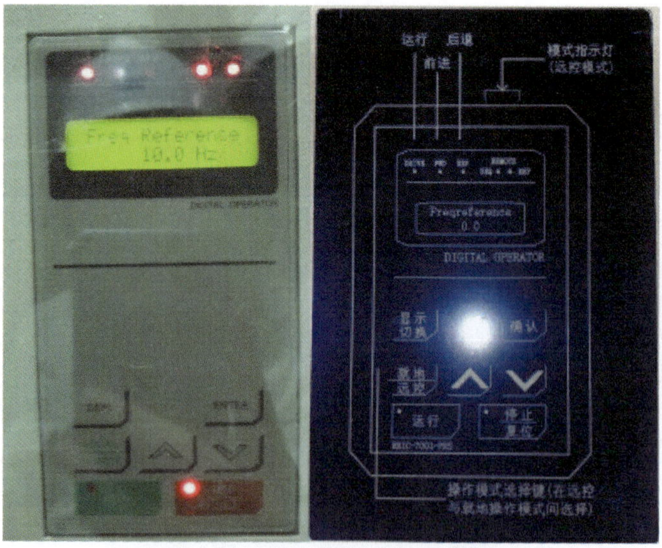

图 4-47　KBA51AP001 变频柜面板

2）KBA51AP001、KBA52AP001、KBA53AP001 变频柜（见图 4-48）现场布置，位于 UKA04 米走廊，每班需巡检其状态并记录相关参数，变频器 KBA51/52/53GX001 在 ROMOTE 位，频率在 0～50 Hz；运行的变频器在 34 Hz 左右，停运的变频器在 6 Hz。

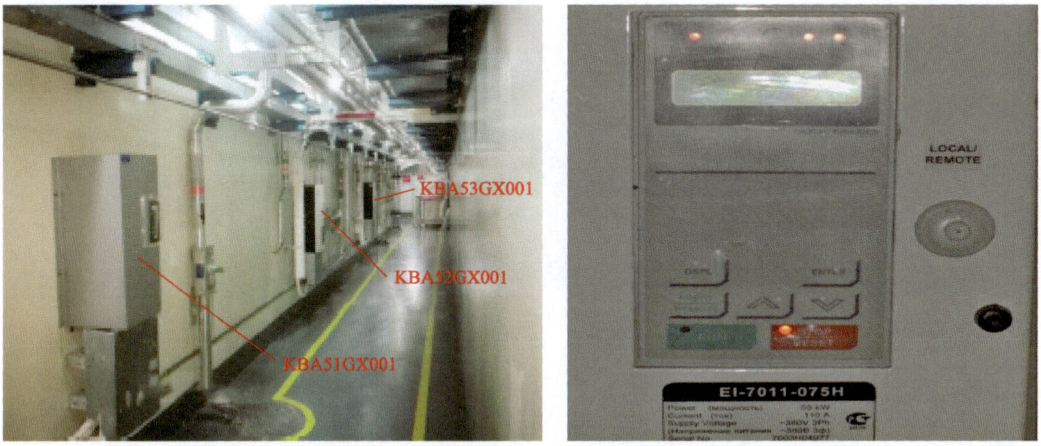

图 4-48 KBA51AP001、KBA52AP001、KBA53AP001 变频柜

3）变频器 1KBA51GX001（见图 4-49）由于类型不同，停运时显示 0 Hz，且仅有一个“ROY”绿灯亮。

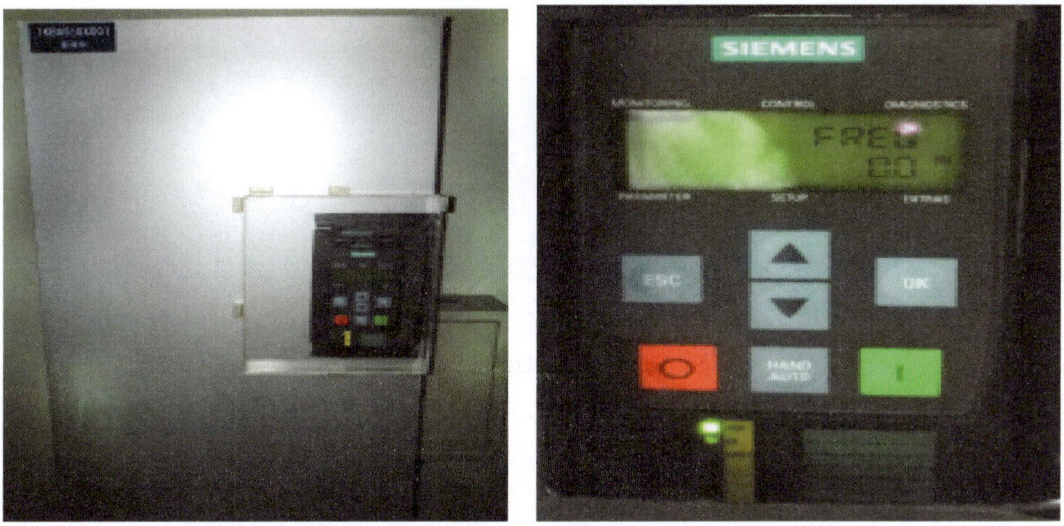

图 4-49 1KBA51GX001

泵运行和泵停运时指示灯对比如图 4-50 所示。

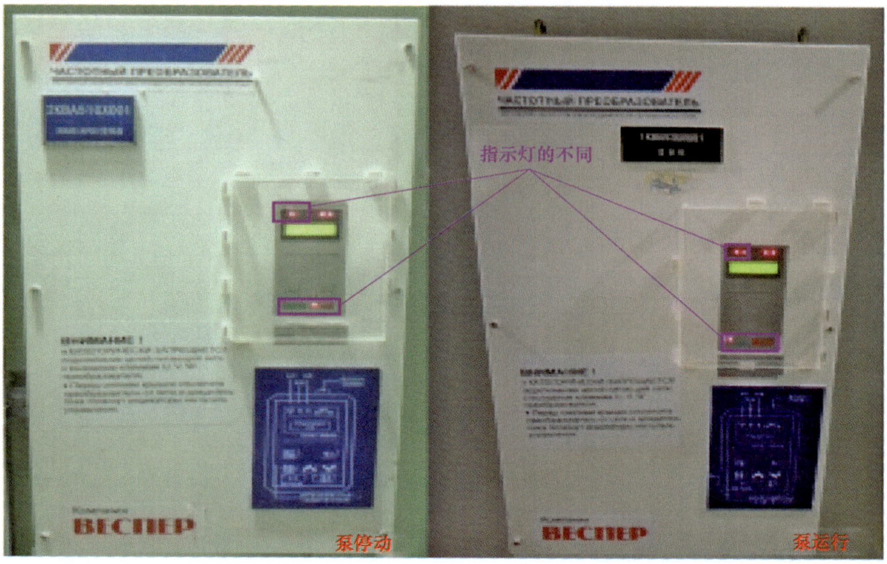

图 4-50　泵运行和泵停运时指示灯对比

4.8.2　KAA 加药泵控制柜 KAA00GH001

KAA00GH001 控制柜（见图 4-51～图 4-53）位于 UKD 厂房三通道 UKD00330 房间内，用于实现搅拌器、电加热器以及加药泵的停/送电和启/停控制。

控制柜内设置有供电总开关、电加热器的电源开关、搅拌器的电源开关和加药泵的电源开关。控制柜内部左上方还有 2 个加药泵的时间计数器，可设定泵的运行时间。加药时根据加药量计算好所需时间，泵到时会自动停运。

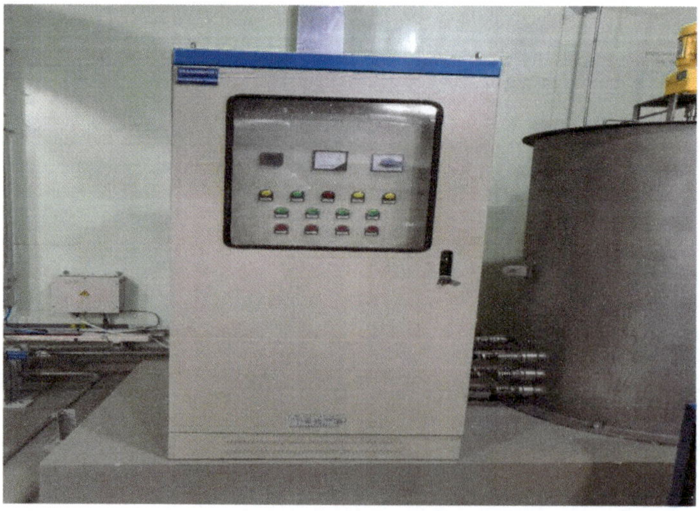

图 4-51　KAA00GH001 控制柜

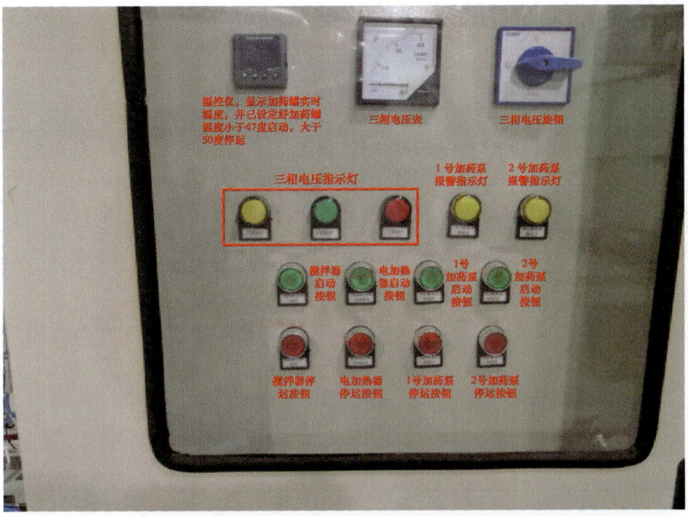

图 4-52　KAA00GH001 控制柜面板

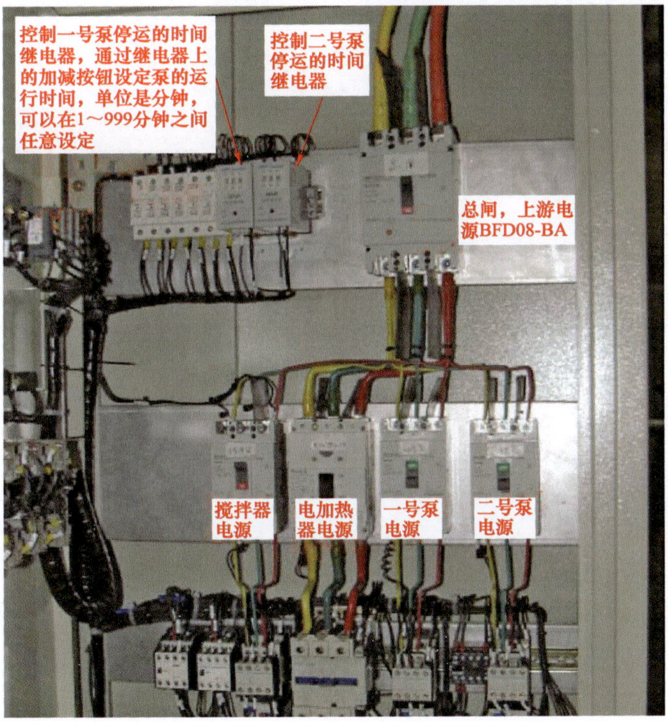

图 4-53　KAA00GH001 控制柜内部开关

第 5 章 厂用电气相关知识

5.1 6 kV、400 V 系统交直流控制电源运行方式专项巡检

6 kV、400 V 系统交直流控制电源运行方式专项巡检：每月一次。

5.1.1 400 V 二次开关

400 V 母线二次开关原理图如图 5-1 所示。

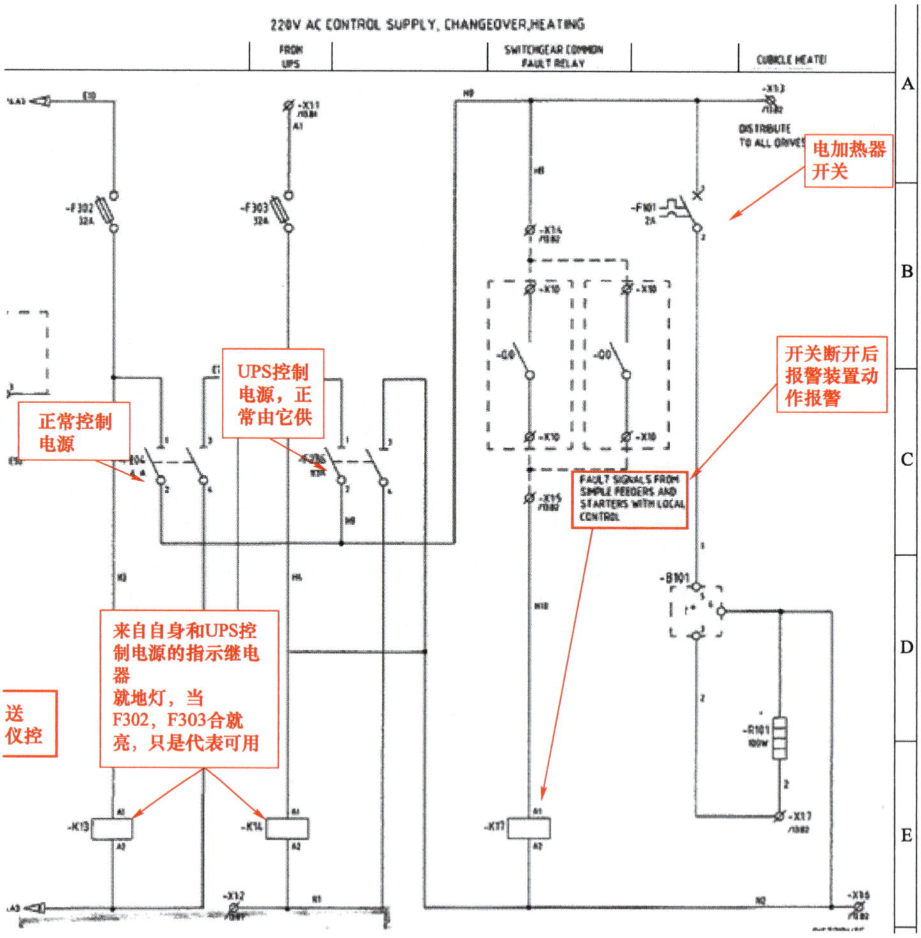

图 5-1 400 V 母线二次开关原理图

400 V 二次开关（见图 5-2）主要检查交流控制电源开关 F204（正常控制电源开关，正常为“分”）、F205（不间断控制电源开关，正常为“合”）、F302（正常控制电源熔断器，正常为“合”）、F303（不间断控制电源熔断器，正常为“合”）。

图 5-2　400 V 母线二次开关

400 V 进线、母联开关柜内交流电其中一路从母线上取一路电，经过 F302，然后分为两支：一支直接向下，激活 K13 继电器，使得开关柜上 NORMAL 灯亮；另一支送到 F204 之前，如果 F204 合闸，则向母线上各个负荷的控制回路供电（由于没有同期装置，不得将 F204、F205 同时合上）。

另一路从相应的 UPS 母线上取电，经过 F303，然后分为两路：一路直接向下，激活 K14 继电器，使得开关柜上 UPS 灯亮；另一路送到 F205 之前，如果 F205 合闸，则向母线上各个负荷的控制回路供电（由于没有同期装置，不得将 F204、F205 同时合上）。

当 F204、F205 中一个是闭合时，合上 F101，即给进线开关柜内的电加热器供电。

5.1.2　6 kV 二次开关

6 kV 二次开关主要检查进出线柜内的 S102 和 S101（如有）的状态。

√ BBE/BBF/BBG/BBH 段

BBE/BBF/BBG/BBH 交流控制电源：取自 BFF。

BBE/BBF/BBG/BBH 直流控制电源配置特点：四段母线每一段的控制电源只设有一路（BVA 或 BVC 母线上），其备用电源取自相邻段。以 BBE 为例，正常时 S101 在Ⅱ位，S102 在断开位，由 BVA 供电，如果切备用电源，即先合 BBF 的 S102，再将 BBE 母线的相关的 S101 切至Ⅰ位。BBE 母线控制电源如图 5-3 所示。

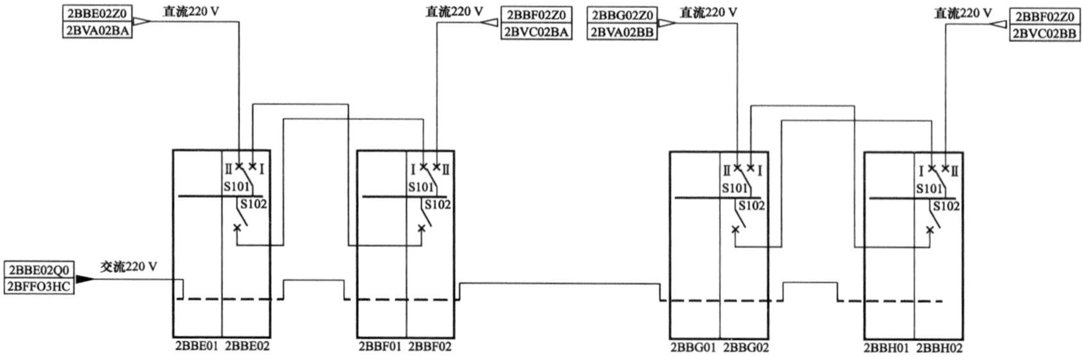

图 5-3　BBE 母线控制电源

√ BBA/BBB/BBC/BBD 段

BBA/BBB/BBC/BBD 交流控制电源：分别取自 BFE、BFF、BFG、BFH。

BBA/BBB/BBC/BBD 的直流控制电源配置特点：进出线开关设一组控制电源（以 BBA 为例：BBA02 备用电源进线开关、BBA05 去可靠段出线开关、BBA16 去应急段出线开关、BBA21 工作电源进线开关），其他用户开关设一组控制电源，即进出线开关和用户分开供控制电源。

BBA/BBB/BBC/BBD 四段母线每一段的控制电源只设有一路（BVA 或 BVC 母线上），其备用电源取自相邻段。

本段的 S101 作为输入的切换开关：S101 在Ⅰ位，相邻的母线关联的 S102 在合位，即本段由相邻母线供电，S101 在Ⅱ位即由本段的相对应的控制电源供电。

本段的 S102 开关作为输出的切换开关，S102 在合位，则可以给相邻母线供控制电源，S102 在分位，则不能。

正常运行时，通常 S101 都在Ⅱ位，S102 在断开位，也就是都是自己给自己供。

切换时应先合 S102，再将相邻的母线的相关的 S101 切至Ⅰ位。

BBA 母线控制电源如图 5-4 所示。

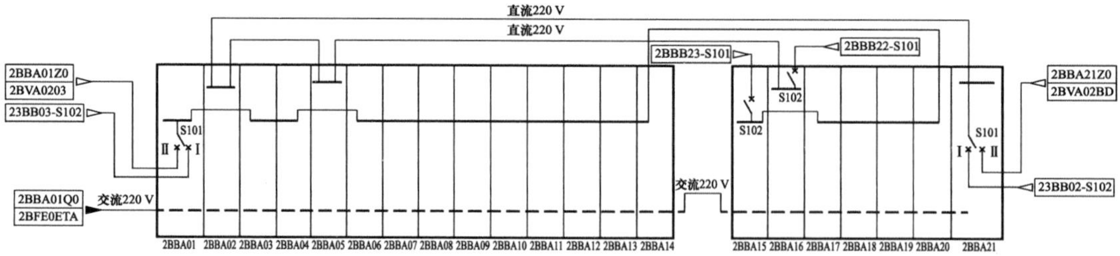

图 5-4　BBA 母线控制电源

√ BDA/BDC 段

BDA/BDC 交流控制电源：分别取自 BMA/BMC。

BDA/BDC 母线的进线/负荷开关控制电源配置也是分开的，不同的是 BBA/BBB 是两段的控制电源互为备用，而 BDA/BDC 是分别都有两段，一主一备。

对于负荷段：一个 S101 置Ⅱ，另一个 S101 开关必须置Ⅰ，如果都置Ⅱ BVA 与 BVC 并列运行，是不允许的；如果都置Ⅰ，开关控制电源未送上，控制电源失电。切换时先把原先投运的 S101 置Ⅰ，再把需要投运的 S101 打到Ⅱ。

对于进线段：可以把各自的 S102 断开，实行分开供电，即 BVA 带正常电源进线开关，BVC 带柴油机进线开关。切换时操作类似 BBA/BBB 的切换，先合供电段的 S102，然后将要停电段的 S101 置 I。

BDA 母线控制电源如图 5-5 所示。

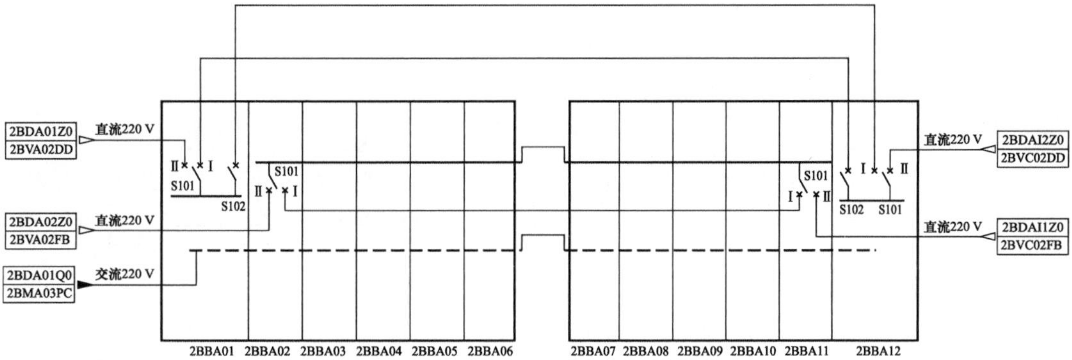

图 5-5　BDA 母线控制电源

√ BEA/BEB/BEC/BED 段

BEA/BEB/BEC/BED 交流控制电源：取自 BNA/BNB/BNC/BND。

BEA/BEB/BEC/BED 母线的进线/负荷开关控制电源配置也是分开的，BNA/BNB/BNC/BND 的控制电源最简单，每段母线给它单独配了直流母线 BNA/BNB/BNC/BND 供电。

BEA 母线控制电源如图 5-6 所示。

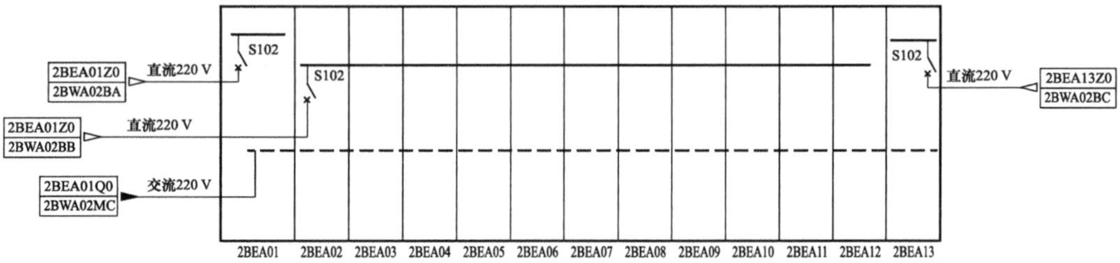

图 5-6　BEA 母线控制电源

总结：6 kV 的进出线开关和普通负荷开关的控制电源是分开供的（进出线开关级别更高）；根据电源的等级不一样（正常段、可靠段、应急段），对控制电源的可靠性要求不一样，配置的备用电源方式是不一样的。

➢ 正常段：一段母线只有一路控制电源，备用只能依靠相邻段（如 BBA 正常由

BVA 供，BVA 需要停电时，只能合上 BBB 的控制电源输出开关 S102 提供 BVC 的直流控制电源，再把 BBA 段输入的 S101 打到 I 位）。

➢ 可靠段：一段母线有两路控制电源 BVA、BVC 相互备用。

➢ 应急段：级别最高，每段母线都配了一条直流母线供电 BWA/BWB/BWC/BWD。

➢ 其他开关按照操作单内的 KKS 码和就地位置及要求的状态检查即可。

5.2 400 V 开关相关操作

双围墙内的 400 V 低压进线开关柜选用 ABB 公司生产的 MNS 型抽屉式开关柜。400 V 低压进线开关的结构，如图 5-7 所示。

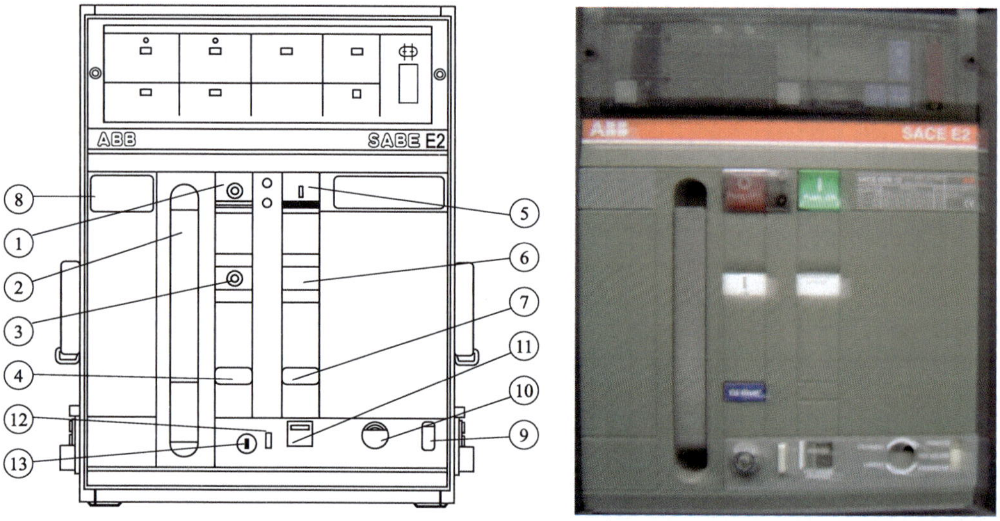

图 5-7　400 V 低压进线开关

①—手动分闸操作按钮；②—合闸弹簧的手动储能操作杆；③—断路器分合闸位置指示器；④—保护脱扣器脱扣的机械指示器；⑤—手动合闸操作按钮；⑥—合闸弹簧储能指示器；⑦—操作计数器；⑧—断开位置锁；⑨—断路器连接，隔离测试以及分断的指示器；⑩—插入抽出装置的操作孔；⑪—插入抽出装置的释放杆；⑫—断路器位置锁挂锁处；⑬—断路器位置锁

可抽出手车相对于固定框架之间有以下三种位置：

√ “插入”位置（工作位置）：可抽出手车完全插入到固定框架内，与一、二次回路都完成连接，断路器处于运行状态，指示器⑨上的显示为“CONNECTED”；

√ “抽出”位置（隔离位置）：抽出小车在固定框架上，但没有与一、二次回路相连接，在此位置上无法进行断路器的电气操作，同时，指示器⑨上的显示为“DISCONNECTED”，开关柜门可以关闭；

√ “测试断开”位置（试验位置）：抽出手车插入固定框架内，没有与一次回路连接，但与二次回路已经连接。在此位置上，断路器可以进行试验，指示器⑨上的显示为“TEST ISOLATION”。

5.2.1　400 V 低压进线开关的分、合闸操作

1）合闸弹簧储能

设有电动储能电机，当操作电源送电后，自动完成合闸弹簧的储能功能，储能完毕电机自动断开，为合闸提供能量；在失去操作电源时，也可以使用合闸弹簧手动储能操作杆进行储能，储能完毕，合闸弹簧储能指示器⑥转为黄色。

2）断路器合闸

只有在合闸弹簧完成储能的情况下，断路器才能合闸。就地可以直接手动按下合闸操作按钮⑤，或使用就地盘上的分合闸控制开关；一般使用远方操作，靠合闸线圈的励磁来完成合闸功能。合闸后，合闸位置指示器变为“I”，同时合闸弹簧状态指示器立即变为白色，这时储能电机会自动启动并完成合闸弹簧的储能工作，直到合闸弹簧位置指示器变为黄色。如果在储能期间失去了操作电源，电动机会立即停止并在操作电源恢复后重新完成储能工作。

3）断路器分闸

断路器合闸状态下，才能完成分闸操作。就地按下分闸操作按钮①，或者使用就地盘上的分合闸控制开关，就可直接分闸；但一般情况下使用远方操作，靠分闸线圈的励磁完成分闸功能。分闸后，开关状态位置显示将变为“O”。

5.2.2　400 V 低压进线开关可抽出手车的插入操作

在进行手车的插入操作前，必须确认断路器处于分闸状态。进行插入操作前，还要检查可抽出小车与开关柜上的固定框架之间的防错装置，以防止不同额定电流的抽出小车之间的替换。

1）抬起抽出手车，把它插入到固定框架的轨道中，插入时要先倾斜一个适当的角度；

2）只有当手车达到稳固的位置后，才可以对断路器进行所有的检查；

3）将手车推倒推不动为止后关闭断路器小室门。

5.2.3　400 V 低压进线开关手车从“隔离”位置移动到“试验”位置

1）确定位置指示器显示为“DISCONNECTED”；

2）确定断路器位置锁⑬已经打开（插入钥匙顺时针旋转），挂锁⑫已经取走；

3）确定断路器在分闸状态；

4）按下释放杆⑪；

5）插入手柄到操作孔⑩内；

6）摇动手柄直到位置显示器显示为“TEST ISOLATION”，如果需要在此位置进行传动试验，则需要拔下手柄；

7）摇动过程中，如出现过大阻力，则立即将手车退回原位。

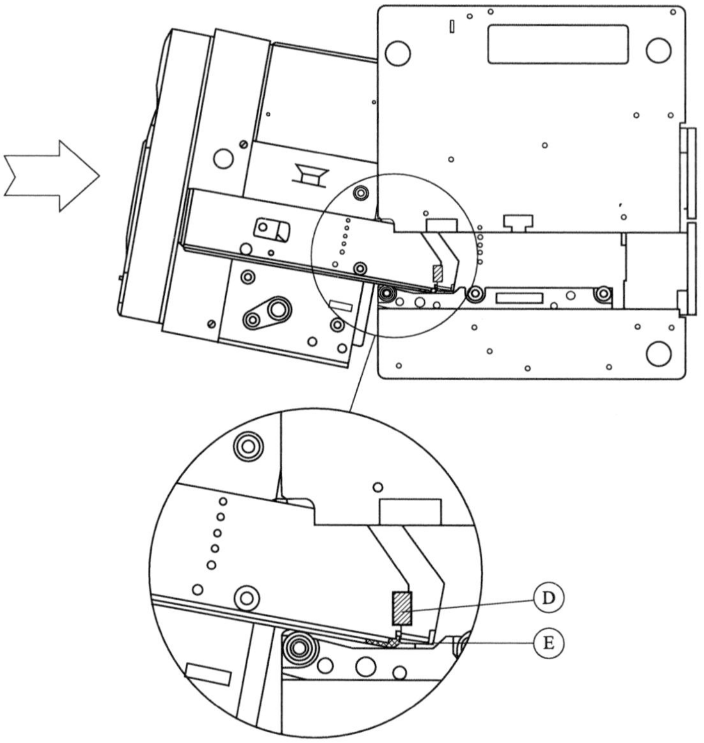

图 5-8　可抽出手车推入至固定框架部分的“DISCONNECTED”位置

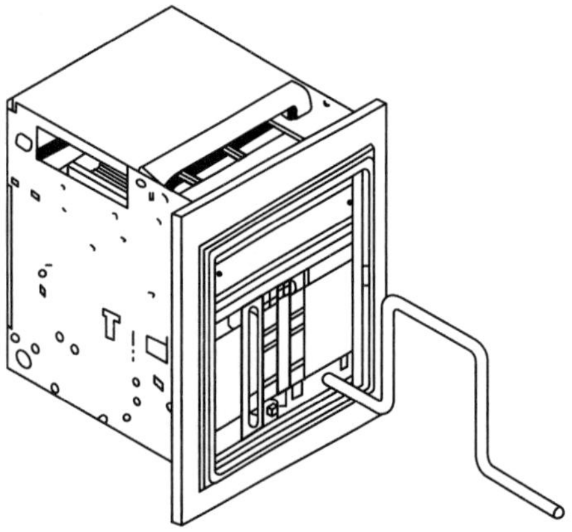

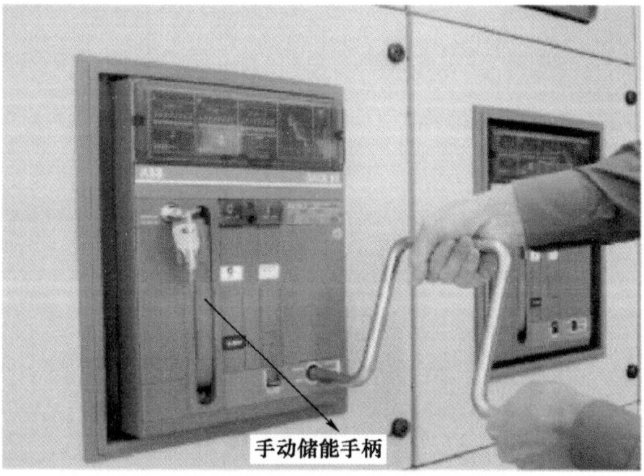

图 5-9　从“DISCONNECTED”位置移动到“TEST ISOLATION”位置

5.2.4　400 V 低压进线开关手车从“试验”位置移动到“工作”位置

1）确定断路器断开；

2）按下释放杆⑪；

3）插入摇动手柄，摇动手柄直到位置指示器显示为“CONNECTED”为止；

4）取出手柄；

5）逆时针旋转位置锁⑬钥匙，拔出钥匙。

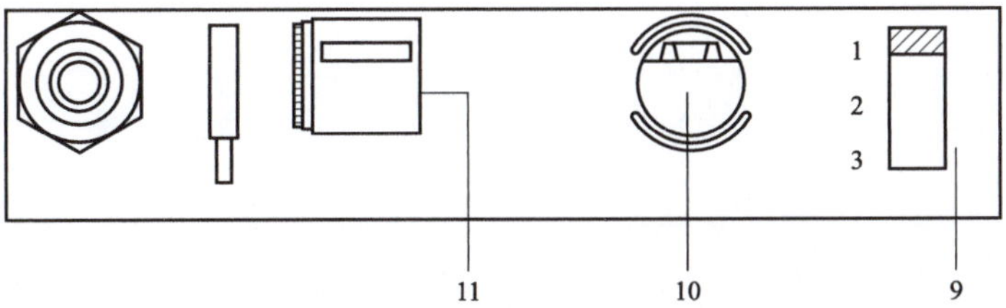

图 5-10　从“TEST ISOLATION”位置移动到“CONNECTED”位置

1—CONNECTED；2—TEST ISOLATION；3—DISCONNECTED

5.2.5　400 V 低压进线开关手车从“工作”位移到“试验”位、“隔离”位

同插入时的操作方法相同，但要逆时针摇动手柄，当到了“DISCONNECTED”位置后才能打开柜门。

5.2.6　1BMQ00GS001（1 号机技改新增）的操作

1BMQ00GS001 面板上的操作和信号部件，如图 5-11 所示。

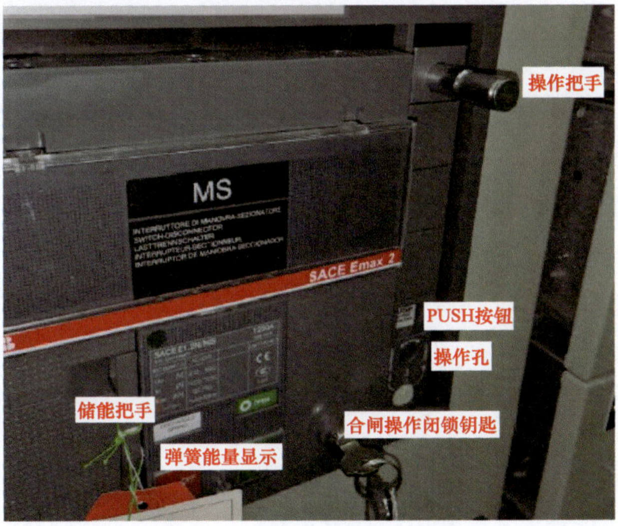

图 5-11　1BMQ00GS001 面板上

1）1BMQ00GS001 摇至工作位（“CNNECT”位）、合闸的操作如下：

① 检查 1BMQ00GS001 的操作隔离锁的解锁钥匙处于横放位置，PUSH OFF 按钮；

② 处于弹出位置；

③ 检查保险 FU1 处于推入位置；

④ 检查保险 FU2 处于推入位置；

⑤ 将 1BMQ00GS001 刀闸操作摇把插入操作孔；

⑥ 按下 PUSH（BEFORE OPERATING）按钮（一定要按下此按钮方可操作摇把，否则会损坏操作机构！）；

⑦ 顺时针摇动摇把，观察 1BMQ00GS001 到达 TEST 位置，PUSH（BEFORE OPERATING）按钮弹出；

⑧ 再次按下 PUSH（BEFORE OPERATING）按钮；

⑨ 顺时针继续摇动摇把，观察 1BMQ00GS001 到达 CONNECT 位置，PUSH（BEFORE OPERATING）按钮弹出，箭头指向 CONNECT 位置；

⑩ 检查 1BMQ00GS001 的弹簧储能，如弹簧储能显示为“DISCHAARGED SPRING”则手动下压储能把手进行手动储能，直至弹簧储能显示为“CHARGED SPRING OK”，储能把手每次下压接近 90° 位置，多次操作；

⑪ 检查弹簧储能显示为“CHARGED SPRING OK”；

⑫ 按下合闸按钮 S1，就地合闸 1BMQ00GS001 刀闸（合闸前确认母线无电压）；

⑬ 检查 1BMQ00GS001 状态为合闸“1 CLOSE”状态

⑭ 检查 1BMQ00GS001 合闸指示灯 HL1 亮。

2）1BMQ00GS001 摇至隔离位（DISCONNECT）、分闸的操作如下：

① 检查 1BMQ00GS001 的弹簧储能，如弹簧储能显示为“DISCHAARGED SPRING”则手动下压储能把手进行手动储能，直至弹簧储能显示为“CHARGED SPRING OK”，把手每次下压接近 90° 位置，多次操作；

② 检查弹簧储能显示为“CHARGED SPRING OK”；

③ 就地按下分闸按钮 S2，分闸 1BMQ00GS001 刀闸（分闸前确认母线无电压）；

④ 检查 1BMQ00GS001 状态为分闸“OPEN”状态；

⑤ 检查 1BMQ00GS001 分闸指示灯 HL2 亮；

⑥ 将 1BMQ00GS001 刀闸操作摇把插入操作孔；

⑦ 按下 PUSH（BEFORE OPERATING）按钮；

⑧ 逆时针摇动摇把，观察 1BMQ00GS001 到达 TEST 位置，PUSH（BEFORE OPERATING）按钮弹出；

⑨ 再次按下 PUSH（BEFORE OPERATING）按钮；

⑩ 逆时针继续摇动摇把，观察 1BMQ00GS001 到达 DISCONNECT 位置，PUSH（BEFORE OPERATING）按钮弹出，箭头指向 DISCONNECT 位置。

3）合闸操作闭锁钥匙的使用：

此钥匙平时是取不下来的，处于平放位置，当在分闸位置需要闭锁合闸功能时，使用塑料钥匙抵住分闸按钮，同时逆时针旋转“合闸闭锁钥匙”，当闭锁钥匙到达竖直位置时可取下闭锁钥匙，此时分闸按钮将下陷至某一位置，通过机械装置闭锁合闸功能。如需要解除合闸闭锁，则将“合闸闭锁钥匙”插入锁孔，顺时针旋转至水平位置即可，此时分闸按钮将弹至正常位置。

5.3　6 kV 开关测绝缘送电操作

测绝缘送电的操作如下：

1）确认穿戴了在有效期内的绝缘靴和绝缘手套；

2）确认工具、仪表携带齐全（地刀操作工具、地刀柜门开启工具、6 kV 开关电缆柜门五防闭锁解除工具、小车摇把、验电器、万用表、绝缘表等）；

3）检查需要测绝缘的开关，确认其小车开关确在“试验”位断开状态，检查其 SM10、SM30 在断开位置，如图 5-12 和图 5-13 所示；

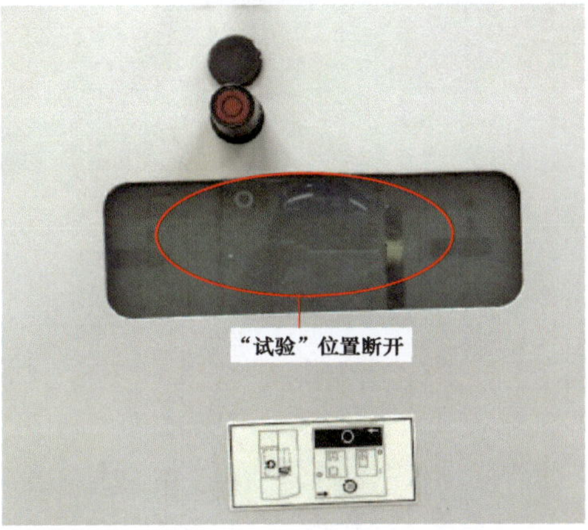

图 5-12　检查小车开关

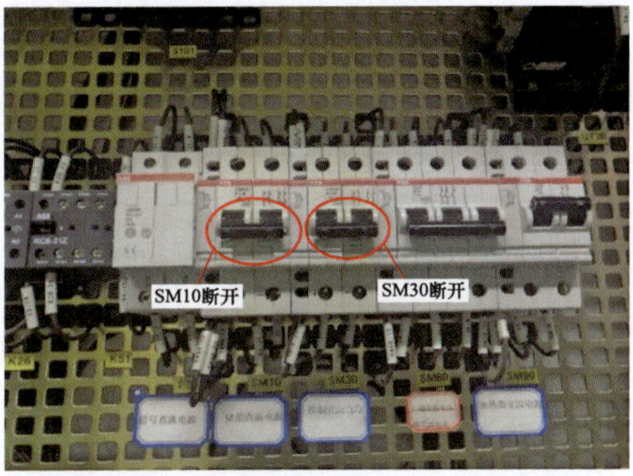

图 5-13　低电压室 SM10、SM30 断开

4）检查接地刀闸在合位，图 5-14 为辅助判断，判断结果以图 5-15 所示为准；

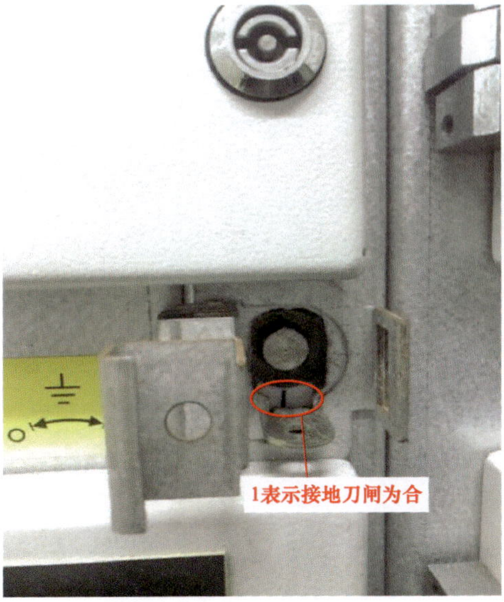

图 5-14　地刀合（辅助判断）

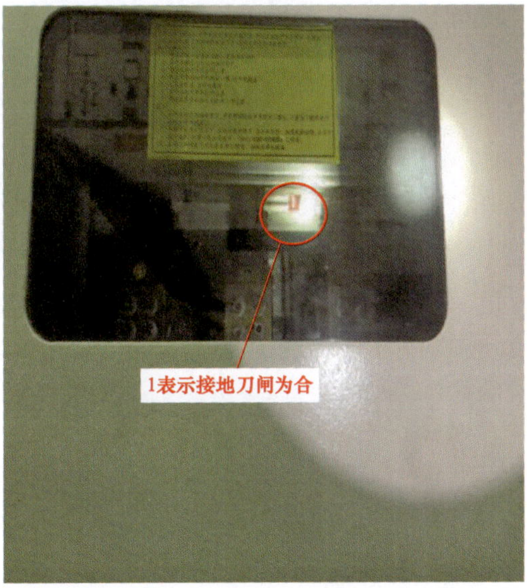

图 5-15　地刀合（判断结果）

5）解开接地刀闸锁；

6）打开电缆室柜门；

7）观察电缆室柜门的机械闭锁舌片处于弹起状态，见图 5-16；

图 5-16　舌片处于弹起状态

8）如图 5-17 所示，找到 6 kV 开关电缆柜门闭锁卡销，将 6 kV 接地开关解锁工具对准开关柜矩形槽，U 形槽对准解锁轴；

图 5-17　6 kV 开关电缆柜门闭锁卡销

9）操作 6 kV 接地开关解锁工具向开关柜内侧移动至闭锁舌片缩回，将操作手柄旋转 90°，固定在开关柜矩形槽内侧，松开手后，检查 6 kV 接地开关解锁工具应牢固固定在开关柜矩形槽内侧，接地开关操作孔处闭锁舌片缩回解除闭锁，如图 5-18 所示；

图 5-18　接地开关操作孔处闭锁舌片缩回解除闭锁

10）拉开接地刀闸（逆时针方向转动曲柄断开接地刀闸，操作方向指向“0”位），见图 5-19；

11）检查接地刀闸确已断开；

12）使用验电器进行三相电缆验电，确认无电后方可继续操作（验电前要检查验电器可用），见图 5-20；

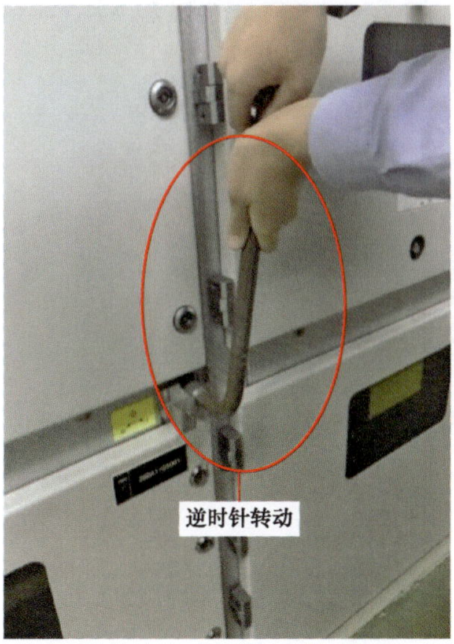

图 5-19　拉开接地刀闸

图 5-20　验电器验电

13）使用万用表测量相间电阻确认相间连接完好（选择万用表的“Ω”档或者蜂鸣档，将万用表的两个探针分别与任意两相连接，万用表显示有相间电阻值且相近或发出“嘀”的声响表示连接良好），见图 5-21；

14）用兆欧表测电机各相对地绝缘电阻值，见图 5-22；

图 5-21 测相间电阻

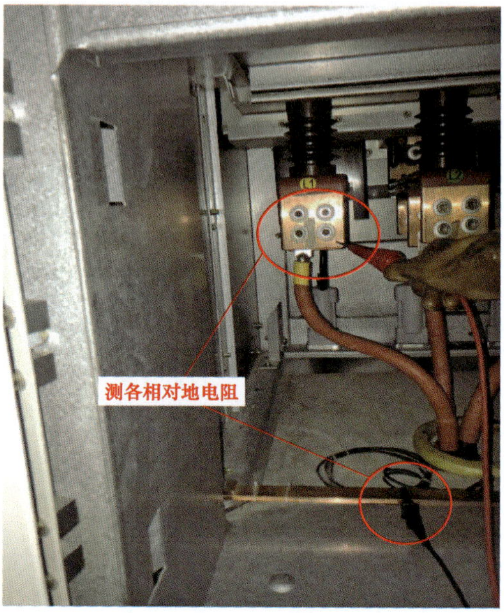

图 5-22 测各相对地电阻

15）三相绝缘测量完成后，合上接地刀闸（顺时针方向转动曲柄，合接地刀闸，操作方向指向“1”位，合到位会有“啪嗒”响声）；

16）取下 6 kV 开关电缆柜门五防闭锁解除工具；

17）将电缆室柜门关闭锁紧；

18）拉开接地刀闸（逆时针转动曲柄断开接地刀闸，操作方向指向“0”位）；

19）通过视窗和位置信号检查接地刀闸确已断开并确认接地开关操作滑板（地刀间隔机械闭锁弹簧片）弹至上部位置，见图 5-23；

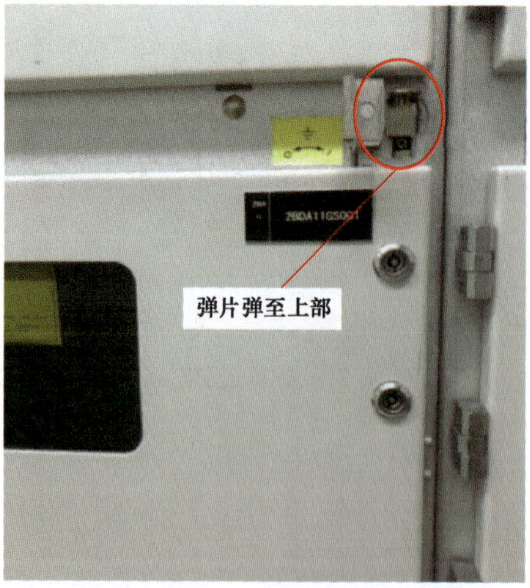

图 5-23 检查弹片

20）检查小车开关确在“试验”位分闸状态，见图 5-24；

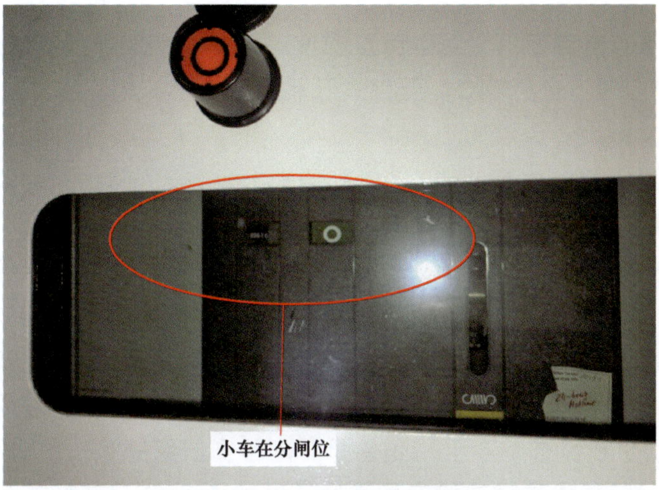

图 5-24　小车在分闸位

21）用 6 kV 开关操作手柄将小车开关摇至“工作”位，顺时针 20 圈。开关到位后能听到轻微的“咔哒”一声响，并且此时再摇已经摇不动了，注意不要回转摇把，防止脱离工作位；如果确已摇至 20 圈但未听到声响，则联系维修人员检查，见图 5-25；

22）检查断路器小车四方丝杆棱角应垂直于地面，若有明显偏离，则联系维修人员检查，判断方法见图 5-26；

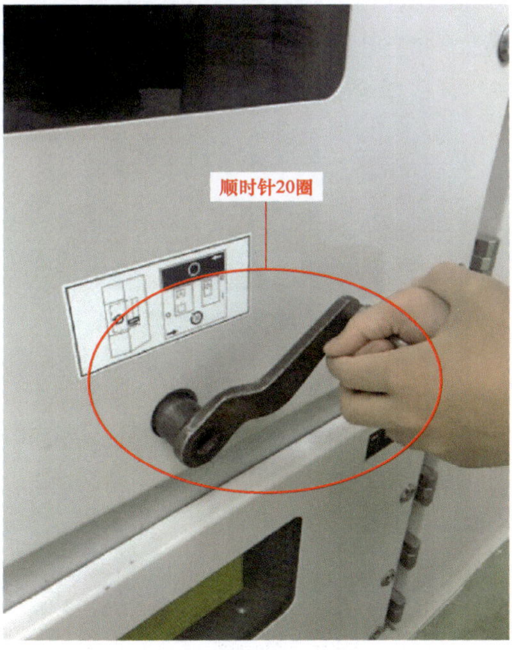

图 5-25　小车摇到工作位

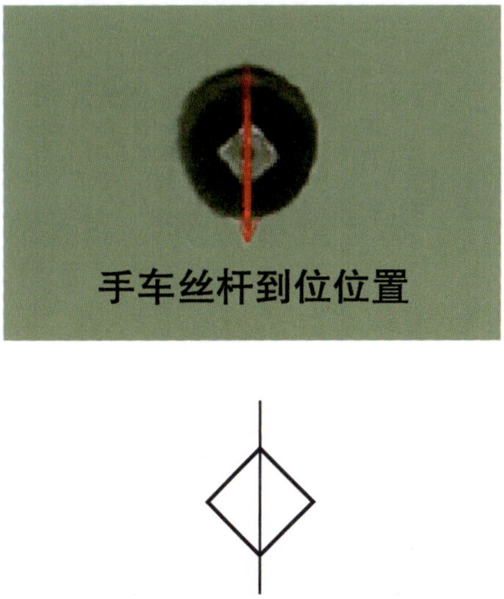

图 5-26　检查丝杆到位

23）检查电加热器开关 SM90 在合位；

24）检查信号指示保险 F30 在合位；

25）合上距离保护电源开关 SM34（部分开关没有此开关可不执行）；

26）合上储能电源开关 SM10；

27）合上控制电源开关 SM30；

28）合上测量回路二次开关 SM60（部分开关没有此开关可不执行）；

29）检查“MCB POWER OFF”灯灭，见图 5-27；

30）检查保护装置 F12 运行正常；

31）通知主控验证确认开关已在“工作”位；

32）向指令下达人汇报电机已送电。

现场使用的兆欧表型号为 3125（见图 5-28），其使用方法如下：

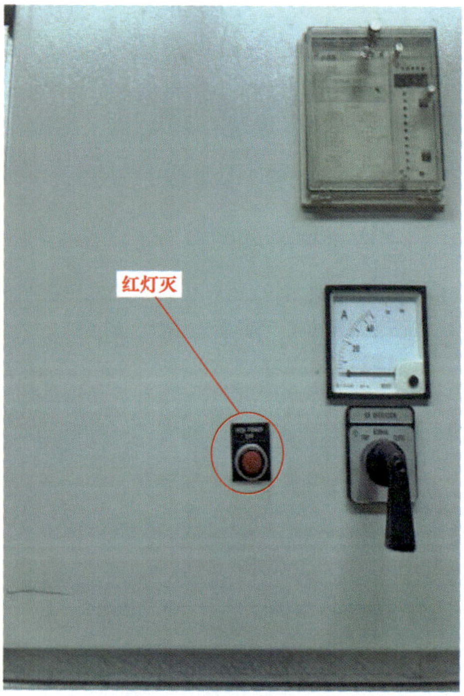

图 5-27　检查 MCB 灯灭

图 5-28　3125 型兆欧表

√ 使用前检查电池电压

可把量程选择开关切换至“OFF”外的任意位置；电池电量为一格时，表示电池量剩余不多，请更换电池继续使用，此状态不影响精确度；若电池电量显示无格，此时测量不能保证精确度。

√ 测量电阻

接地线连接被测回路的接地端口，红线连接 A/B/C 三相；被测电机为 6 kV，量程选择开关选择 2 500 V 档；按下测试按钮，旋至右侧锁定。此时欧姆表开始计时，记录

15 s 和 60 s 的绝缘值。

√ 兆欧表放电

待 A/B/C 三相测量结束后，测试按钮旋至初始位置，等待自动放电，确认电压显示器显示为“0”，放电完成。将量程选择开关旋至“OFF”位，取下测试线。

5.4　双速电机测绝缘送电操作

双速电机测绝缘送电操作的通用安全要求：

√ 采用操作监护制；

√ 操作人和监护人必须穿戴有效期内的绝缘靴、护目镜、安全帽，工作服要做到袖口紧、下摆紧及领口紧；

√ 测绝缘操作前必须使用验电器验明设备处于无电状态后方可操作，操作人在进行验电操作及使用绝缘表测绝缘操作过程中必须穿戴有效期内的绝缘手套，监护人不需要绝缘手套；

√ 6 kV 电机停、送电操作应携带有效期内小车摇把、地刀操作把手、地刀闭锁解除工具、T 形钥匙、手电；测绝缘操作除上述工具外还应携带有效期内的绝缘手套、验电器、绝缘表及万用表。

双速电机测绝缘送电具体操作步骤如下：

1）向主控确认要送电的设备无自动启动命令；

2）向主控确认要送电的设备无保护启动命令；

3）检查 A 速小车开关在“试验/隔离”位分闸状态，检查 SM30 合闸（注：A、B 速是同一套绕组，合闸 SM30 送上控制电源，用来判断高低速开关的分闸状态，只有开关在分闸状态，电气闭锁才允许合地刀），SM10 在断开位置（A 速为低速），见图 5-29 和图 5-30；

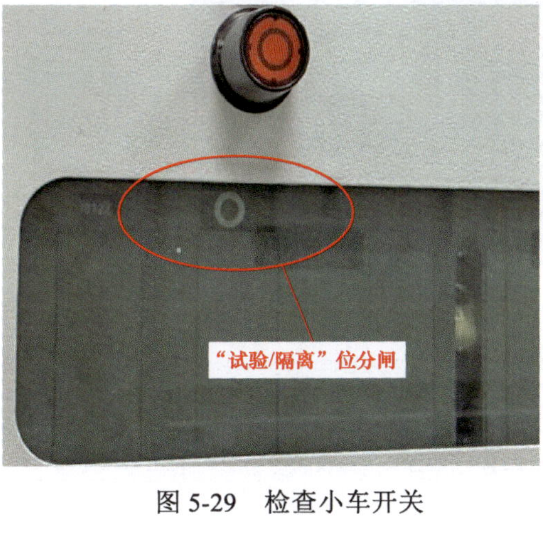

图 5-29　检查小车开关

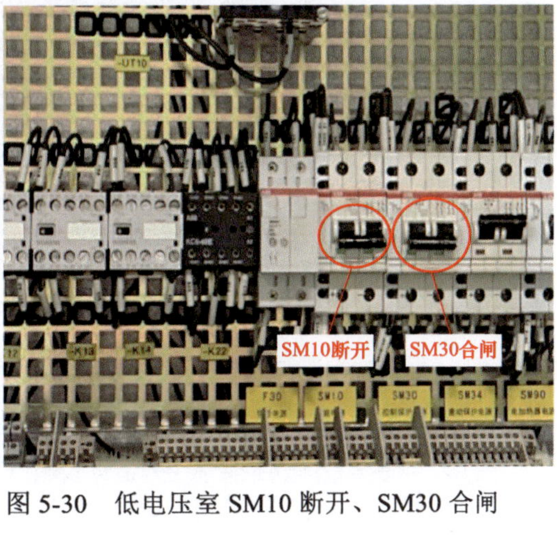

图 5-30　低电压室 SM10 断开、SM30 合闸

4）检查 B 速小车开关在“试验/隔离”位分闸状态，检查 SM30 合闸（注：AB 速是同一套绕组，合闸 SM30 送上控制电源，用来判断高低速开关的分闸状态，只有开关在分闸状态，电气闭锁才允许合地刀），SM10 在断开位置（B 速为高速），见图 5-31 和图 5-32；

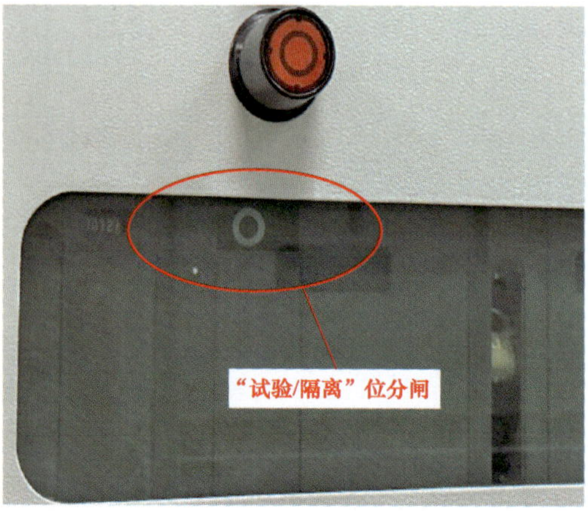

图 5-31　检查小车开关

图 5-32　低电压室 SM10 断开、SM30 合闸

5）用 6 kV 地刀操作手柄合上 A 速接地刀闸（顺时针方向转动曲柄，合接地刀闸，操作方向指向“1”位，合闸操作期间，地刀操作手柄转角为 180°），见图 5-33（或检查 A 速接地刀闸在合位，见图 5-34）；

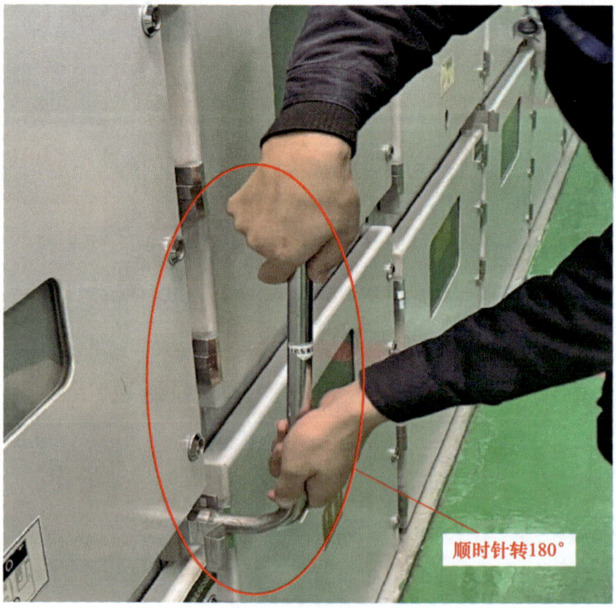

图 5-33　合接地刀闸

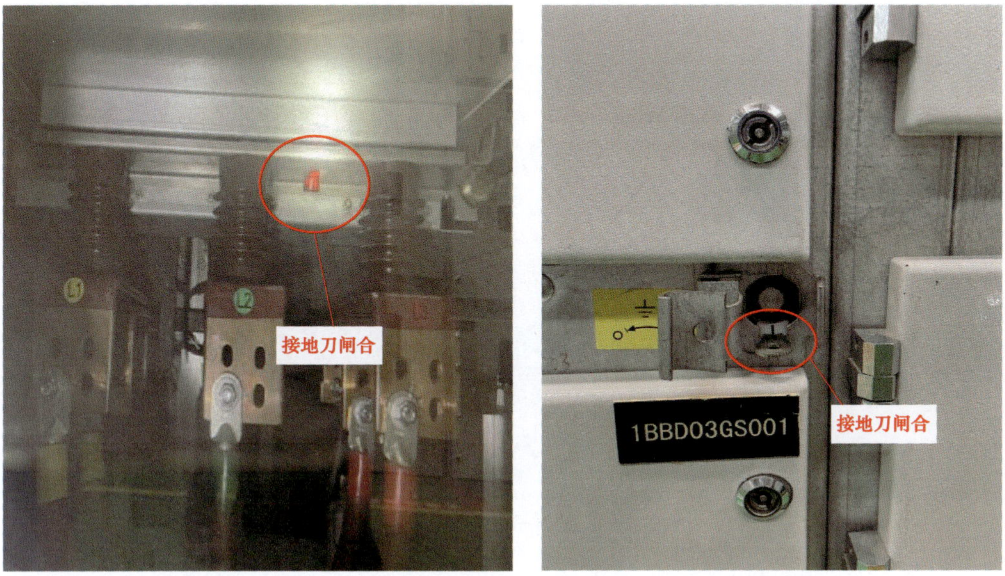

图 5-34　检查接地刀闸

6）解开 A 速接地刀闸锁；

7）打开 A 速电缆室柜门；

8）观察 A 速电缆室柜门的机械闭锁舌片处于弹起状态，见图 5-35；

9）如图 5-36 所示，找到 A 速电缆柜门闭锁卡销，将 6 kV 接地开关解锁工具对准开关柜矩形槽，U 形槽对准解锁轴；

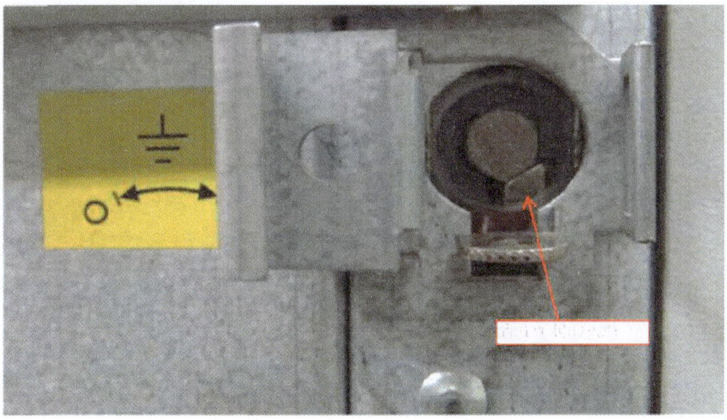

图 5-35　舌片处于弹起状态

10）操作 6 kV 接地开关解锁工具向开关柜内侧移动至闭锁舌片缩回，将操作手柄旋转 90°，固定在开关柜矩形槽内侧，松开手后，检查 6 kV 接地开关解锁工具应牢牢固定在开关柜矩形槽内侧，接地开关操作孔处闭锁舌片缩回解除闭锁，如图 5-37 所示；

图 5-36　6 kV 开关地刀柜门机械闭锁卡销

图 5-37　接地开关操作孔处闭锁舌片缩回解除闭锁

11）拉开 A 速接地刀闸（逆时针方向转动曲柄断开接地刀闸，操作方向指向“0”位；分闸操作期间，地刀操作手柄转角为 180°），见图 5-38；

12）检查 A 速接地刀闸确已断开，并确认接地开关操作滑板（地刀间隔机械闭锁弹簧片）弹至上部位置，见图 5-39；

13）用 6 kV 地刀操作手柄合上 B 速接地刀闸（顺时针方向转动曲柄，合接地刀闸，操作方向指向“1”位，合闸操作期间，地刀操作手柄转角为 180°），见图 5-33（或检查 B 速接地刀闸在合位，见图 5-34）；

14）解开 B 速接地刀闸锁；

15）打开 B 速电缆室柜门；

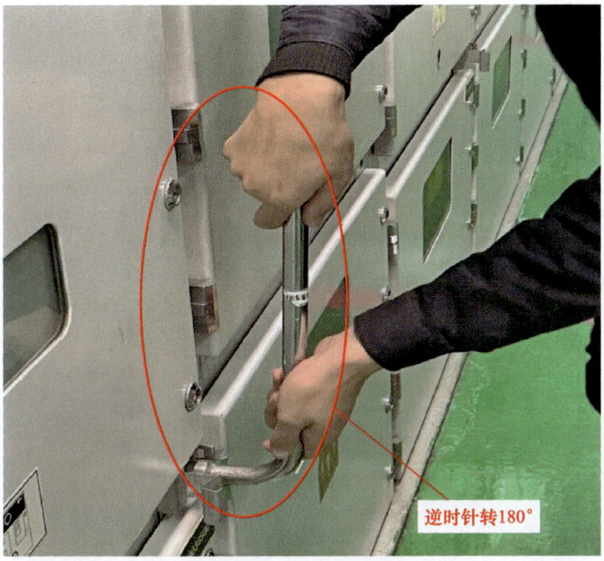

图 5-38　拉开接地刀闸

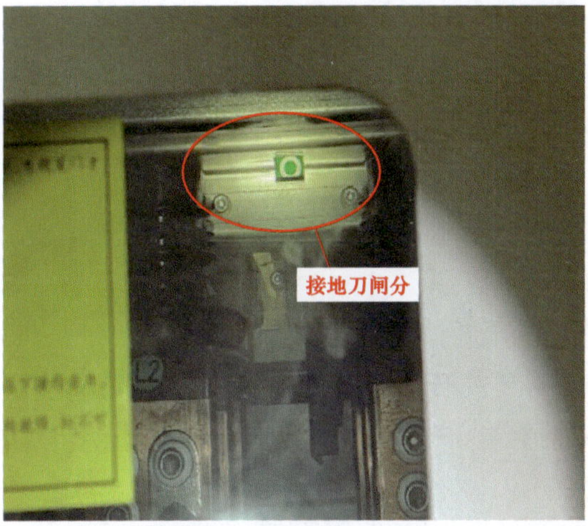

图 5-39　接地刀闸分

16）观察 B 速电缆室柜门的机械闭锁舌片处于弹起状态，见图 5-35；

17）如图 5-36 所示，找到 B 速电缆柜门闭锁卡销，将 6 kV 接地开关解锁工具对准开关柜矩形槽，U 形槽对准解锁轴；

18）操作 6 kV 接地开关解锁工具向开关柜内侧移动至闭锁舌片缩回，将操作手柄旋转 90°，固定在开关柜矩形槽内侧，松开手后，检查 6 kV 接地开关解锁工具应牢牢固定在开关柜矩形槽内侧，接地开关操作孔处闭锁舌片缩回解除闭锁，如图 5-37 所示；

19）拉开 B 速接地刀闸（逆时针方向转动曲柄断开接地刀闸，操作方向指向“0”位；分闸操作期间，地刀操作手柄转角为 180°），见图 5-38；

20）检查 B 速接地刀闸确已断开，并确认接地开关操作滑板（地刀间隔机械闭锁弹簧片）弹至上部位置，见图 5-39；

21）使用验电器分别对 A 速的 A、B、C 三相电缆进行验电，确认无电后方可继续操作（验电前要检查验电器可用），见图 5-40；

22）使用验电器分别对 B 速的 A、B、C 三相电缆进行验电，确认无电后方可继续操作（验电前要检查验电器可用），见图 5-40；

图 5-40　验电器验电

23）使用万用表测量相间电阻确认 B 速相间连接完好（选择万用表的“Ω”档或者蜂鸣档，将万用表的两个探针分别与任意两相连接，万用表显示有相间电阻值且相近或发出“嘀”的声响表示连接良好），见图 5-41；

图 5-41　测相间电阻

24）用兆欧表测电机 B 速各相对地绝缘电阻值（不低于 1 000 MΩ，且吸收比应≥1.7）合格（只需要在三相对地绝缘全部测量结束后进行一次放电操作），见图 5-42；

图 5-42　测各相对地电阻

25）合 B 速柜的控制电源开关 SM30（注：AB 速是同一套绕组，合闸 SM30 送上控制电源，用来判断高低速开关的分闸状态，只有开关在分闸状态，电气闭锁才允许合地刀）；

26）三相绝缘测量完成后，合上 B 速柜接地刀闸（顺时针方向转动曲柄，合接地刀闸，操作方向指向“1”位，合闸操作期间，地刀操作手柄转角为 180°），见图 5-33；

27）取下 B 速电缆柜门五防闭锁解除工具；

28）关上 B 速柜电缆室柜门，所有螺栓均锁紧；

29）拉开 B 速接地刀闸（逆时针方向转动曲柄断开接地刀闸，操作方向指向“0”位，分闸操作期间，地刀操作手柄转角为 180°），见图 5-38；

30）检查 B 速接地刀闸确已断开，并确认接地开关操作滑板（地刀间隔机械闭锁弹簧片）弹至上部位置，见图 5-39；

31）使用万用表测量相间电阻确认 A 速相间连接完好（选择万用表的“Ω”档或者蜂鸣档，将万用表的两个探针分别与任意两相连接，万用表显示有相间电阻值且相近或发出“嘀”的声响表示连接良好），见图 5-41；

32）用兆欧表测电机 A 速各相对地绝缘电阻值（不低于 1 000 MΩ，且吸收比应≥

1.7）合格（只需要在三相对地绝缘全部测量结束后进行一次放电操作），见图 5-42；

33）合 A 速柜的控制电源开关 SM30（注：AB 速是同一套绕组，合闸 SM30 送上控制电源，用来判断高低速开关的分闸状态，只有开关在分闸状态，电气闭锁才允许合地刀）；

34）三相绝缘测量完成后，合上 A 速柜接地刀闸（顺时针方向转动曲柄，合接地刀闸，操作方向指向“1”位，合闸操作期间，地刀操作手柄转角为 180°），见图 5-33；

35）取下 A 速电缆柜门五防闭锁解除工具；

36）关上 A 速柜电缆室柜门，所有螺栓均锁紧；

37）拉开 A 速接地刀闸（逆时针方向转动曲柄断开接地刀闸，操作方向指向“0”位，分闸操作期间，地刀操作手柄转角为 180°），见图 5-38；

38）检查 A 速接地刀闸确已断开，并确认接地开关操作滑板（地刀间隔机械闭锁弹簧片）弹至上部位置，见图 5-39；

39）检查 B 速小车开关确在断开位，见图 5-43；

40）断开 B 速小车开关 SM30 开关；

41）检查航空插头在插入位置；

42）检查 B 速开关小车间隔的柜门关闭，所有螺栓均锁紧；

43）用 6 kV 开关操作手柄将 B 速小车开关摇至“工作”位（顺时针 20 圈，开关到位后能听到轻微的“咔哒”一声，并且此时再摇已经摇不动了，注意不要回转摇把，防止脱离工作位），见图 5-44；

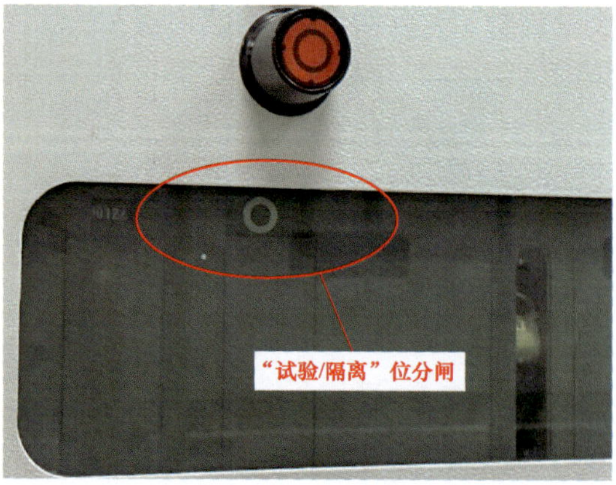

图 5-43　小车开关在断开位

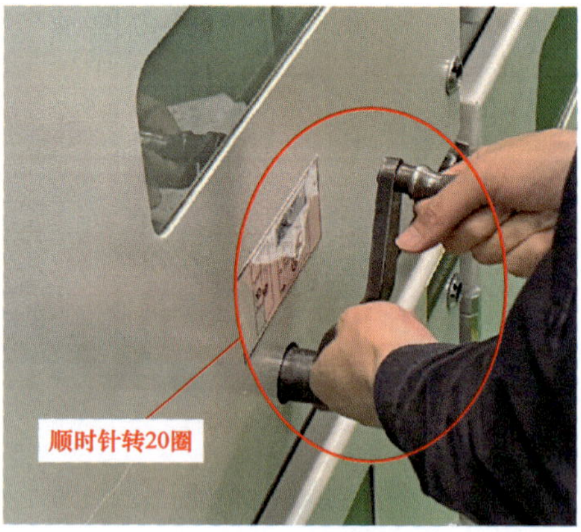

图 5-44　小车摇到工作位

44）检查 B 速开关柜电加热器开关 SM90 在合位；

45）检查 B 速信号显示保险 F30 在合位；

46）合上 B 速小开关 SM10、SM30、SM34，检查 B 速保护装置 F12 运行正常，见图 5-45；

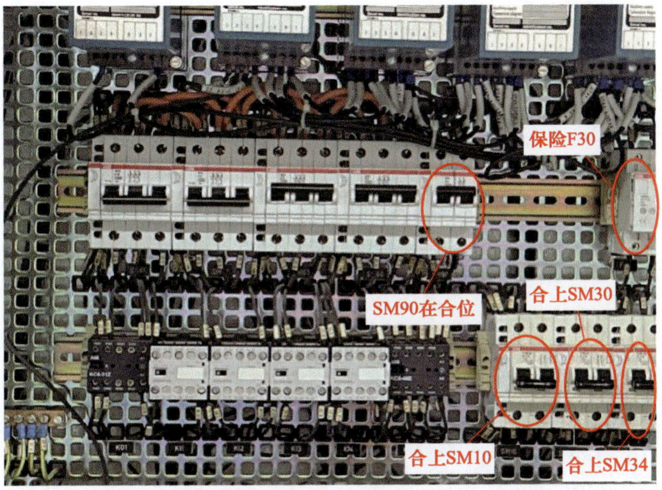

图 5-45 小开关

47）通知主控验证确认 B 速开关已在“工作”位；

48）合 B 速进线电缆 PT 二次开关（SM61、SM62、SM63、SM64），见图 5-46；

图 5-46 PT 二次开关

49）检查 A 速小车开关确在断开位，见图 5-43；

50）断开 A 速小车开关 SM30 开关；

51）检查航空插头应在插入位置；

52）检查 A 速开关小车间隔的柜门关闭，所有螺栓均锁紧；

53）用 6 kV 开关操作手柄将 A 速小车开关摇至“工作”位，（顺时针 20 圈，开关到位后能听到轻微的“咔哒”一声，且此时再摇已摇不动，注意不要回转摇把，防止脱离工作位），见图 5-44；

54）检查 A 速开关柜电加热器开关 SM90 在合位；

55）检查 A 速信号显示保险 F30 在合位；

56）合上 A 速小开关 SM10、SM30、SM34，检查 A 速保护装置 F12 运行正常，见图 5-47；

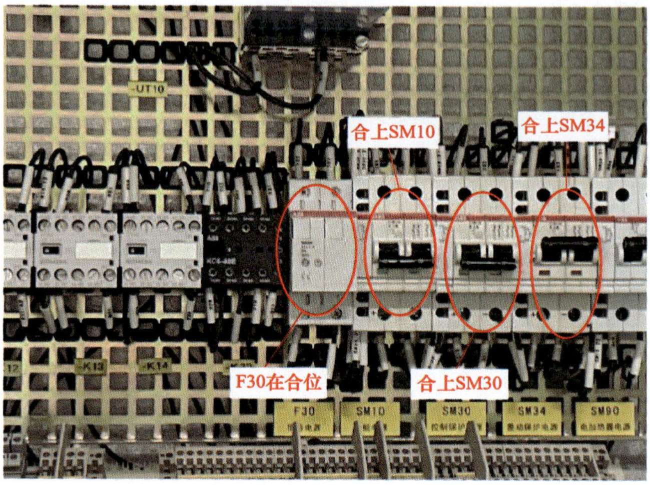

图 5-47　小开关

57）通知主控验证确认 A 速开关已在“工作”位；

58）向指令下达人汇报电机已送电。

5.5　6 kV 电机停电操作

1）检查小车开关确已断开（工作位置分闸），见图 5-48；

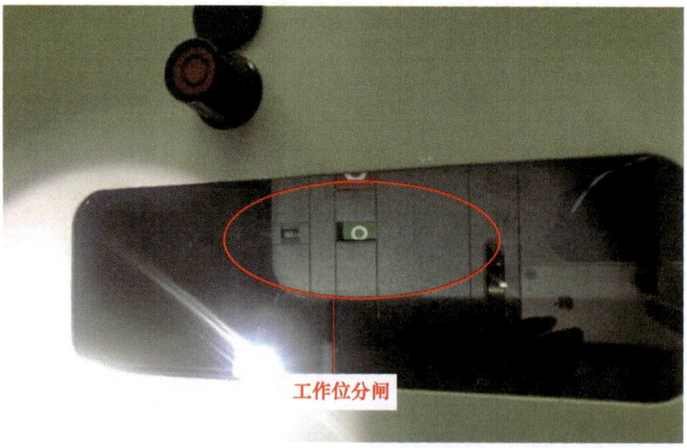

图 5-48　检查小车

2）检查保护装置 F12 无报警，见图 5-49；

3）拉开 SM10；

4）拉开 SM30；

5）拉开 SM34（无此开关不需操作）；

6）拉开 SM60（无此开关不需操作），见图 5-50；

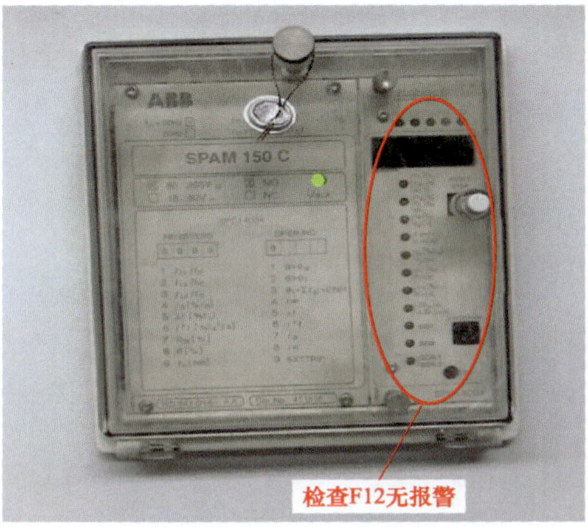

图 5-49　检查 F12

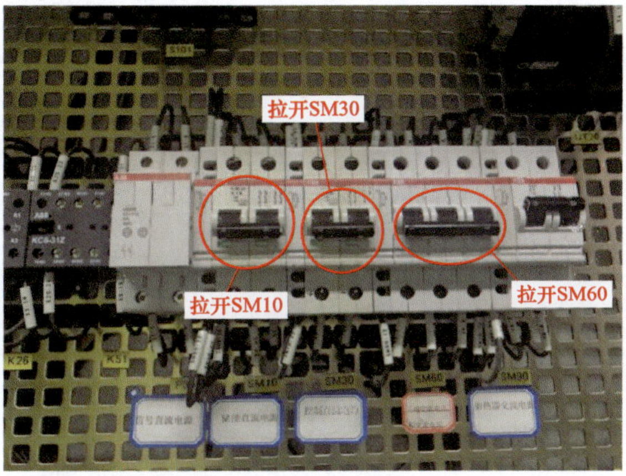

图 5-50　二次小开关

7）检查“MCB POWER OFF”灯亮，见图 5-51；

8）检查开关小车间隔的柜门关闭，所有螺栓均锁紧；

9）用 6 kV 开关操作手柄将小车摇至“试验/隔离”位置，逆时针转 20 圈，见图 5-52；

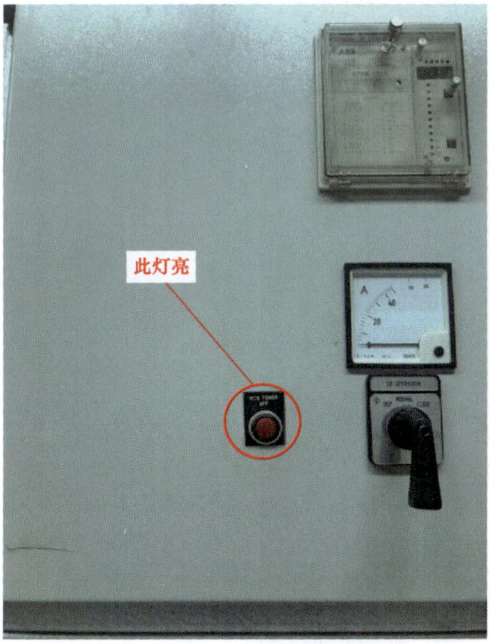

图 5-51　检查“MCB POWER OFF”灯亮

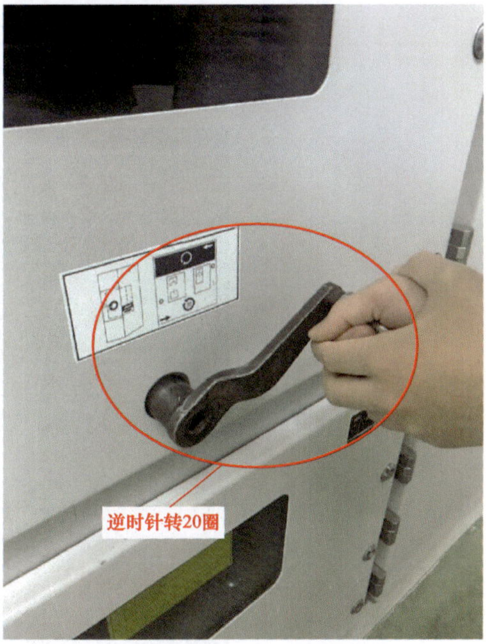

图 5-52　摇小车至“试验/隔离”位

10）若为设备检修的隔离操作，执行 11）～13）步；

11）用 6 kV 地刀操作手柄合接地刀闸（顺时针方向转动曲柄，合接地刀闸，操作方向指向“1”位，合到位会有“啪嗒”响声），见图 5-53；

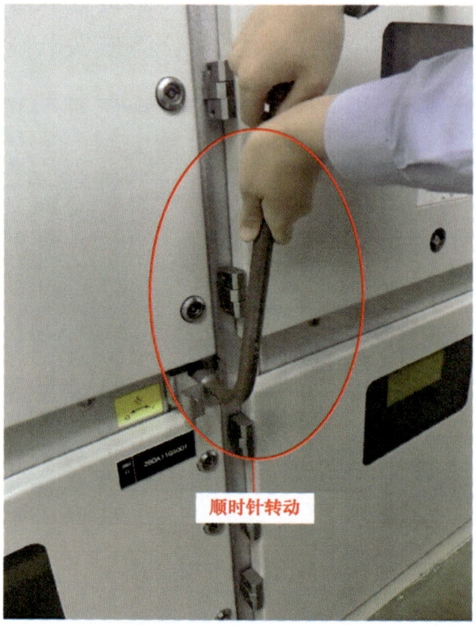

图 5-53　合接地刀闸

12）通过视窗检查接地刀闸确已合好，显示为“1”，见图 5-54；

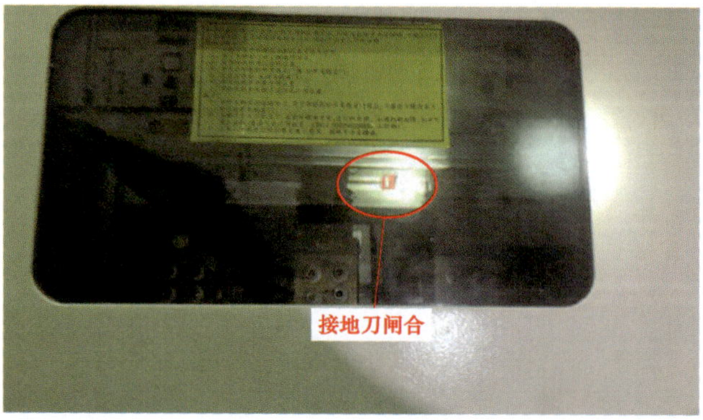

图 5-54　检查接地刀闸

13）将接地刀闸上锁；

14）报告主控，电机已停电。

5.6　双速电机停电操作

双速电机停电操作通用安全要求：

√ 采用操作监护制；

√ 操作人和监护人必须穿戴有效期内的绝缘靴、护目镜、安全帽，工作服要做到袖口紧、下摆紧及领口紧；

√ 测绝缘操作前必须使用验电器验明设备处于无电状态后方可操作，操作人在进行验电操作及使用绝缘表测绝缘操作过程中必须穿戴有效期内的绝缘手套，监护人不需要绝缘手套；

√ 6 kV 电机停、送电操作应携带有效期内小车摇把、地刀操作把手、地刀闭锁解除工具、T 形钥匙、手电；测绝缘操作除上述工具外还应携带有效期内的绝缘手套、验电器、绝缘表及万用表。

双速电机停电操作步骤：

1）检查 A 速（低速）小车开关确已断开（“工作”位置分闸），见图 5-55；

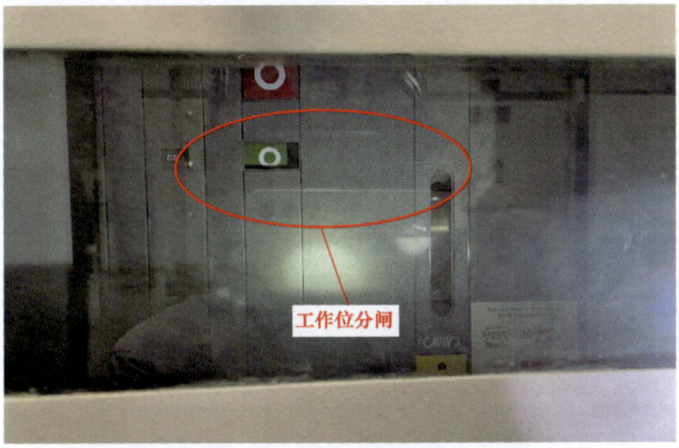

图 5-55　检查小车

2）检查 A 速保护装置 F12 的动作信号（F12 无报警），见图 5-56；

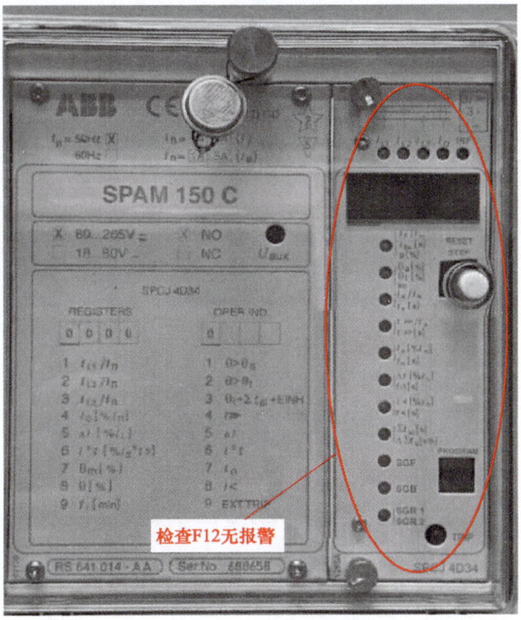

图 5-56　检查 F12

3）拉开 A 速控制电源开关 SM30；

4）拉开 A 速储能电源开关 SM10；

5）拉开 A 速保护电源开关 SM34，见图 5-57；

图 5-57　二次小开关

6）检查 A 速开关小车间隔的柜门关闭，所有螺栓均锁紧；

7）将 A 速小车开关摇至“试验/隔离”位置（逆时针转 20 圈），见图 5-58；

图 5-58　摇小车至“试验/隔离”位

8）检查 B 速（高速）小车开关确已断开（“工作”位置分闸），见图 5-59；

9）检查 B 速保护装置的动作信号（F12 无报警），见图 5-60；

10）拉开 B 速控制电源开关 SM30；

11）拉开 B 速储能电源开关 SM10；

12）拉开 B 速保护电源开关 SM34，见图 5-59；

图 5-59　二次小开关

13）拉开 B 速进线电缆 PT 二次开关：SM61 分闸、SM62 分闸、SM63 分闸、SM64 分闸（二次开关在 B 速开关柜间隔，循泵电机无此项操作），见图 5-60；

图 5-60　二次小开关

14）检查 B 速开关小车间隔的柜门关闭，所有螺栓均锁紧；

15）将 B 速小车开关摇至“试验/隔离”位置（逆时针转 20 圈），见图 5-58；

16）合上 A 速控制电源开关 SM30，合上 B 速控制电源开关 SM30（注：A、B 速是同一套绕组，合闸 SM30 送上控制电源，用来判断高低速开关的分闸状态，只有开关在分闸状态，电气闭锁才允许合地刀）；

17）用 6 kV 地刀操作手柄合上 B 速接地刀闸（顺时针方向转动曲柄，合接地刀闸，操作方向指向“1”位，合闸操作期间，地刀操作手柄转角为 180°），若设备无检修的隔离操作时可不合地刀，见图 5-61；

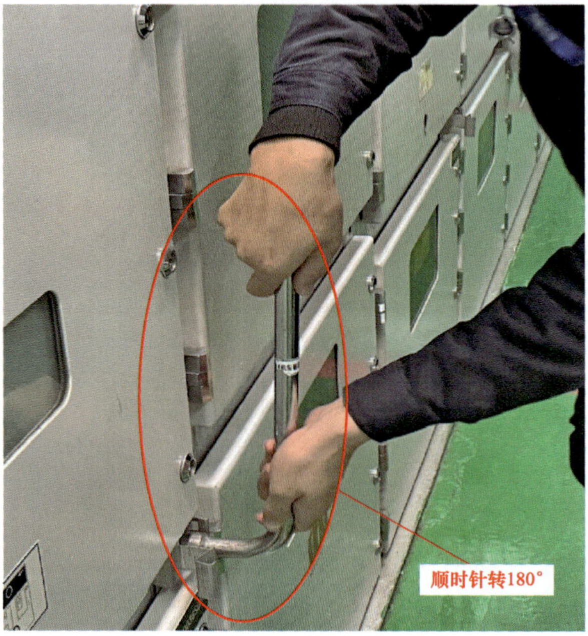

图 5-61　合接地刀闸

18）通过视窗检查 B 速接地刀闸确已合好，显示为“1”，见图 5-62；

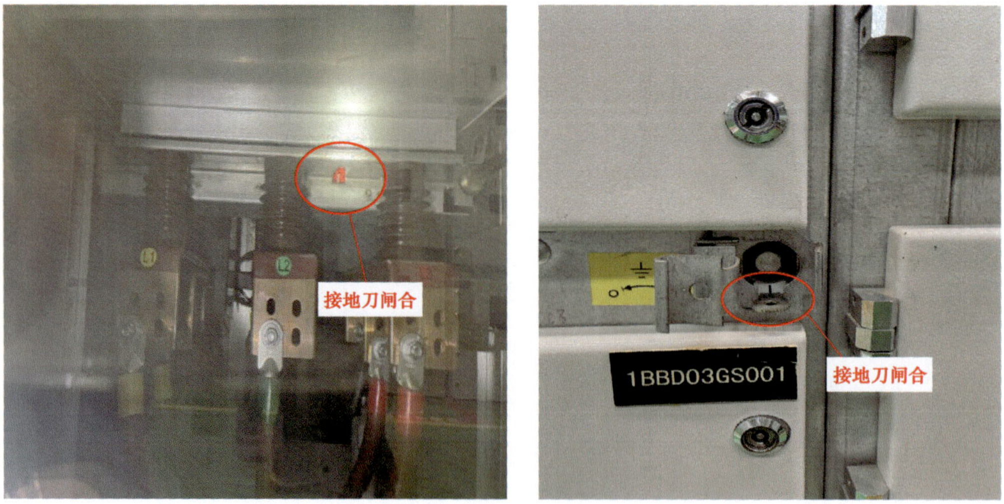

图 5-62　检查接地刀闸

19）将 B 速接地刀闸上锁；

20）用 6 kV 地刀操作手柄合上 A 速接地刀闸（顺时针方向转动曲柄，合接地刀闸，操作方向指向“1”位，合闸操作期间，地刀操作手柄转角为 180°），若设备无检修的隔离操作时可不合地刀，见图 5-61；

21）通过视窗检查 A 速接地刀闸确已合好，显示为“1”，见图 5-62；

22）将 A 速接地刀闸上锁；

23）拉开 A 速控制电源开关 SM30，拉开 B 速控制电源开关 SM30；

24）报告主控，电机已停电。

5.7 UPS 逆变器典型操作以及报警响应

5.7.1 逆变器旁路切换试验

验证交流不间断供电电源主路、自动旁路电源手动切换的可用性；并在试验的过程中找出可能的故障。主要的操作步骤如下所述。

1）初始状态检查：主路电源在工作、旁路在备用、蓄电池在备用、报警栏没有报警（包括总报警灯也不亮）、报警指示和运行状态指示信号灯试验正常。

操作：总报警灯通过[✱]键进行检查，报警指示和运行状态指示灯（见图 5-63 和表 5-1）通过 S3 键进行查看。

2）在检查旁路可用后，将 UPS 机从主路切换到自动旁路并对主路输入电压、主路输入电流、旁路输入电流、UPS 机输出电压、UPS 机输入电流、UPS 机输入频率进行记录。

操作：按[⌗]，再通过上下箭头选择“Bypass operation off”；

按[⊙]检查灯 10 亮，灯 8 灭。

3）在检查主路可用后，将 UPS 机从自动旁路切换到主路并对主路输入电压、主路输入电流、旁路输入电流、UPS 机输出电压、UPS 机输入电流、UPS 机输入频率进行记录。

操作：按[⌗]，再通过上下箭头选择“Bypass operation on”；

按[✱]检查灯 10 灭，灯 8 亮。

运行状态指示灯的含义

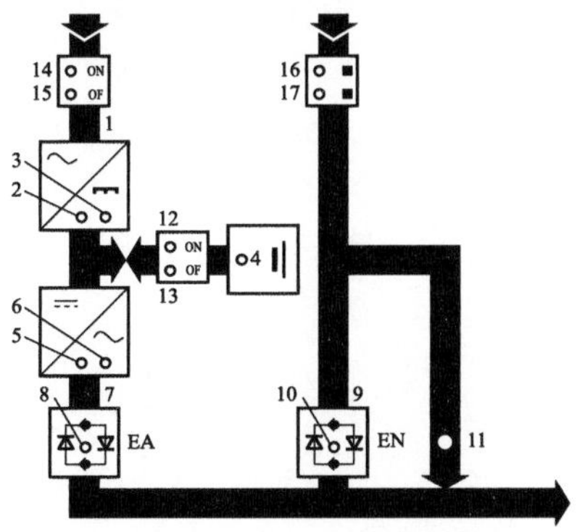

图 5-63　UPS 运行状态指示灯

表 5-1　运行指示颜色及含义

位置编号	指示灯颜色	指示灯含义	位置编号	指示灯颜色	指示灯含义
1	绿	主电机工作	10	绿	EN 导入
2	绿	整流器工作	11	绿	手动旁路供电
3	黄	升压充电	12	绿	电池开关闭合
4	绿	电池运行	13	红	电池开关断开
5	绿	逆变器运行	14	绿	输入开关闭合
6	黄	同步	15	红	输入开关断开
7	绿	逆变器电压正常	16	绿	旁路开关闭合
8	绿	EN 导入	17	红	旁绿开关断开
9	绿	旁路电压正常			

5.7.2　大修期间 UPS 机隔离检修操作（以 BSU13 为例）

1）断开 BSU13 的 BQ0，并解开旁路电缆，主路正常带载；

2）在 BSK 母线上添加一个抽屉 DQ0；

3）将临时电缆按顺序从 DQ0 接至 BSU13 旁路电缆；

4）合上 DQ0；

5）检查 BSU13 是否和旁路电源同步；

6）同步后，将 BSU13 从主路切换至手动旁路运行；

7）停运 UPS 机，然后断开 Q001，Q004，Q028，对 UPS 机进行检修；

8）蓄电池需要进行放电维护并计算容量，但对蓄电池放电前需要确认 UPS 机已经可用，因为蓄电池完全放电后需要及时通过 UPS 机进行充电，否则影响蓄电池的容量和寿命；

9）然后通过专用的放电设备对蓄电池进行放电，放电完成后，投运 UPS 机，合 Q004，对蓄电池进行充电，需要重复充电 7～8 次；

10）在蓄电池充电期间，不能进行大设备的启动，如主泵和主给水泵，防止母线电压低而造成蓄电池间风机跳停 AQ0 跳闸，蓄电池放电。

5.7.3　UPS 停机操作

1）将 UPS 转到自动旁路运行，核对报警；

2）将开关 Q050 由“AUTO”位转到“BYPASS”位，核对报警；

3）同时按 S1、S2 按钮停运 UPS 机，核对报警；

4）断开主路电源进线开关 Q001，核对报警；

5）断开蓄电池组回路开关 Q004，核对报警；

6）断开旁路 EN 隔离开关 Q028，检查机柜黑屏。

UPS 原理图及界面如图 5-65 所示。

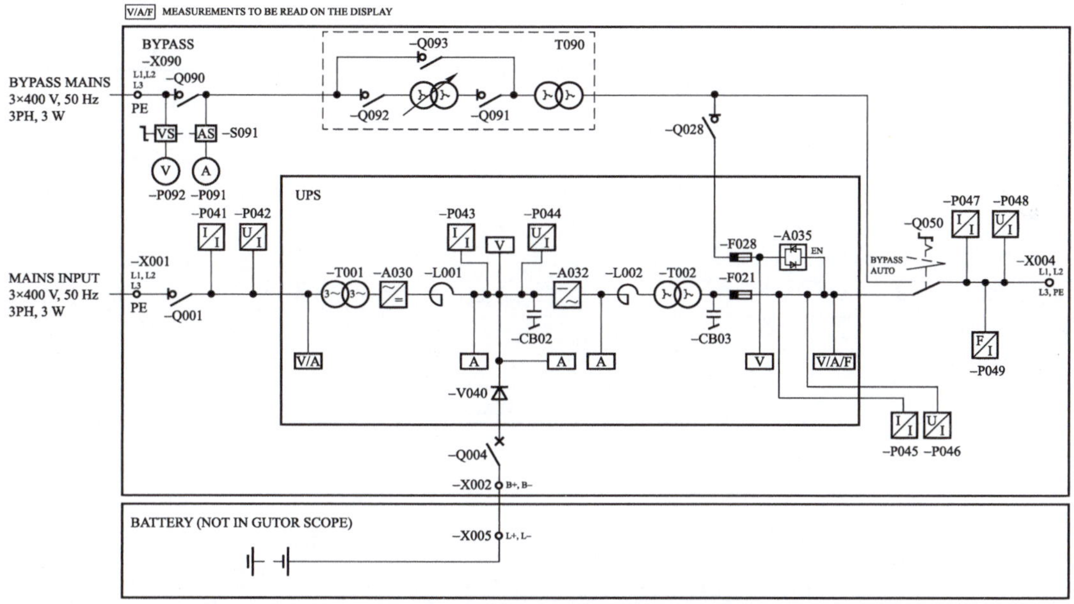

图 5-64　UPS 原理图

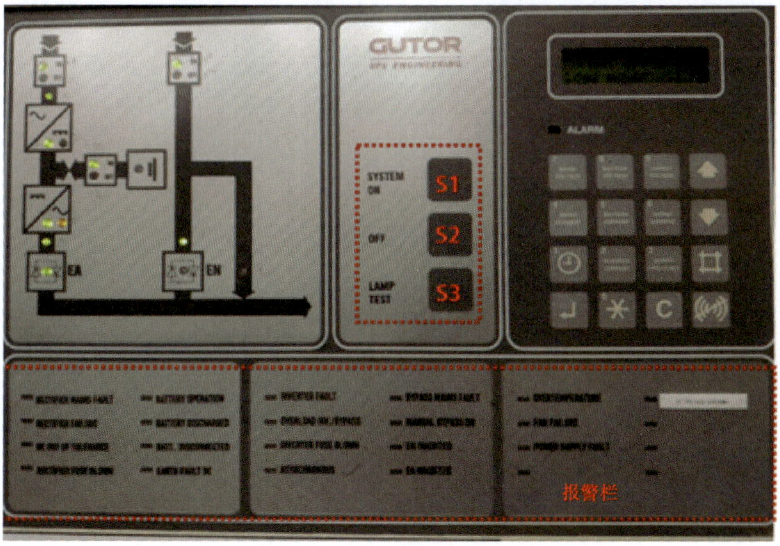

图 5-65　UPS 面板

5.7.4　主路切自动旁路运行

1）按照 5.7.1 节将主路切换到自动旁路运行；

2）将开关 Q050 由“AUTO”位转到“BYPASS”位。

5.7.5 UPS 逆变器报警响应

1）BRA 母线电压低报警如表 5-2 所示。

表 5-2 BRA 母线电压低报警

<table>
<tr><td>类型</td><td>等级</td><td>正常参考值</td><td>报警值</td></tr>
<tr><td>W</td><td>2</td><td>220 V</td><td>低于 187 V</td></tr>
<tr><td colspan="4">连锁与保护动作检查</td></tr>
<tr><td colspan="4">当交流供电电压大幅降低时，转为蓄电池 BTD51 放电，当蓄电池发电到“Low Dc Warning”时，自动转为旁路运行</td></tr>
<tr><td>立即响应</td><td colspan="3">查看当前故障情况，通知维修一处进行处理</td></tr>
<tr><td colspan="2">可能原因</td><td colspan="2">人员行动</td></tr>
<tr><td colspan="2">BRU51 逆变器电源输出低</td><td colspan="2">就地检查逆变器故障情况，记录故障信息；通知维修一处电气科</td></tr>
<tr><td colspan="2">静态开关故障，输出电压低</td><td colspan="2">通知维修一处电气科</td></tr>
<tr><td colspan="2">电压变送器辅助电源丢失或电压变送器故障</td><td colspan="2">通知维修一处电气科</td></tr>
<tr><td colspan="2">情况说明</td><td colspan="2">可能后果</td></tr>
<tr><td colspan="2">主路电源故障，蓄电池放电为逆变器提供电源，当蓄电池发电到“Low Dc Warning”时，自动切换为旁路供电。如果旁路电压异常，UPS 会保持蓄电池放电运行，直到“Low Dc Voltage shutdown”时，蓄电池直接关机</td><td colspan="2">BRA 母线失电，将影响相关主控显示器，打印机，安全仪控系统，仪控诊断系统等供电</td></tr>
</table>

2）BRA 开关柜中开关故障如表 5-3 所示。

表 5-3 BRA 开关柜中开关故障

<table>
<tr><td>类型</td><td>等级</td><td>正常参考值</td><td>报警值</td></tr>
<tr><td>A</td><td>2</td><td>N/A</td><td>N/A</td></tr>
<tr><td colspan="4">连锁与保护动作检查</td></tr>
<tr><td colspan="4">无</td></tr>
<tr><td>立即响应</td><td colspan="3">确定故障原因，报维修一处处理</td></tr>
<tr><td colspan="2">可能原因</td><td colspan="2">人员行动</td></tr>
<tr><td colspan="2">母线电压测量和变送器供电开关 F401 断开</td><td colspan="2">就地检查断开原因，通知维修一处电气科处理</td></tr>
<tr><td colspan="2">母线 220 V 交流控制电源供电开关 F302 断开</td><td colspan="2">确定 F302 断开，继电器 K13 断开；通知维修一处电气科处理</td></tr>
<tr><td colspan="2">母线进线和馈线任意断路器 Q0 跳闸</td><td colspan="2">通知维修一处电气科处理</td></tr>
<tr><td colspan="2">情况说明</td><td colspan="2">可能后果</td></tr>
<tr><td colspan="2">无</td><td colspan="2">1. 就地电压无显示；
2. 进线开关合断指示灯不亮；
3. 馈线任一断路器跳闸，负荷失电</td></tr>
</table>

3）BRE 母线低电压报警如表 5-4 所示。

表 5-4 BRE 母线低压报警

<table>
<tr><td>类型</td><td>等级</td><td>正常参考值</td><td>报警值</td></tr>
<tr><td>W</td><td>2</td><td>400</td><td>342</td></tr>
<tr><td colspan="4">连锁与保护动作检查</td></tr>
<tr><td colspan="4">当交流供电电压大幅降低时，转为蓄电池 BTD52 放电，当蓄电池发电到“Low Dc Warning”时，自动转为旁路运行</td></tr>
<tr><td>立即响应</td><td colspan="3">确定故障，报维修一处处理</td></tr>
</table>

续表

类型	等级	正常参考值	报警值
可能原因		人员行动	
BRU52 逆变器电源输出低		就地检查逆变器故障情况，记录故障信息；通知维修一处电气科	
静态开关故障，输出电压低		通知维修一处电气科	
电压变送器辅助电源丢失或电压变送器故障		通知维修一处电气科	
情况说明		可能后果	
主路电源故障，蓄电池放电为逆变器提供电源，当蓄电池发电到“Low Dc Warning”时，自动切换为旁路供电。如果旁路电压异常，UPS 会保持蓄电池放电运行，直到“Low Dc Voltage shutdown”时，蓄电池直接关机		BRE 母线失电将影响主控应急照明、安全壳氢分析仪表电源、BFA，BFB，BFH，BFJ，BFK，BMN，BMA，BRJ，BRN，BVA 的控制电源、仪控诊断电源、ARMS 电源以及 2 号/3 号主泵启动电磁铁电源	

4）BRE 开关柜中开关故障如表 5-5 所示。

表 5-5　BRE 开关柜中开关故障

类型	等级	正常参考值	报警值
A	2	N/A	N/A
连锁与保护动作检查			
无			
立即响应	确定故障原因，报维修一处处理		
可能原因		人员行动	
母线电压测量和变送器供电开关 F401 断开		通知维修一处电气科处理	
母线 220 V 交流控制电源供电开关 F302 断开		通知维修一处电气科处理	
母线进线和馈线任意断路器 Q0 跳闸		通知维修一处电气科处理	
情况说明		可能后果	
无		1. 就地电压无显示； 2. 进线开关合断指示灯不亮； 3. 馈线任一断路器跳闸，负荷失电	

5）BRJ 母线电压低如表 5-6 所示。

表 5-6　BRJ 母线电压低

类型	等级	正常参考值	报警值
W	2	380	低于 342
连锁与保护动作检查			
无			
立即响应	检查电压低的原因，消除故障，尽快恢复正常运行状态		
可能原因		人员行动	
上游母线电压低		参见 BR-03	
母线有过载或接地、失电		检查过载情况，接地点故情况，报维修一处处理	
电压传感器故障或失电		通知维修一处电气科	

续表

类型	等级	正常参考值	报警值
情况说明		可能后果	
无		母线 BRJ 失电，使主控室和备用控制室火灾控制盘和报警盘失去一路工作电源，以及使各厂房部分 RCD 箱失电	

6）BRJ 开关柜中开关装置故障如表 5-7 所示。

表 5-7　BRJ 开关柜中开关装置故障

类型	等级	正常参考值	报警值
A	2	N/A	N/A
连锁与保护动作检查			
无			
立即响应	确定故障，通知维修一处电气科		
可能原因		人员行动	
进线柜就地电压测量与电压变送器开关 F401 断开		查明 F401 断开原因，消除故障，尽快恢复送电	
进线与馈线 220 V 交流控制电源开关 F302 断开		查明交流控制电源开关 F302 断开原因，消除故障，尽快恢复送电	
BRJ 母线进线开关和馈线开关 Q0 断开		查明进线开关和馈线开关断开原因，消除故障，尽快恢复送电	
情况说明		可能后果	
无		负荷失电或就地开关位置指示灯无显示，或就地电压指示消失	

7）BRN50 母线电压低如表 5-8 所示。

表 5-8　BRN50 母线电压低

类型	等级	正常参考值	报警值
W	2	380	低于 342
连锁与保护动作检查			
当 BRE 供电电压低时，而 BRG 正常，则将切至 BRG 供电；当由 BRG 供电且电压低时，而 BRE 正常，则将切至 BRE 供电			
立即响应	检查电压低的原因，消除故障，尽快恢复正常运行状态		
可能原因		人员行动	
上游母线电压低		当由 BRE 正常电源供电时，参考 BR-03 相应报警处理，若 BRG 电压正常，将自动转至备用电源 BRG 供电； 当由 BRG 正常电源供电时，参见 BRG 低电压报警规程处理，若 BRE 电压正常将自动转至备用电源 BRE 供电	
母线有过载或接地、失电		检查过载情况，接地点故情况，报维修一处处理	
电压传感器故障或失电		通知维修一处电气科	
情况说明		可能后果	
无		BRN50 母线电压偏离允许值，影响负荷正常供电	

8）BRN50 开关柜中开关装置故障如表 5-9 所示。

表 5-9　BRN50 开关柜中开关装置故障

类型	等级	正常参考值	报警值
A	2	N/A	N/A
连锁与保护动作检查			
无			
立即响应	确定故障，通知维修一处电气科		
可能原因		人员行动	
正常运行进线电源开关 BRN50AQ0 故障或备用进线电源开关 BRN50BQ0 故障或母线 BRN50 上任意馈线开关故障		就地确认开关柜中继电器 K11 闭合，报警指示灯 H401A 亮，为正常电源断路器故障；若报警指示灯 H401B 亮，为备用电源断路器故障； 通知维修一处电气科	
两组 24 V 直流电源装置交流电源进线开关任意一个断开（Q3 或 Q6）		确认 Q3 或 Q6 开关断开，查明断开原因，通知维修一处电气科	
装置故障信号继电器 K11 交流电源开关 Q5 断开		确认开关柜中 Q5 断开信息，通知维修一处电气科	
母线电压测量和变送器开关 F401 断开		确认开关柜中 F401 断开信息，通知维修一处电气科	
24 V 直流电源失电		确认开关柜中 K12 断开信息，通知维修一处电气科	
24 V 直流供电总开关 Q4 断开		确认开关柜中 Q4 断开信息，通知维修一处电气科	
情况说明		可能后果	
无		1. 母线 BRN50 失电，影响通讯系统； 2. 电压切换装置失电； 3. 远方电压显示消失	

9）BRU51 电源装置故障

BRU51 电源装置故障如表 5-10 所示。

表 5-10　BRU51 电源装置故障

类型	等级	正常参考值	报警值
A	2	N/A	N/A
连锁与保护动作检查			
BRU51 发生任意电气故障包括失去交流电源，UPS 机发出故障报警信号			
立即响应	参照附件“不间断应急供电系统报警及处理”执行		
可能原因		人员行动	
BRU51 故障		就地查看 BRU51 机柜上报警信息，参照附件“不间断应急供电系统报警及处理”执行	
情况说明		可能后果	
无		UPS 机 BRU51 退出运行	

10）不间断应急供电系统报警及处理

关于 UPS 机常见故障报警内容、含义、处理方法如表 5-11 所示。

表 5-11　UPS 机常见故障报警内容、含义、处理方法

不间断应急供电系统报警及处理		
在主机屏幕上有设备工作不正常的报警信息，值班员可在巡检过程中检查有无报警信息，并根据不同的报警内容作相应处理		
报警内容	含义	处理方法
Rectifier mains fault	整流器电源故障（30 s）	检查主机电源回路，恢复主机交流供电
Rectifier failure	整流器故障（5 s）	报告值长，派专业人员检修
DC out of for tolerance	直流超出允许值（5 s）	报告值长，派专业人员检修
Battery operation	蓄电池放电运行（5 s）	检查主机电源，恢复供电；若不能恢复正常供电，报告值长，派专业人员检修整流器
Battery discharged	蓄电池放电至报警电压（3 s）	检查主机电源，恢复供电；若不能恢复正常供电，报告值长，派专业人员检修整流器
Batt.disconnected	蓄电池断开（5 s）	检查蓄电池输出开关和回路
Inverter fault	逆变器故障（5 s）	报告值长，派专业人员检修
Overload invi/bypass	逆变器/旁路过载（30 s）	检查负荷馈线回路，有无短路或接地
Inverter fuse blown	逆变器保险熔断（5 s）	报告值长，派专业人员检修
Asynchronous	逆变器输出和旁路输出不同步（30 s）	报告值长，派专业人员检修
Bypass mains fault	旁路电源故障（30 s）	检查旁路电源电压和频率是否超限，恢复供电
Manual bypass on	手动投入旁路	逆变器检修
EN inhibited	EN 被禁止（30 s）	检查旁路电源电压和频率是否超限
Over-temperature	过热（5 s）	报告值长，派专业人员检修
Fan failure	风机故障（5 s）	报告值长，派专业人员检修
Power supply fault	电源故障（5 s）	检查主机电源，恢复主机供电
DC VOLTAGE ABNOMAL	直流电压异常	报告值长，派专业人员检查霍尔传感器回路

5.8 500 kV/220 kV 开关、刀闸就地位置及状态确认

5.8.1 500 kV 开关、刀闸就地位置及状态确认

500 kV 开关、刀闸就地位置及状态确认如图 5-66～图 5-70 所示。

图 5-66 500 kV 第一串开关、刀闸就地位置示意（其他串位置类似）

图 5-67 500 kV 母线接地刀闸、PT 位置

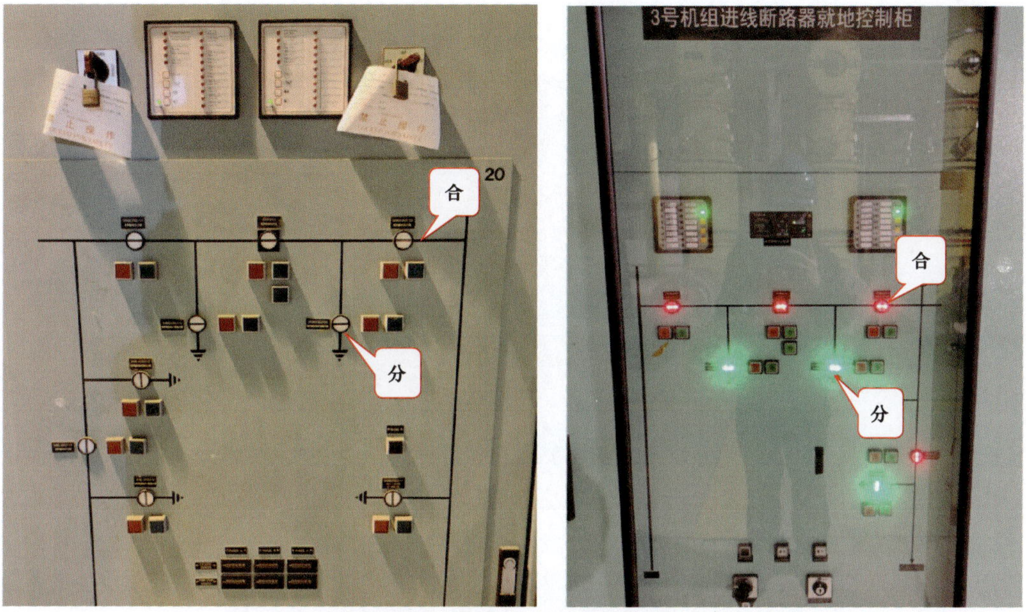

图 5-68　一、二期就地控制柜

图 5-69　就地开关状态指示（红色为合、绿色为分）

图 5-70　就地刀闸状态指示（红色为合 CLOSE、绿色为分 OPEN）

5.8.2　220 kV 开关、刀闸就地位置及状态确认

220 kV 开关、刀闸就地位置及状态确认如图 5-71～图 5-78 所示。

图 5-71　220 kV 开关、刀闸就地位置（一）

图 5-72　220 kV 开关、刀闸就地位置（二）

图 5-73　220 kV 开关、刀闸就地位置（三）

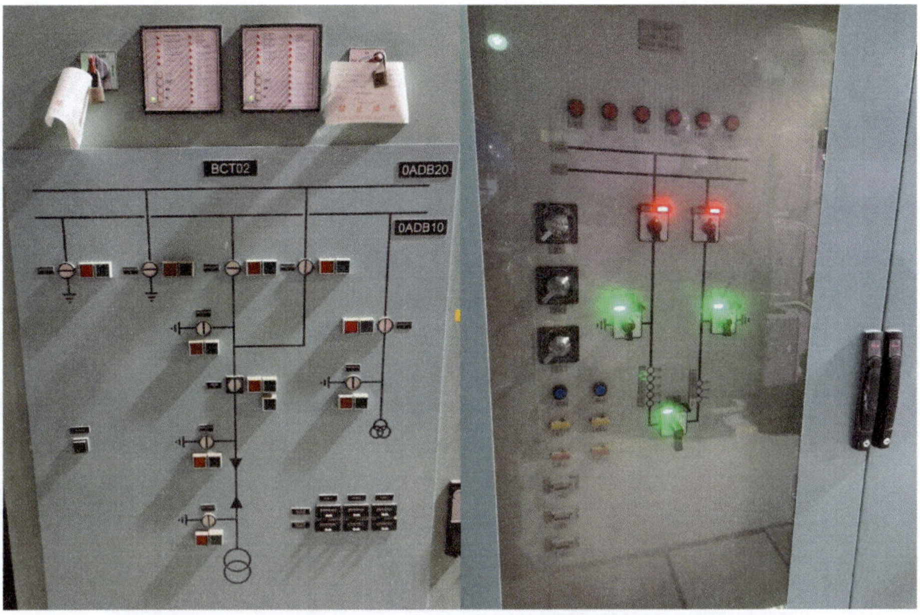

图 5-74　一期和二期就地控制柜

图 5-75　一期开关就地位置指示（红色为合 CLOSE、绿色为分 OPEN）

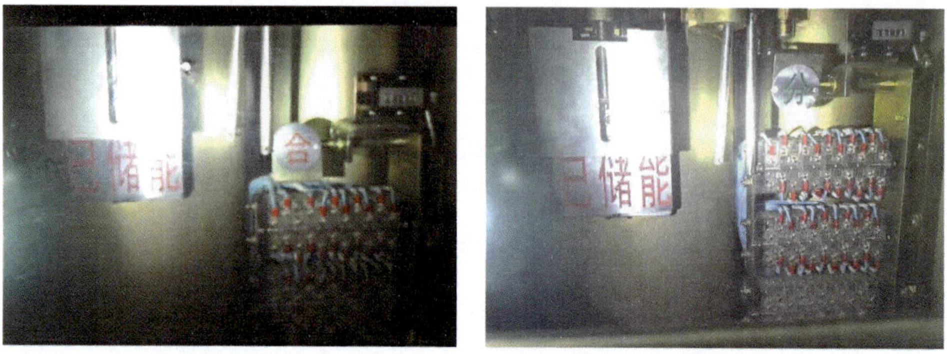

图 5-76　二期开关就地位置指示（红色为合、绿色为分）

图 5-77　一期刀闸就地位置指示（红色为合 CLOSE、绿色为分 OPEN）

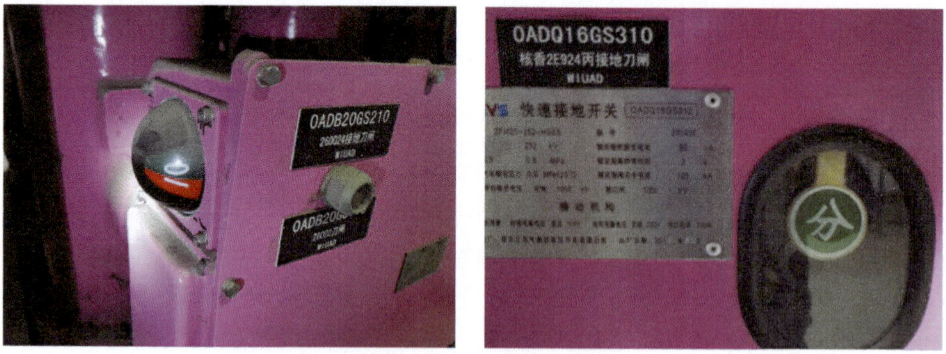

图 5-78　二期刀闸就地位置指示（红色为合 CLOSE、绿色为分 OPEN）

5.9　发电机出口开关就地操作

进行发电机出口开关试验和准备，拉开 2 号发电机侧的接地刀闸 2BAC10GS601。

1）检查确认发电机出口开关，刀闸和接地刀闸控制电源、动力电源已送电：即 2BAC10GH101AZ0 合闸、2BAC10GH101BZ0 合闸、2BAC10GH101Q0 合闸；

2）合发电机出口开关控制电源开关：F151 合闸、F152 合闸、F1 合闸、F2 合闸、F3 合闸、F4 合闸、F5 合闸、F11 合闸、F12 合闸、F13 合闸、F19 合闸，见图 5-79～图 5-81；

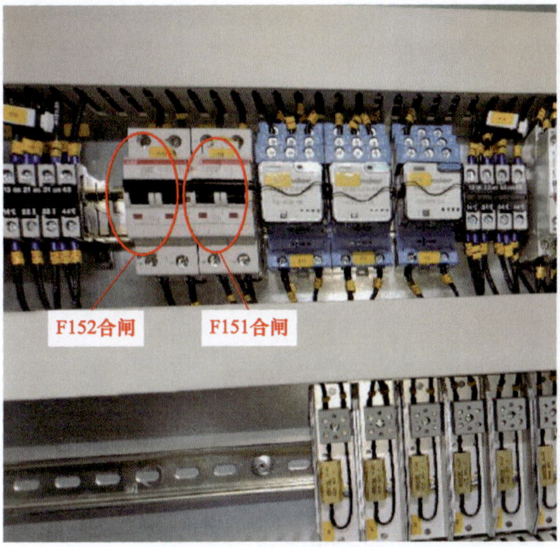

图 5-79　F151、F152 合闸

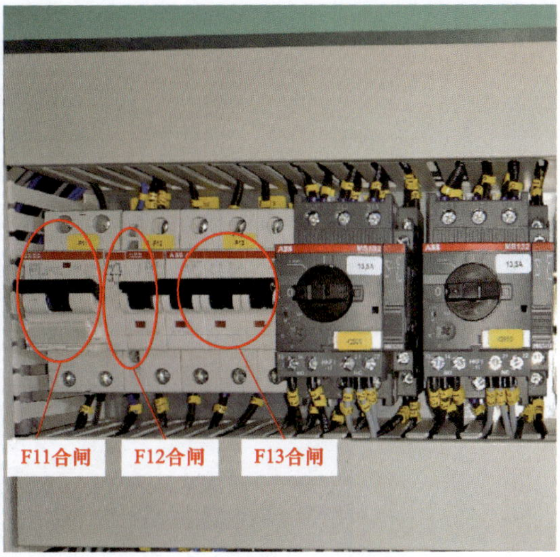

图 5-80　F11、F12、F13 合闸

图 5-81　F1、F2、F3、F4、F5、F19 合闸

3）核对开关状态信号灯：2BAC10GS600、2BAC10GS602、2BAC10GS001 断开位（绿灯亮），2BAC10GS601 合闸位（红灯亮），见图 5-82；

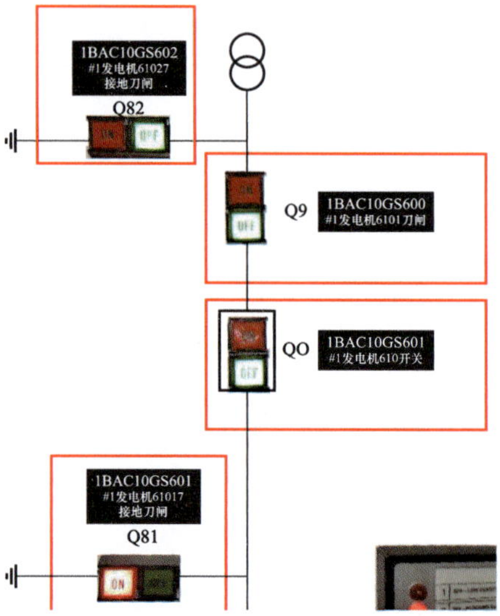

图 5-82　开关状态信号灯

4）按下 LAMP-TEST 按钮，检查面板红色信号灯全亮（试验完毕后松开此按钮），见图 5-83；

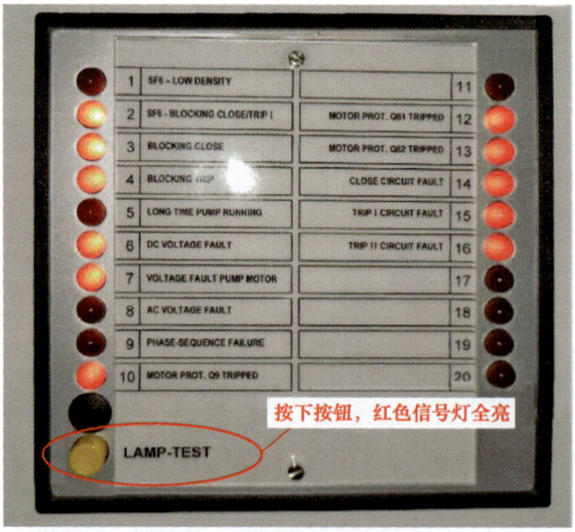

图 5-83　LAMP-TEST 按钮

5）检查发电机出口隔离刀闸的动力电源小开关 Q900 处于断开位，见图 5-84；

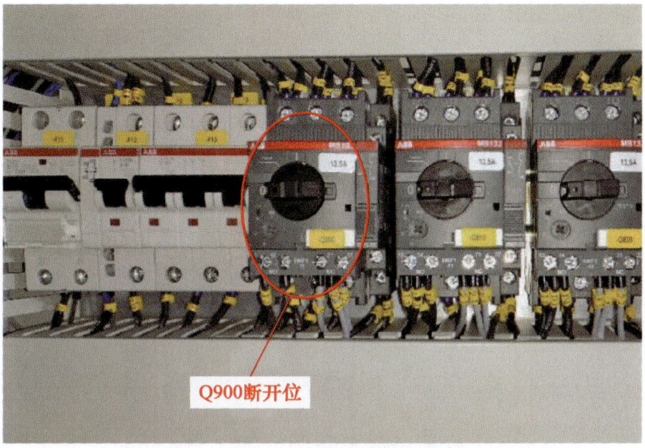

图 5-84　动力电源小开关

6）就地确认 2BAC10GS600 三相确实已处于断开位置（注：除确认位置指示显示断开，还必须联系维修高压人员通过三相本体上的窥视窗共同确认已经形成明显断点），见图 5-85；

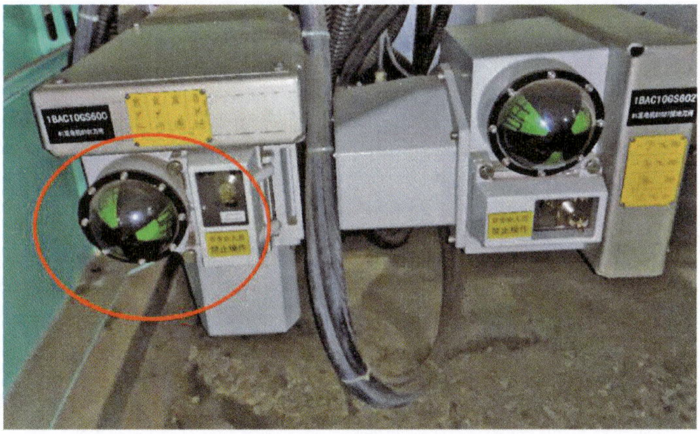

图 5-85　2BAC10GS600 刀闸显示

7）将选择开关 S2 置 LOCAL 位，见图 5-86；

8）合接地刀闸动力电源开关 Q810，见图 5-87；

9）就地断开发电机出口接地刀闸 2BAC10GS601，并检查确已断开，核对信号灯 2BAC10GS601 绿灯亮；

10）断开接地刀闸动力电源开关：Q810 分闸、Q820 分闸，见图 5-88；

11）将选择开关 S2 置 REMOTE，见图 5-86；

12）联系主控核对确认开关位置：2BAC10GS600、2BAC10GS601A、2BAC10GS602A、

2BAC10GS001 断开位；

13）确认断路器 SF_6 压力在绿区，见图 5-89；

图 5-86　选择开关 S2

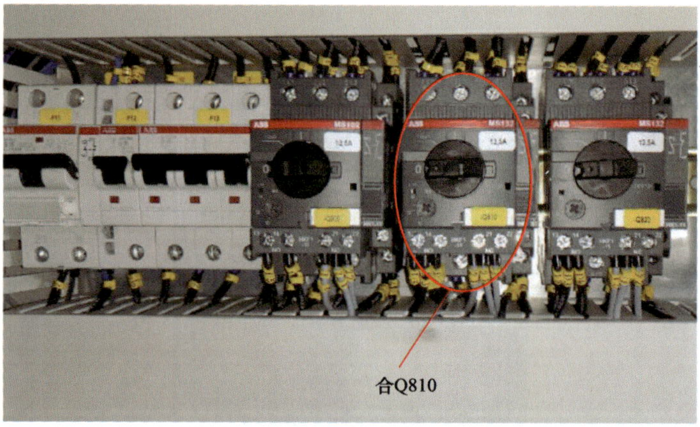

图 5-87　动力电源开关

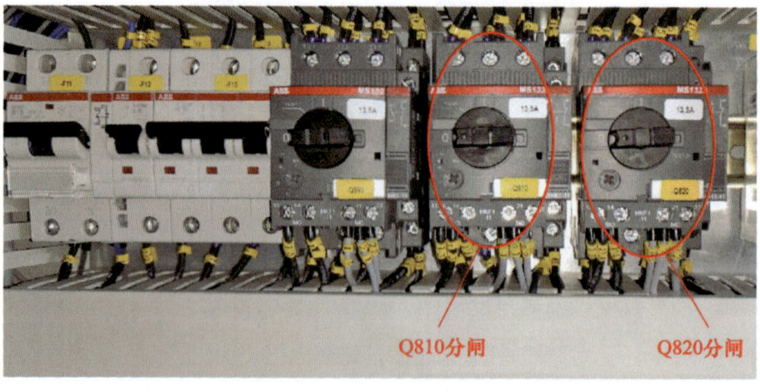

图 5-88　动力电源开关

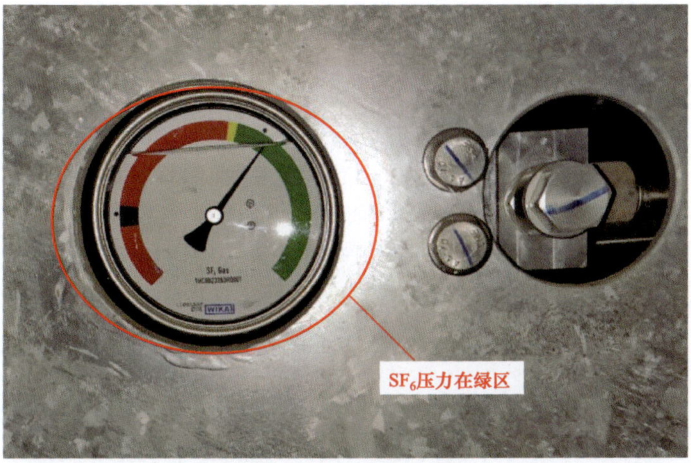

图 5-89　断路器 SF_6 压力

5.10　发变组、启动变保护压板状态判断及压板投退操作

压板状态判断：如图 5-90（a）所示，竖直时为投入状态，歪斜时为退出状态。

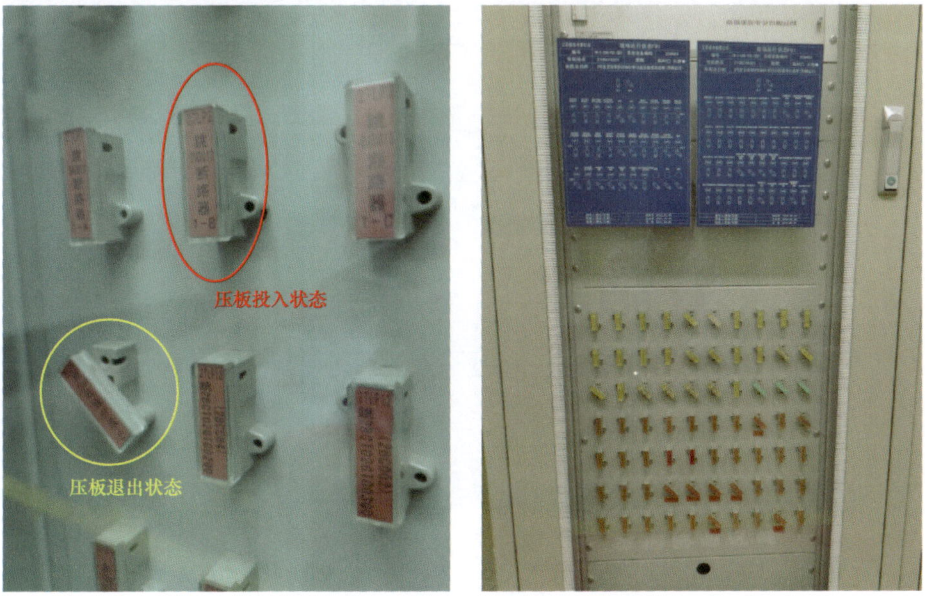

(a)　　(b)

图 5-90　压板状态

压板投退操作：压板两端各有一个针脚，插入到保护柜上“投入位”或“退出位”插孔即表示在对应的状态。将压板由投入位转为退出位时，需用手将压板先垂直向外拔出，再向左旋转斜插入至“退出位”的插孔。将压板由退出位转为投入位时，操作正好相反。

注意事项：

√ 拔出压板时需在针脚完全拔出插孔时才能旋转，否则可能导致压板针脚损坏；

√ 由于压板有回弹弹簧，在拔出压板时也不能用力过猛，防止压板损坏；

√ 在并网前压板投退操作结束后，需仔细核对所有压板投退状态是否与“现场运行信息（FOI）”指示牌上的状态一致。

注意：在汽机暖机前，将保护功能压板（LP 类）和出口压板（TLP 类）“投跳”，（工艺保护启动跳闸压板 CHA03，8LP5 和励磁系统故障 2CHA03，8LP6，非电量保护延时压板 2CHA03，8LP3 除外），注意保护出口压板（TLP 类）投入“投跳”前，必须通知维修一处继保人员用高内阻的万用表直流电压档测试出口压板两端无电压。

5.11 发变组故障录波器典型操作和报警查询

发电机变压器组故障录波器位于 UKC16321 房间的 CFA10 柜内，为保定浪拜迪电气股份有限公司生产的 LBD-MGR-8000 型微机发电机变压器组动态记录分析装置，如图 5-91 所示：

运行人员日常经常用故障录波器查报警记录，具体流程如下：

打开 2CFA10 柜柜门，拉出键盘鼠标抽屉，移动鼠标。如果显示器仍然处于息屏状态，则按下显示器右下角的电源键，启动显示器，如图 5-92 所示。

图 5-91　2CFA10 柜

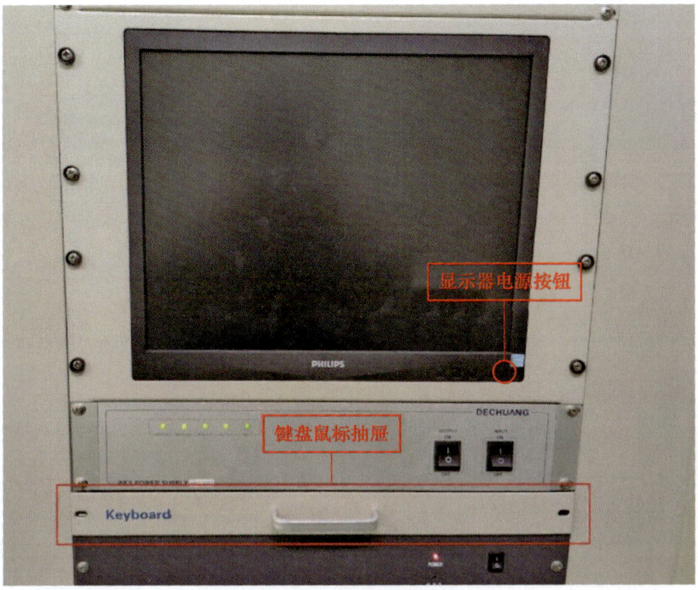

图 5-92　故障录波器

如故障录波器长期待机，就可能进入锁定状态，进入系统时需要输入账号和密码。注意：账户和密码均需要区分大小写。

正常电脑任务栏下方有两个程序（见图 5-93）：

1）后台监控软件；

2）线路录波分析软件。

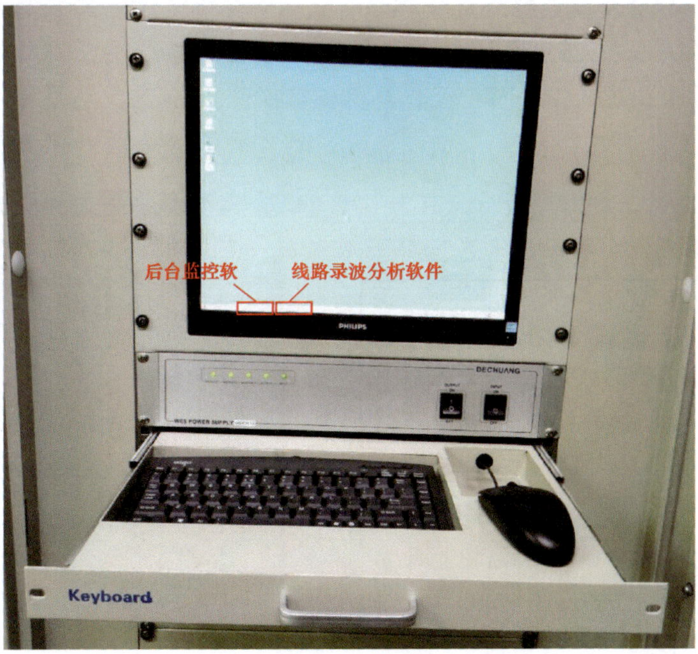

图 5-93　故障录波器电脑上的软件

后台监控软件界面如图 5-94 所示，其中：

① 数据分析单元下；

② 数据分析单元上；

③ 录波文件名称；

④ 启动类型；

⑤ 通道号。

其中，录波文件名称以录波时间命名，例如，列表中第一个录波文件：20200408190541.lnn 代表的是该录波文件在 2020 年 04 月 08 日 19 时 05 分 41 秒产生的。默认序号越小，时间越近，所以当需要查看录波信息时看到的第一个就是最新的一个。

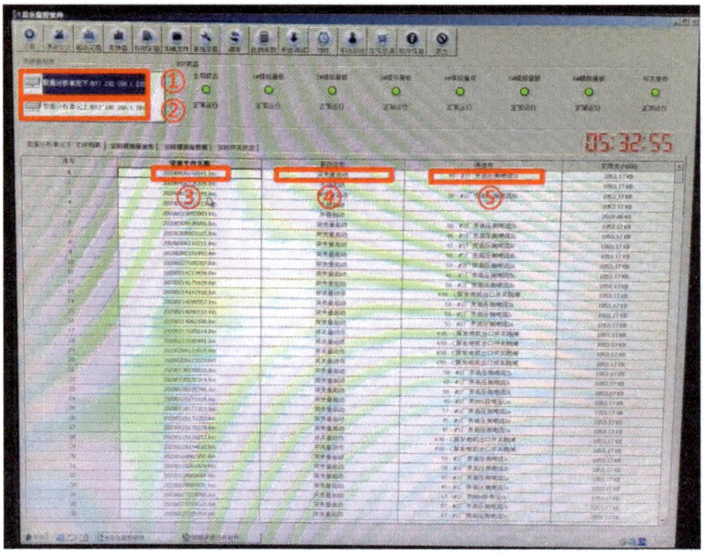

图 5-94　后台监控软件界面

数据单元下和数据单元上为该软件同时监测的两台录波装置，后面跟的一串数字为其各自的 IP 地址。数据分析单元有上下两个，一个数据分析单元启动后，会启动另外一个数据分析单元，所以每个数据分析单元有一个录波文件，每个数据分析单元记录相关的接入量。

数据单元下监测到的外部启动不能显示其准确的启动类型和通道号，可以切换到数据单元上查看；反之，数据单元上监测到的外部启动不能显示其准确的启动类型和通道号，可以切换到数据单元下查看。如图 5-95 所示。

2020 年 04 月 08 日 19 时 05 分 41 秒产生的录波文件，在数据单元下中可以看到其启动类型为：突变量启动，通道号为：45-#1 厂变高压侧电流 I_a；在数据单元上中可以看到其启动类型为外部启动，通道号无显示。

2020 年 03 月 30 日 05 时 36 分 13 秒产生的录波文件，在数据单元下中可以看到其启动类型为：外部启动，通道号无显示；在数据单元上汇总可以看到其启动类型为：突变量启动，通道号为：2-启备变 220 kV 电压 U_b。

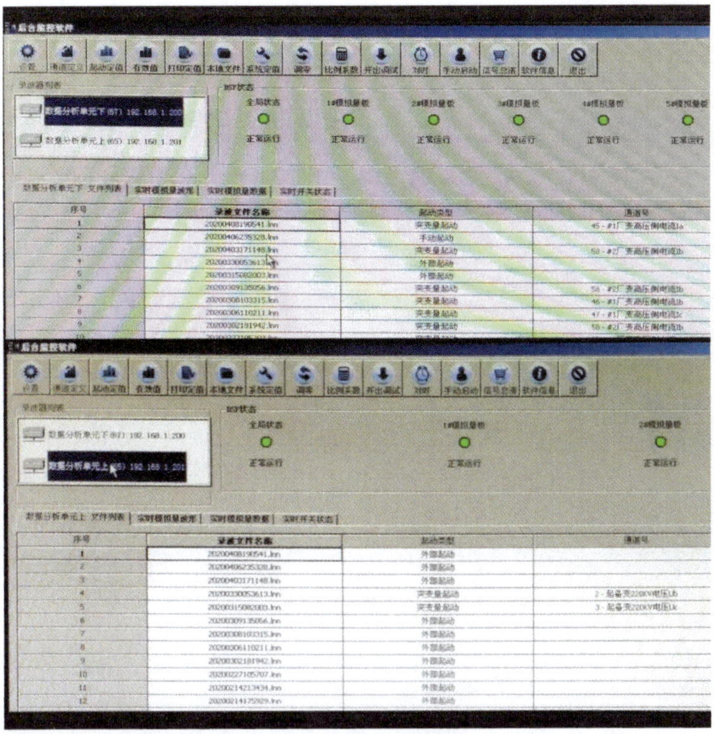

图 5-95　后台监控软件的数据单元上、下

在后台监控软件中双击录波文件名称可以通过线路录波分析软件打开，查看其波形图。

也可以在线路录波分析软件中通过文件→打开文件的方式查看和打开录波文件信息。录波文件默认存储在 D:\8000\data 下的文件夹 Set1 和 Set2 中。其中，数据单元下产生的录波文件默认存储在 set1 文件夹中，数据单元上产生的录波文件默认存储在 Set2 文件夹中，如图 5-96～图 5-98 所示。

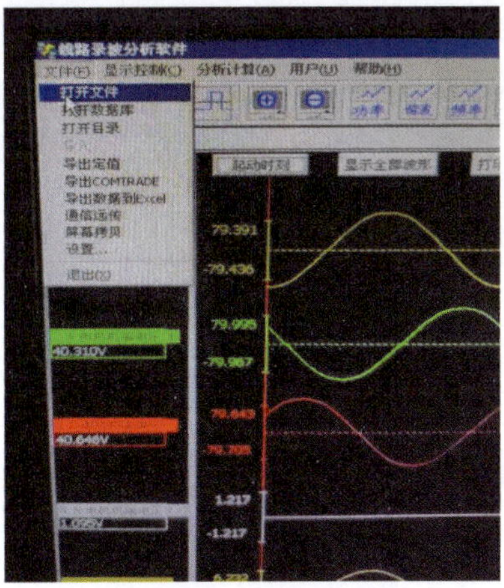

图 5-96　开录波文件

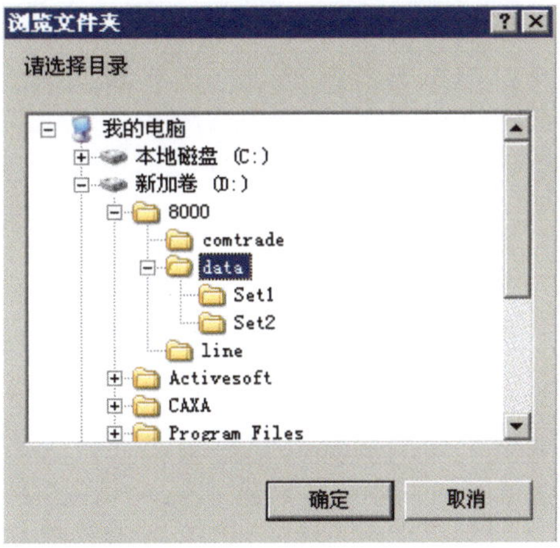

图 5-97　Set1 和 Set2 文件夹

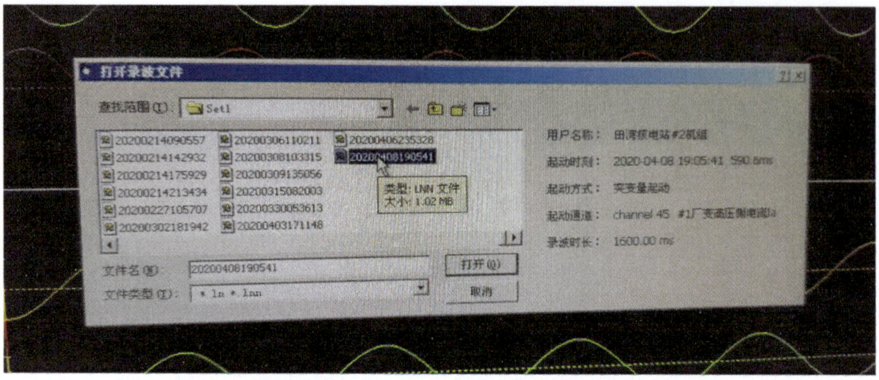

图 5-98 Set1 文件夹中的录波文件

在图 5-98 中选中录波文件后可以看到精确的启动时刻（精确到 ms），启动方式，启动通道等相关信息。

图 5-99 为波形图，选择 1 号方框上页、下页、左页、右页，查看所录波形，左侧为通道名称。

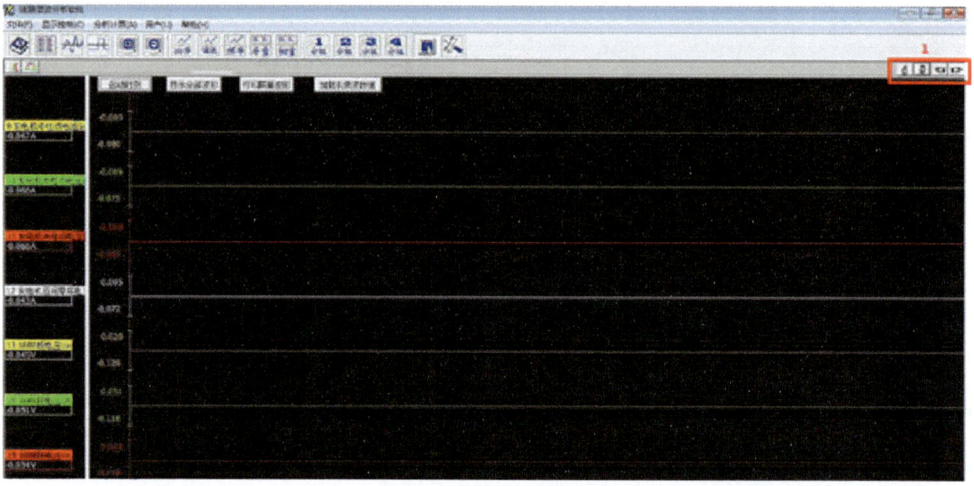

图 5-99 波形图

5.12 变压器概述

5.12.1 主变及高厂变的功能和参数

在机组工作时，发电机产生的 24 kV 电压等级的电能通过主变升压至 500 kV，然后通过 500 kV 配电装置送到电网。另外，为满足核电站各种工况下厂用电供应的需求，发电机出口部分的电能通过厂用变压器降压至 6.3 kV 送到厂用配电系统的 6.3 kV 电压等级的母线，而此后的进一步降压至 0.4 kV 的工作由厂用电系统的配电变压器完成。

机组进入孤岛运行期间，通过发电机和高厂变向 4 段 6 kV 正常工作母线供电；但机组进入孤岛运行带厂用电系统的时间，受到汽轮机末级叶片冷却条件的限制，只能运行 45 min，一旦达到了这个时间，机组仍不能并入 500 kV 系统的话，则应立即停机，并将厂用电系统切换到备用电源上。

机组启动和停堆时，厂用电通过主变和厂用变压器来供给。

当反应堆装置、汽轮机或发电机在机组带载工作时发生故障，应通过发电机开关切除汽轮发电机。在这种情况下，厂用电应该通过主变和厂用变压器来供给。当主变或高厂变故障时，发变组保护动作，切除主变及厂变相关的开关，备用电源将自动投入，满足反应堆安全停堆的要求。

在发电机停机的情况下，利用断开发电机出口开关，拉开隔离刀闸后，实现由“500 kV 电网—主变—高厂变”向 4 段 6 kV 正常工作母线供电。

主变是由三个单相变压器组成。它们的冷却方式为油浸强制油循环风冷型。调压采用无载调压。主变的参数，见表 5-12。

表 5-12　主变参数

参数名称	单位	参数值
结构		单相
额定功率	kVA	417 000
高压侧额定电压	kV	$525/\sqrt{3}$
低压侧额定电压	kV	24
高压侧额定电流	A	1 376
低压侧额定电流	A	17 375
绕组接线方式		$Y_0/\triangle$-11
高压侧中性点接地方式		可靠接地
噪声水平	dB	80
空载损耗，不大于	kW	210.0（1±15%）

高厂变是三相组合式变压器，冷却方式为油循环风冷。调压采用有载调压。高厂变的参数，见表 5-13。

表 5-13　高厂变参数

参数名称	单位	参数值
额定容量	kVA	63 000
高压侧额定电压	kV	24
低压侧额定电压 LA_1	kV	6.3
低压侧额定电压 LA_2	kV	6.3
高压侧额定电流	A	1 515.5
低压侧额定电流 LA_1	A	2 886.7
低压侧额定电流 LA_2	A	2 886.7

5.12.2 启动变的功能和参数

启动变用于在从高厂变 1BBT01、1BBT02 给厂用电供电发生故障时，保证从 220 kV 电网给核电站 1 号机组和 1BBA、1BBB、1BBC、1BBD 母线连接用户的供电。

启动变的冷却方式为油浸风冷型。调压采用有载调压。启动变的参数，见表 5-14。

表 5-14 启动变的参数

参数名称	参数值
高压侧最大允许电压/kV	252
低压侧最大允许电压/kV	7.2
启动变工作环境温度最大值/℃	40
启动变工作环境温度最小值/℃	–18
平均温度不低于/℃	20
结构形式	分裂结构
额定容量/kVA	63 000
高压侧额定电压/kV	220
低压侧额定电压 LA_1/kV	6.3
低压侧额定电压 LA_2/kV	6.3
高压侧额定电流/A	158
低压侧额定电流 LA_1/A	2 890
低压侧额定电流 LA_2A	2 890
额定频率/Hz	50
高压侧中性点接地方式	直接接地

5.12.3 变压器巡检

1）变压器周围地面无杂物、无油迹。

2）变压器的外壳用于保护变压器器身，是装配变压器外部结构件的骨架，同时也是装有变压器油的油箱，可以起到绝缘和冷却的作用。外壳除了承受内部油压的作用外，还要保证在变压器内部事故时油箱不会爆裂。检查变压器的外壳无渗油和锈蚀、铁芯、铁芯夹件接地良好无松动。

3）动力电缆及仪控电缆外观完整、无破损。

4）消防喷淋装置完整，消防感温电缆无松动及脱落现象。

以 1 号机主变为例，主变的 RCD 箱是 1CYE19GH221，它的电源由开关 1BRJ01-PC 控制。主变油箱壳体上的 4 个角上有 4 个火警探测器，在主变油箱和油枕壳体上有感温电缆。主变的电动喷淋阀有 3 个：1SGC71AA101、1SGC71AA102、1SGC71AA103，每个电动喷淋阀均配置有旁路手动喷淋阀门：1SGC71AA001、1SGC71AA002、1SGC71AA003。

变压器区域的消防喷淋条件：

√ 根据火灾信号和主变瓦斯保护（或差动保护）信号，在监测到主变开关跳开后，RCD 箱产生开阀对主变进行水喷淋的指令；

√ 在阀组成功开启，阀后压力达到 0.4 MPa 时，产生“阀组工作”信号；

主变、消防、感温缆和红外火焰探测器如图 5-100～图 5-102 所示。

图 5-100　主变

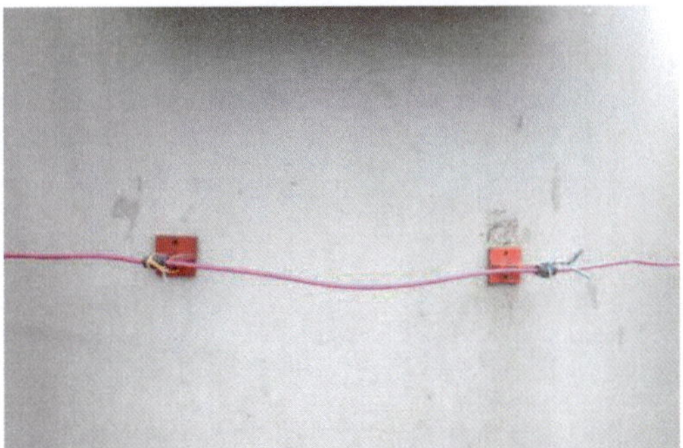

图 5-101　消防感温电缆

图 5-102　红外火焰探测器

√ 阀组工作后开始计时，10 min 后产生关闭阀组的指令；

√ 如果产生开阀指令后 3 min 以上，阀后压力未达到 0.4 MPa，则产生“阀组故障”信号。

注：主变消防火灾信号的产生：主变区域有感温电缆和红外火焰探测两种探头，

当两种探头都发出火警信号时形成火灾信号并启动消防喷淋大泵，此时如果有主变主保护并且主变两侧的断路器跳闸时主变区的喷淋阀打开对主变区域进行喷雾灭火。

5）变压器运行时声音及振动正常，为平稳柔和的“嗡嗡”声，无其他异常声及焦臭味，无放电、摩擦等。

6）油枕用来防止主变油与外界空气接触，补偿油因温度而引起的膨胀，保护油不遭到氧化和受空气影响受潮。变压器油枕油位对应上层油温，在指示牌指示斜线范围。

油枕及油位指示、油枕结构如图 5-103 和图 5-104 所示。主变油枕由隔膜 2，油位指示计 6 等组成（见图 5-104）。油枕上面的短管 3 用于在安装油枕时排出油枕内的空气，短管 5 用来安装油位指示计 6，油枕内气腔通过短管 7，长管（连接油枕与空气呼吸器）核空气呼吸器与大气相通，阀门 10 连着一根给油枕注油的长管，短管 9 用来连接油枕与主变油箱，端部人孔 8 用来安装隔膜。我们的主变 1BAT10 与图中不同的是：主变 1BAT10 的油枕分为两部分，一部分是主油箱的油枕，另一部分是有载调压装置油箱的油枕。

图 5-103　油枕及油位指示

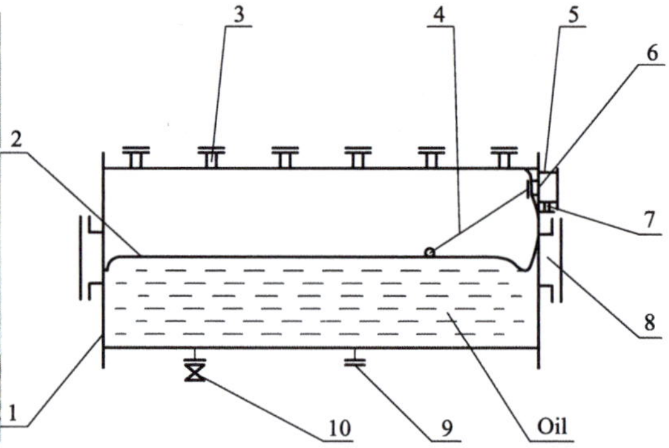

图 5-104　油枕结构

7）油枕呼吸器（见图 1-105 和图 1-106）油封低于上部警戒红线并高于小孔，呼吸器内的硅胶颜色呈蓝色或紫色，当硅胶中出现呈粉红色且超过 1/3 时应要求更换硅胶。

空气呼吸器用来清除当油温波动时，进入油枕的空气中的水分和机械杂质。空气从油枕中挤出，气囊的内表面通过呼吸器与大气相连，气囊紧紧贴在油枕没有油的内表面和油的表面。当温度波动时，主变内油的体积发生变化，导致油枕内油位改变，气囊紧跟油的表面，这样气囊内的空气体积改变。

通过指示装置来监测油枕内的油位，指示装置由指针和标明油位允许改变值“max”和“min”的刻度盘组成。

空气呼吸器是装了硅胶的圆筒。呼吸器的下部设置了一个油封，根据连通器原理工作，油封防止空气自由进出空气呼吸器，并除去空气中的杂质。呼吸器在温度波动时除去（空气中的）水滴和空气工业污垢。通过检查孔监测油封中的油位。在圆筒的上部布置有套筒，套筒中有指示剂，套筒上有检查孔。呼吸器的上部是硅胶，通过玻璃窗可以看到硅胶的颜色。硅胶含水量不同，颜色也不一样，正是利用了硅胶的这个性质，判断是否应该换硅胶。

图 5-105　油枕呼吸器

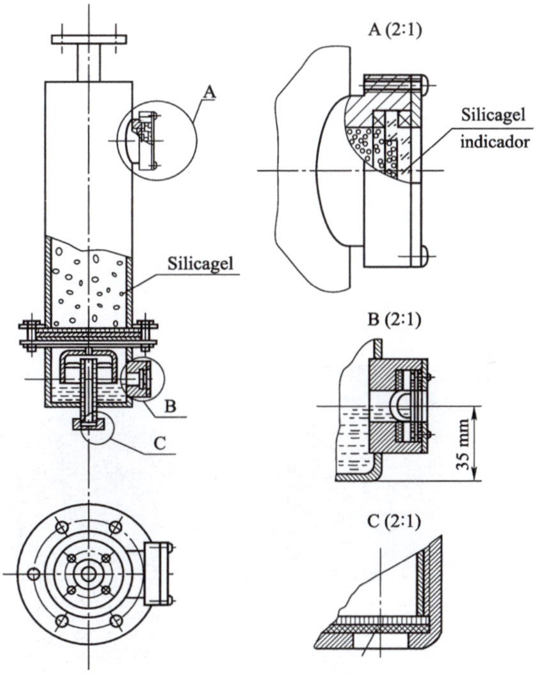

图 5-106　油枕呼吸器的结构

8）瓦斯取样器连在瓦斯继电器的监测阀的一端，检查瓦斯取样器内正常运行时无有色气体，瓦斯取样器外观及结构如图 5-107 所示。

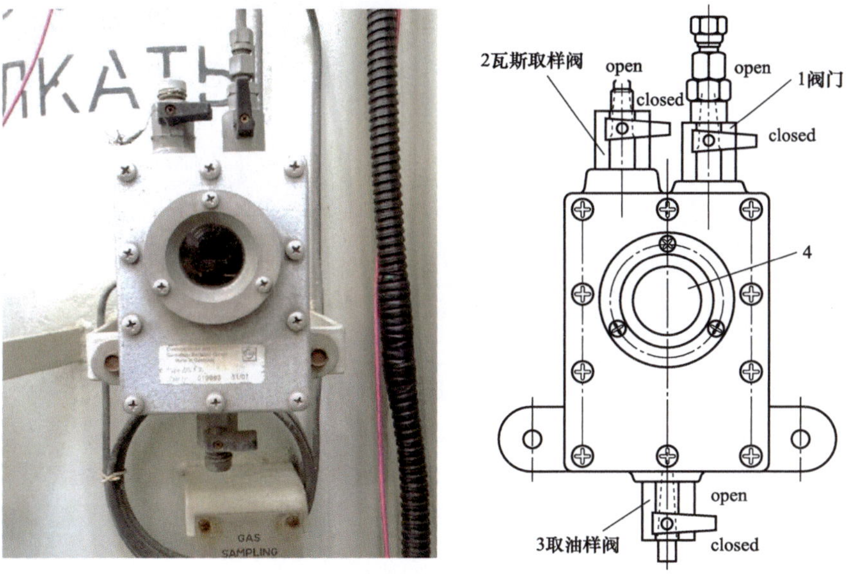

图 5-107　瓦斯取样器外观及结构

瓦斯取样器有以下相关操作：

√ 在主变正常工作过程中，瓦斯取样器注满了油。其注油步骤如下：

A. 打开瓦斯继电器的监测阀门；

B. 拧下瓦斯取样阀 2 的帽盖；

C. 打开阀门 1 和 2，取油样阀 3 关上，油在压力的作用下，通过细管注满瓦斯取样器，注油时，通过观察窗监视瓦斯取样器中的油位，如果油从瓦斯取样阀 2 中流出，立即关上阀门 2；

D. 盖上瓦斯取样阀 2 的帽盖。

注：进油阀 1 应始终打开。

√ 当发生瓦斯保护时，需对主变瓦斯取样。瓦斯取样步骤如下：

A. 拧下取油样阀 3 的帽盖；

B. 打开取油样阀 3，把排出的油收集到相应的容器；

C. 当瓦斯取样器中的油位在观油窗中可见时，关上取油样阀 3；

D. 盖上取油样阀 3 的帽盖；

E. 拧下瓦斯取样阀 2 的帽盖；

F. 把瓦斯收集装置接到瓦斯取样阀 2 上；

G. 打开瓦斯取样阀 2，完成取样；

H. 取样结束，关上瓦斯取样阀 2，取下取样装置；

I. 打开排气阀 2，让剩下的瓦斯排出，当瓦斯取样器完全充满油，油从排气阀 2 冒出时，排气阀重新关上；

J. 盖上排气阀 2 的帽盖（帽盖必须盖上）；

K. 瓦斯取样器注满油，重新投运。

9）绕组温度计读数 PWI1、PWI2 小于 100 ℃，上层油温温度计读数 POP1、POP2 小于 85 ℃，如图 5-108 所示。

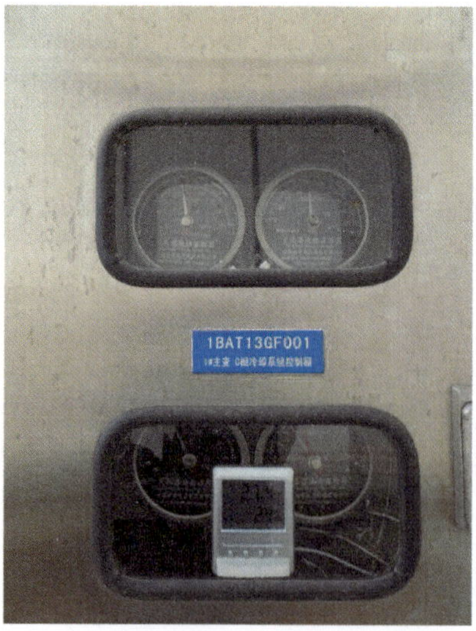

图 5-108　绕组温度计和上层油温温度计

10）检查冷却系统空调运行正常，空调运行时控制柜温度在 13～38 ℃范围。检查空调运行时冷却系统控制柜湿度范围小于 75%。冷却风机控制箱指示正常，门锁关严密，如图 5-109 和图 5-110 所示。

图 5-109　冷却系统控制柜图

图 5-110　控制柜温湿度计

11）检查油泵的流量指针在绿区内（见图 5-111）。已投入几组风机，风机运行时无噪声。

图 5-111　冷却油泵流量指针

12）检查避雷器的泄漏电流和动作次数，避雷器 SF_6 的压力在绿区，如图 5-112 和图 5-113 所示。

图 5-112　泄漏电流及动作次数

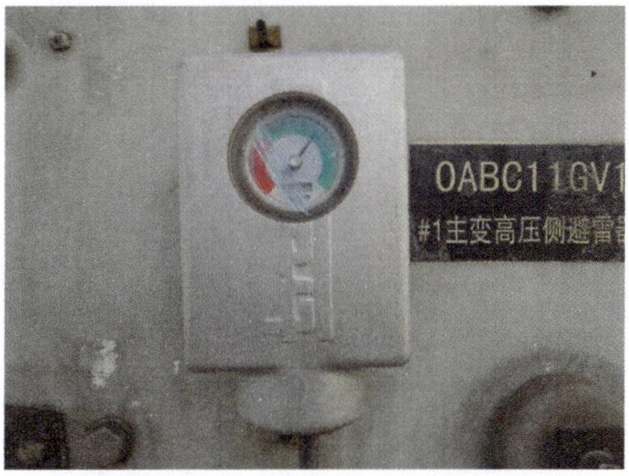

图 5-113　避雷器 SF_6 压力指示

13）变压器气体在线监测装置外观正常，与变压器连接的管线无渗油现象。

5.12.4 高厂变冷却系统介绍

高厂变采用自然油冷强迫风冷方式。高厂变冷却系统控制只能在冷却系统控制柜就地控制，在主控室只能监测。冷却系统由 12 个散热器、12 个风机、12 个电机、冷却系统控制柜（柜内有 2 个温度指示计，电源开关，切换开关，报警灯等）和固定元件组成。每个散热器下有一个风机。冷却系统的风机分为两组：每组 6 个风机。

高厂变冷却系统风机动力电源有两路：1BFE03HC 和 1BFF03FD。冷却系统信号回路直流电来自发变组继电保护室的 1CHA05 柜。

高厂变冷却系统电源选择及风机分组，如图 5-114 所示。

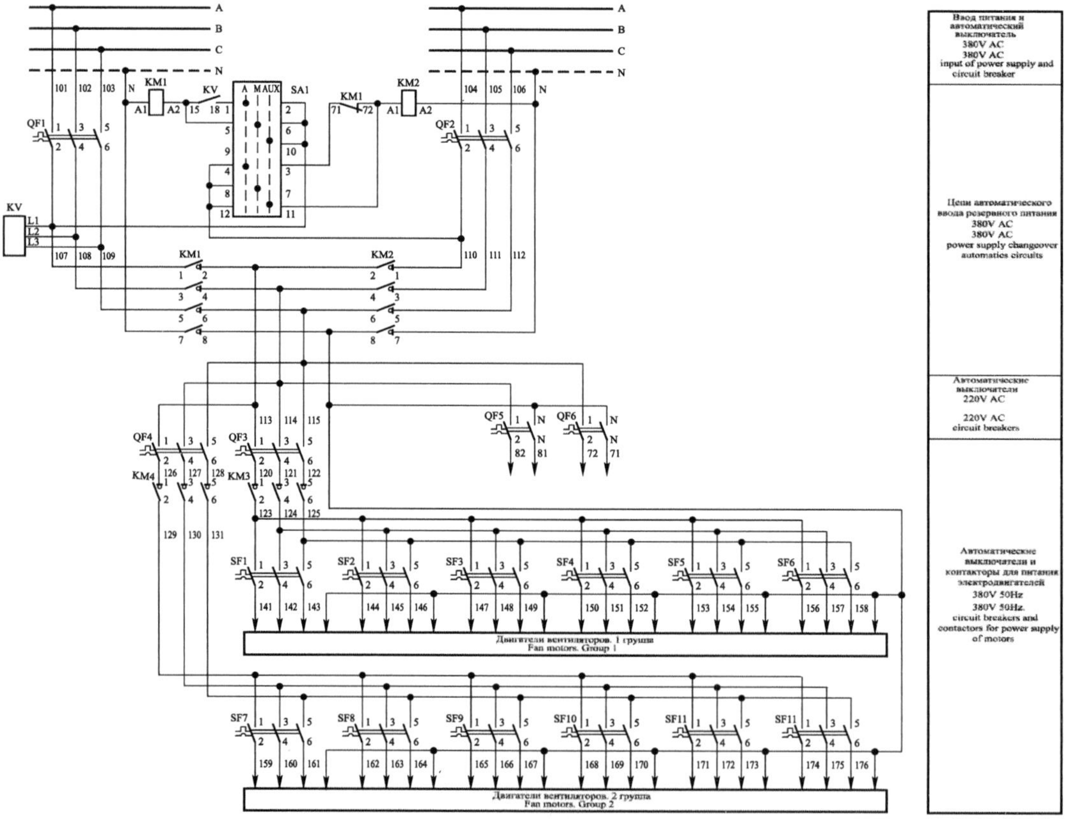

图 5-114 高厂变冷却系统原理

高厂变正常运行时，图 5-114 中的开关 QF1、QF2、QF3、QF4、QF5、QF6、SF1、SF2、SF3、SF4、SF5、SF6、SF7、SF8、SF9、SF10、SF11 和 SF12 合上。高厂变冷却系统工作电源通过开关 SA1 来选择。SA1 中的 A、M 和 AUX 分别代表自动选择、

选择主电源和选择备用电源。当 SA1 处在位置 A 时，由于电压继电器 KV 励磁，常开接点 KV 合上，中间继电器 KM1 励磁，常开接点 KM1 合上，同时常闭接点 KM1 断开，从而自动选择了主电源。当主电源失电时，KV 失磁，常开接点 KV 断开，继电器 KM1 失磁，常开接点 KM1 断开，常闭接点 KM1 合上，如果辅助电源存在，继电器 KM2 励磁，常开接点 KM2 合上，自动由主电源转为辅助电源。当 SA1 置于位置 M 和 AUX，分别选择主、辅电源，但它们不能自动切换。

高厂变冷却系统风机自动投运的原理如图 5-115 所示。

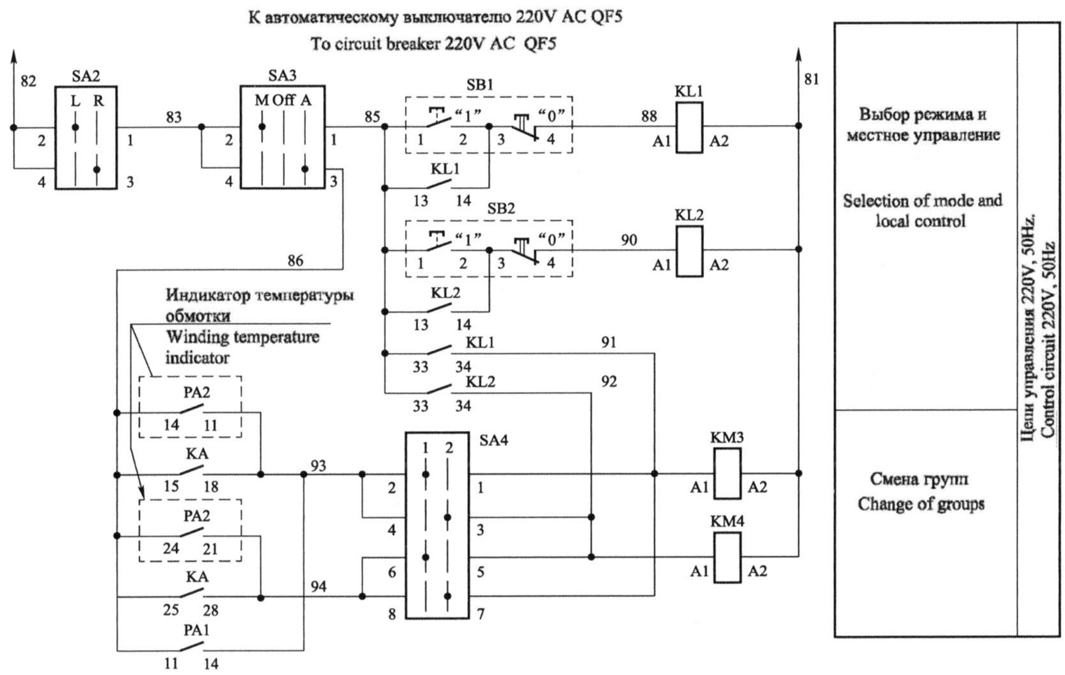

图 5-115 冷却系统自动投入原理图

为保证冷却系统的风机自动投运，正常情况下，“远方/就地”切换开关 SA2 置于位置“L”处，“自动/手动”切换开关 SA3 位于位置“A”处，“优先启动组 1/2”切换开关 SA4 位于位置“1”处。当高厂变上层油温达到 55 ℃，辅助接点 PA1 闭合，辅助继电器 KM3 励磁，图 5-115 中 KM3 常开接点合上，第一组风机投入运行。当高厂变绕组温度达到 60 ℃时，辅助接点 PA2（接点 14 和 11）闭合，辅助继电器 KM3 励磁，图中 KM3 常开接点合上，第一组风机投入运行。当高厂变绕组温度达到 80 ℃时，辅助接点 PA2 闭合（接点 24 和 21），辅助继电器 KM4 励磁，图中 KM4 常开接点合上，第二组风机投入运行。

图 5-115 中的 SB1 和 SB2 用于试验时投运第一、第二组风机。在正式投运高厂变冷却系统时，必须首先通过 SB1 和 SB2 来检验冷却系统的风机能否正常运行。以投入

一组风机为例说明如何试投一组风机。SA3 置于手动，按下 SB1 按钮“1”，KL1 励磁，常开接点 KL1 接通，KM3 励磁，则投入第一组风机。判断第一组的 6 个风机是否正常运转，如冷却系统的风机运转正常，则按下 SB1 的按钮“0”，风机切除。

图 5-115 中的电流继电器 KA 在实际中并没有采用。

高厂变电加热和照明回路控制回路，见图 5-116：

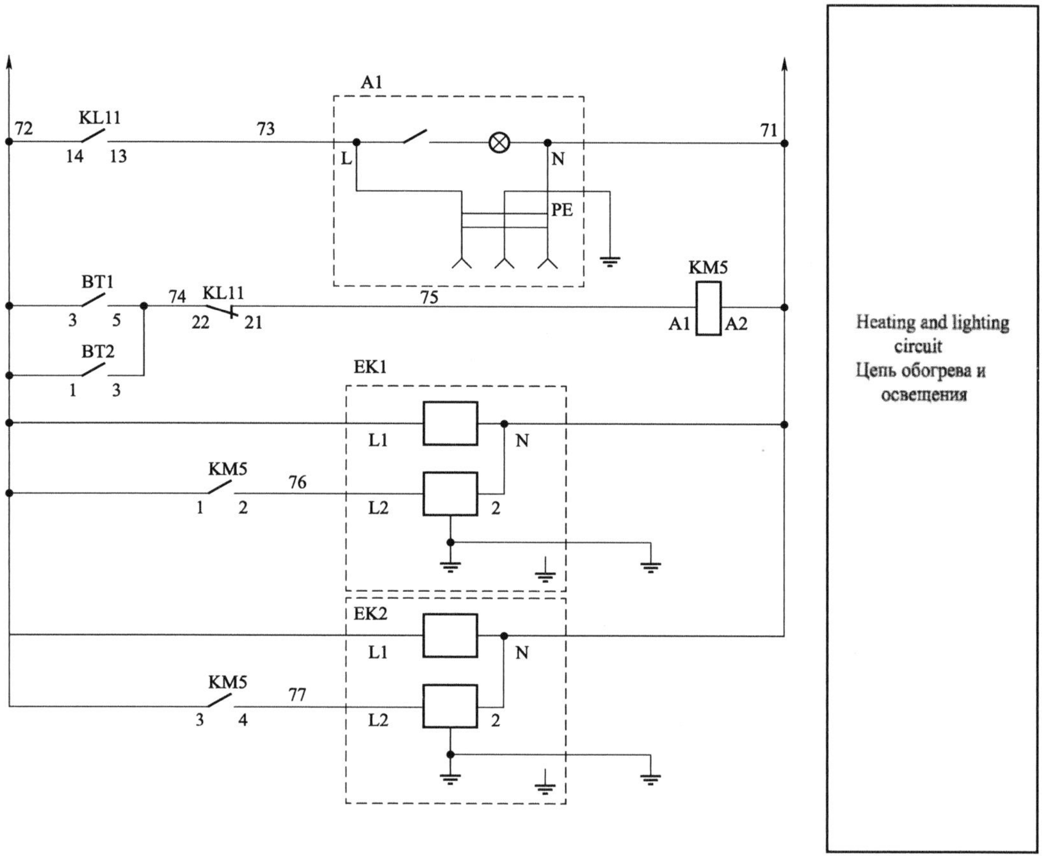

图 5-116 冷却系统控制柜电加热和照明控制回路

当温度低于 10 ℃（BT1 动作）或湿度大于 60%（BT2 动作）时，自动投入第二组风机。第一组风机一直处于工作状态。

冷却系统控制柜内安装两个限位开关 SQ1、SQ2，在开门时触头松开，照明灯 A1 亮。

在变压器冷却系统控制柜和主控室 OM 画面上，我们都能够监测到报警信号。信号回路原理，见图 5-117。

高厂变油温达到 55 ℃或绕组温度达到 60 ℃时，自动投入第一组风扇；第二组风扇在绕组最高温度达到 80 ℃时自动投入；切除风扇则是根据温度表的回差来实现。在上层油温达到 80 ℃和绕组最高温度达到 95 ℃时主控室发出预报警。当上层油温超过 95 ℃和绕组最高温度超过 110 ℃，发出事故报警。

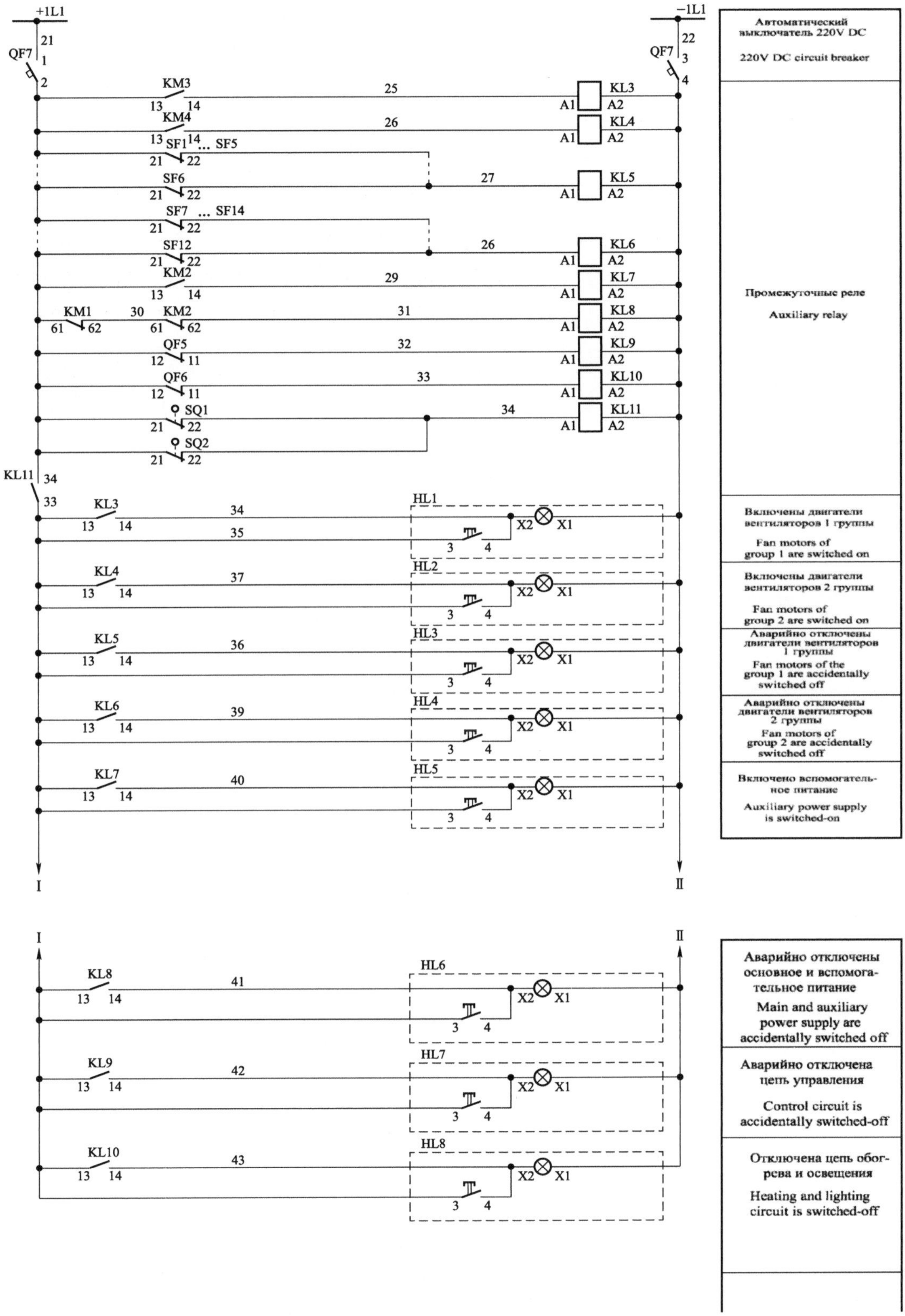

图 5-117 信号回路原理

5.12.5 高厂变有载调压装置

高厂变调压方式为有载调压。通过有载调压装置改变高压侧绕组的匝数，保证外电网电压在 21.12～26.88 kV 的范围内变化时，母线 1BBE、1BBF、1BBG、1BBH 上的电压始终为 6.3 kV。有载调压装置共有 19 档，调压范围是±8×1.5%，每档对应的电压如表 5-15 所示。

表 5-15 19 档有载调压装置对应电压

<table>
<tr><th rowspan="2">有载调压机构显示位置</th><th colspan="2">变压器绕阻电压</th></tr>
<tr><th>高压侧（HV）</th><th>低压 1 侧（LV_1）–低压 2 侧（LV_2）</th></tr>
<tr><td>1</td><td>2 688</td><td rowspan="19">6,3-6,3</td></tr>
<tr><td>2</td><td>2 652</td></tr>
<tr><td>3</td><td>2 616</td></tr>
<tr><td>4</td><td>2 580</td></tr>
<tr><td>5</td><td>2 544</td></tr>
<tr><td>6</td><td>2 508</td></tr>
<tr><td>7</td><td>2 472</td></tr>
<tr><td>8</td><td>2 436</td></tr>
<tr><td>9</td><td>2 400</td></tr>
<tr><td>10</td><td>2 400</td></tr>
<tr><td>11</td><td>2 400</td></tr>
<tr><td>12</td><td>2 364</td></tr>
<tr><td>13</td><td>2 328</td></tr>
<tr><td>14</td><td>2 292</td></tr>
<tr><td>15</td><td>2 256</td></tr>
<tr><td>16</td><td>2 220</td></tr>
<tr><td>17</td><td>2 184</td></tr>
<tr><td>18</td><td>2 148</td></tr>
<tr><td>19</td><td>2 112</td></tr>
</table>

高厂变的有载调压装置控制地点是：就地控制柜、发变组继电保护室 11UKC16321、主控室。高厂变有载调压控制方式与启动变的不同是高厂变只有手动调压，在每个控制地点的控制方式对应如表 5-16 所示。

表 5-16　控制地点与控制方式对应表

控制地点	控制方式	
高厂变有载调压就地控制柜	摇把手动	按钮电动
1CHB03（1BBT01），1CHB06（1BBT02）柜	远方手动	
主控室	远方手动	

高厂变有两路交流电源，分别来自 1BFE03HC 和 1BFE03DC。前者用于有载调压装置驱动机构动力电源，后者为有载调压装置驱动电机控制电源。控制和信号用的直流电源来自 1CHA01 柜。就地控制柜工作原理，见图 5-118。

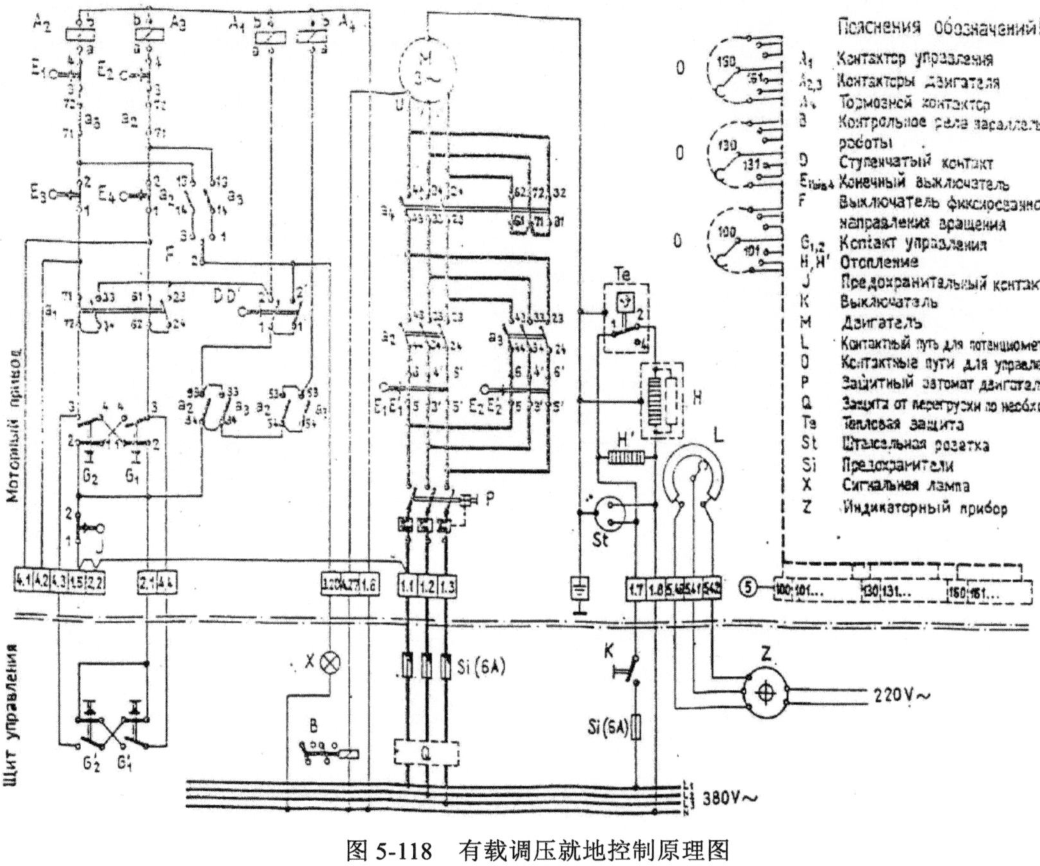

图 5-118　有载调压就地控制原理图

A_1—控制开关；A_2, A_3—辅助触点（增加和减小）；A_4—制动继电器；B—并列工作监测继电器；D—步进继电器；E_1，E_2—行程开关；E_3，E_4—端部开关；F—转向确定开关；G1，G2—调压开关；H，H′ —电加热器；J—就地闭锁装置；K—电加热器电源开关；M—电机；L—位置指示器；P—电机动力电源开关；Te—温度过高保护；St—电源插座；X—信号灯；Z—指示仪器

就地控制时，短时（1～2 s）按住 G1，G2 向增大的方向，这时通过 A1 常闭接点（71-72）—E3 常闭接点（1-2）—A3 常闭节点（71-72）—E1 常闭接点（3-4）给辅助继电器 A2 励磁，这样常开接点 KM2（13-14，23-24，33-34，43-44）合上，常闭接点

（71-72）断开。常开接点 A2 合上后，通过 A2 常开接点（53-54）给辅助继电器 A4 励磁，这样常开接点 A4（23-24，33-34，43-44）合上，常闭接点 A4（61-62-71-72-81-82）断开，这样驱动电机供电，开始转动。当转到某角度时，转向确定开关 F 合上接点（2-3），给信号灯供电，灯亮。当转到某角度时，触点 DD′合上，常开接点（1-2，1′-2）合上，此时辅助继电器 A1 励磁，断开常闭接点（71-72），合上常开接点（33-34），现在继电器 A2 的励磁电流从 A2 常开接点（53-54）—DD′常开接点（1′-2′）—F 常开接点（2-3）—A2（13-14）—A3 常闭接点（71-72），此时调压开关 G1G2 被闭锁。当转到某角度时，触点 DD′断开，A1、A2、A4 失电，A4 常开接点（23-24，33-34，43-44）断开，常闭接点（61-62-71-72-81-82）闭合，电机停转。

向减小方向调节时，工作过程同上。

行程开关 E1、E2 断开有载调压装置控制回路，同时还断开动力回路，从而保证有载调压装置准确位于要调节的位置。在 E1、E2 故障时，端部开关 E3、E4 在端部位置断开控制回路，增加了可靠性。

在温度降低到 7 ℃时，Te 动作投入第二组电加热器 H。第一组电加热器 H′ 一直工作。

备注：高厂变带负荷运行时，禁止就地进行有载调压。

√ 在继电保护室控制有载调压装置

在继电保护室控制的 1CHB03/1CHB06 柜可以远方操作有载调压装置。

Y10 表示驱动机构，H11 为位置指示器。K11 和 K12 为辅助开关，用于在主控室控制时形成减小和增加信号。F66 电流继电器，当高压侧电流超过整定值时，通过辅助继电器 K32，闭锁有载调压装置工作。S16 为有载调压装置的调压开关。

在继电保护室手动控制有载调压装置工作原理：通过扳动调压开关 S16，增大或减小绕组匝数，改变二次侧电压。

√ 在主控室控制有载调压装置

在主控室 OM 画面 1BAA00EJ001 上能够远方操作有载调压装置，按对应高厂变按钮，弹出功能图 1BBT01EE001（1BBT02EE001），在画面上选择增大或减小。

总结：

高厂变有载调压装置只能手动控制，无自动控制；

若有载调压的驱动机构两位置之间时，禁止进行有载调压。当通过远方控制不可能复位时，只能在变压器停运时通过手动摇柄使之复位。

第6章　阀门相关知识

6.1　阀门分类

阀门是流体输送系统中的控制部件，具有截止、调节、导流、防止逆流、稳压、分流或溢流泄压等功能。

用于流体控制系统的阀门，从最简单的截止阀到极为复杂的自控系统中所用的各种阀门，其品种和规格相当繁多。阀门可用于控制空气、水、蒸汽、各种腐蚀性介质、泥浆、油品、液态金属和放射性介质等各种类型流体的流动。阀门不仅种类繁多，分类方式也有很多种，具体有：按作用和用途分类、按公称压力分类、按工作温度分类、按驱动方式分类、按公称通径分类、按结构特征分类、按连接方式分类、按阀体材料分类、按开关方向分类、通用分类，这里主要介绍按作用和用途、按驱动方式、按结构特征三种分类方式，重点介绍通用分类方式。

（1）按作用和用途分类

按作用和用途可分为截断类、止回类、安全类、调节类、分流类和特殊用途类。

1）截断类：如闸阀、截止阀、旋塞阀、球阀、蝶阀、针形阀、隔膜阀等。截断类阀门又称闭路阀、截止阀，其作用是接通或截断管路中的介质。

2）止回类：如止回阀，止回阀又称单向阀或逆止阀，止回阀属于一种自动阀门，其作用是防止管路中的介质倒流、防止泵及驱动电机反转，以及容器介质的泄漏。

3）安全类：如安全阀、防爆阀、事故阀等。安全阀的作用是防止管路或装置中的介质压力超过规定数值，从而达到安全保护的目的。

4）调节类：如调节阀、节流阀和减压阀，其作用是调节介质的压力、流量等参数。

5）分流类：如分配阀、三通阀、疏水阀。其作用是分配、分离或混合管路中的介质。

6）特殊用途类：如清管阀、放空阀、排污阀、排气阀、过滤器等。排气阀是管道系统中必不可少的辅助元件，广泛应用于锅炉、空调、石油天然气、给排水管道中，往往安装在制高点或弯头等处，排除管道中多余气体、提高管路使用效率及降低能耗。

（2）按驱动方式分类

按驱动方式可分为自动阀类、动力驱动阀类和手动阀类。

1）自动阀是指不需要外力驱动，而是依靠介质自身的能量来使阀门动作的阀门。如安全阀、减压阀、疏水阀、止回阀、自动调节阀等。

2）动力驱动阀：动力驱动阀可以利用各种动力源进行驱动。分为电动阀、气动阀、液动阀等。电动阀：借助电力驱动的阀门。气动阀：借助压缩空气驱动的阀门。液动阀：借助油等液体压力驱动的阀门。此外还有以上几种驱动方式的组合，如气-电动阀等。

3）手动阀：手动阀借助手轮、手柄、杠杆、链轮，由人力来操作阀门动作。当阀门启闭力矩较大时，可在手轮和阀杆之间设置齿轮或涡轮减速器。必要时，也可以利用万向接头及传动轴进行远距离操作。

（3）按结构特征分类

根据关闭件相对于阀座移动的方向可分为：

1）截门形：关闭件沿着阀座中心移动，如截止阀；

2）旋塞和球形：关闭件是柱塞或球，围绕本身的中心线旋转，如旋塞阀、球阀；

3）闸门形：关闭件沿着垂直阀座中心移动，如闸阀、闸门等；

4）旋启形：关闭件围绕阀座外的轴旋转，如旋启式止回阀等；

5）蝶形：关闭件的圆盘，围绕阀座内的轴旋转，如蝶阀、蝶形止回阀等；

6）滑阀形：关闭件在垂直于通道的方向滑动，如滑阀。

（4）通用分类

这种分类方法既按原理、作用又按结构划分，是目前国际、国内最常用的分类方法。一般分闸阀、截止阀、节流阀、仪表阀、柱塞阀、隔膜阀、旋塞阀、球阀、蝶阀、止回阀、减压阀、安全阀、疏水阀、调节阀、底阀、过滤器、排污阀等。

6.2 阀门的结构以及工作原理

（1）闸阀

闸阀（见图 6-1）是指闸板关闭件沿通路中心线的垂直方向移动的阀门。一般由阀体、阀座、阀杆、闸板、阀盖、密封圈几部分组成，可通过对传动装置和闸阀的配备，可转化出多样化的电动闸阀与气动闸阀，在管路中只能作全开和全关切断用，不能做调节和节流。

闸阀的工作原理如图 6-2 所示。

闸阀的闸板随阀杆一起做直线运动，通常在升降杆上有梯形螺纹，通过阀门顶端的螺母以及阀体上的导槽，将旋转运动变为直线运动，也就是将操作转矩变为操作推力。

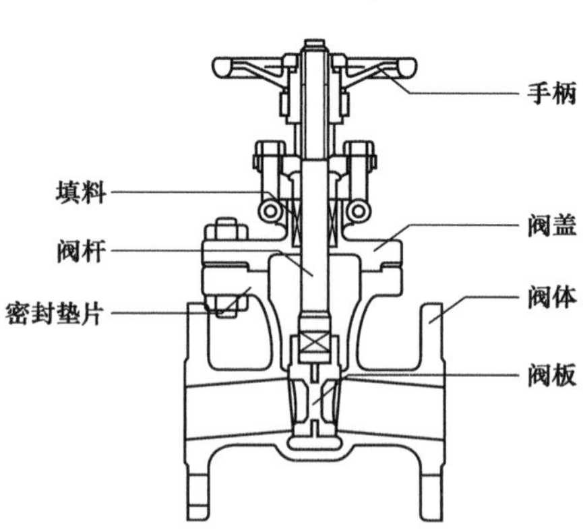

图 6-1　闸阀

阀门关闭时，密封面可以只依靠介质压力来密封，即依靠介质压力将闸板的密封面压向另一侧的阀座来保证密封面的密封，这就是自密封。大部分闸阀是采用强制密封的，即阀门关闭时，要依靠外力强行将闸板压向阀座，以保证密封面的密封。

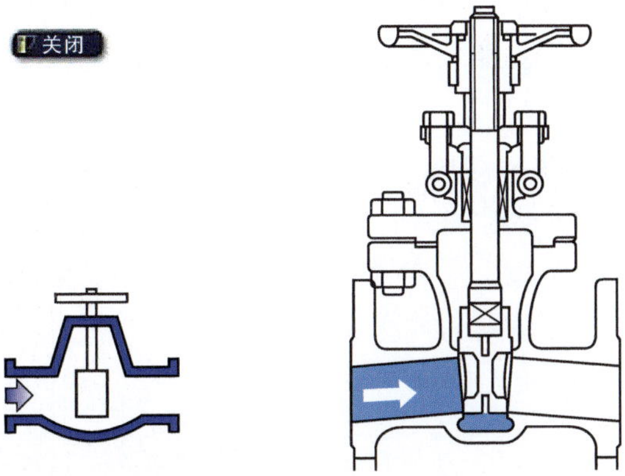

图 6-2　闸阀原理图（关闭状态）

阀门开启时，当闸板提升高度等于阀门通径时，流体的通道完全畅通，但在运行时，此位置是无法监视的。实际使用时，是以阀杆的顶点作为标志，即开不动的位置，作为它的全开位置。为考虑温度变化出现锁死现象，通常在开到顶点位置上，再倒回 0.5～1 圈，作为全开阀门的位置。因此阀门的全开位置，按闸板的位置（即行程）来确定。

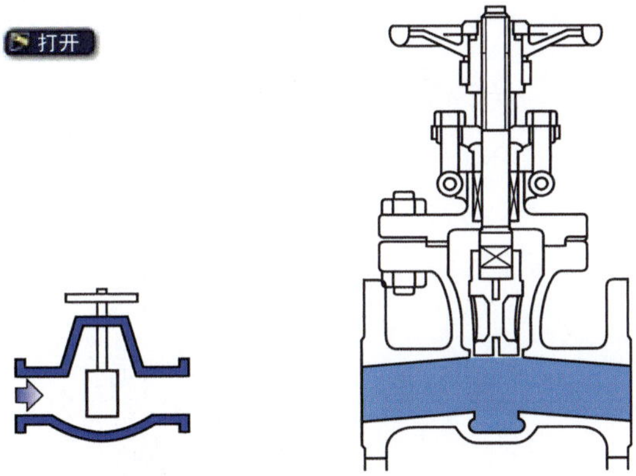

图 6-3　闸阀原理图（打开状态）

（2）截止阀

截止阀也叫截门阀，是使用最为广泛的一种阀门，主要由阀体、阀瓣、阀盖、阀杆等组成。阀体、阀盖为承压件，阀瓣、阀杆为内件。截止阀是一种关闭件（阀瓣）沿阀座中心线移动的阀门。根据阀瓣的这种移动形式，阀座通口的变化与阀瓣行程成正比例关系。

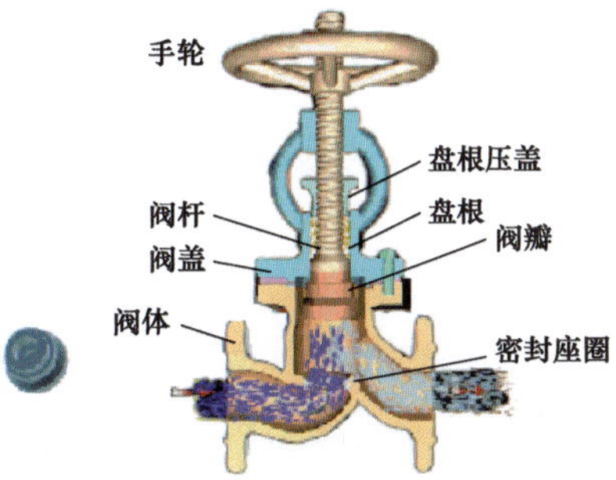

图 6-4　截止阀

截止阀的工作原理：

截止阀是利用阀杆扭力给密封面一个向下压力，依靠阀杆压力，使阀瓣密封面与阀座密封面紧密贴合，阻止介质的流入或者用来调节介质流速。截止阀的启闭件是圆柱形的阀瓣，密封面呈平面或锥面，阀瓣沿流体的中心线做直线运动。阀杆的运动方式，有升降杆式（阀杆升降，手轮不升降），也有升降旋转杆式（手轮与阀杆一起旋转升降，螺母设在阀体上）。截止阀属于强制密封式阀门，所以在阀门关闭时，必须向阀门施加压力，以强制密封面不泄漏。

假设有一个带盖子的管道，水从管底流入，往管口方向流出，出水管口的盖子就相当于截止阀的关闭件，要是用力向上提起管盖，水就往外流出，用手将管盖盖住，水就停止流动，这就相当于截止阀的工作原理。

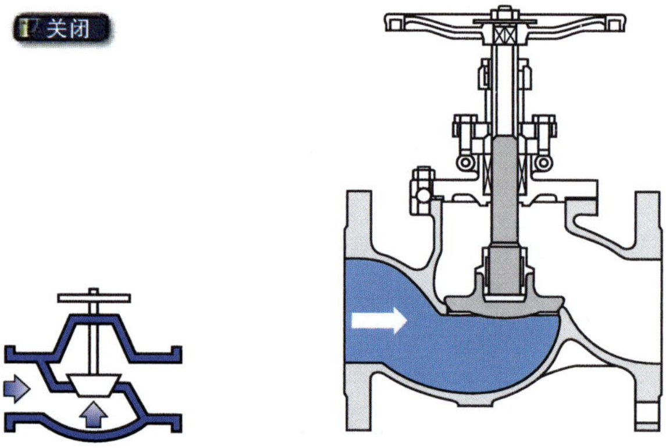

图 6-5　截止阀原理图（关闭状态）

截止阀靠旋转手轮，使阀杆上升和下降，带动阀瓣做平行于介质流向的直线位移，达到启闭的目的。手轮按顺时针方向旋转，工作介质由阀瓣下方通道进入时，此时该施加的密封力必须等于或大于密封面上所产生的比压及介质向上的作用力之和。

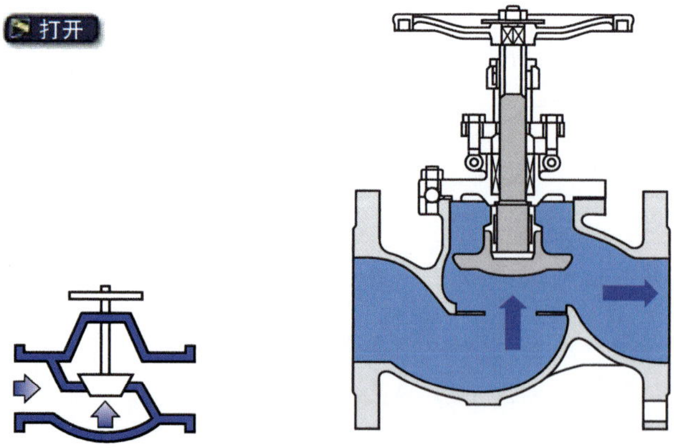

图 6-6　截止阀原理图（打开状态）

截止阀开启时，阀瓣的开启高度为公称直径的 25%～30%，流量已达到最大，表示阀门已达全开位置，所以截止阀的全开位置，应由阀瓣的行程来决定。

截止阀的分类：按阀体结构形式分为直角式、直通式、直流式。

直角式流体只需改变一次方向，以至于通过此阀门的压力降比常规结构的截止阀小。阀体多采用锻造，适用于较小通径，较高压力的截止阀。

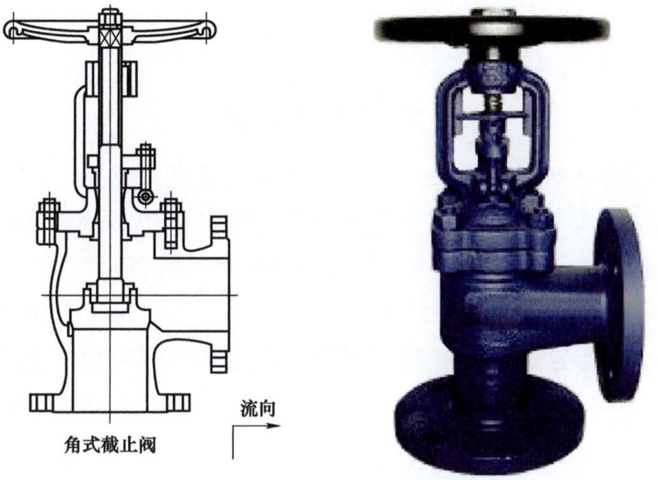

图 6-7 直角式截止阀结构图

直通式是最常见的结构，介质进出口通道在同一方向上呈 180°，但其流体的阻力最大。

直流式或 Y 型截止阀中，阀体的流道与主流道成一斜线，流体阻力较小，多用于含固体颗粒或黏度大的流体。

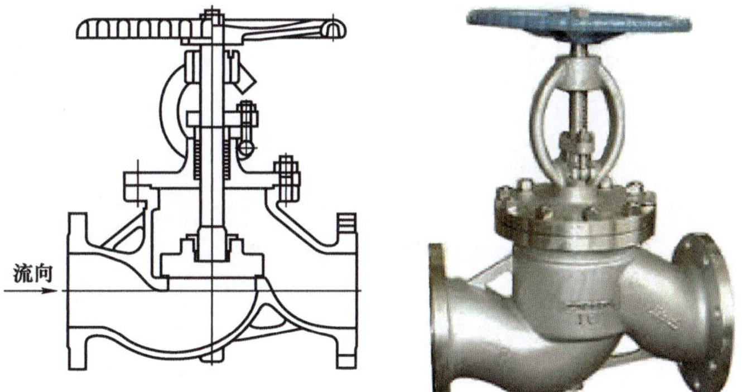

图 6-8 直通式截止阀结构图

（3）球阀

球阀的启闭件是带有圆形通道的球体绕垂直于通道的轴线旋转，球体随阀杆转动从而达到启闭通道的目的。球阀只需要用旋转 90° 的操作和很小的转动力矩就能关闭严密。可根据工况需要，装配不同的驱动装置。

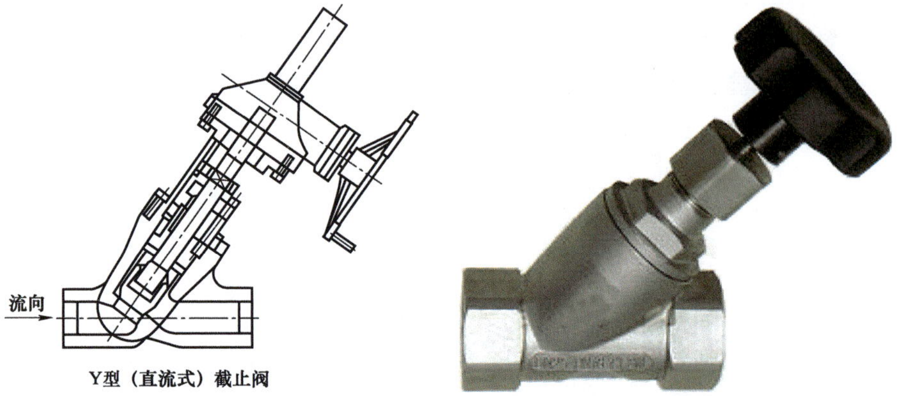

图 6-9　直流式截止阀结构图

球阀的工作原理：当球阀旋转 90° 时，在进、出口处应全部呈现球面，从而关闭阀门，截断介质的流动；当球阀回转 90° 时，在进、出口处应全部呈现球口，从而开启流动，并且基本没有流阻力。

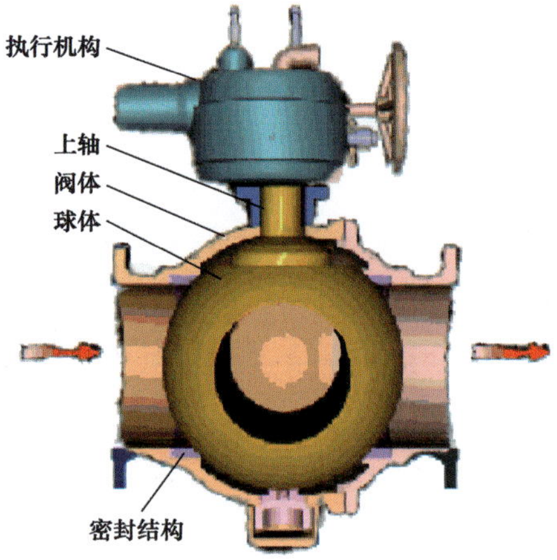

图 6-10　球阀

（4）蝶阀

蝶阀又称翻板阀，是一种关闭件为圆形阀瓣或蝶板的调节阀门，主要由阀体、阀杆、蝶板和密封圈组成。阀体呈圆筒形，轴向长度短，内置蝶板。蝶阀的蝶板安装于管道的直径方向。在蝶阀阀体圆柱形通道内，圆盘形蝶板绕着轴线旋转，旋转角度为 0°～90°，旋转到 90° 时，阀门则为全开状态。

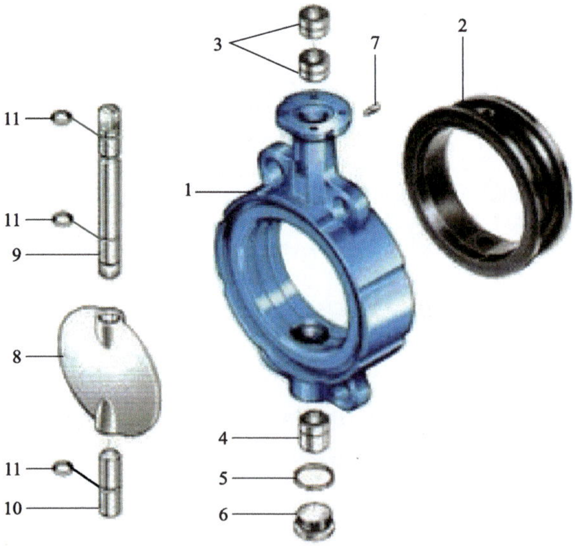

图 6-11　蝶阀

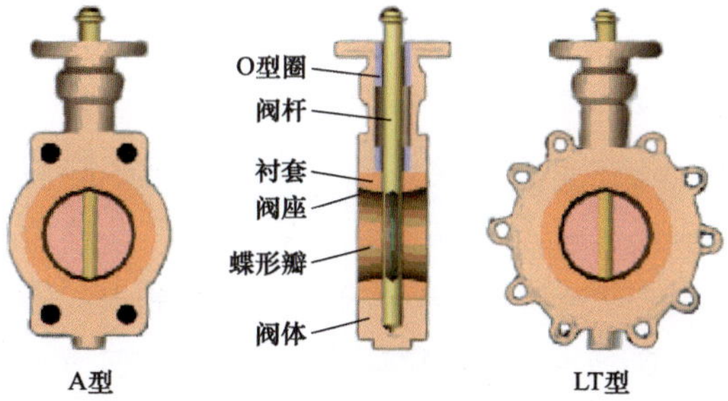

图 6-12　蝶阀结构

蝶阀的工作原理：蝶阀是根据旋转阀杆同时带动蝶板转动来做启闭的一种阀门，在蝶阀阀体圆柱形通道内，圆盘形蝶板绕着轴线旋转，主要是旋转蝶板 90° 来做流量控制，当蝶板到达 90° 时阀门处于全开状态，同时可以改变蝶板的角度来调节介质流量，一般安装于管道的直径方向。蝶阀与阀杆自身是没有锁定能力的，为了有效调节流量需要涡轮减速器，加装涡轮减速器的蝶阀不仅使蝶阀有自锁能力，还能改变蝶阀的操作性能及更准确地调节介质流量。

（5）止回阀

止回阀是一种不需要人力或其他动作操作的自动启闭阀门，依靠管道介质本身的流动来打开或关闭阀门，主要用来防止管道介质倒流，又称逆止阀、单向阀、逆流阀、和背压阀。止回阀只有一个流动方向，也就是只能沿进水口流动不能倒退，介质倒流时阀瓣即关闭。止回阀属于一种自动阀门，其主要作用是防止介质倒流、防止泵及驱动电动机反转，以及容器介质的泄放。

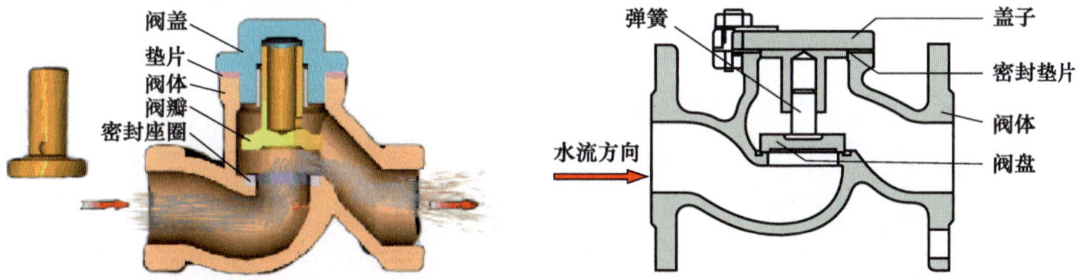

图 6-13　止回阀结构

止回阀的工作原理：

介质按指定的方向流入，当流动压力超过止回阀的开启压力时，阀瓣在流体压力的作用下被顶开，从而接通管道介质的流通。反之，当管道介质倒向回流时，在流体压力的推动下，阀瓣被压在止回阀阀体上，此时阀门被关闭，从而切断管道介质流通。且倒流介质的压力越大，阀门的阀瓣关闭得越紧，密封效果越好，完全杜绝了介质回流的可能。

止回阀的类型有：升降式止回阀、旋启式止回阀。

1）升降式止回阀工作原理

升降式止回阀阀瓣上带有导向杆，导向杆能在阀盖导向孔内自由升降。当管道介质按照指定方向（自左向右流入），阀瓣下方压力超过其上方压力时，推动阀瓣沿阀盖导向孔中心线上升，阀门自动开启，从而使介质流通；若流体自右向左流动，即倒向流入时，则阀瓣上方压力大于其下方压力，上下压力差及阀瓣自重将阀瓣压紧在阀座上，从而使介质不能通过，即流体无法倒流。并且管道流体压力越大时，密封面压得越紧，密封效果越好。

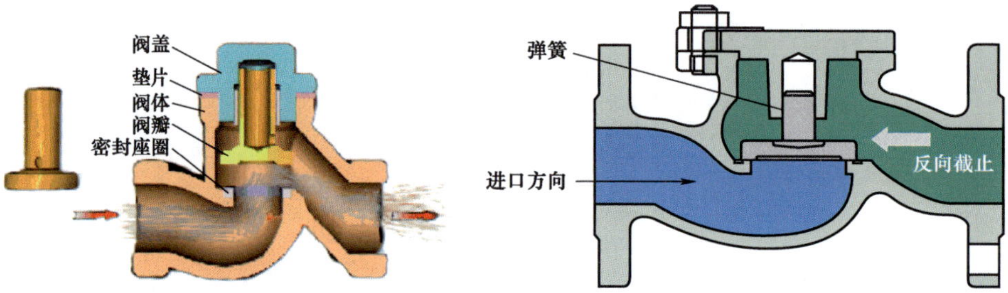

图 6-14　升降式止回阀原理图

2）旋启式止回阀工作原理

旋启式止回阀的阀瓣与摇臂是连接在一起的，可绕销轴旋转一定角度。当管道流体按指定的方向流入时（从左往右），阀瓣进口压力高于出口压力，此时阀瓣被推离阀座，绕销轴转动某一位置，阀门处于开启状态。当阀门两侧压差减小到一定时，阀瓣下落，又回到关闭状态。当流体自右向左流动，即反向倒流时，则阀瓣右侧压力高于左侧压力，两侧压力产生的作用力将阀瓣压紧在阀座上，流体无法通过，则介质不能倒流，而且流体压力越大，密封面压得越紧，密封效果越好。

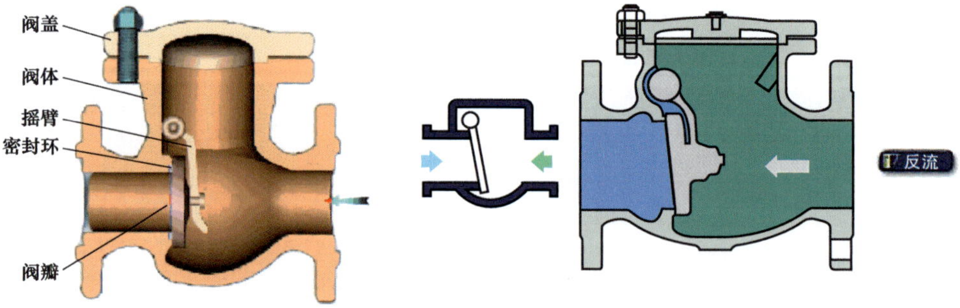

图 6-15　旋启式止回阀原理图

（6）旋塞阀

旋塞阀是依靠旋塞体绕阀体中心线旋转，以达到开启与关闭的目的。它的作用是切断、分流和改变介质流向。结构简单，外形尺寸小，操作时只需旋转 90°，流体阻力也不大。其缺点是开关费力，密封面容易磨损，高温时容易卡住，不适宜于调节流量。

（7）调节阀

调节阀又称控制阀，是工业自动化过程控制领域中，用动力操作去改变调节管道介质流量、压力、温度、液位等工艺参数的装置。主要由操作执行机构与调节阀阀体组成，接受相关信号，改变阀门的开度大小，从而达到对管道介质工艺参数的连续调节。一般来说调节阀的阀体是通用的，可以与电动执行机构或其他执行机构匹配使用，按所配控制执行装置可分为三大类：电动调节阀、气动调节阀、自动式调节阀。

电动调节阀：是一种应用非常广泛的控制阀门，主要由电动执行机构和调节阀门组成，以电力为动力，通过接受控制器的信号驱动改变阀门开关的大小，调节流体通路的面积，从而达到改变流体的流量、压力、温度等工况参数。

气动调节阀：是以压缩空气为动力，由控制器的信号调节流体通路的面积，以改变流体流量的阀门，气动调节阀一般都采用气动薄膜执行机构，因此也称为气动薄膜调节阀，相较电动调节阀无须再采取防爆措施等优点，应用范围十分广泛。

自动调节阀：自动调节阀也称为直接作用式调节阀，是不需要任何外加能源，直接利用被调介质的能量来操纵调节机构，实现自动控制，实现温度、压力、流量等参数的调节。

在现代化工厂的自动控制中，调节阀起着十分重要的作用，这些工厂的生产取决于流动着的介质正确分配和控制。这些控制无论是能量的交换、压力的降低或者是简单的容器加料，都需要某些最终控制元件去完成。常见的控制回路包括三个主要部分，第一部分是敏感元件，它通常是一个变送器。它是一个能够用来测量被调工艺参数的装置，这类参数如压力、液位或温度。变送器的输出被送到调节仪表—调节器，它确定并测量给定值或期望值与工艺参数的实际值之间的偏差，一个接一个地把校正信号送出给最终控制元件—调节阀。阀门改变了流体的流量，使工艺参数达到了期望值。

调节阀的性能特点：流路简单、阻力小，一般情况下适用于正向使用（安装）。然而在高压降场合调节阀反向使用，以改善不平衡力和减少对阀芯的损伤，同时也有利于介质的流动、避免调节阀结焦和堵塞。一般情况下，调节阀均不推荐反向使用，只有在高压差、高黏度、易结焦和含悬浮颗粒介质才推荐反向使用。反向使用时，应避免长期小开度情况下运行，尤其在试车时更应注意。

（8）减压阀

减压阀是将介质压力降低到一定数值的自动阀门，一般阀后压力要小于阀前压力的 50%。减压阀种类繁多，主要有活塞式和弹簧薄膜式。

图 6-16 所示为一种常用的直动式减压阀结构。压力 P1 的压缩空气，由左端输入经进气阀门节流后，压力降为 P2 输出。P2 的大小可由调压弹簧 2 进行调节。若顺时针旋转调节手柄，调压弹簧被压缩，推动膜片和阀杆下移，进气阀门打开，在输出口处有气压输出。同时，输出气压经反馈导管作用在膜片上产生向上的推力。该推力与调压弹簧作用力相平衡时，阀门便有稳定的压力输出。

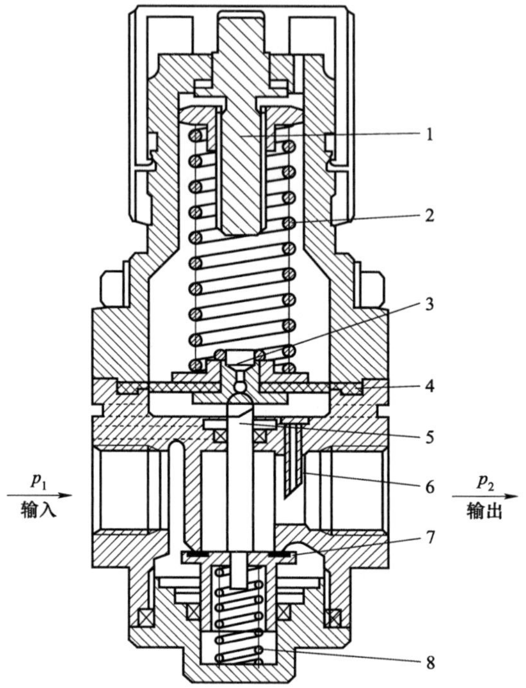

图 6-16　直动式减压阀

1—调节手柄；2—调节弹簧；3—溢流阀；4—膜片；5—阀杆；
6—反馈导管；7—进气阀门；8—复位弹簧

（9）疏水阀（器）

疏水阀也叫阻汽排水阀、汽水阀、疏水器、回水盒等，它的作用是自动排泄不断产生的凝结水，而不让蒸汽出来。根据疏水阀工作原理的不同，疏水阀可分为以下几种类型：

1）机械型，依靠蒸汽疏水阀内凝结水液位高度的变化而动作，包括以下几种。

① 浮球式：浮子为封闭的空心球体；

② 敞口向上浮子式：浮子为开口向上的桶形；

③ 敞口向下浮子式：浮子为开口向下的桶形。

2）热静力型，依靠液体温度的变化而动作，包括以下几种。

① 双金属片：敏感原件为双金属片；

② 蒸汽压力式：敏感原件为波纹管或墨盒，内部充入挥发性液体。

3）热动力型，依靠液体的热动力学性质的变化而动作。

① 圆盘式：由于在相同的压力下，液体与气体的流速不同，所产生的不同的动，静压力，驱使圆盘阀片动作

② 脉冲式：由于不同温度的凝结水通过两极串联节流孔板式，坐在两极节流孔板之间，形成不同压力，驱使阀瓣动作。

电站常用的疏水器有圆盘式热动力疏水器和浮球式疏水器。

4）圆盘式热动力疏水阀：

热动力圆盘蒸汽疏水阀内有一个阀片，既是敏感件又是动作执行件。当装置启动时，管道出现冷却凝结水，凝结水靠工作压力推开阀片，迅速排放。当凝结水排放完毕，蒸汽进入疏水阀内，蒸汽的体积迅速扩大，蒸汽比凝结水的流速大，使阀片上下产生压差，阀片在蒸汽流速的吸力下迅速关闭。当阀片关闭时，阀片受到两面压力，阀片下面的受力面积小于上面的受力面积，因疏水阀汽室里面的压力来源于蒸汽压力，所以阀片上面受力大于下面，阀片紧紧关闭。当疏水阀汽室里面的蒸汽降温成凝结水，汽室里面的压力消失。凝结水靠工作压力推开阀片，凝结水又继续排放，循环工作，间断排水。由于此类疏水阀存在热水倒流的情况，机组上此类疏水阀已经更换成了浮球式疏水阀。

5）浮球式疏水阀：

自由浮球式疏水阀的结构简单，内部只有一个活动部件：精细研磨的不锈钢空心浮球，既是浮子又是启闭件，无易损零件，使用寿命很长，YQ 疏水阀内部带有 Y 系列自动排空气装置，非常灵敏，能自动排空气，工作质量高。设备刚启动工作时，管道内的空气经过 Y 系列自动排空气装置排出，低温凝结水进入疏水阀内，凝结水的液位上升，浮球上升，阀门开启，凝结水迅速排出，蒸汽很快进入设备，设备迅速升温，Y 系列自动排空气装置的感温液体膨胀，自动排空气装置关闭。疏水阀开始正常工作，浮球随凝结水液位升降，阻汽排水。自由浮球式疏水阀的阀座总处于液位以下，形成水封，无蒸汽泄漏，节能效果好。

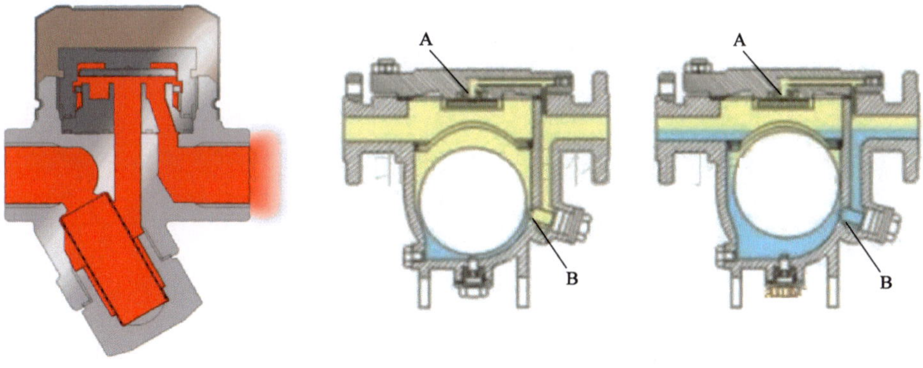

(a) 圆盘式热动力疏水阀　　(b) 浮球式疏水阀

图 6-17　疏水阀

（10）隔膜阀

隔膜阀的结构形式与一般阀门大不相同，是一种新型的阀门，是一种特殊形式的截断阀，它的启闭件是一块用软质材料制成的隔膜，把阀体内腔与阀盖内腔及驱动部件隔开，现广泛使用在各个领域。常用的隔膜阀有衬胶隔膜阀、衬氟隔膜阀、无衬里隔膜阀、塑料隔膜阀。隔膜阀用耐腐蚀衬里的阀体和耐腐蚀隔膜代替阀芯组件，利用隔膜的移动起调节作用。隔膜阀的阀体材料采用铸铁、铸钢，或铸造不锈钢，并衬以各种耐腐蚀或耐磨材料、隔膜材料橡胶及聚四氟乙烯。衬里的隔膜耐腐蚀性能强，适用于强酸、强碱等强腐蚀性介质的调节。

6）优点：

① 隔膜阀的结构简单、流体阻力小、流通能力较同规格的其他类型阀大。

② 适用于有腐蚀性、黏性、浆液介质。

③ 该阀易于快速拆卸和维修，更换隔膜可以在现场并短时间内完成。

④ 无泄漏，能用于高黏度及有悬浮颗粒介质的调节。隔膜把介质与阀杆上腔室隔离，所以没有填料介质也不会外漏。

⑤ 隔膜阀的流量特性接近快开特性，在 60%行程前近似为线性，60%后的流量变化不大。

⑥ 气动形式的隔膜阀可附装反馈信号、限位器及定位器等装置，以适应自控、程控或调节流量的需要。

⑦ 气动隔膜阀的反馈信号采用无触点传感技术。该产品采用薄膜式推进气缸，替代活塞气缸，排除了活塞环易损坏，造成泄漏而导致无法推动阀门启闭的弊端。当气源发生故障时，尚可操作手轮使阀门启闭。

7）缺点：

① 不能用于压力较高的场合。

② 由于隔膜和衬里材料的限制，耐压性、耐温性较差，一般只适用于 1.6 MPa 公称压力、150 ℃以下。

（11）柱塞阀

柱塞阀是由阀体、阀盖、阀杆、柱塞、孔架、密封环、手轮等零件组成。当手轮旋转，通过阀杆带动柱塞在孔架中间上下往复运动来完成阀门的开启与关闭功能。在阀门中柱塞与密封环间采用过盈配合，通过调节压盖中法兰螺栓，使密封环压缩所产生的侧向力与阀体中孔面及柱塞外圆密封，从而保证了阀门的密封性，杜绝了内外泄漏、同时阀门开启力矩小，能实现阀门迅速开启和关闭。

柱塞阀的性能特点：

1）密封性能独特无泄漏，活塞具有金属与非金属多层密封结构组成的双效功能。

2）一体式阀座（缸套）径向锥形密封面，高度高、接触面积大、性能好。

3）活塞环根据不同的适用介质选用材料能全面提高它的使用范围，耐高温、耐磨、耐腐、回弹性能强等，经长时间使用，活塞环如有磨损维护时可调压增大原始状态。

4）维修更换活塞环技术工艺简单方便，阀体无须拆离管道停汽后卸下阀盖总成即可更换新活塞环重复性使用等特点。

（12）安全阀

安全阀是启闭件受外力作用下处于常闭状态，当设备或管道内的介质压力升高超过规定值时，通过向系统外排放介质来防止管道或设备内介质压力超过规定数值的特殊阀门。安全阀属于自动阀类，主要用于锅炉、压力容器和管道上，控制压力不超过规定值，对人身安全和设备运行起重要保护作用。注意安全阀必须经过压力试验才能使用。

安全阀的性能特点：

1）重锤杠杆式安全阀

重锤杠杆式安全阀结构简单，调整容易而又比较准确，所加的载荷不会因阀瓣的升高而有较大的增加，适用于温度较高的场合，过去用得比较普遍，特别是用在锅炉和温度较高的压力容器上。但重锤杠杆式安全阀结构比较笨重，加载机构容易振动，并常因振动而产生泄漏；其回座压力较低，开启后不易关闭及保持严密。

2）弹簧式安全阀

弹簧式安全阀结构轻便紧凑，灵敏度也比较高，安装位置不受限制，而且因为对振动的敏感性小，所以可用于移动式的压力容器上。这种安全阀的缺点是所加的载荷会随着阀的开启而发生变化，即随着阀瓣的升高，弹簧的压缩量增大，作用在阀瓣上的力也跟着增加。这对安全阀的迅速开启是不利的。另外，阀上的弹簧会由于长期受高温的影响而使弹力减小。用于温度较高的容器上时，常常要考虑弹簧的隔热或散热问题，从而使结构变得复杂起来。

3）脉冲式安全阀由主阀和辅阀构成，通过辅阀的脉冲作用带动主阀动作、其结构复杂，通常只适用于安全泄放量很大的锅炉和压力容器。

上述三种形式的安全阀中，用得比较普遍的是弹簧式安全阀。

（13）节流阀

节流阀的外形结构与截止阀并无区别，只是它们启闭件的形状有所不同。节流阀的启闭件大多为圆锥流线型，通过它改变通道截面积而达到调节流量和压力。节流阀供在压降极大的情况下作降低介质压力之用。

性能特点：

1）构造较简单，便于制造和维修，成本低。

2）调节精度不高，不能作调节使用。

3）密封面易冲蚀，不能作切断介质用。

4）密封性较差。

（14）仪表针形阀

针型阀的阀芯就是一个很尖的圆锥体，好像针一样插入阀座，由此得名。针型阀是仪表测量管路系统中重要组成部分，主要有截止阀和球阀，其功用是作开启或切断管道通路用，是电站、炼油、化工装置和仪表测量管路中的一种先进连接方式的阀门。

性能特点：

1）针型阀比其他类型的阀门能够耐受更大的压力，密封性能好，所以一般用于较小流量，较高压力的气体或者液体介质的密封，针型阀与压力表配合使用是最合适的了，一般的针型阀都做成螺纹连接。

2）卡套式仪表阀门具有安装拆卸方便、连接紧固、有利于防火、防爆和耐压能力高、密封性能良好等优点。

3）针形截止阀的密封性良好，使用寿命长，即使密封面损坏后，也只需要更换易损零件，即可继续使用。

6.3 阀门操作及状态判断

6.3.1 阀门操作注意事项

1）要按照劳动防护要求，穿戴合格的劳动防护用品，保证工作服“三紧”原则，佩戴安全帽、护目镜、防砸鞋；

2）现场操作员操作阀门时，应站在阀门的一侧，尤其是操作高温高压阀门时，严禁将身体正对着阀门操作，以防止阀门盘根汽水泄漏烫伤或射伤工作人员；

3）操作阀门前，电话告知主控室操纵员或辅助系统操作员。操作结束后，同样电话告知主控室操纵员或辅助系统操作员。禁止无指令操作阀门；

4）关闭阀门应以介质不泄漏为标准，不应过分用力，以防顶弯阀杆，对于要求全开和全关的阀门，特别是主蒸汽系统和主给水系统的截止阀，不能用作调节介质流量；

5）在操作两个串联的一次阀门、二次阀门时，如排污阀、疏水阀门等，应先开一次阀门后再逐渐全开二次阀门，特殊情况下需用二次阀门调节时，必须全开一次阀门，关闭时先关二次阀门，再关一次阀门；

6）对一回路、二回路等影响核安全阀门操作时，应有专人监护，并听从主控室操纵员指令，操作过程要缓慢，切忌操作过快，影响系统的正常运行，遇到阀门不能正常开关时，不可用蛮力强行操作，应及时汇报主控室操纵员，等待操作指令；

7）操作多个系列阀门时，按操作单逐步执行，防止走错间隔，操作前仔细核对设备 KKS 码，若无 KKS 码，需要按照流程图核对阀门是否正确，操作人独立验证后由监护人再次验证；

8）操作时应使用臂力操作，严禁依靠身体重力操作，防止阀门脱离关限位后，人员因惯性摔伤；

9）有部分手动阀存在闭锁装置，需要解除闭锁装置后进行操作，禁止盲目操作；

10）电动阀带有手自动切换的，手动操作时需要将阀门置于手动操作位，操作后再恢复远程电动控制；

11）电动阀切换至手动操作后，摇动阀门阀柄或者手轮时，有一定的空行程，之后会感觉到阀柄或手轮开始“吃力”，若没感觉到“吃力”，则重新检查手自切换是否到位；

12）操作涉油、氢系统阀门时，禁止使用除铜制工具以外的工具，防止火花产生，并且操作前需要摸静电球，以去除静电；

13）操作油系统疏油阀门时，开 1 圈后等待油的流动，因为油具有黏性，流动缓慢，防止阀门开度过大造成返油、跑油事件的发生；

14）操作蒸汽系统阀门时，佩戴防烫猪皮手套，在进行蒸汽管道预热时，蒸汽进口电动阀手摇至有节流声音时停止，开启预热管线上的疏水阀门，有蒸汽时关闭，防止汽锤的产生；

15）操作取样阀门，特别是取样阀门后接有分析仪、树脂柱等设备的，需要关注设备情况缓慢开启阀门，防止因快速打开阀门造成分析仪、树脂柱等的损坏；

16）操作酸、碱等化学试剂阀门时，要穿戴全面罩、防溅面屏、酸碱防护服、防酸碱手套、防酸碱靴子等防护用品；

17）操作高压系统阀门时，注意平衡阀门前后压力，防止因为压差高而导致阀门无法打开；

18）疏水阀打开前，确定已卸掉系统内压力，防止系统内高压通过疏水阀门造成漏斗、地坑返水；

19）排气阀门开启前，确定已接软管或阀后有接水装置，排气阀门开启时，微开有气流声后停止，有连续水流后关闭阀门；

20）压力表根阀开启时，人员侧对压力表表盘，防止压力表碎裂伤人。

6.3.2　常见手动阀操作及开关判断

（1）截止阀

各系统的疏水排气阀大量采用了截止阀，平时操作中是比较担心截止阀内漏的，常规岛有的截止阀很紧，用手根本无法转动手轮，需提出阀门卡涩的工作申请。截止阀开/关状态判断如图 6-18 所示。

1）状态判断 1：GMC70AA010（见图 6-18（a））。

2）状态判断 2 见图 6-18（b）。

3）状态判断 3 见图 6-18（c）。

4）状态判断 4 见图 6-18（d）～（f）。

（2）闸阀

实际工作中闸阀一般比较紧，阀门开关通过观察手轮外侧的阀杆，阀杆光面伸出来为开，缩进去为关；大部分闸阀除了这样判断还有别的一些开、关限位指示。

(a) 截止阀开/关状态判断1

(b) 截止阀开/关状态判断2

图 6-18 截止阀开/关状态判断

(c) 截止阀开/关状态判断3

(d) 截止阀开/关状态判断4

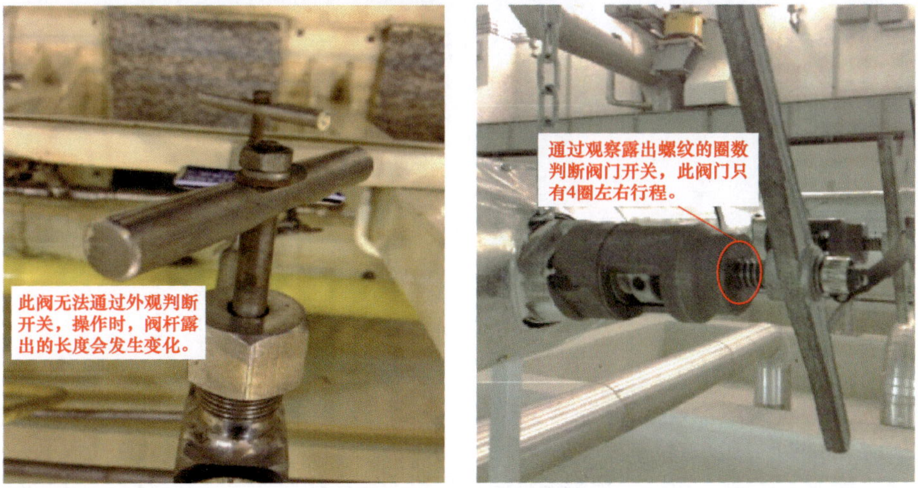

(e) 截止阀开/关状态判断5

图 6-18 截止阀开/关状态判断（续）

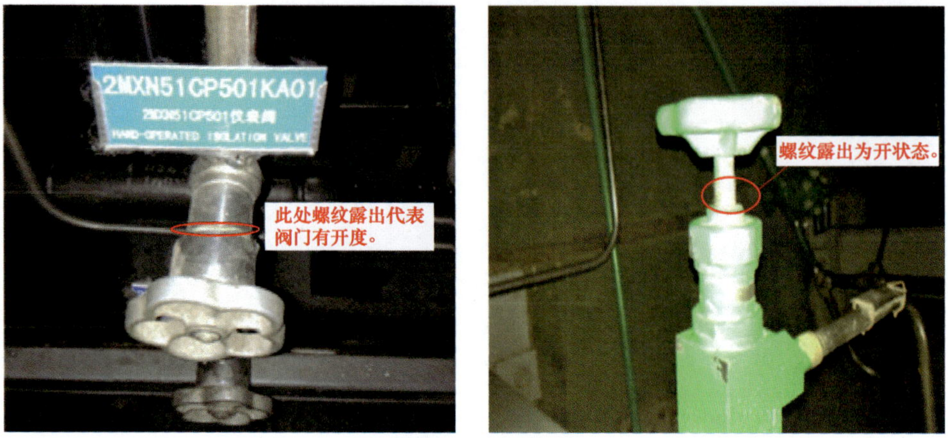

（f）截止阀开/关状态判断6

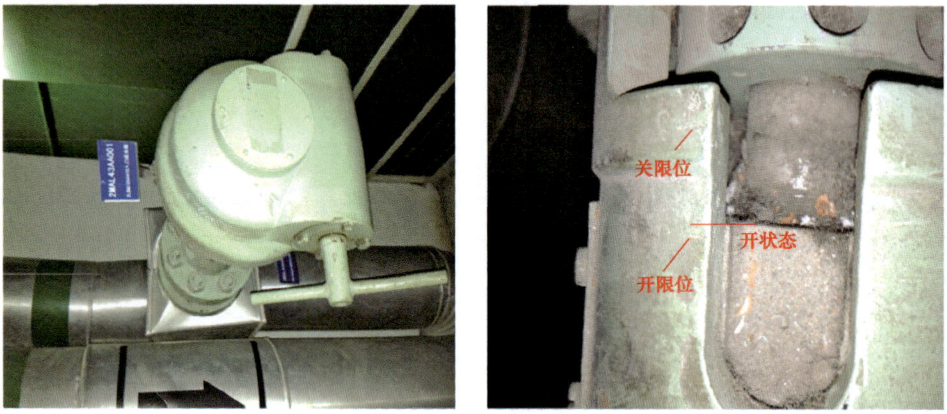

（g）截止阀开/关状态判断7

图 6-18　截止阀开/关状态判断（续）

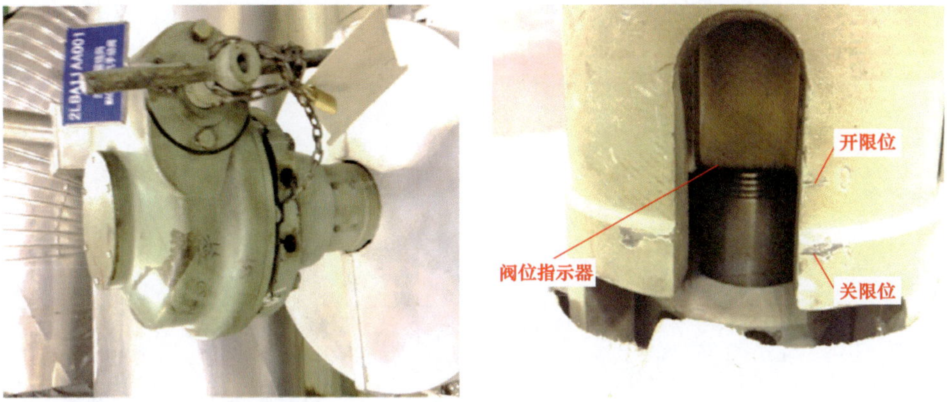

(h) 截止阀开/关状态判断8

图 6-18　截止阀开/关状态判断（续）

1）状态判断 1：LCS51AA001（见图 6-19（a））。

2）状态判断 2（见图 6-19（b））。

3）状态判断 3（见图 6-19（c））。

此时阀杆全部是光杆，为全开状态。　　此时阀杆全部是螺纹，为全关状态。

(a) 闸阀开/关状态判断1

图 6-19　闸阀开/关状态判断

(b) 闸阀开/关状态判断2

(c) 闸阀开/关状态判断3

图 6-19　闸阀开/关状态判断（续）

（3）蝶阀

这种阀门上有明显刻度指示。这种阀门操作起来比较容易，很省力，操作时不宜用力过大，操作到位后手轮明显感觉到很大阻力，到位后用手再稍微紧紧就行，如果内漏用扳手紧也是没用的，反而有可能导致阀门密封的损坏。手柄操作的蝶阀的操作方法与球阀一样，一般手柄上还带有齿盘，可以将手柄卡在中间的位置作节流用。

蝶阀开/关状态判断如图 6-20 所示。

(a) 蝶阀开/关状态判断1

图 6-20　蝶阀开/关状态判断

(b) 蝶阀开/关状态判断2

图 6-20　蝶阀开/关状态判断（续）

（4）球阀

一般情况下，顺时针操作球阀的手柄与管道垂直时，阀门关闭；与管道平行则为开，如图 6-21 所示。

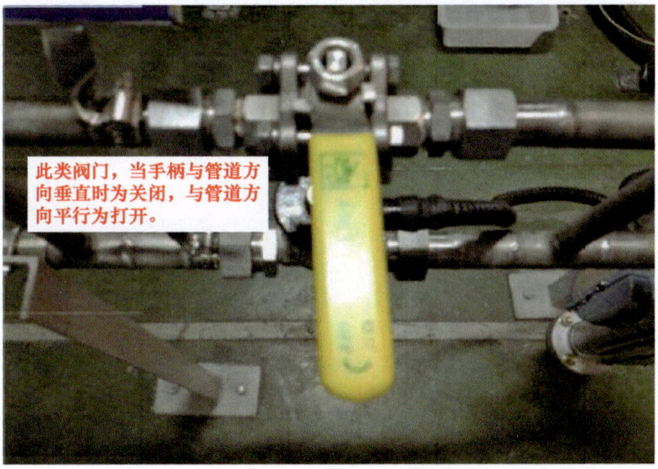

图 6-21　球阀开/关状态判断

球阀操作次数过多后可能手柄与管道垂直时也内漏，这时需要稍微调整手柄阻止内漏；调节到什么位置，要通过观察阀门上下游的情况判断。

（5）隔膜阀

化水、三废相关采用很多隔膜阀。隔膜阀如果关得过紧很有可能损坏隔膜，阀瓣可能被吸住很难打开。

正常操作用双手关到明显阻力增大很多且限位指示到位即可，应该说是阀门操作到位了，为防止阀门关不严可以在阀门关到位后再用手关 1/4 到 1 圈。阀位指示中“C”代表“全关”，“O”代表“全开”。

备注：部分隔膜阀很难打开时，考虑可以引压，这样一来隔膜阀就很容易打开。

（6）三通阀

此类阀门较少，主要是常规岛 LCW 系统的阀门，阀门较小，易卡涩，最好戴手套操作，三通阀状态判断如图 6-22 所示。

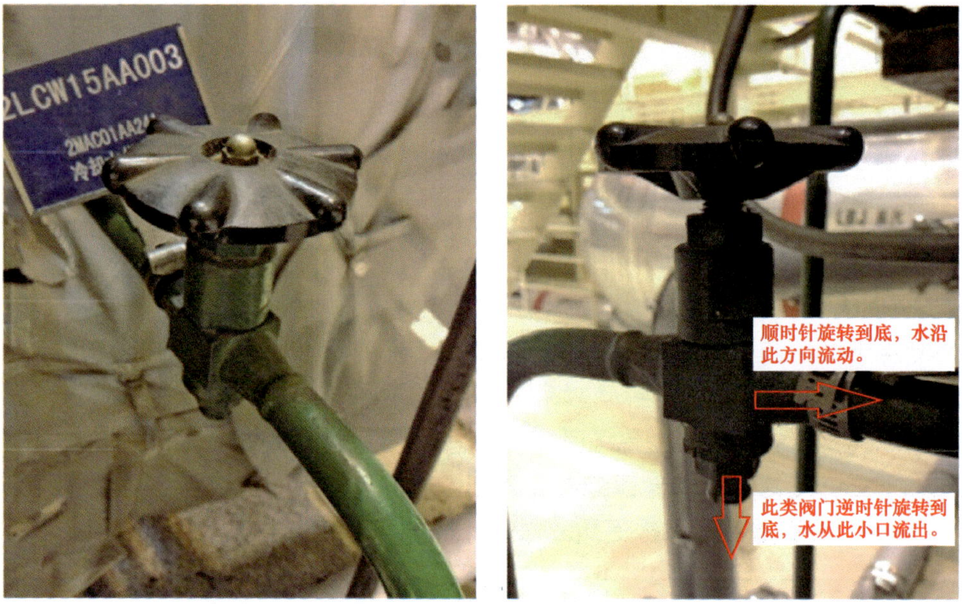

图 6-22　三通阀状态判断

6.3.3　常见电动阀操作及开关判断

（1）俄供电动头

俄供电动头主要有 6 种型号：М、А、Г、В、Б、Д。结构上讲，M 型即小方阀为一种结构，其他 5 种结构大致相同，不同的是输出力矩值。

1）M 型电动头

如图 6-23 所示，俄供 M 型电动头外观呈方形，也就是我们“方头阀门”，该电动头的手柄在阀门的上方，在阀身的侧面有一个镀铬的手动切换装置，其仪控电缆的进线在阀门的侧面，动力电缆在其下端。阀门在电动试验时，手轮和电传装置一同转动。

M 型阀门的转子齿轮电动头内部的三个机械传动齿轮相咬合，组成蜗杆传动，在阀门腔的下方和涡轮相连接。在正常情况下，涡轮和蜗杆处于电动咬合状态。在阀腔的侧面有一个圆柱形的力矩传动杆，力矩传动杆内置复位弹簧。阀门在处于手动情况下，无法利用转换装置将其转换至电动状态，但阀门在电动的刹那间，能自动将手动转换为电动。

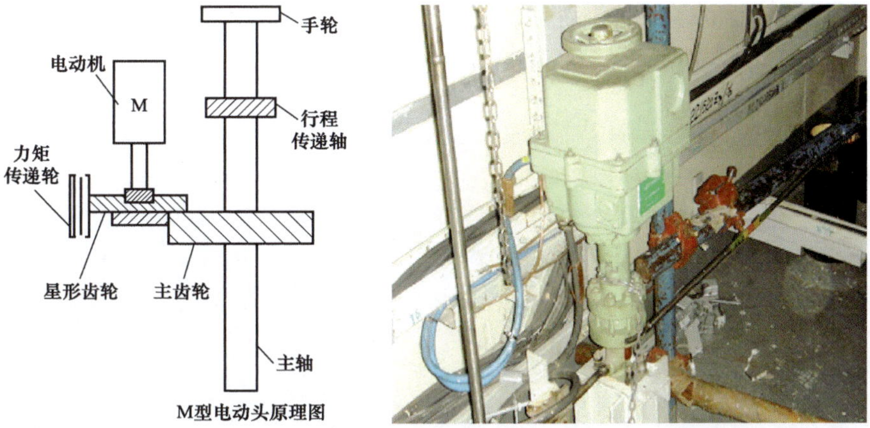

图 6-23 M 型电动头

2）A 型电动头

如图 6-24 所示，俄供 A 型阀门最明显的特征为电动机的传动部分在电动头的上方，呈椭圆形，电动机为立式安装。该阀门的手柄在电动头的侧面，且无手动/自动切换装置，手动时和电动自动脱离；电动时也由手动自动切换到电动状态。

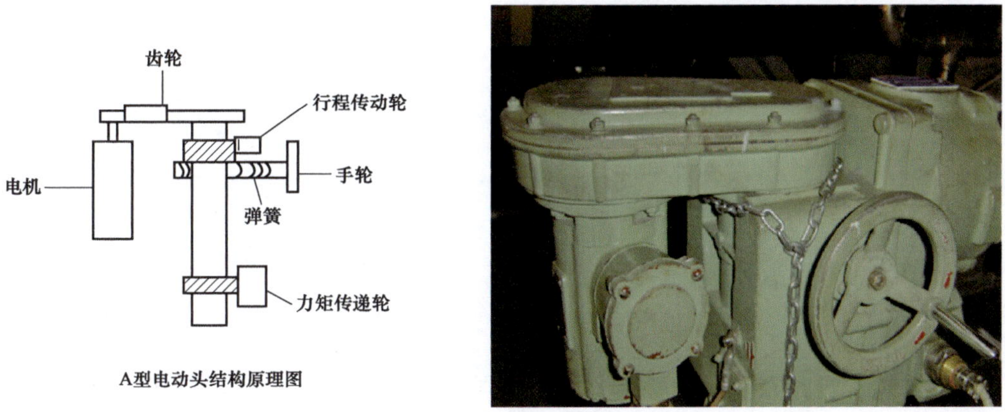

图 6-24 A 型电动头

3）Б、В、Д、Г 型电动头

如图 6-25 所示，这几种阀门的外观、形状、特点和控制原理基本相同，区别在于设备的大小之差。电动头的侧面有明显的手动/自动切换装置；用手推进切换手柄，阀门处于手动状态；拉出手柄，阀门处于电动状态。

（2）法供电动头

就田湾核电而言，法供电动头分为 AS18、AS50、SR50、DR40、DR5、SE5K3、SE3K3 共 7 种。不同于俄罗斯的是：法供产品每种型号的外形都不相同。

1）AS18 型和 AS50 型电动头

此种阀门外观呈长方形，电动机和阀门手轮在同一条直线上，指示器在电动头的上方，可以一目了然地看到阀门所处的位置；其动力电缆和仪控电缆分别由两个接线孔引入接线盒（机械控制部分也在接线盒内）。

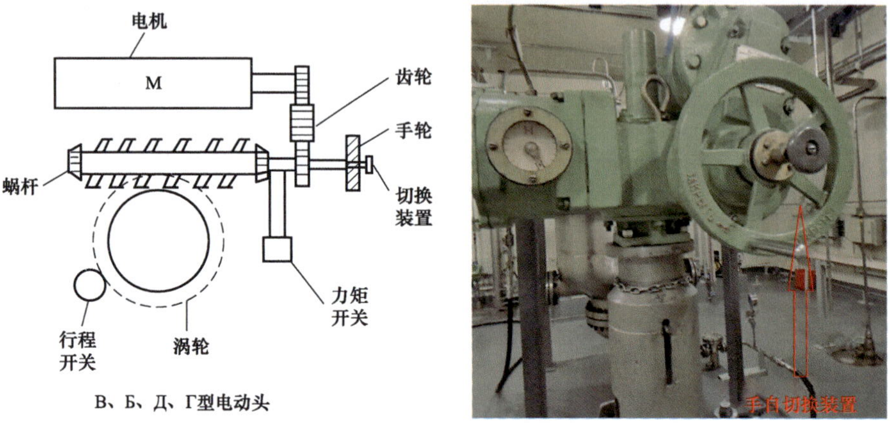

图 6-25　Б、В、Д、Г 型电动头

如图 6-26 所示，AS50 型阀门可以一般作为调节阀，但也可以作为截止阀使用；阀门在电动机和控制盒的连接处设有手动/自动装置；一般情况下，阀门处于电动状态，需要脱离时把手动装置向外拔出即可。

如图 6-27 所示，AS18 型阀门没有手动/自动切换装置，但其内部结构和 AS50 相同。此两种阀门在运转时，手轮会随着电动机的转动而转动，所以我们在平时的巡检或维修其他设备禁止踩踏电动头手柄，以免造成人员受伤或设备损坏。

图 6-26　AS50 型电动头

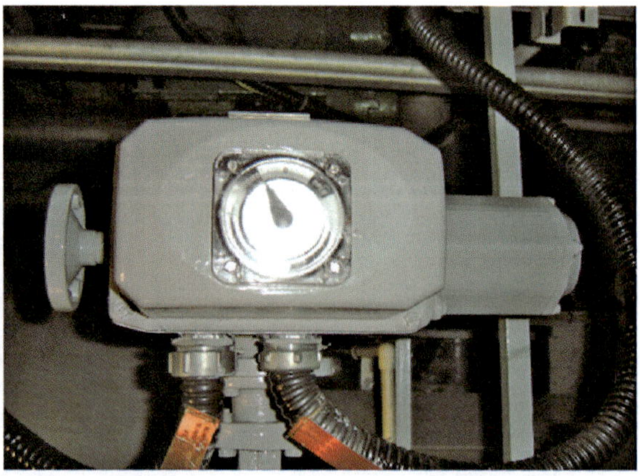

图 6-27　AS18 型电动头

2）SR50 型电动头

如图 6-28 所示，SR50 型电动头不设手动/自动装置，其使用差速齿轮使手动/自动来回切换；在电动过程中手轮是不转动的，但手动操作在任何时候又是可以的。

3）DR40 型和 DR5 型电动头

此两种阀门均设立手动/自动切换装置，阀门的外观基本相似，都有单独的电传机构和一个比较大的长方形接线盒；最大的区别在于：DR40 的手柄为罗盘形，手动切换手柄为“杆”状，在阀门的侧面，向外扳动可以实现阀门的手动和自动切换，如图 6-29 所示。

图 6-28　SR50 型电动头

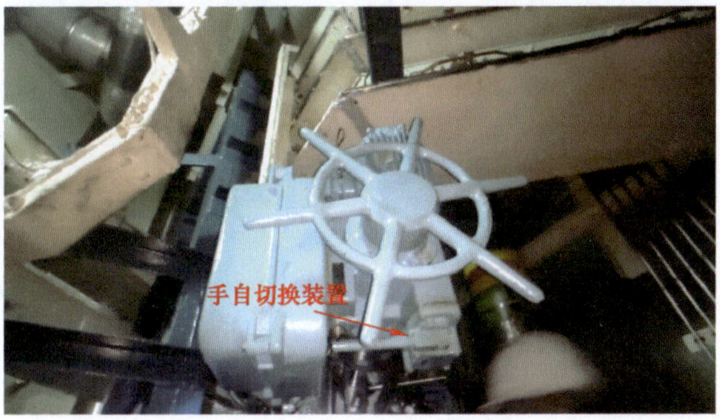

图 6-29　DR40 型电动头

DR5 型的手动/自动切换装置就在手轮的下方，其手轮呈标准的圆形。手动时只需要双手握住手柄，轻轻向下压下去即可以实现手动状态，如图 6-30 所示。

图 6-30　DR5 型电动头

✓ SE3K3 电动头

SE3K3 型电动头最突出的特点就是有一个特别大的手轮，电动头本身呈“十”字形。电动头侧面设定有“杆”状手动/自动切换装置，如图 6-31 所示。

图 6-31　SE3K3 型电动头

6.3.4　特殊的阀门操作

（1）需要反向操作的阀门

田湾核电站运行人员涉及操作的阀门不管是电动阀还是手动阀，通常情况操作人员面对操作手柄顺时针为关、逆时针为开，为方便记忆简称顺关逆开。需要注意的是顺关逆开是适用绝大部分阀门而非所有阀门，在常规岛和核岛存在少数反向操作的阀门，即顺开逆关，这些阀门现场均有标明“请注意：此阀门为顺开逆关阀门”类似字样的提示标牌，我们在操作阀门前注意标牌信息并避免惯性思维，导致阀门操作失误。

（2）核岛反向操作的阀门

核岛反向操作的阀门较少，只有 2 个，为 QJA10AA201 和 QJA10AA202，如图 6-32

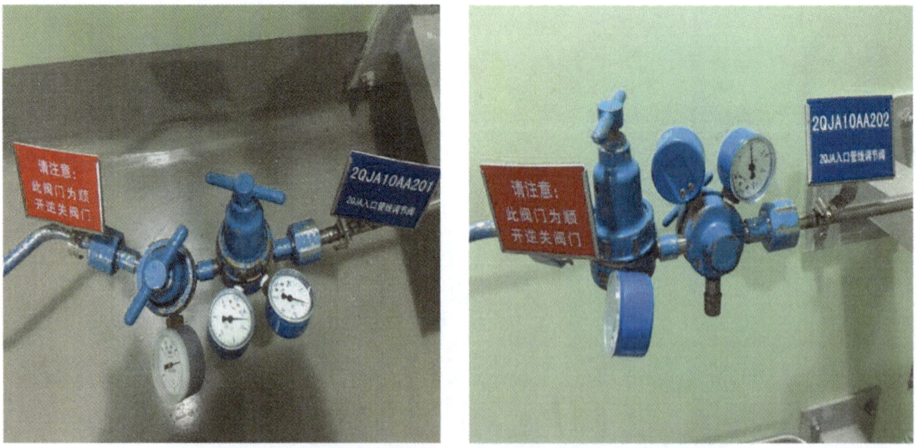

图 6-32　QJA10AA201/202

所示。注意：QJA10AA201/202 阀门结构比较特殊，现场看是两个串联的阀门，但实际上我们将其当作一个阀门，图纸和就地 KKS 编码也是只有一个，该类阀门由两个操作手柄和三个压力表共同组成，两个手柄均为顺开逆关。

（3）常规岛反向操作的阀门

1、2 号机常规岛共有的反向操作阀门共有 17 个：LCH11AA201、LCH12AA201、LCH21AA201、LCH22AA201、LCH23AA201、LCA10/20AA201/203、BAA90AA101～104（2 号机 2BAA90AA101 已经改为顺关逆开的正常阀门）、氢气干燥系统 F31、F33、AT03、MKF14AA201。除此之外，2 号机常规岛还特有 2MAM10AA201/202、2BAT11AA061、2BAT13AA061 是反向操作的。常规岛这些阀门按照实际操作情况可以分为两大类，第一类阀门本体有操作手柄不需要额外工具，包括氢气干燥系统 F31、F33、AT03、LCA10AA201/203、LCA20AA201/203、MKF14AA201、2MAM10AA201/202、2BAT11AA061、2BAT13AA061 共计 12 个。第二类是需要专业工具操作的阀门，包括 LCH11/AA201、LCH12AA201、LCH13AA201、LCH21AA201、LCH22AA201、LCH23AA201、BAA90AA101～104，共计 10 个，操作工具为常规岛办公室的单转执行机构摇把（见图 6-33）。

注意：LCW15AA001～015、LCW25AA001～014 顺时针开到底打开，逆时针关到底打开排水。

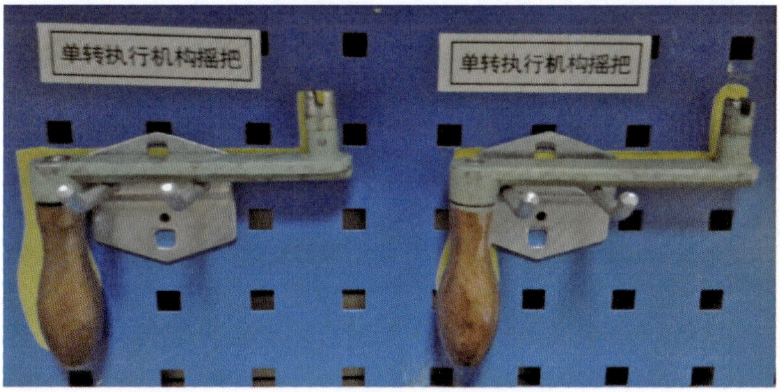

图 6-33　单转执行机构摇把

LCH11AA201、LCH12AA201、LCH13AA201、LCH21AA201、LCH22AA201、LCH23AA201 阀门及其操作方法：LCH11AA201、LCH21AA201 在 UMA04 米平台上方（位置较高），LCH12AA201、LCH22AA201 在 UMA16 米除氧器平台上方，LCH13AA201、LCH23AA201 在 UMA04 米盖板下方（需要 2 人合力掀盖板）。该 6 个阀门类型相同，操作时需要将单转执行机构把手插入对应插孔，摇动手柄顺开逆关操作阀门，如图 6-34 所示。BAA90AA101～104 阀门及其操作方法与上述阀门相同，如图 6-35 所示，在此不再赘述。

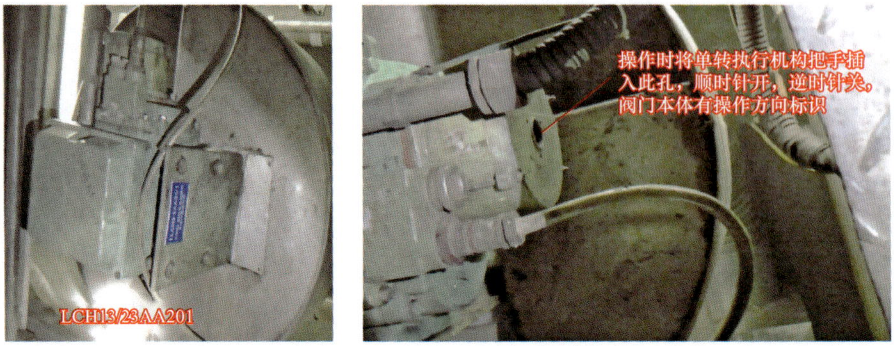

图 6-34　单转执行机构摇把

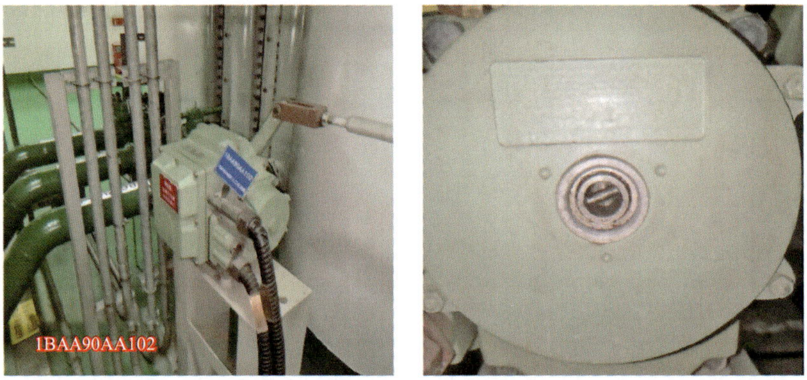

图 6-35　BAA90AA101/102/103/104

不需要操作工具的反向阀门与正常阀门操作方式相同，仅方向相反，操作时注意留意阀门周围的提示信息即可。

6.3.5　安全阀的闭锁与解除闭锁（以稳压器安全阀为例）

（1）稳压器安全阀组简介

稳压器安全阀组共 3 组，安装在稳压器卸压管线上，其中 JEF10AA401 为监测安全阀组，JEF10AA402 和 JEF10AA403 为运行安全阀组，3 组稳压器安全阀组在结构组成上完全相同，仅在动作定值上监测安全阀组设定的动作定值低于运行安全阀组。稳压器安全阀组的功能是防止事故情况下一回路超压，确保反应堆装置的安全运行，也可以弱化事故后果。稳压器安全阀组设置有 1 个主阀、2 个电磁加载弹簧式先导阀、4 个手动隔离阀、2 个电动阀。4 个手动隔离阀分别设置在每个先导阀的入口和出口，待命状态下手动阀处于开启状态，当进行不触发主阀动作试验时，通过手动隔离阀可以将先导阀与主阀隔离，若发现先导阀丧失工作能力，通过手动隔离阀可以将先导阀与稳压器隔离。手动隔离阀上面有机械闭锁装置，需要同时插入两把钥匙才可以操作，如图 6-36 所示。

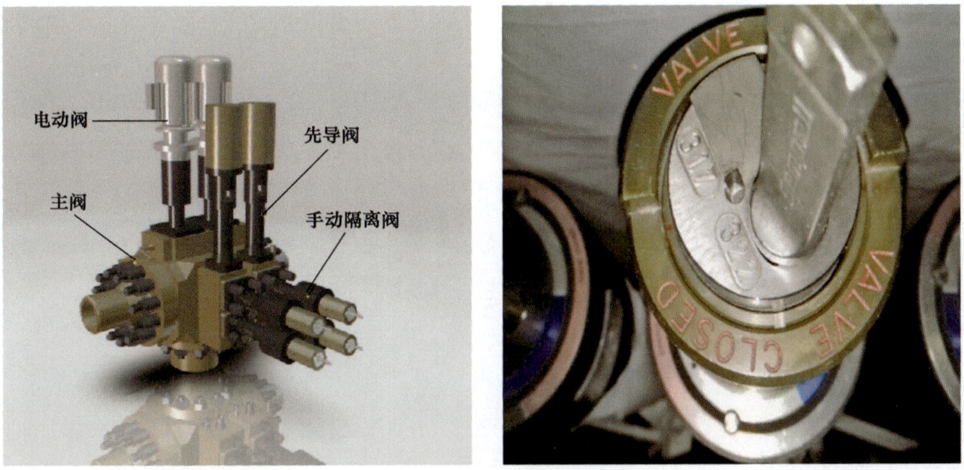

图 6-36　稳压器安全阀组

（2）稳压器安全阀的闭锁

由于监测安全阀组的动作定值为 18.11 MPa（运行安全阀组 18.6 MPa），一回路密封性水压试验最高压力为 17.6 MPa，接近安全阀动作压力，为防止稳压器安全阀误动作，需要闭锁安全阀组，但是此时由于 16.1～17.6 MPa 未超动作定值所以不需要拆除电磁先导阀的电磁加载装置。一回路强度水压试验压力为 24.5 MPa（2019 变为 22 MPa），超过稳压器安全阀动作定值，闭锁安全阀组同时也需要拆除电磁先导阀的电磁加载装置并加装安全阀锁紧螺栓。闭锁稳压器安全阀组工作在进行一回路冷态下 3.2 MPa 密封性水压试验后进行，一回路水压试验结束后降低一回路压力小于 1.96 MPa 时解除稳压器安全阀组闭锁。

1）24.5 MPa（22 MPa）强度水压试验闭锁步骤如下。

① 由电仪人员拆除电磁加载装置的控制电缆和阀位反馈电缆。用内六角扳手拆除弹簧式先导阀 STV 上的电磁加载装置，并将电磁加载装置放置在水平的格栅上。取出安全阀锁紧螺栓并在螺栓上抹上 N5000 润滑脂，把锁紧螺栓拧进弹簧式先导阀 STV 的预留孔，用套筒扳手将锁紧螺栓拧紧，检查螺栓是否到位。

② 手动隔离阀闭锁前，所有手动隔离阀处于开启并锁定状态，将总钥匙 001/003/005/007/009/011 分别插入对应电磁加载弹簧式先导阀前置隔离阀 JEF10AA001/003/005/007/009/011 的钥匙孔内，将钥匙任意方向旋转 90°，使钥匙柄和阀门上原有钥匙的钥匙柄处于同一直线上。

③ 将阀门手轮安装到手动隔离阀上，顺时针方向旋转手轮，直到阀门上的指示销子对准 VALVE CLOSE 的区域（接近此区域的末端），取下手轮，尝试将阀门上原有的钥匙旋转 90° 并拔出，如不能旋转或无法拔出，则将手轮重新安装到手动隔离阀上并用力关闭手动隔离阀，此时应能顺利地将阀门上原有钥匙旋转 90° 并拔出。按照同样

方法将其余的手动前置隔离阀关闭，此时所有手动前置隔离阀处于关闭并锁定的状态，所有阀后隔离阀处于开启并锁定的状态；

④ 通知隔离办将 JEF15AA101/102、JEF25AA101/102、JEF35AA101/102 阀门的动力电源切除并上锁，使阀门处于不可操作状态。将电动先导阀上的驱动电机保护盖拆除，手动旋转电机的风扇直到无法旋转为止，确保电动先导阀向下关紧，然后回装电动机保护盖。通知主控检查上述阀门的状态，应在全关位置。

2）17.6MPa（16.1-17.6）密封水压试验闭锁步骤：

除不需要上面第①步外，②～④步均相同。

（3） 稳压器安全阀的解除闭锁

水压试验完成后一回路降压，当一回路压力小于 1.96 MPa 时可以解除稳压器安全阀组闭锁。步骤如下：

① 按照闭锁手动隔离阀的相关步骤，插入钥匙使用专用手柄将前置手动隔离阀 JEF10AA001/003/005/007/009/011 全部恢复到开启状态，并拔出钥匙；

② 通知隔离办恢复 JEF15AA101/102、JEF25AA101/102、JEF35AA101/102 阀门的动力电源，使阀门恢复可用状态；

③ 拆除电磁先导阀的闭锁螺栓，回装电磁加载装置，恢复动力电缆、仪控电缆（17.6 MPa 水压试验未进行电磁装置拆除，不需要该步骤）。

注：稳压器安全阀闭锁虽然是维修部门工作，运行人员也要了解其工作方式。

6.3.6 通风系统电动阀/电磁防火阀的操作

防火排烟阀，分为两部分，一部分是防火阀，另一部分是排烟阀。这两部分阀门数量巨大，几乎布置在全厂的各个厂房内。

（1） 防火阀

防火阀（见图 6-37）应用于通风及空调系统的管道中，也可安装在防火墙上。平时呈开启状态，火灾时关闭，阀板关闭，从而隔断气流，阻止火势蔓延，起到隔烟阻火的作用。

火灾时，防火阀控制方式：

1）主控操纵员电动控制阀门使其关闭；

2）当发生火灾时，由感温器自动动作控制阀门关闭；

3）由现场操作员操作执行机构上手动操作装置使其关闭，确保烟气、火源被切断。

防火阀又分为两种，一种是电磁防火阀，另一种是电动防火阀。

两种防火阀均为 RCD 箱供电，电磁式的在失电后不会关闭，而电动式的在失电后会自动关闭。

定期会进行部分通风系统防火阀工作能力试验，电动防火阀能远控操作其开关。

电磁防火阀由辅操远控操作关闭，由现场操作员就地对其复位打开。

风险：防火阀不可用。

应对措施：禁止同时在对应系统进行操作单以外的操作；禁止同时进行一个系列以上的防火阀试验。

注意：在进行一些防火阀风量较大，存在无气流保护跳停空调机组风险的风阀试验时，如 1SAC10AA791/792/793/761/764，需要提前停运对应空调机组。为了缩短空调机组的停运时间，建议停运空调机组前提前熟悉此类阀门的就地位置及现场复位条件。

图 6-37　电磁防火阀

（2）排烟阀

排烟阀一般安装在排烟系统的风管上或排烟风机的吸入口处。平时呈关闭状态。当排烟系统所保障的房间发生火灾时，风机吸入口安装有带有可熔块的排烟阀打开，排烟风机启动，系统自动运行，将烟雾通过排烟井排至大气。最大排烟温度为 280 ℃，当温度超过 280 ℃时，排烟阀内的可熔块熔化，该风机停运，风机自动切除，该风阀关闭。

排烟阀也分为两种，一种是电磁排烟阀，另一种是手动排烟阀（见图 6-38 和图 6-39）。定期会进行部分通风系统防火阀工作能力定期试验，电磁排烟阀操作与电磁防火阀类似（在上文中已做说明），仅状态相反，由辅操远控打开，现场操作员就地对其复位关闭。手动排烟阀在就地进行开关操作，主控仅能看到其开关状态。手动排烟阀的开启，转动手柄 90° 时需用力捏一下弹簧手柄，听到“咔”的一声阀门成功打开；手动排烟阀的关闭，需先下压卡死部分的弹簧小轴再旋转手柄 90° 即可关闭阀门。

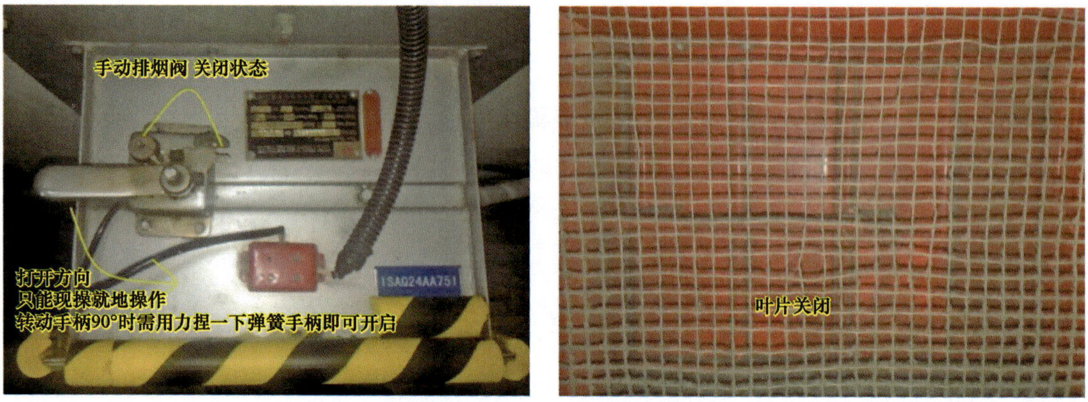

图 6-38 手动排烟阀（关闭）

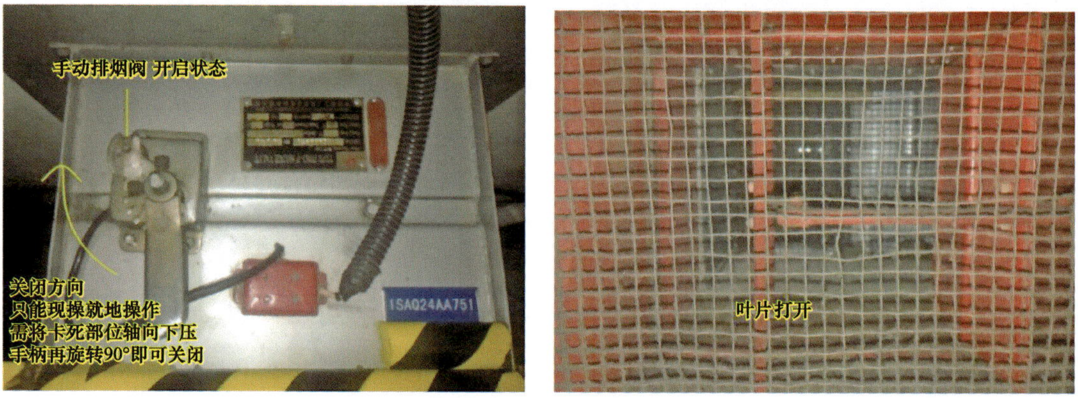

图 6-39 手动排烟阀（打开）

6.3.7 需要就地操作的电动阀

（1）KBA10AA115

当 KBA10AA104 不可用时，只有得到值长的许可并在日志上签字后方可操作 KBA10AA115，操作指示如图 6-40 所示，控制箱位于 UKA08251 门口。

（2）KPK20AA131/132，KPK30AA131

KPK20BB001/002、KPK30BB001 贮藏罐设置有溢流过滤器，在溢流管线上设置有从就地控制箱开关的电动阀 KPK20AA131/132、KPK30AA131，控制箱上有阀门状态的反馈指示灯，操作指示如图 6-41 所示，控制箱位于 UKA93 米 KPK52/54 泵房。

（3）SGA10AA101/102

在安全壳环形空间内安装的是干管式室内消火栓。在每个消火栓的边上均安装有启动按钮，火灾情况下，可由运行二级干预队员或消防队员手动打开 SGA10AA101/001（阀门和就地控制柜在 UCB16323）和 SGA10AA102/002（阀门和就地控制柜在 UKD 四通道 16 m），打开阀门后给消防管道充水并对环形空间喷淋，主控无法打开这两个电动阀，操作指示如图 6-42 所示。

图 6-40　KBA10AA115 就地控制箱及阀门本体

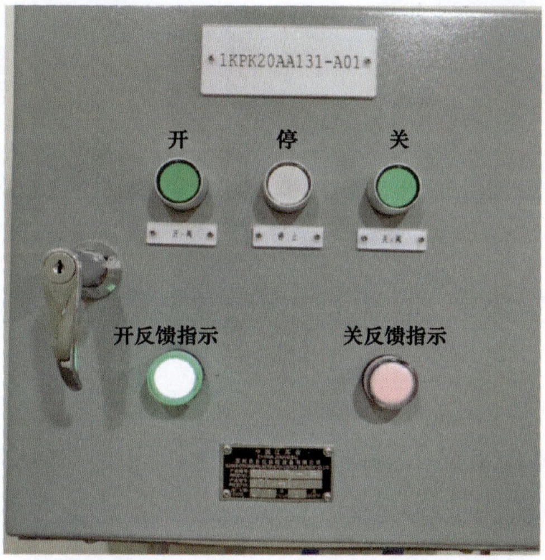

图 6-41　KPK20AA131 就地控制箱

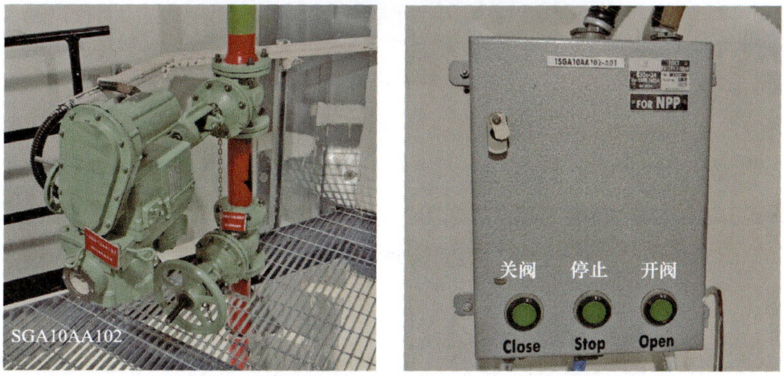

图 6-42　SGA10AA102 本体及就地控制箱

6.3.8 阀门的日常检查

在正常功率运行时，当阀门（尤其是调节阀）发生故障使系统运行中断，对阀门进行解体检修，不仅时间上来不及，且实施起来也很困难。若对阀门的异常症状能事先及时发现，采取一定的措施，把小的问题及时解决，就不致酿成大的事故。为此，对阀门的日常检查是十分必要的，必须引起重视。

（1）阀门本体检查项目

1）阀门标牌正常完好且已更新，标牌无腐蚀不清、无脱落、无挂错；

2）检查阀门外观整洁、完整，周围无杂物，无介质落入到阀门电机、电缆和接线盒上；

3）阀门操作手轮上有方向指示箭头（“开—关”）等开关操作指示，操作手轮安装完好无破损（见图 6-43）；

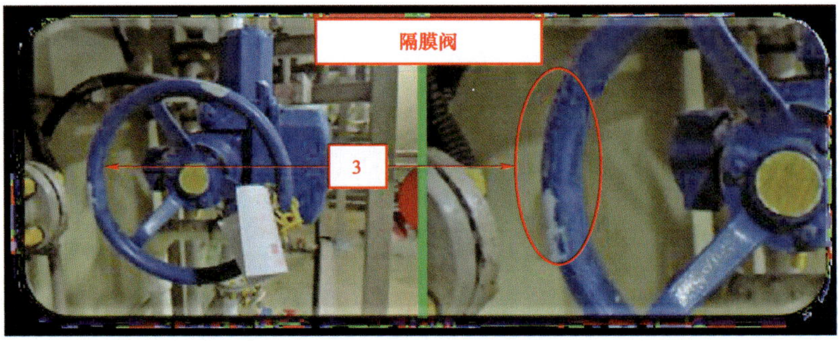

图 6-43　阀门操作手轮上的方向指示（3）

4）阀门的法兰结合面和填料函无介质泄漏；

5）隔膜阀泄漏检测孔无介质流出，法兰结合面和泄漏检测孔如图 6-44 所示；

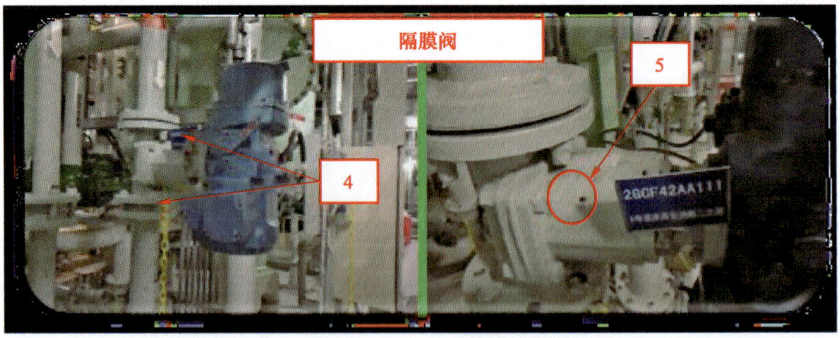

图 6-44　法兰结合面（4）和泄漏检测孔（5）

6）阀门阀杆光亮无划痕，润滑正常，无老化；

7）安全阀无动作痕迹，铅封完好；

8）阀门上无锈渣、无腐蚀、无防腐漆脱落（见图 6-45）；

图 6-45　法兰结合面（4）和阀门无锈蚀（8）

9）阀门平台螺栓螺母紧固无松脱（见图 6-46）；

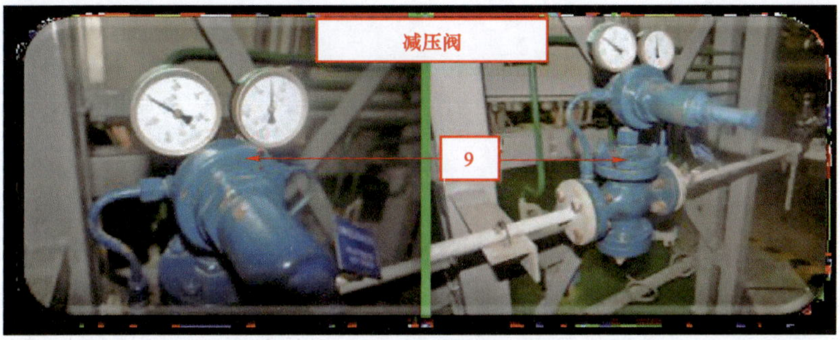

图 6-46　阀门平台螺栓螺母（9）

10）阀门上链条完好无锈渣、无腐蚀，固定合格，长度直径合适，其放置方式不影响任何设备的工作；

11）阀体丝堵无渗漏；

12）阀门本体紧固螺栓（见图 6-47）、螺母齐全，螺母紧固完好。

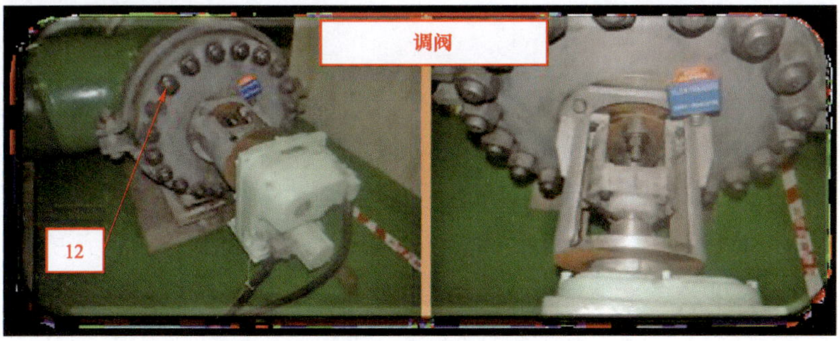

图 6-47　阀门本体紧固螺栓（12）

（2）阀门电动头检查项目

1）电动阀动力电缆及仪表电缆连接正常，紧固无松脱，电缆无散落；

2）阀门电动头无渗油现象；

3）阀门电机接线盒完好，接地线连接正常；

4）阀门外表面温度正常，无过热痕迹，无焦糊等异味；

5）阀门及所在管道无水锤、气锤、汽蚀现象，无明显的撞击声，无异常振动；

6）阀门阀杆光亮无划痕，润滑正常，无老化；

7）阀门电动头上链条完好无锈渣、无腐蚀，固定合格，长度直径合适，其放置方式不影响任何设备的工作；

动力电缆、接地线和链条如图 6-48 所示。

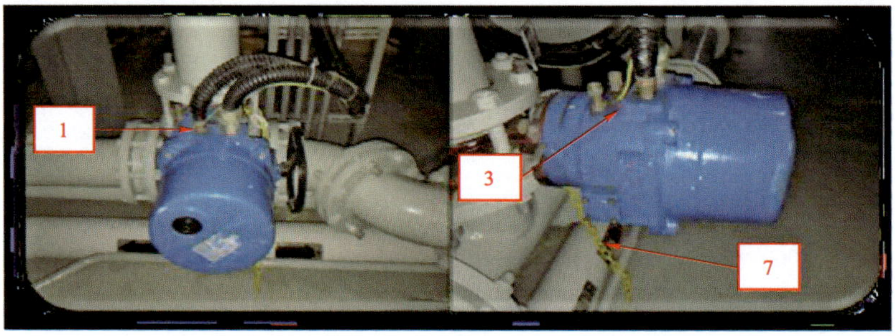

图 6-48　动力电缆（1）、接地线（3）和链条（7）

8）处于隔离状态的阀门，检查其状态正确，隔离牢靠，隔离票、链条、隔离锁均状态正确，三者一致，无误隔、错隔现象；

9）电动头本体紧固螺栓、螺母齐全，螺母紧固完好；

10）阀门电机上有电机转动方向指示（见图 6-49）；

11）阀门电动/手动切换装置正常。

（3）阀门相关系统设备检查

阀门内部的异常情况，这在运行中是很难进行检查的，但作为对阀门不利的其他有害影响，也要同时进行检查：

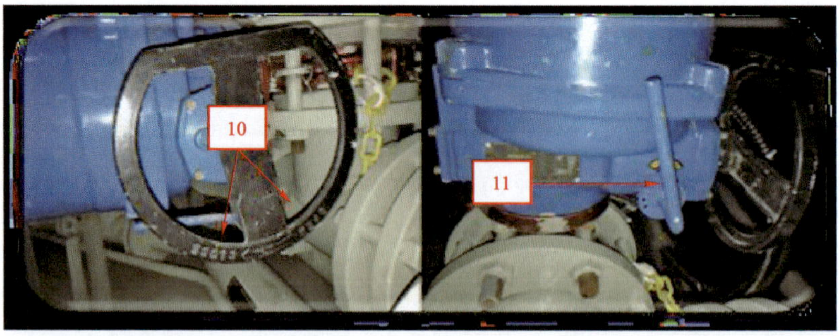

图 6-49　转动方向指示（10）和转动方向指示（11）

1）阀门所在管道的振动；

2）阀门所在管道的摇摆；

3）阀门所在管道支架的腐蚀情况；

4）阀门局部有无过冷或过热的情况；

5）阀门后的压力表、真空表等仪表的指示数值；

6）管网中连接部位有无泄漏；

7）有无水击现象和运行的声音是否正常。

6.3.9　阀门常见故障判断

阀门故障繁多，且有时互相交错或叠加。在工作中遇到异常现象需要结合现象综合判断，学会消除缺陷或准确找到缺陷，准确提出工作申请。因阀门故障细节繁多，在此不能一一列举，本节将阀门本体的缺陷分为以下几类，进行分析判断，供大家在工作中参考。

（1）阀门内漏的原因及判断

阀门的内漏是指阀座与关闭件之间对介质达到的密封程度不够，当阀门处于关闭状态时，阀门进口侧介质仍经由阀瓣、阀座密封面流向阀门出口侧。阀门内漏是阀门最常见的故障之一，是最应给予重视的。

1）造成阀门内漏的原因有很多，大体上分为以下几种。

① 阀瓣/阀座密封面无法贴合完好

系统内介质有杂物，在阀门关闭时流体将杂质带到密封面中间，垫住阀瓣，以致阀瓣与阀座未贴合导致密封不严，这种现象对于安全阀起跳后发生率较高。对于闸阀而言，阀体下部底腔比较容易存留杂质，当有较大的硬性杂质被介质携带经过阀门时，便有机会驻留在底腔，且不易再被冲走，这样，阀门在关闭的过程中阀瓣由于被硬物阻碍不能达到与阀座贴合位置，从而造成此阀会有较大漏量。

这种情况常见于消防系统，系统内大量铁锈等杂质往往可能堆积在阀体中，在关闭时往往内漏，通常我们在关闭之前若条件允许应先进行冲洗，若关闭发现内漏不可野蛮操作，可全开阀门再次进行冲洗。另外，若系统内若有树脂等其他杂物，也可能会导致这类缺陷。

② 阀门未关闭到位

对于电动阀较为常见，当阀门行程开关或力矩开关调整不当或锁定螺母松动等原因造成行程动作不准确，也就是说当电动头行程开关的关位与阀体实际关位不一致的情况下，则可造成阀瓣与阀座未贴合导致内漏。对于手动阀也有可能因为操作者未完全关闭阀门或关闭力量不够。

另还有球阀或旋启阀此类旋转动作的阀门，阀芯通常只有在旋转 90° 才能有最好密封效果。而此类阀门的限位往往在阀门手柄上由于变形等原因经常会出现过关或关闭不到位情形，操作时需要注意。若内漏可以适当调整关闭角度，使阀门关严，之后对限位不准缺陷进行提票。

③ 阀瓣或阀座密封面研磨质量差

磨偏：当研磨时如研磨胎具角度不精确、人工力度不均匀，或在车削密封面时车刀角度调整不精确等因素造成阀瓣密封面的锥度与轴线有微量偏斜，组装后的阀瓣密封面与阀座密封面必然不能严密贴合。

光洁度不够：研磨后仍有划痕、麻点使之密封不严。

④ 阀瓣/阀座密封面受损

阀体内部受损，不同系统原因往往不同。对于闸阀而言，当闸阀在刚刚开启或即将关闭过程中，就是说当闸板、阀座密封面正在相互的强力摩擦中，此时，当有硬性杂质经过阀门，就易被夹带于闸板和阀座的密封面中间，造成密封面划伤，这种现象出现的概率较高，且在旋塞式调节阀、金属密封蝶阀、球阀等阀门中经常出现，尤其是系统内有杂质时。

阀瓣与阀座密封面长期未接触（未接触，阀瓣与阀座间尚有缝隙）且在压差较高的情况下，阀瓣、阀座密封面就会在介质长期的冲刷下并产生冲蚀的沟痕或气蚀的麻点，密封面受到损伤的状态下是无法严密地密封介质的。

在强酸系统中，或水质较差系统内，阀瓣由于选材不当等各种原因引起的密封面腐蚀、上锈、衬胶脱落等原因，在长时间后逐渐丧失密封功能。通常这类缺陷也会伴随卡涩等缺陷。

2）阀门内漏故障的基本判断

碰到阀门内漏我们要及时发现，对于能够干预的情形，需要结合实际情况消除缺陷。若需要提票的内漏缺陷需要我们准确识别缺陷，准确提出缺陷申请，从而尽快消除缺陷。查找内漏缺陷通常有以下判断方法。

① 看

对于疏水排气等对空阀门，介质泄漏后会直接流出系统，往往较为直观能够通过管线出口直观看到内漏漏量。若介质泄漏后为高温蒸汽，漏量较小时往往很难观察，可通过用手电筒强光照射，仔细观察。

② 听

阀门若内漏，介质在密封处往往会形成节流，所以会有漏流的声音，尤其是阀门前后压差高的系统，不明显的可以使用听针的方式来判断阀门是否内漏。方法是将听针的细端抵住阀体下部（越接近阀瓣、阀座密封面处越好），另一端置于耳孔处，如听见有流体经过时发出的“嗤嗤”的响声，则可判断该阀门内漏。这种方法有时在漏量很小且环境噪声较大的时候难以奏效。

③ 摸

通过接触阀门前后管道振荡、温度等情况判断。高温系统则不能直接接触阀门或管线。可通过温枪测量阀门前后温度，结合环境温度，管线自身传热等综合判断内漏情况。

④ 查

通过查看相关的系统参数来判断：如阀前或阀后水箱的液位异常变化、管线流量异常、系统压力异常、水质变化等。这通常需要我们对系统有一个较全面的认识，才能敏感地发现此类异常。

在较为复杂的系统管路中，内漏较小现象不明显时，通常需要以上方法结合到一起，综合判断的方法来确定某台阀门是否内漏。

（2）阀门外漏的原因及判断

阀门外漏的部位通常是阀门的法兰（包括阀门中法兰、底部法兰、阀体两端连接法兰）或者阀杆处。法兰泄漏与管道的法兰泄漏原因及现象是一致的，较为直观，比较好判断。阀杆处密封我厂绝大部分阀门使用的填料密封方式，以下主要讲填料密封泄漏的情况。

1）填料泄漏的原因

① 填料压盖紧固偏斜（填料函与填料压盖的间隙和填料压盖与阀杆的间隙不均匀）。

② 填料螺栓未紧固到标准规定的力矩值。

③ 填料函内的填料过少，填料压盖不足以压实填料以填充填料函。

④ 填料选型有误（通常蒸汽系统和高压系统以石墨填料为主，中低压水系统以石棉填料为主）。

⑤ 填料安装方法有误。如带45°切口的填料没有正确压接，每圈带切口的填料未错开等。

⑥ 填料质量问题（热膨性差、过于松软等）。

2）阀门外漏的判断

通常液体或高温蒸汽外漏都较容易识别。而一些气体，如氢气、氮气、压空等系统的阀门外漏通常非常隐蔽。我们在查找此类缺陷时可借助一些气体分析仪表如氢表等，还可以使用肥皂泡法等。

阀门填料处泄漏通常可以联系维修在线进行调整盘根压盖进行调整。但盘根调整过紧又可能造成填料和阀杆摩擦力过大而卡涩。若调整无法消除缺陷，通常需要隔离解体来消除缺陷。

有些阀门设置有阀杆与阀盖压紧密封。阀杆需要全开到位后稍用力才能将阀杆上端的倒密封与阀盖下端的密封面形成一个副密封，起到密封作用。所以这类阀门在开关的过程中会有少量泄漏的可能，此时需要开关完阀门后再观察是否泄漏。另外有些阀门的填料材质在长时间没有介质浸泡湿润时或新填料，在系统首次投用时由于填料没充分膨胀，密封效果也可能不佳，此时需要稍等几分钟，一般泄漏会自行消失。

（3）阀门卡涩的原因及判断

阀门卡涩的表面现象似乎比较简单，也就是阀门无法开关或开关时力矩大、不均匀、有卡涩现象。

1）阀门卡涩的原因

造成卡涩故障原因却多种多样，情况较为复杂，常伴有几种故障原因同时出现，故障具体原因较难判断。如下列出卡涩频率发生较高的故障类型以供参考。

① 阀杆的螺母螺纹处卡涩。阀杆与螺纹处通常暴露在空气中或潮湿环境中，当缺少润滑脂或锈蚀，会造成卡涩情况。另外，螺纹由于被撞击等出现损坏也会造成卡涩。

② 填料螺栓力矩过大，造成填料与阀杆摩擦力过大而卡涩。

③ 阀门内部部件损坏造成的卡涩。例如，蝶阀的阀杆与轴套抱死、轴承室缺少润滑脂等。

④ 由于阀门在冷态下将其关得过紧，在系统投入运行以后温度升高，由于热胀冷缩，阀杆会有微量的热伸长，这样给阀门附加了一个很大的关闭力，以致阀门不能开启（主要针对闸阀，截止阀也发生过这样的情况）。

⑤ 闸阀阀门前后压差过大，造成单边受压，使得密封板密封面和阀座密封面摩擦力大大增加，导致卡涩。

⑥ 阀体内有杂物，在关闭时导致阀门无法关到位。

⑦ 暴力操作导致阀门运动部件变形，密封面损坏而造成了卡涩。

2）阀门卡涩的判断

如阀门的阀杆是可见的，可尝试触摸该阀杆的油脂是否已干涸，或者阀杆螺纹处是否锈蚀严重有杂物。这种情况通常只需对阀杆处进行润滑处理，再手动开关几次就可消除缺陷。手动操作过程中如遇到完全不可操作，则可能为阀体内部或许有硬物或相对运动的部件间的硬性卡涩，无法具体判断，需要解体。如手动关闭阀门过程中遇到刚开始操作正常，最后却突然卡涩，这样可能是介质内可能有杂质卡在了密封面附近，可以重新打开阀门利用介质将杂物冲走，再重新操作。

另外在阀门压差过大、操作卡涩时，可结合实际降低压差，从而降低阀门损坏概率。实际工作中应避免系统中相邻两个阀门同时关闭而两个阀门中间管线介质可能由于温度升高而造成压力意外升高，从而导致阀门卡涩或损坏的情形。

（4）阀门脱扣或阀杆断裂

阀门的阀芯和阀杆常采用T形槽或销钉连接的方式，当作用力过大或者由于应力原因，造成连接处或阀杆断裂。此种缺陷大部分是在开阀时容易被发现。通常阀门脱扣或阀杆断裂操作时力度明显偏轻，这也是最显著的特征，遇到此种情况一定要提高警惕，综合判断。另外还有以下情形可能会出现：升降式阀门阀杆会出现旋转情况；阀门在开到正常全开位后依然能够继续开启，阀杆继续往外运行。以上两种情况一旦出现就可判定阀门可能脱扣或阀杆断裂。当此缺陷出现，阀门开限位往往失效，阀杆过多摇出极有可能造成介质外漏，需要十分小心谨慎操作。

所以在操作阀门时需要平时注意积累，不同阀门基本开启力度要心中有数，不能机械操作，同时在操作过程中要时刻关注系统变化，开启过程中声音、力度、参数的变化是否符合预期，不符合预期应在安全状态下停止，查看是否存在阀门脱扣或阀杆断裂缺陷。

实际工作中阀门缺陷往往互相叠加，在不同系统中可能有不同表象，可能会更加不易察觉和准确判断真实缺陷。例如，书中讲述的阀门内外漏缺陷，但假若系统为负压时，现象和判定方法又大不相同。所以需要平时工作中多加积累，对系统有更好的整体性认识，巡检更细致认真。在操作阀门时要清晰知道自己的预期，对于偏离预期情形要足够重视，充分利用各种感官，工具仪表以及专业知识发掘潜在缺陷。

第7章　常规岛油氢系统相关操作

7.1　油系统充/排油操作

田湾一期常规岛发电机及汽轮机使用油对系统进行润滑与冷却，常规岛主要油系统为MVA、MAX、MXN、MKW。其中MVA、MAX以及MXN使用的为Fyrquel抗燃油，其燃点为740 ℃，闪点为240 ℃（普通润滑油燃点为370 ℃，闪点为180 ℃）。该油具有微毒性，油烟及燃烧产物有刺激性，产生一定的P_2O_3。MKW使用的是透平油。

因为油在低温情况下黏性较大，在进行排油操作时无法像系统排水时一样在阀门打开后得到及时反馈，油系统排油时会存在一个相对滞后的反应。主要体现在阀门开启之后可能较长时间内不会出油，如果阀门开度过大，排油量较大漏斗接不及，此时关闭阀门后出油量不会立即减少，从而可能出现跑油。

因此开阀时需保持一个小开度，不要因阀门打开后不出油而加大阀门开度，以防止出油过多导致跑油。在开阀前需要确定开阀后油的走向，系统管线排油时尽量不要同时打开疏油阀门，避免串油；确认接油管后集管是否接有其他排油漏斗，以防排油时开度过大导致油从其他接油漏斗处返油。

7.1.1　MKW系统大修排油

下面以MKW系统大修排油为例简单介绍排油过程。

1）排空1MKW10BB001

① 拿到操作单后根据大修准备的排油方案进行排油前的阀门在线；将高位缓冲油箱1MKW30BB001、1MKW60BB001隔离在排油范围之外，为此关闭1MKW30AA004、1MKW60AA004、1MKW36AA005、1MKW66AA005/006。在1MKW36AA010（见图7-1）阀后放置接油桶，缓慢打开1MKW36AA010，确认没有油流出；

图7-1　1MKW36AA010

② 做好阀门在线，关闭1MVU35AA002，打开1MVU35AA001且阀后已连接至户外检修油箱，1MKW14AP001泵前后均已打通，前后疏油阀全部

关闭，启动 1MKW14AP001 排油（见图 7-2～图 7-5）；

③ 排油完成后停泵准备接下来的高位缓冲油箱 1MKW30BB001、1MKW60BB001 排油。

图 7-2 1MVU35AA001

图 7-3 1MVU35AA002

图 7-4 1MKW14AP001 就地控制柜

图 7-5 1MKW14AP001

2）高位缓冲油箱 1MKW30BB001、1MKW60BB001 排油

① 打开 1MKW36AA005/006、1MKW66AA005/006，观察到高位缓冲油箱下窥视孔 1MKW36AX001/004/005/008、1MKW66AX001/004/005/008 中油位下降，且在 8 m 处 1MKW34AX001、1MKW64AX001 中观察到有油流动；

② 确认高位缓冲油箱下部窥视孔与 UMA8 m 润滑油间门口 1MKW34AX001、1MKW64AX001 处没有油之后打开 1MKW30AA004/005、1MKW60AA004/005，通过 1MKW37AA001、1MKW67AA001 将高位缓冲油箱下部管线中的残油排至油箱 1MKW10BB001，经 1MKW14AP001 将 1MKW10BB001 中的油排至户外检修油箱，至

此高位缓冲油箱排空；

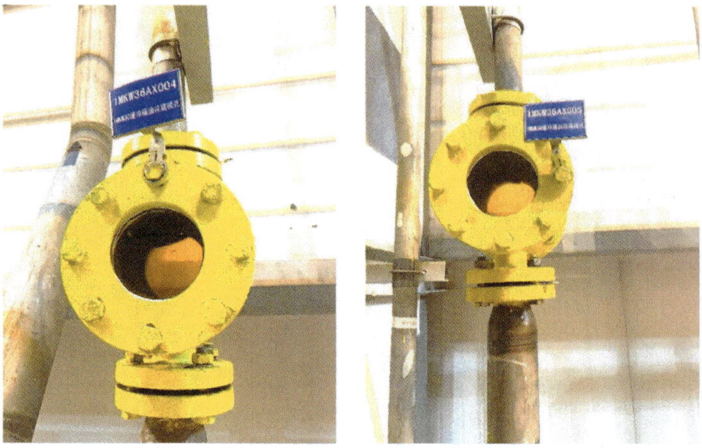

图 7-6　1MKW36AX004/005

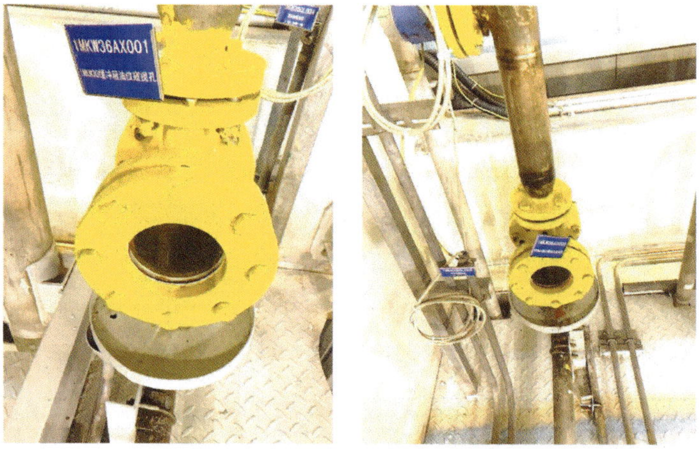

图 7-7　1MKW36AX001/008

图 7-8　1MKW66AX004/005

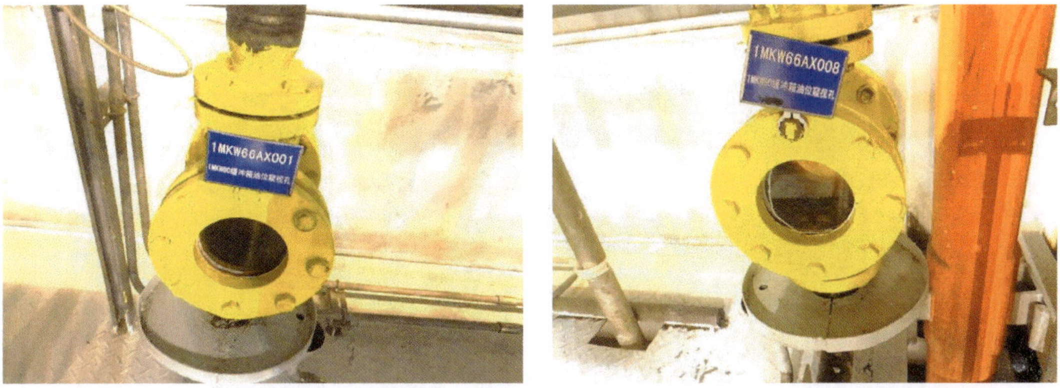

图 7-9　1MKW66AX001/008

③ 确认 1MKW30AA501、1MKW60AA501 阀后丝堵已打开并连接软管至接油桶，打开 1MKW30AA501、1MKW60AA501 排油（注：1MKW30/60AA501 阀门手柄容易脱落，要采取措施避免脱落）。

图 7-10　1MKW37AA001

图 7-11　1MKW34AX001

3）1MKW21AC001、1MKW22AC001 排油

① 维修在换热器疏油阀 1MKW21AA502、1MKW22AA502 后连接软管至临时滤油机，由维修人员启动临时滤油机排至 1MKW10BB001，再连接软管排至接油桶；

② 打开 1MKW21AA501/502、1MKW22AA501/502 排油（见图 7-12 和图 7-13），微开排气阀 1MKW21AA552、1MKW22AA552 加快排油进度。

4）1MKW35AT001、1MKW5AT001 排油

确认 1MVU30BB001 具备排油条件 1MVU30AA002 阀后管线与户外油箱连接完毕，若油位过高可启动 1MVU30AP001 排油将 1MVU30BB001 油位降低；

图 7-12　1MKW30AA501

图 7-13　1MKW60AA501

按操作单做好在线，确保 1MKW35AT001、1MKW65AT001 下部接油盘至 1MVU30BB001 管线畅通，逐步缓慢打开 1MKW35AA501/502、1MKW65AA501/502，1MKW74AA501 以及 1MKW11AP001、1MKW12AP001、1MKW13AP001 泵入口的疏油阀，注意观察相关阀门泄漏收集盘不出现返油漏，如图 7-14～图 7-17 所示；

确定 1MVU30BB001 油位不再上涨后，可全开上述阀门，就地启动 1MVU30AP001 将 1MVU30BB001 排空，关闭 1MVU30AA002（见图 7-18～图 7-20）。

图 7-14　泵入口疏油阀

图 7-15　1MKW35AA502

图 7-16　1MKW35AA501

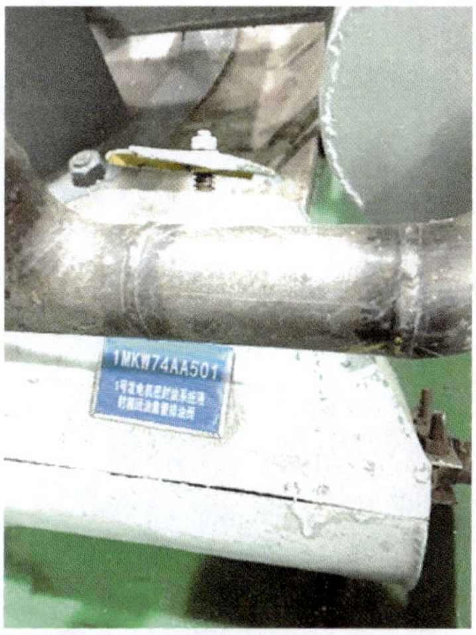

图 7-17　1MKW74AA501

图 7-18　1MVU30AP001

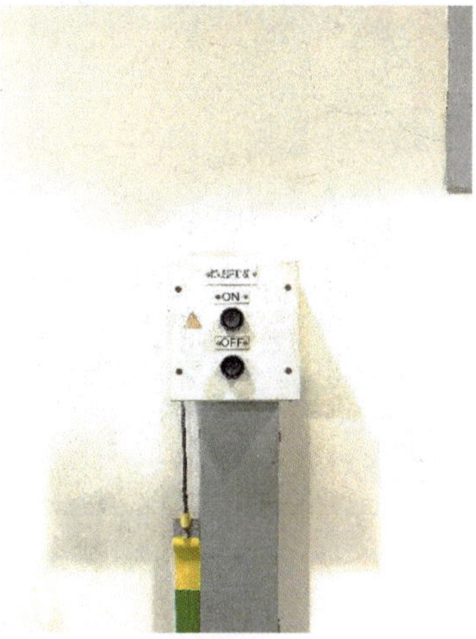

图 7-19　1MVU30AP001 就地控制柜

图 7-20　1MVU30BB001

7.1.2 MAX 系统充油

下面以 1MAX10BB001 为例介绍下充油操作。

1MAX10BB001 油箱并未用设计的进油管线 1MVU40AA001→1MAX30AA004 进油，而是从油箱排油口反向经过 1MVU41AA001→1MAX16AA005→1MAX16AA002→过滤器进油。具体步骤：首先做好系统在线，关闭流程图标红阀门、泵体、换热器相关阀门，最后打开 1MAX16AA005 和 1MAX16AA002。

进油管线流程，如图 7-21 所示。

户外油箱→移动式滤油机→1MVU41AA001→1MAX16AA005→1MAX16AA002→1MAX35AT001→1MAX10BB001。

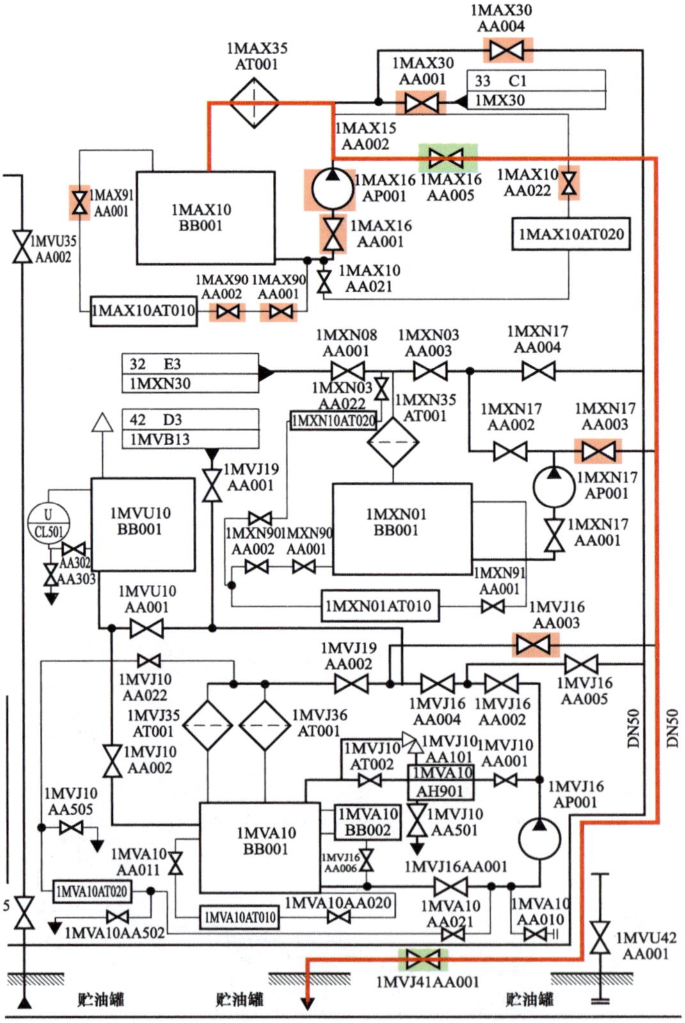

图 7-21　1MAX10BB001 进油在线流程图

注意：由于是从排油管线反向进油，1MXN 和 1MVJ 排油管线阀门特别是

1MXN17AA003、1MVJ16AA003 一定要确认关闭关严，否则会有串油风险。

1MAX10BB001 进油的目标是距油箱顶部 150 mm。进油前，首先检查户外油箱及移动式滤油机准备就绪，现场人员应在 1MAX10BB001 油箱位置留一人，用来观察油箱的液位及进油的速度，11UMA8 m 户外布置一人，关注进油情况并联系维修进油人员。准备进油时打开 1MVU41AA001，在现场人员就位并得到机操指令后启动油泵开始打油充注，如图 7-22 和图 7-23 所示。

图 7-22　1MAX 油箱油位计

图 7-23　1MVU41AA001

（1）注意事项

1）安排 1MAX 进油时没有影响其工作的其他工作票，检查好在线防止跑油；

2）新油需要取样化验，油质按照《油务监督大纲》要求，要求颗粒度 5 级；

3）启动外接滤油机向油箱进油前需要打开 1MAX13AA001 用于排气；

4）当油箱油位 1MAX10CL001 达到距油箱顶部 150 mm 时停运滤油机停止充油，就地也要监测液位，因为充油期间主控液位计尚未排气，可能显示不准；

5）为保证油质，防止原设计进油管线从未用过而使油质变差，仍使用原有的排油管线来进油；

6）常规岛油系统恢复进油时，需根据系统状态控制各油箱油位，避免机组启动后出现系统油位过高，导致需要排油现象。

（2）经验数据

汽机冲转前，1MAX10BB001 油位 1MAX10CL001 约为 0.67 m。在进行主汽门预热时，开启主汽门时 1MAX10CL001 会明显下降，从最初的 0.67 m 左右下降到 0.76 m，约下降了 0.1 m。下降原因是当主汽门从关闭到开启时，油动机的一部分活塞行程被油充满，从而导致油位下降。同时因为主汽门开启是很短的时间内完成的，同时打开 8 个主汽门，要对 8 个主汽门充油，1MAX11APP001、1MAX12APP001 油泵出力有限，可能导致油压短时降低，甚至备自投动作，导致备用泵启动。在后续的汽门密封性试验时，也可能发生油压短时变化情况。

1MAX10BB001 油位变化情况经验值：

1）开启主汽门暖机：0.67→0.76 m；

2）冲转主调门开启：0.76→0.85 m；

3）汽门密封性试验：0.85→1.05 m（试验时油位最低）；

4）最终状态：0.85 m。

可以看出：从盘车状态到启机，1MAX10CL001 油位下降约 0.2 m。因此，1MAX10BB001 在冲转前可保持较高油位（以上是距油箱顶部油位）。

图 7-24　UMA08 m 户外储油罐

7.1.3　MVA10AH901 电加热器

机组在大修期间为维持润滑油温度，需投运润滑油电加热器 MVA10AH901（见图 7-25 和图 7-26）。

图 7-25　润滑油电加热器 MVA10AH901

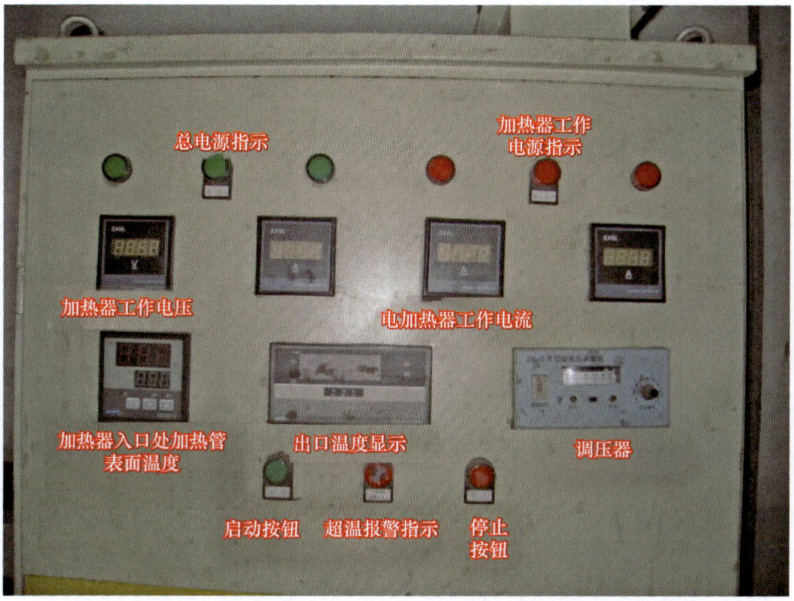

图 7-26 润滑油电加热器 MVA10AH901 控制柜

图 7-27 为电加热器启动前的相关在线图纸，启动电加热器前需确认 MVJ16AP001 已启动打循环。注意确认 MVJ10AA501 底排阀关闭以防跑油。送电后确认电加热器面板灯已亮，按下启动按钮后电加热器面板上电压表以及电流表有数字显示，确认电加热器已投运。其中电流与设定的温度定值成正比，设定温度越高则电流表示数越大。

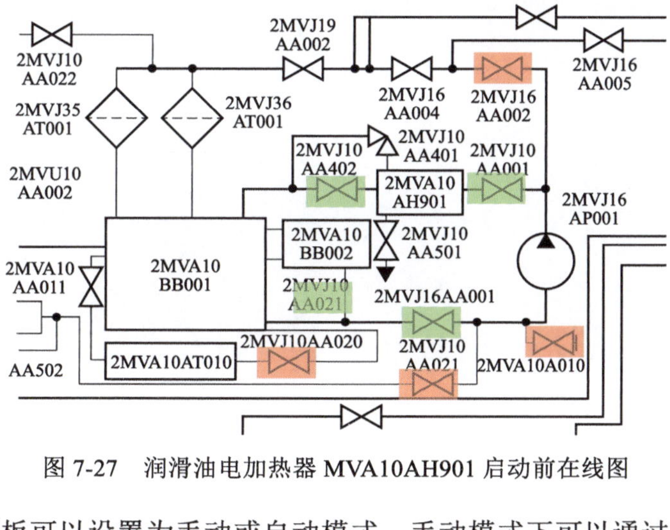

图 7-27 润滑油电加热器 MVA10AH901 启动前在线图

温度设定面板可以设置为手动或自动模式，手动模式下可以通过旋转右侧旋钮来调节设定温度，使其调整至要求值。自动模式下可通过左侧限幅选择“+”“–”按钮来调节电加热器档位，一般默认为 5 档。

电加热器启动后一般通过出入口两块就地温度表确认电加热器是否正常工作，当出口温度高于入口温度时即可确认电加热器正常工作。润滑油温度一般通过

MVJ90CT501 读取得出，如图 7-28～图 7-30 所示。

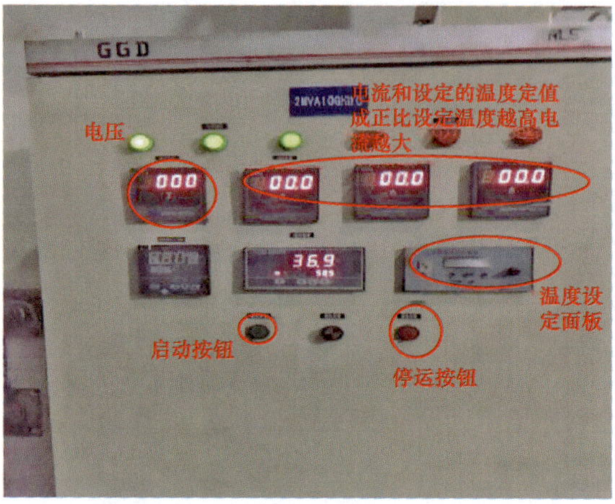

图 7-28　润滑油电加热器 MVA10AH901 控制面板

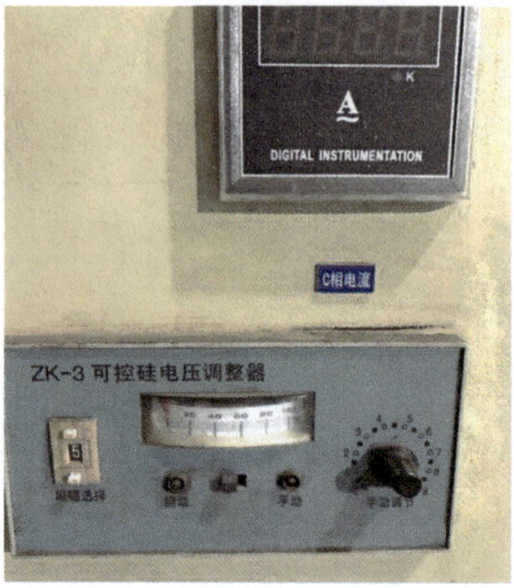

图 7-29　润滑油电加热器 MVA10AH901 温度设定面板

图 7-30　润滑油电加热器 MVA10AH901 出/入口温度计

7.2　氢气干燥器原理及使用介绍

为了除去氢冷发电机内氢气中的水气，田湾核电站 1、2 号机组为发电机氢气系统各配备了一套氢气干燥器。

T211、T112 大修时，分别对 2 号/1 号机组氢气干燥器装置 MKG50AH001 进行了整体更换。新替代的氢气干燥器为吸附式氢气干燥器，采用“双塔交替吸附再生”的方法，连续不断地对发电机内气体进行干燥。该干燥器具有吸附容量大、性能稳定、环保、节能等优点。

7.2.1　氢气干燥器的组成

氢气干燥器主要由吸附系统、再生系统、油过滤系统、四通阀操作系统、气体置换系统、电气控制系统等组成。其工作流程图如图 7-31 所示。

1）吸附系统——使潮湿的气体通过吸附剂“活性氧化铝”除去水分，干燥的气体返回发电机。

2）再生系统——将干燥剂中吸收的水分经过加热器加热排出，以备下一个吸附循环。

3）油过滤系统——两只油分离器过滤油和油蒸汽，一只油过滤器过滤油蒸汽防止干燥剂被油污染。

4）四通阀操作系统——在压空的作用下使入口四通阀 F1 和出口四通阀 F2 同时切换，转换氢气的流向，实现再生塔与吸附塔的转换。

5）气体置换系统：主要用于单独隔离检修干燥器。

6）电气控制系统：包括 PLC 程序控制系统、温度测量系统、湿度测量系统、电气控制箱正压系统等。主要作用是控制、监测干燥器运行。电气控制箱内压力范围 50～200 Pa，启机前低于 50 Pa，控制箱不能送电。运行过程中，箱内压力低于 50 Pa，控制箱自动断电并就地发出“失压报警信号”。

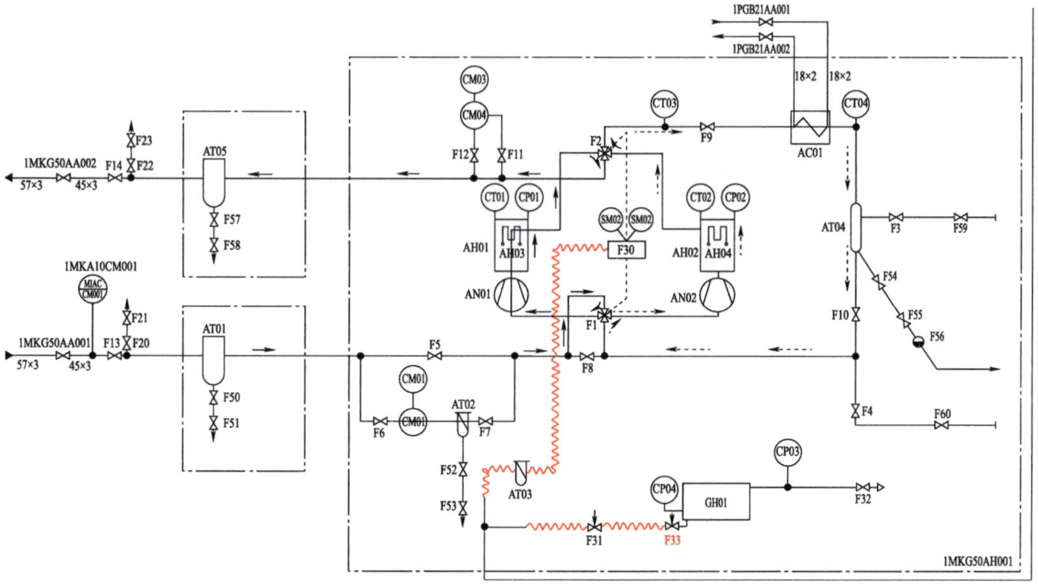

图 7-31　氢气干燥器工作流程图

7.2.2 氢气干燥器技术参数

名称及相关技术参数如表 7-1 所示。

表 7-1 技术参数

参数名称	技术参数
型号	XQS-DHB 型（吸附式-用于氢冷机组-核电厂用-配置湿度变送器）
处理介质	氢气
吸附流量	100 Nm^3/h
设计压力	1.0 MPa
最高工作压力	0.8 MPa
进口氢气温度	≤50 ℃
出口氢气露点	再生后切换瞬间≤－30 ℃（进口氢气露点为 20时）
湿度变送器	HMT3604（量程为－40～+100 ℃）
湿度输出信号	4～20 mA
干燥剂	活性氧化铝
干燥剂注入量	25 kg/每塔
干燥剂使用寿命	正常情况下≥3 年
冷却水量	0.7～1.5 m^3/h（水温≤38 ℃）
氮气供气压力	0.5～1.0 MPa，压力稳定
电源	380 V AC 50 Hz 三相
电加热器功率	2.2 kW/每只
风机功率	0.4 kW/每只
额定总功率	3.3 kW
防爆等级	IICT4
外形尺寸（L×B×H）	1 150 mm×800 mm×2 010 mm
设备重量	1 115 kg
生产日期	2019 年 3 月
出厂编号	1863529（1 号机）、1863530（2 号机）

7.2.3 氢气干燥器原理

XQS-DHB 核电厂用吸附式氢气干燥器用来除去氢冷发电机内氢气中的水蒸气，使潮湿的气体通过填有干燥剂（活性氧化铝）的干燥塔除去水分。“活性氧化铝”具有比表面积大、吸附能力强的特点。化学性质稳定并且无毒。在正常情况下，“活性氧化铝”吸附水分饱和后可以通过加热器加热驱除已吸收的水分，使其再生。经过重复再生，它的性能和效果不会受到影响。“活性氧化铝”的再生是通过电加热元件对其加热完成，这样吸附的潮气被蒸发掉，同时进入的一股氢气通过吸附层带走一部分释放的潮气。这股混合气（氢气与水蒸气）经冷凝器冷却，水蒸气冷凝为液态水，通过汽水分离器和自动排水系统将水排出系统外，剩余氢气继续参与再生循环，而不会直接送回发电机内。

冷凝器的疏水器 F56 是采用压铸铝壳组合的自动疏水器，内部装有浮球排水系统。其原理是当排水浮力比排水浮球的重量和气体施加的压力小时，排水口关闭；当浮力上升时，排水浮球上升，排水口打开；当冷凝水减少时排水口再次关闭，如此循环，该设备能及时排除发电机氢气系统内的冷凝水，不再需要人员进行现场排水工作。在氢气干燥器气体置换过程中，系统内带氢回装自动疏水器工作（注水安装），由维修人员配合完成。回装后需打开 F54 和 F55，确认 F56 具备工作能力（见图 7-32）。如果发现氢气压力下降，氢气干燥器区域，自动疏水器作为重点排查对象！

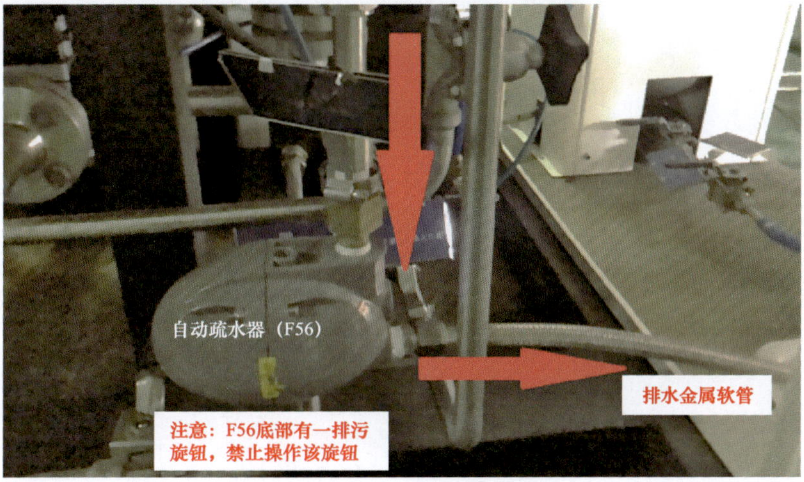

图 7-32　氢气干燥器的疏水器

7.2.4　氢气干燥器的运行

氢气干燥器正常运行时，一个干燥塔吸附（8 h），其风机工作，电加热器不工作；一个干燥塔再生（再生由 4 h 加热，4 h 冷却组成），其风机和电加热器均工作，工作 8 h 后自动切换，循环往复。以 1 号干燥塔吸附为例，如图 7-33 所示。

✓ 吸附流程（蓝色）

发电机氢气→2MKG50AA001→入口氢气隔离阀 F13→入口油分离器 AT01→进氢切断阀旁路阀 F6→油过滤器 AT02→入口四通阀 F1→1 号干燥塔→出口四通阀 F2→出口油分离器 AT05→出口氢气隔离阀 F14→2MKG50AA002→发电机。

✓ 再生流程（红色）

发电机氢气→2MKG50AA001→入口氢气隔离阀 F13→入口油分离器 AT01→进氢切断阀旁路阀 F6→油过滤器 AT02→均压阀 F8→入口四通阀 F1→2 号干燥塔→出口四通阀 F2→再生流量调节阀 F9→冷凝器 AC01→汽水分离器 AT04→再生回路切断阀 F10。

✓ 电控柜正压防爆氮气流程（绿色）

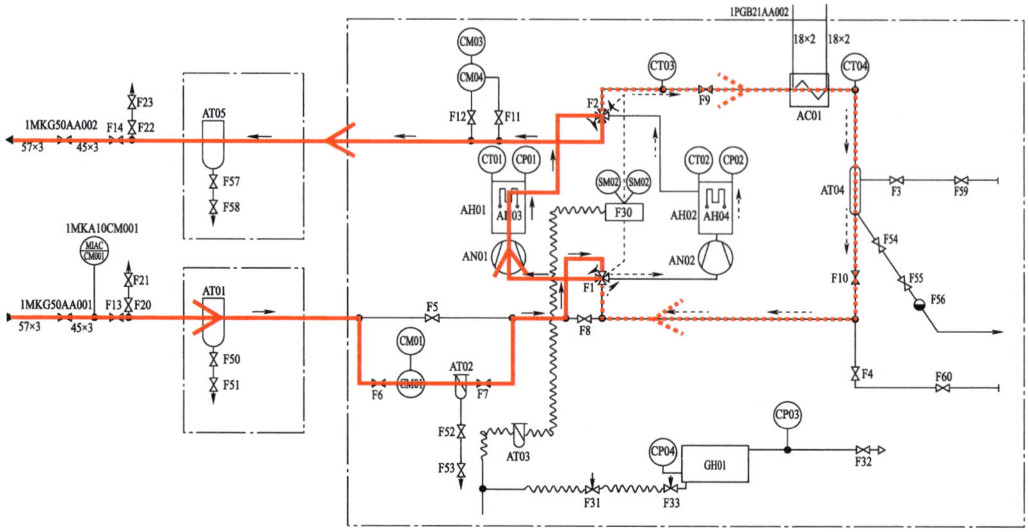

图 7-33　氢气干燥器的吸附、再生流程

7.2.5　氢气干燥器现场结构及巡检

1）氢气干燥器现场结构

氢气干燥器现场结构如图 7-34 和图 7-35 所示。

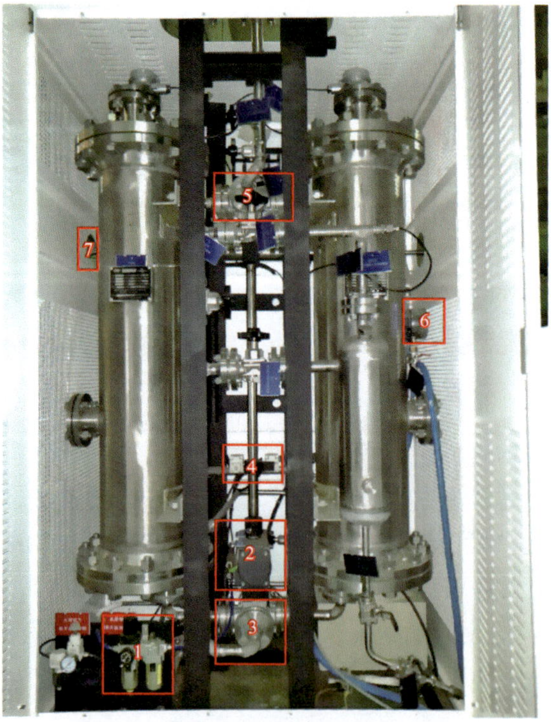

图 7-34　氢气干燥器现场结构（一）

1—AT03 油杯及压力表；2—电磁阀及手动切换按钮；3—入口四通阀 F1；4—四通阀位置开关；5—出口四通阀 F2；6—电控箱压力表 CP03；7—冷凝器出口温度表 CT04

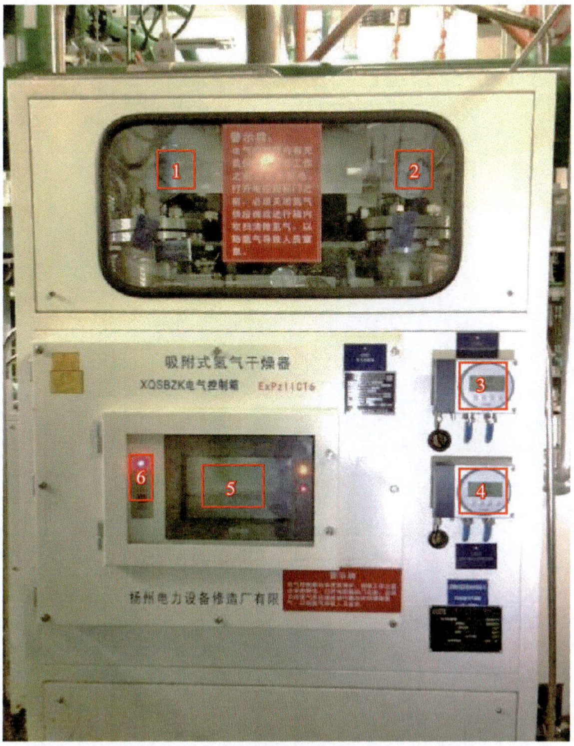

图 7-35　氢气干燥器现场结构（二）

1—1 号干燥塔压力表 CP01；2—2 号干燥塔压力表 CP02；3—出口温湿度变送器 CM03；4—入口温湿度变送器 CM01；5—显示画面；6—电源指示灯及电源开关

2）现场巡检

① 检查 MKG10AH001 运行状态，电源指示灯常亮、POW 灯常亮、CPU 灯闪亮、COM 灯常亮（见图 7-36）；

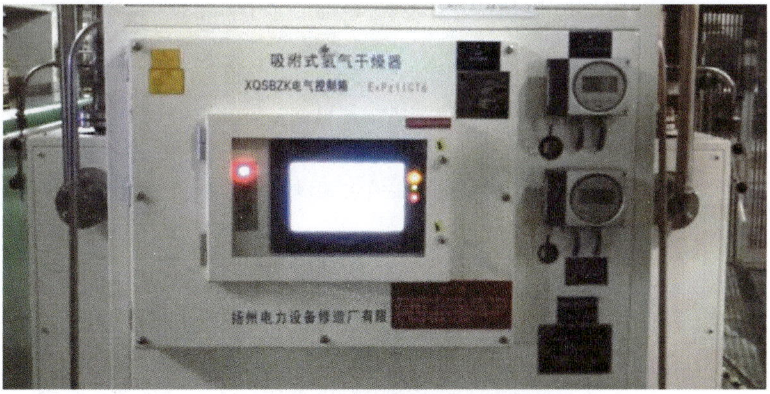

图 7-36　MKG10AH001 运行状态

② 查看监测画面运行正常且画面吸附塔与柜内四通阀导向一致（打开显示屏柜门操作）（见图 7-37）；

（a）该监测画面显示 1 号塔处于吸附状态，2 号塔处于再生状态的加热阶段

（b）该监测画面显示 1 号塔处于吸附状态，2 号塔处于再生状态的吹冷阶段

（c）图中阀位开关显示是 1 号塔为吸附状态。如图 7-37（c）箭头所示，若黑色触条触碰到 2 号开关的金属触点，则 2 号干燥塔处于吸附状态

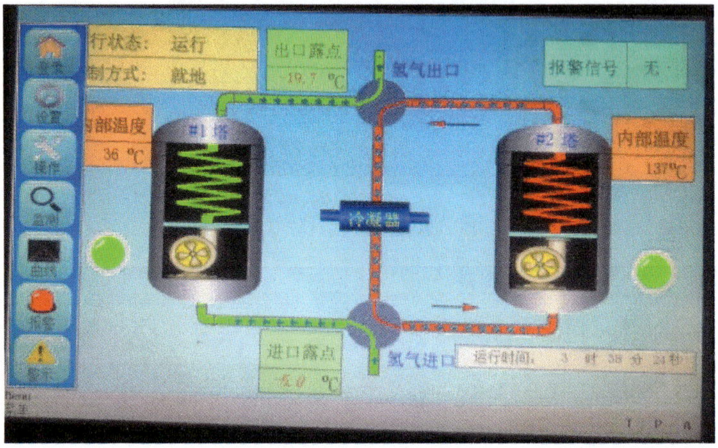

(a)

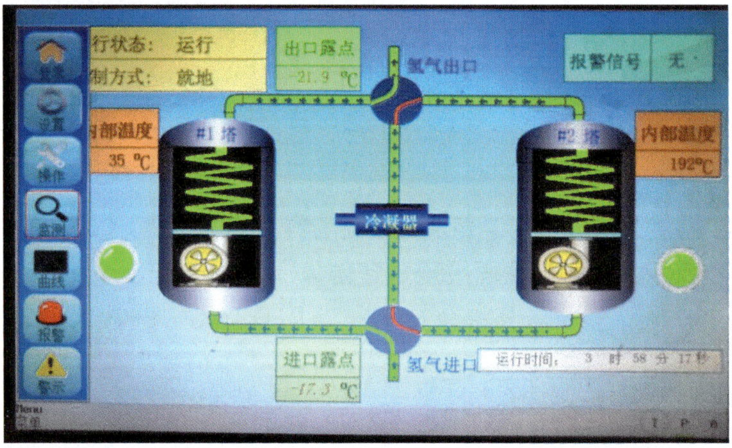

(b)

图 7-37　干燥塔监测画面

（d）四通阀的状态由电控箱控制，也可就地点按位置开关旁边的金属按钮进行干燥塔的切换，如图 7-38 和图 7-39 所示。氢气干燥器投运时禁止操作。

③ 自动疏水器 F56（见图 7-40）排水量是否正常，记录排水量；

④ 1、2 号干燥塔压力（大于 0.48 MPa），一般约为 0.5 MPa（见图 7-41）。

⑤ 通过曲线画面（见图 7-42）查看两塔工作时间为 8 h 吸附，8 h 再生；

⑥ 电控箱氮气压力允许值 50～220 Pa 之间，正常范围 80～180 Pa，正常值 150 Pa。

人员在进行氢气干燥器触摸屏操作或巡检时，需要用手拧松触摸屏保护罩上的两颗螺栓，然后打开触摸屏保护罩，如图 7-43 所示。

图 7-38　氢气干燥器四通阀现场布置

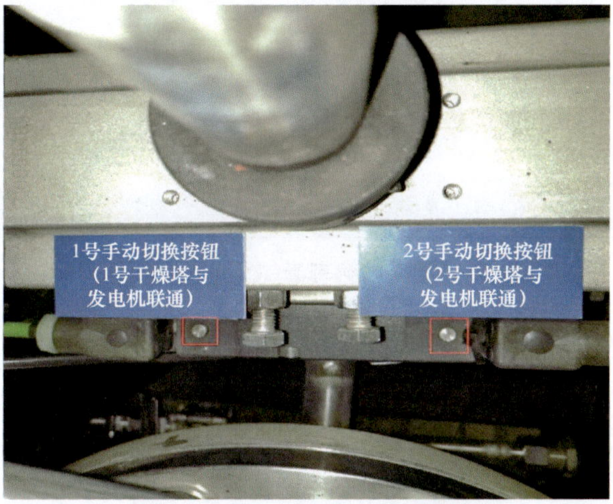

图 7-39　干燥器手动切换按钮

图 7-40　自动疏水器 F56 排水接水盘

图 7-41　干燥塔压力表

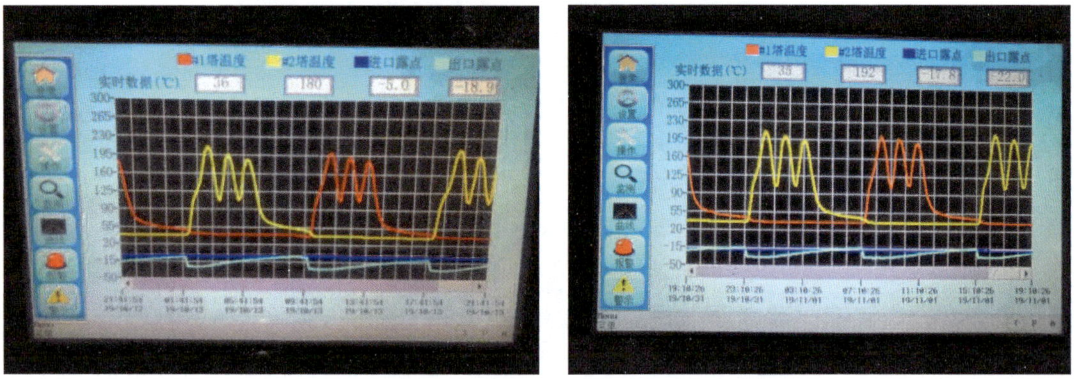

图 7-42　干燥塔吸附、再生曲线

打开触摸屏保护罩（见图 7-44）前，检查压力表 CP03 在允许值为 50～220 Pa，正常范围为 80～180 Pa（正常值 150 Pa），检查触摸屏两旁的 4 颗指示灯状态正常（电源指示灯常亮、POW 灯常亮、CPU 灯闪亮、COM 灯常亮）。

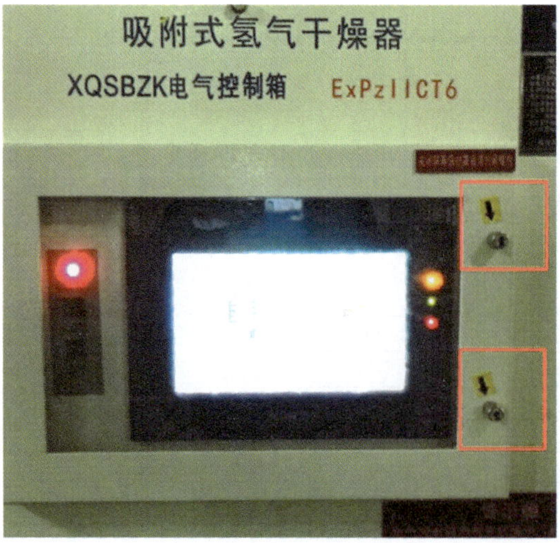

图 7-43　控制屏保护罩螺栓

图 7-44　控制屏保护罩压力表 CP03

触摸屏上操作或巡检结束后，必须可靠关闭触摸屏保护罩，即拧紧触摸屏保护罩上的两个螺栓（2 号机控制屏密封性不好，生效一份临时 FOI，需将螺栓上贴的黄色标签纸的黑色箭头与触摸屏保护罩表面贴的黄色标签纸的黑色箭头相对）。然后检查 CP03 压力为 150 Pa 左右，电源指示灯常亮、POW 灯常亮、CPU 灯闪亮、COM 灯常亮。

⑦ 检查报警画面无报警（见图 7-45）；

图 7-45　氢气干燥器控制屏报警画面

⑧ 再生冷却器出口温度 CT04（见图 7-46）；

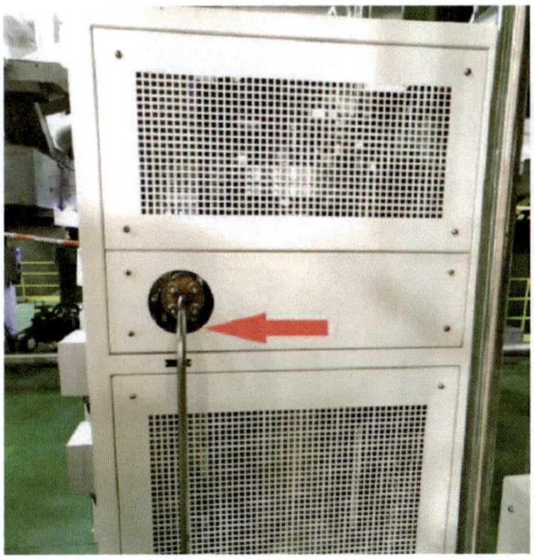

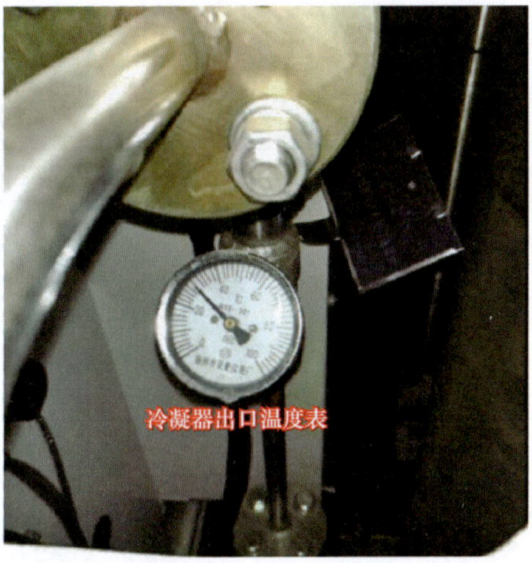

图 7-46　再生冷却器出口温度表

⑨ 检查 AT03 油杯油位在 min 标线以上，AT03 压力表 0.6 MPa 以上（见图 7-47）。

图 7-47　入口气源处理器 AT03 油杯

7.2.6　控制屏使用介绍

氢气干燥器操作界面为液晶触摸显示屏，通过指尖点击即可操作。

1）登录界面（见图 7-43（a））

✓ 输入登录密码；

✓ 恢复加密——仅对“设置”和“操作”界面有效，即恢复加密后，无法进入“设置”和“操作”界面；

✓ 出厂设置——选择 B 型（A 型为干燥器不选配湿度变送器，B 型为干燥器选配湿度变送器）；

✓ 控制方式——选择就地。

2）小键盘：“CLR”：清空指令；“<-”：逐个删除指令，“ENTER”：输入指令，如图 7-48（b）所示；

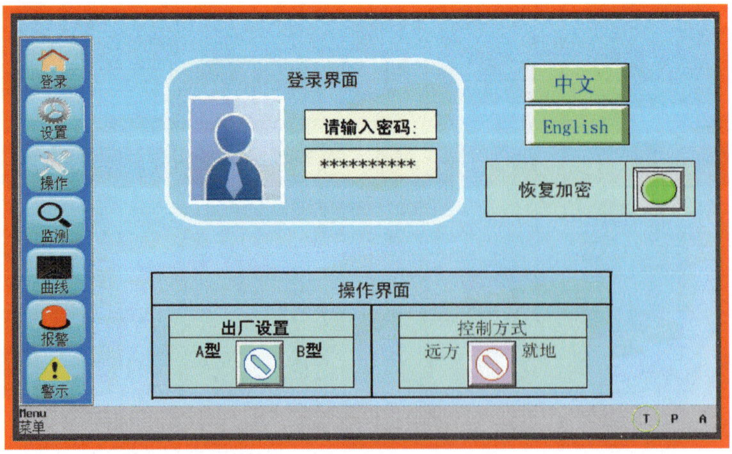

(a)

图 7-48　登录界面

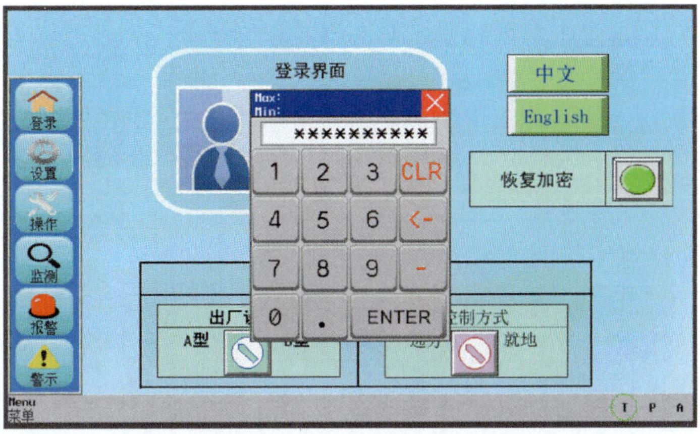

(b)

图 7-48　登录界面（续）

3）设置界面（见图 7-49）

✓ 设置系统参数——加热时间 4 h、吸附时间 8 h、加热温度上限 170 ℃/下限 130 ℃、进口露点报警值上限 2 ℃/下限 −30 ℃（氢气温度高于 30 ℃设置下限值 −20 ℃）、出口露点报警值上限 6 ℃、超限时间 30 s；

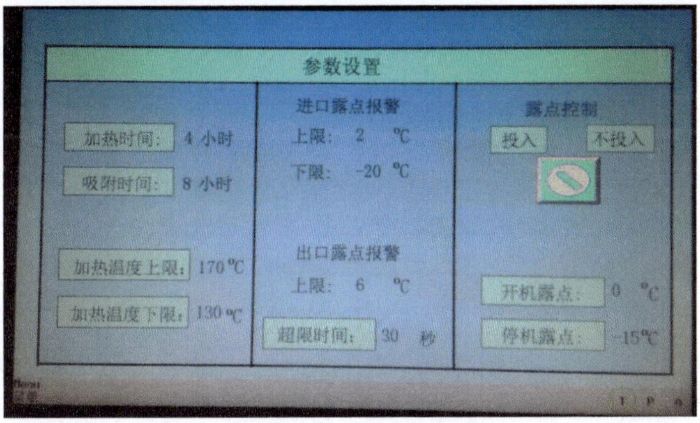

图 7-49　设置界面

✓ 设备运行过程中禁止修改设置参数。如需修改，需点击“操作”中的系统启停控制“停止”，停运两只干燥塔（确认风机和加热器停止）。

关于露点控制：

✓ 投入模式——干燥器按照已设置的开机露点值、停机露点值自动启停；

露点值取自入口湿度表 CM01。当 CM01 露点达到停机露点 −15 ℃（对应湿度为 2.94%），设备执行完当前的再生过程后自动停运（干燥塔不执行切换程序，即所有风机和电加热器不工作）；之后随着时间的推移发电机内湿度会逐渐上涨，当 CM01 露点达到开机露点 0 ℃（对应湿度为 10.87%），设备自动运行，两干燥塔开始互相切换，执行再生或吸附工作；两只塔交替执行吸附和再生工作，直至 CM01 露点低至 −15 ℃，后设备又自动停运。在上游不断电或电控柜上的薄膜按钮不停电的情况下，设备可一直循环以上过程。若入口湿度表 CM01 露点升高至 2 ℃未自动运行或降低至 –20 ℃未正常停运，则会给主控室触发综合故障报警 Integrated F（2MKG50AH001A XG01）信号。

✓ 不投入模式——干燥器持续运行，直至人为停机。选择“不投入”模式时，“开机露点”“停机露点”被隐藏。

4）操作界面（见图 7-50）

依次选择“运行”“双塔工作”“1 号塔首吸附”，系统启停控制用于启动和停运氢气干燥器，“启动”按钮点击后变为“停止”按钮。

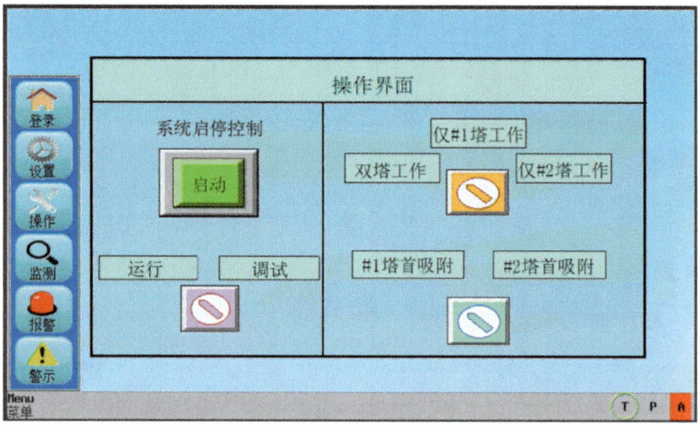

图 7-50　操作界面

5）监测界面（见图 7-51）

查看干燥器运行情况。加热器红色为工作，绿色为停运；风机旋转为运行，不转为停运。

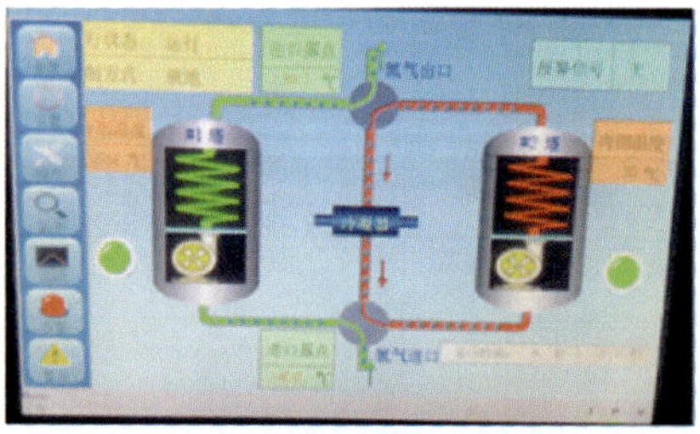

(a) 1号塔吸附和2号塔再生加热

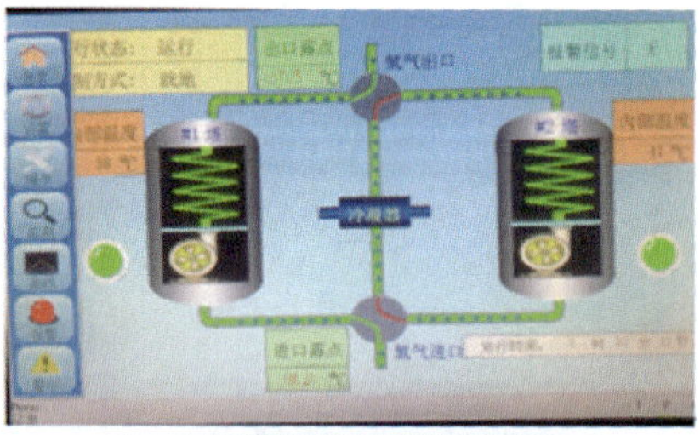

(b) 1号塔吸附和2号塔再生吹冷

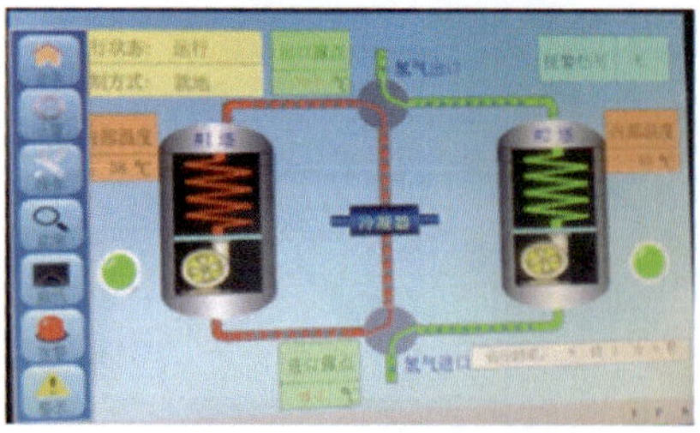

(c) 1号塔再生加热和2号塔吸附

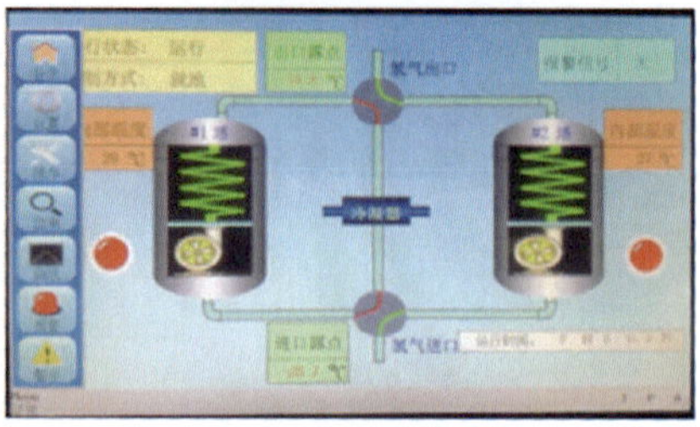

(d) 1号和2号塔均未运行

图 7-51　监测界面

6）曲线界面（见图 7-52）

可以查看 1 号塔温度、2 号塔温度、进口露点（CM01）、出口露点（CM03），红黄曲线交叉的位置为两塔切换的时间。

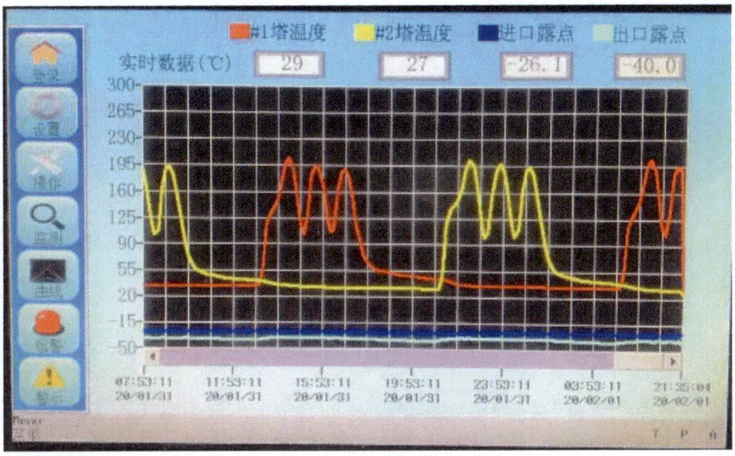

图 7-52　曲线界面

7）报警界面（见图 7-53）

干燥器有报警时，报警信息将以文字形式显示在报警界面中，且监测界面中右上角出现红色圆点并闪烁；干燥器无报警时，监测界面中右上角显示汉字“无”，且报警界面无任何文字显示。

干燥器报警信息包括：“1 号风机报警”“2 号风机报警”“1 号风机接触器故障”“2 号风机接触器故障”“四通阀操作系统报警”“进口露点上/下限报警”“出口露点上限报警”，一旦出现上述任一报警，除在报警界面中显示外，还可通过“综合故障报警”信号传至主控，主控触发 Integrated（2MKG50AH001A XG01）”报警。

干燥器“电控箱失压报警”——Losing P F（2MKG50AH001B XG01）报警独立传至主控，因为一旦出现此报警，干燥器电气控制箱电源已切断，触摸屏已无显示。

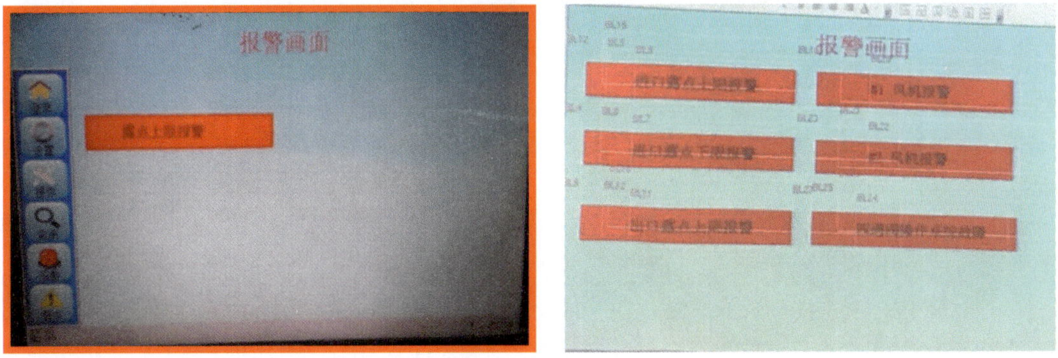

图 7-53　报警界面

8）警示界面（见图 7-54）

此界面仅有提醒作用，用以确认开机前重要准备工作是否完成，以防在错误状态下启动干燥器。

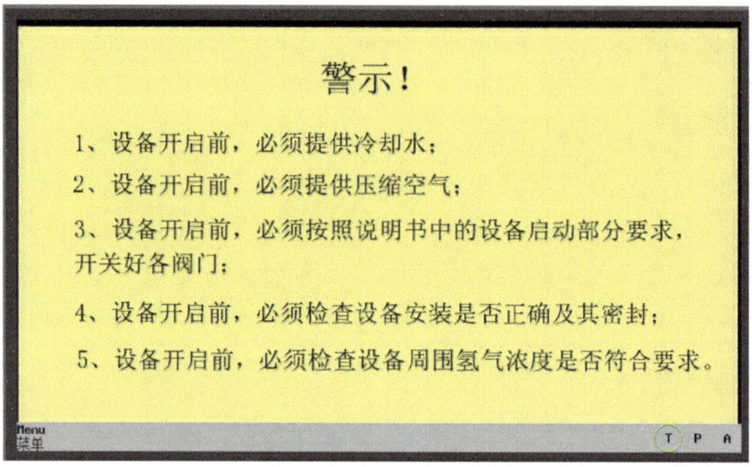

图 7-54　警示界面

7.2.7　氢气干燥器注意问题

1）F31、F33、AT03 三个阀门与其他阀门操作方向相反，为顺开逆关；

2）防止氮气泄漏引起窒息；

3）防止氢气泄漏引起爆炸；

4）必须按照要求穿戴合格的安全劳动保护用品，包括安全帽、工作服、防砸鞋，并佩戴护目镜；

5）操作涉氢系统阀门及装置前应先将双手触摸静电释放器以消除静电。

6）操作涉氢系统阀门及装置前必须先通过便携式氢气检漏仪测量操作区域的设备，确认无氢气泄漏现象，防止操作过程中发生氢爆；

7）涉氢系统的操作严禁使用除铜制工具以外的其他工具，必须使用防爆手电；

8）在对氢气干燥器控制面板上的电源按钮进行停、送电时，应防止脸部正对液晶显示屏。

7.3　换氢/补氢操作以及注意事项

发电机的换氢以及补氢操作，是日常生产中经常性的操作。操作过程严格按照操作单执行，不再做详细陈述，这里仅针对操作涉及的风险与应对措施进行分析。

由于操作位置阀门布置紧密，且阀柄形状不一，加上阀门所需开力矩较大，防止阀门打开时由于惯性，突然开至过大开度，同时防止手磕碰到其他阀门上，造成人员受伤，操作阀门时，应佩戴手套。发电机换氢/补氢控制站如图 7-55 所示。

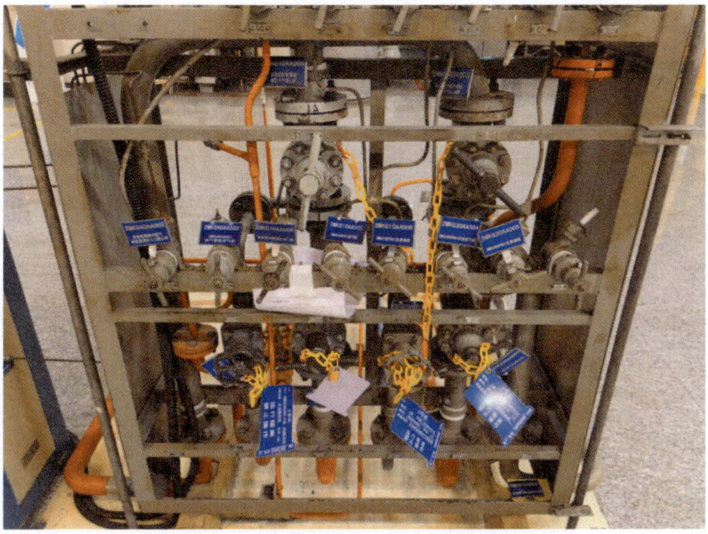

图 7-55　发电机换氢/补氢控制站

操作前，查看 MKG11CP001 示数，并和 MKG10CP502 作比较，计算差值；在操作过程中，现场通过就地压力表辅助判断变化速率和高低压限值。以下是经验值：换氢时 MKG10CP501 显示在 0.52 MPa 左右（由于制氢站那边储罐压力不同，也会有一定影响）。

操作过程中严格执行监护制。无论是进行换氢还是补氢操作，都要时刻与主控操纵员保持电话通信，直到压力等参数变化趋于稳定。阀门开度的调节一定要缓慢操作，避免阀门开度过大造成参数超出规定限值（见图 7-56）。

图 7-56　发电机换氢/补氢压力表

在发电机补氢操作结束，电话通知 BOP 关闭供氢阀门时，如果对方没有接电话，或者一些其他原因联系不上对方，在征得主控同意后，将补氢转换为动态换氢操作，并且密切监视发电机氢气参数变化，另一方面继续与 BOP 尝试联系。

为提高涉氢系统操作的安全性，现制定以下涉氢系统操作注意事项：

1）必须按照要求穿戴合格的安全劳保防护用品，包括安全帽、工作服、防砸鞋并佩戴护目镜；

2）操作涉氢系统的阀门及装置前应先将双手触摸静电释放器以消除静电。双围墙内的静电释放器安装在汽轮机厂房 16 m 平台（UMA08120 楼梯间门口）；

3）操作涉氢系统的阀门及装置前，必须先通过便携式氢气检漏仪测量操作区域内的设备，确认无氢气泄漏现象，防止操作过程发生氢爆；

4）涉氢系统的操作严禁使用除铜质工具以外的其他工具，必须使用防爆手电筒；

5）在对发电机氢气干燥器控制面板上的电源旋钮进行停、送电时，除满足以上要求外，操作过程还应防止脸部正对液晶显示屏。

7.4 氢气查漏

发电机氢气运行工况下，当发电机氢气压力明显下降，或者氢气泄漏率比上一次计算高出 0.5%，需要组织常规岛现场人员进行氢气查漏，具体操作时请执行操作单《涉氢系统设备密封性检查》。

7.4.1 氢气查漏注意事项

1）如果氢气急剧下降，可将现场人员分两组，UMA16110 一组，检查 MKW35BP051、MKW65BP051 相连软管是否破裂或者脱落，如果破裂或脱落联系机操关闭对应的 MKW35AA053、MKW65AA053，并根据机操指令承担补氢任务；另外一组，对氢气干燥器和 GCM 系统进行查漏，如果泄漏量大，根据主控指令退出氢气干燥器或 GCM 系统，关闭 MKG50AA001/002，MKG54AA001/002；对 MKW35AT001、MKW65AT001 运行状态进行检查，液位位于 min 和 max 之间，用手电通过液位窥视孔查看油中气泡情况，并及时将检查情况报告机操。

2）每个常规岛岗位配备 2 台氢气检漏仪，应确保氢气检漏仪有电、可用，并配备备用电池，如果没有备用电池，联系隔离办和管理科人员配备。

3）测氢时，对每个检查点保证足够的停留时间（参照一个直径 50 mm 的法兰测量时间 20～30 s），氢气检漏仪探头不能进水进油，对于有水或油的地方保持 10 mm 的距离。

4）测氢时，如果发现氢气检漏仪读数快速上升，应迅速将探头移开，防止因为氢气浓度过高导致检漏仪中毒损坏，然后再由远到近谨慎测量确定漏氢点。

5）所有的涉氢操作前，均需要在 UMA16110 西南侧楼梯口处消除静电。其方法是，先检查人体静电释放器完好可用，然后握住静电消除仪，此时指示灯为红色闪烁，并伴有蜂鸣声（见图 7.4-1（a）），直到指示灯变为绿灯蜂鸣声停止时（见图 7-57（b）），静电释放完毕。

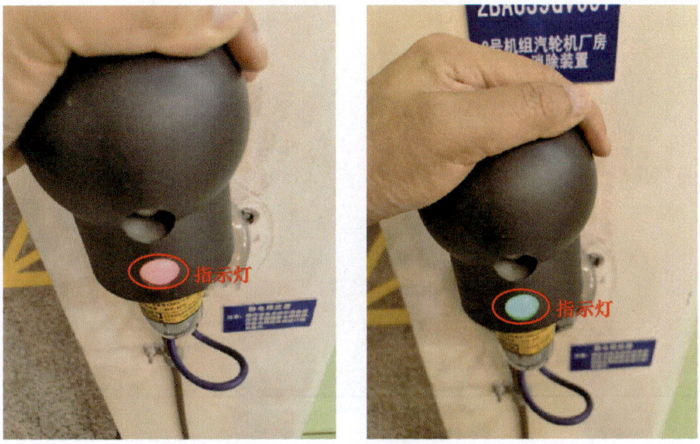

(a)　　(b)

图 7-57　人体静电释放器

7.4.2　氢气查漏步骤

1）检查氢气检漏仪部件齐全完好后开机，长按 POWER 键 1～2 s，屏幕上出现 Add 字样和时间显示（见图 7-58（a））时松开，此时还不能进行氢气查漏，待出现氢气浓度显示值时方可进行查漏（见图 7-58（b））。

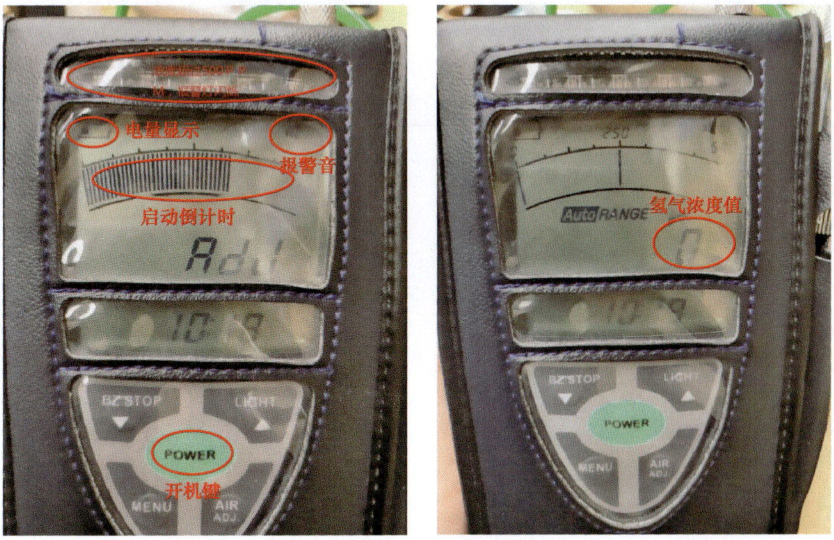

(a)　　(b)

图 7-58　氢气检漏仪

2）查漏氢时，需要对涉氢设备所有的连接面（包括法兰面、活接头处、软管连接处、疏水排气阀管道出口等）进行测氢，按照操作单对所有涉氢设备进行查漏，下面对一些典型的设备进行介绍和标注。

① 安全阀，如图 7-59 所示，所有标记点都需要进行测量。

图 7-59　安全阀氢气检漏点

② 压力变送器，如图 7-60 所示，所有标记点都需要进行测量。

③ 就地压力表，如图 7-61 所示，所有标记点都需要进行测量。

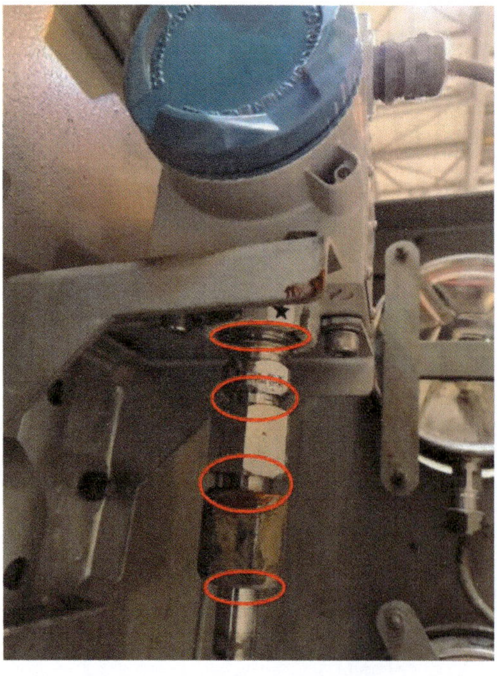

图 7-60　压力变送器氢气检漏点

图 7-61　就地压力表氢气检漏点

④ 手动阀，如图 7-62 所示，所有标记点都需要进行测量。

图 7-62　手动阀氢气检漏点

⑤ 油气分离装置，如图 7-63 所示，所有标记点都需要进行测量。

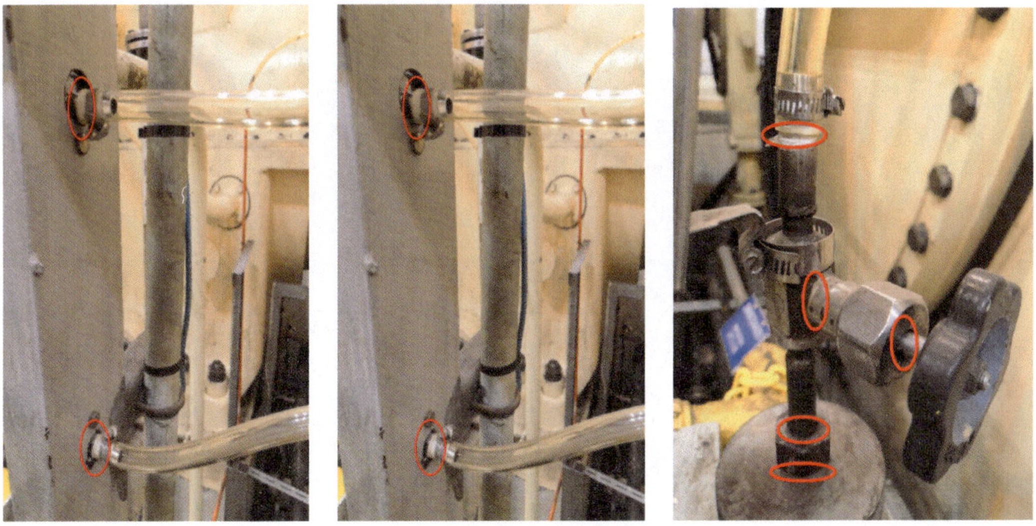

图 7-63　油气分离装置氢气检漏点

⑥ 氢侧回油管道，如图 7-64 所示，所有标记点都需要进行测量。

图 7-64　氢侧回油管道氢气检漏点

⑦ 氢气捕集器，如图 7-65 所示，所有标记点都需要进行测量，并从窥视孔查看水面无气泡，确认 MKF50AA051～053 所在的管道温度明显高于环境温度。

图 7-65　氢气捕集器氢气检漏点

第 8 章　标准化巡检

8.1　系统设备巡检安全要求

8.1.1　主要风险

安全风险：

1）防火门误关闭风险；

2）挤伤风险：部分房间为负压，而走廊房间为正压，它们之间的防火门在开启或关闭时存在负压挤伤风险；

3）火灾风险：电气回路短路、电缆过热、高温或易燃易爆品引起的火灾；

4）高温烫伤灼伤风险；

5）爆炸风险；

6）跌伤、碰伤、撞伤、高空坠落风险；

7）氧气供应不足等原因造成的窒息风险；

8）噪声风险；

9）失去照明风险；

10）机械伤害风险：误碰；

11）机械伤害风险：误碰厂房内突出管道、支架、地面凸出物或转动设备；

12）淹溺风险：在海水闸板、旋转滤网附近作业应注意防止跌落，造成淹溺。

工艺风险：

1）设备误碰风险；

2）风机跳停风险：蓄电池房间为负压，在防火门开启或关闭时应注意缓慢操作，防止所在房间因压力波动大导致风机跳停。

电气风险：

1）触电风险：误碰带电部位（如电缆室电缆出线）导致触电；

2）电弧灼伤风险：电气回路短路后造成电弧而引起的电弧灼伤。

辐射风险：

1）意外照射风险；

2）接触一回路冷却剂或放射性废水、废气及放射性固体废物；

3）沾污风险。

化学风险：

1）接触有毒的液体、气体、固体；

2）化学灼伤或烧伤；

3）化学腐蚀的风险。

8.1.2 应对措施

通用要求：

1）巡检开始前请检查巡检设备齐全：包括工具包手电、钥匙、巡检仪、听针、温枪、氢气检漏仪、氧表、耳塞、TLD、DMC2000、6150 5D/H等；

2）安全防护着装规范，安全帽应系紧下颌，女生头发应盘在安全帽内，安全鞋鞋带松紧合适，工作服领口、袖口、下摆扣紧，佩戴护目镜，员工证应放入胸前口袋中；

3）巡检设备时，应与设备保持一段距离，防止高温介质溅出和衣物误绞入转动设备；

4）防火门关闭后其下压把手易自动落下卡死，进房间时请注意检查内部把手，并及时将把手压下，同时进入各房间前检查门锁情况，防止被误关；

5）巡检路线上如有噪声超过85 dB区域，及时带上耳塞；

6）当巡检发现不明液体时，应联系专业人员确认，切不可盲目用手触碰；

7）当巡检记录参数过程中需要旋动旋钮时，请确认设备旋钮正确性；

8）巡检过程中需要时刻注意周围环境，避免磕碰；

9）巡检过程中应面向爬梯（斜梯）上下，同时手中不要携带物品，应将巡检所用的手电、巡检仪等小物件放入工具包中；

10）巡检过程中若出现头晕、虚弱、疲乏等不适症状，应立即停止巡检工作，并及时向本岗位人员或本科值安全员或值长、处安全员联系。

主要风险应对措施分以下两种情况。

1）当发生人员被误关闭时：

① 房间内寻找有无通信设备（电话或对讲设备），及时与外界取得联系；

② 稳定情绪，不要大喊大叫，保持足够的体力；

③ 用硬物敲打房门，发出求救信号；

④ 如人员长期受困，可通过触发地坑液位报警的方式，提醒主控注意。

2）当发现明火时：

① 如明火可以一人用灭火器扑灭，先灭火再电话通知主控室；

② 如明火较大，立即电话通知主控，并告知联系电话，随时和主控保持联系；

③ 首先保障自身人身安全，避免人员窒息；

④ 如人员被困火场内，快速寻找疏散通道逃生，逃生时，利用衣物等捂住口鼻，采用低身姿防烟。

3）当发生设备误碰时：

① 立即报告主控，并根据主控指令恢复设备到正常状态；

② 对设备及周围区域进行巡检，降低设备误碰的后果。

4）当巡检过程中辐射检测表 6150 报警时：

① 立即退出辐射剂量异常区域，并查看最高剂量值；

② 报告主控，并会同主控确认放射性剂量高区域。

5）当发生化学灼伤时：

① 与皮肤接触后：立即脱去被污染的衣服，用水冲洗 15 min，重者就医；

② 与眼睛接触后：立即提起眼睑，用大量水冲洗 15 min，就医；

③ 发生吸入后：迅速脱离现场到空气新鲜处，如呼吸困难，进行输氧；如呼吸停止，立即进行人工呼吸，就医。

8.2 常用巡检设备介绍

8.2.1 听漏棒

听漏棒俗称听漏杆、听针、听棒等，其外形如同一个探针，尾部配有一个球形物能与耳朵密切贴合的金属棒，利用传导原理可以准确地判断问题部位，通过听漏棒与被点检设备表面的接触，可以搜集到各种由于空气隔绝及外界干扰。

听漏棒作为一种理想的检查工具，其应用范围：检查机器，设备故障，煤矿井下透水声，阀门漏水、漏气，城市水网管道，石油，化工，发电，冶金，矿山，煤矿，机械等行业。

听漏棒的操作方法很简单，但是能准确判断问题所在却是要靠时间经验的积累：如城市水网管道听漏检测法就是把听漏棒的细尖的一端放在管道暴露的地方，听筒贴在耳朵上，仔细侦听，可以辨别听测点附近的管道是否漏水，如果有“嘶嘶”声，说明水管可能漏水了，一般的经验是：假如说漏洞很小，它就是“嘶嘶”的声音，如果大的话就“轰轰”响。有经验的技术人员甚至可以根据漏水声音频率的高低判断漏水点在多少米范围之内。听漏棒一般是与漏水检测仪配合使用，漏水检测仪用于精确定位漏点的位置。

用听漏棒听电机、泵类的轴承有无杂音或异常声音用，一般要将听棒放在电机联端轴承小盖外侧，非联端放在电机护罩的固定螺栓上或加油口旁；泵类则需要放在轴承箱的两端旁侧听声音判断轴承是否正常需要经验，听感和测振数据要经常对比和总结。

8.2.2 温枪

产品外观如图 8-1 所示。

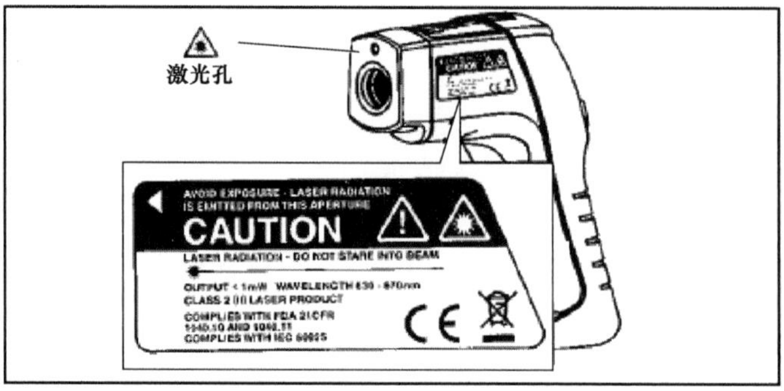

(a) 561型激光安全标志

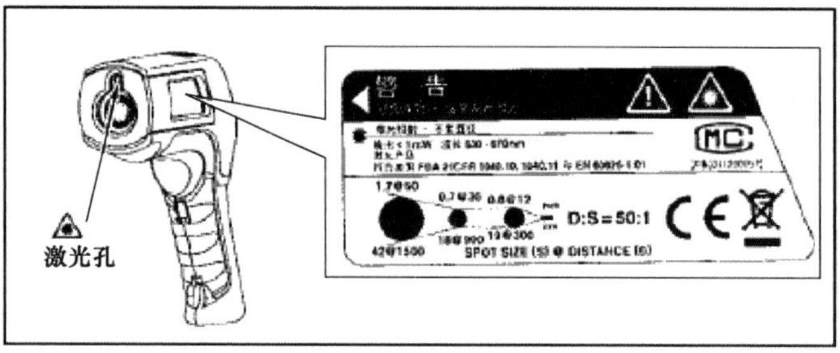

(b) 566/568型激光安全标志

图 8-1 温枪外观

显示屏说明如图 8-2 所示。

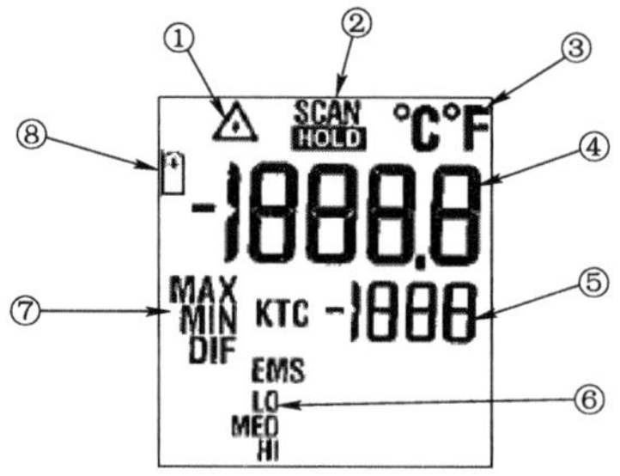

efh01af.eps

编号	说明
①	激光“打开”标识
②	SCAN 或 HOLD
③	℃/℉符号（摄氏度/华氏度）
④	主温度显示
⑤	辅温度显示
⑥	LO、MED、HI 发射率
⑦	MIN、MAX、DIF、KTC 温度值。 KTC 表示热电偶温度
⑧	电池电量不足符号。当电池电量<25%时，显示该标识

图 8-2 显示屏说明

8.2.3　氢气检漏仪及使用

氢气检漏仪有 B127 便携式气体检测仪和 3160 便携式气体检测仪。

1）B127 便携式气体检测仪

① 系统结构及技术参数如图 8-3 所示。

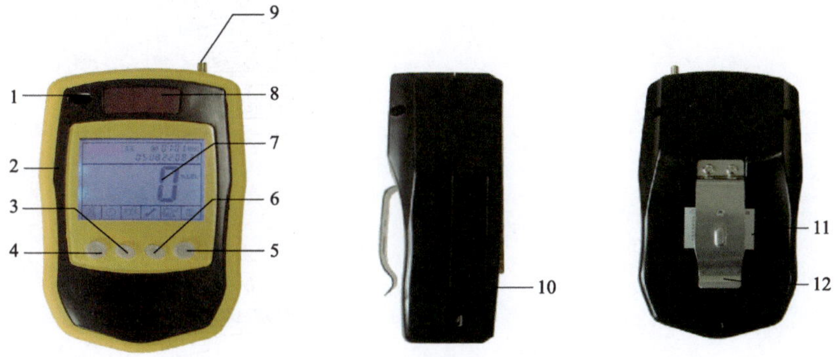

图 8-3　B127 便携式气体检测仪

1—峰鸣器孔；2—防护外套；3—调整加键；4—开机/关机/取消键；5—确定键；6—调整减键；7—显示屏；8—报警指示窗；9—进气孔；10—充电/数据上传插座；11—铭牌；12—皮带扣

② LCD 显示详细说明如图 8-4 所示。

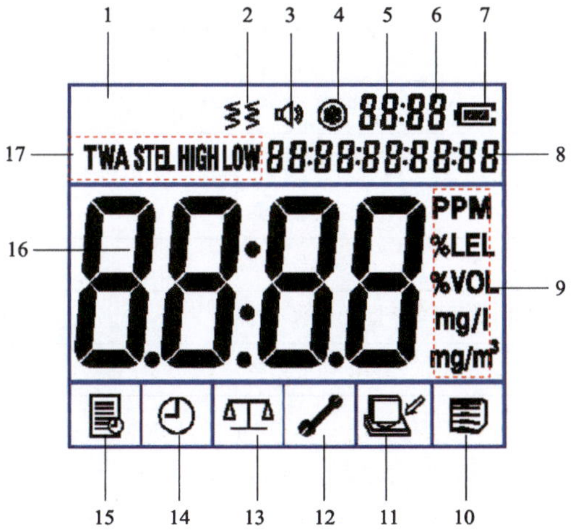

1	公司标志位	10	仪器参数设置
2	振动器标志	11	历史记录上传
3	报警声音标志	12	仪器标定
4	气泵工作标志	13	零点校准
5	记录人编号	14	时钟设置标志
6	记录地点编号	15	历史记录查询标志
7	电量指示	16	浓度值显示区
8	时间显示区	17	报警符号显示区
9	单位显示区		

图 8-4　LCD 显示及说明

2）3160 便携式气体检测仪

① 主要技术参数

安全等级：本质安全

检测方式：泵吸式

传感器类型：热传导式

测量气体类型：可燃气体或毒性气体

响应时间：T＜30 s

测量范围：0%～100% vol

分辨率：0.1% vol

工作温度范围：可燃气体温度 –40～70 ℃；

毒性气体温度 –20～50 ℃

工作湿度范围：＜95% RH（无凝露）

壳体防护等级：IP65

电池参数：额定电压 3.6 V，额定容量 2.1 AH，电池类型锂电池

连续工作时间：催化燃烧式正常检测状态大于 8 h

电化学式正常检测状态大于 48 h

充电时间：4～6 h

② 使用方法

根据测试环境可以分别选择伸缩探杆或软管探测，然后直接接到探测器的进气端口上，如图 8-5 所示，选择伸缩探杆可以测到 3 m 以上的气体泄漏点。

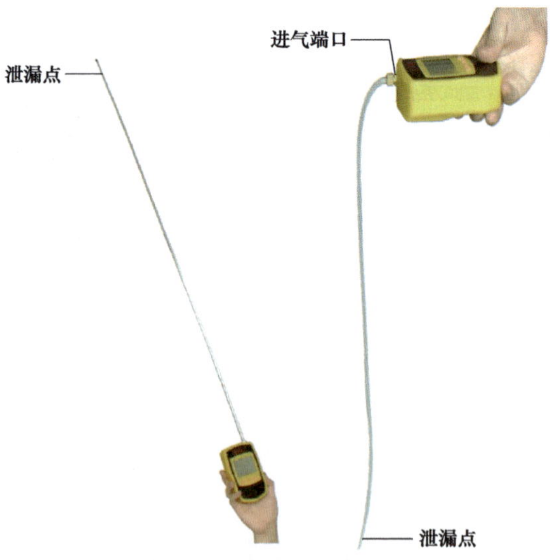

图 8-5　3160 便携式气体检测仪

③ 各部的名称与功能

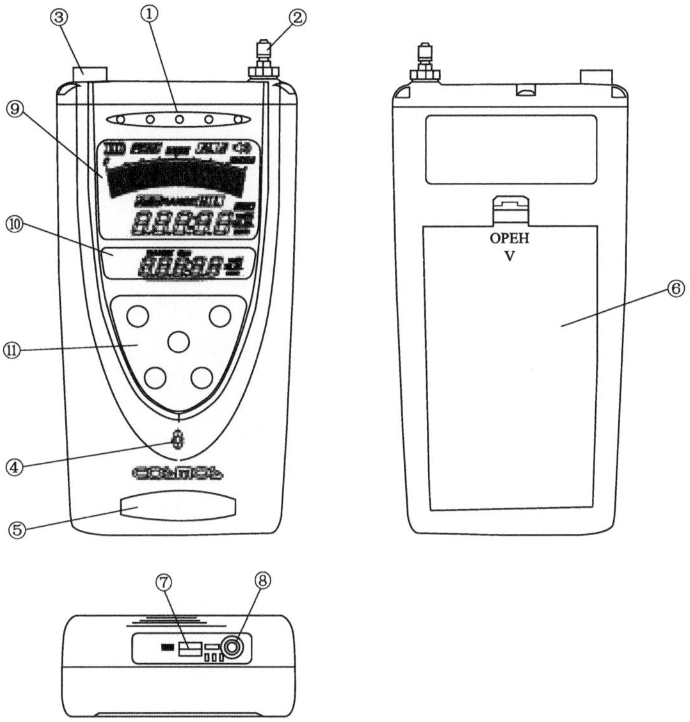

序号	名称	功能
①	报警灯	气体报警时闪烁
②	气体导管接口	连接气体导管
③	排气口	排放吸入的气体
④	蜂鸣器孔	蜂鸣器鸣叫
⑤	型号・气体名标签	显示本器的型号与检测对象气体
⑥	电池盖	电池盒盖
⑦	USB 接口	连接 USB 线（选购）
⑧	DC 插孔	连接 AC（选购）适配器
	LCD 主画面	显示气体浓度与各种信息
⑨	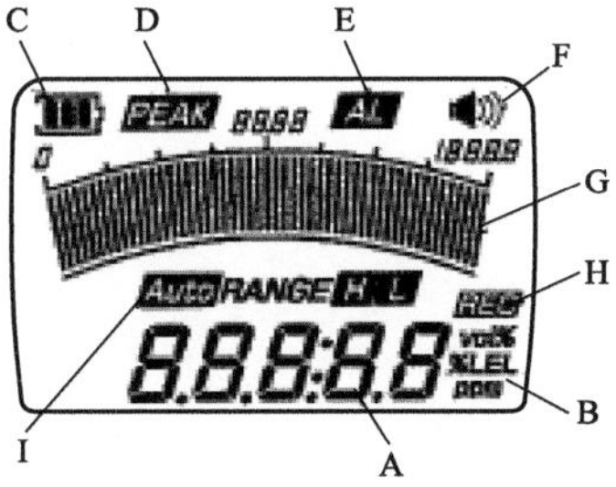	A. 显示气体浓度。 B. 显示单位。 C. 显示电池电量。 D. 如设定峰值保持功能，则显示。 E. 气体报警时显示。 F. 表示气体报警时报警器鸣叫。 G. 以条形图显示气体浓度。 H. 表示正在记录（记忆）中。 L. 显示条形图的范围

图 8-6　3160 便携式气体检测仪名称与功能

续表

序号	名称	功能
	LCD 副画面	显示气体浓度与各种信息
⑩	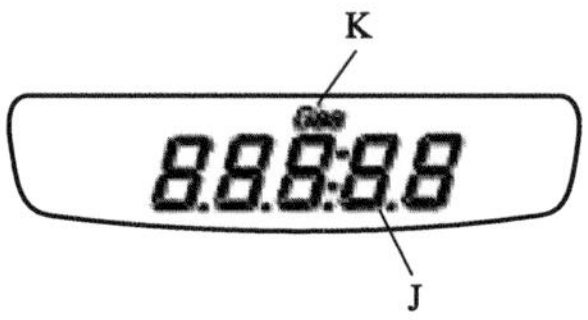	J. 显示时间。 K. 对象气体为 2 种以上时，确认气体编号时显示
⑪	操作面板 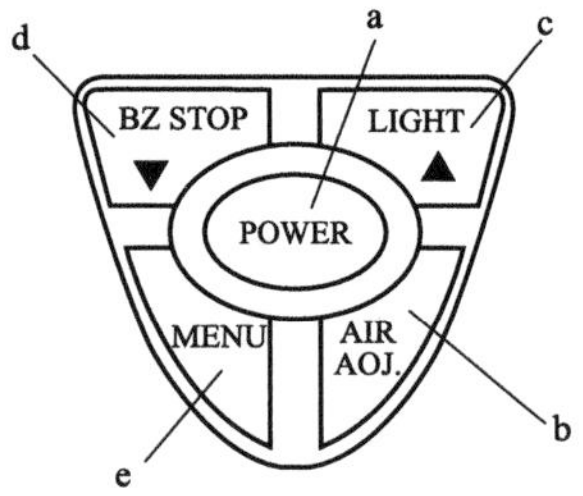	a. 电源开/关时使用。 在气体浓度画面显示过程中，用于量程切换。 b. 用于自动零位调整。 c. 用于点亮背景灯。 d. 用于停止报警蜂鸣器鸣叫。 ● 对象气体为 2 种以上时，用于确认气体编号。（无报警时）。 ● 长按按钮，用于确认报警点。 e. 用于各种功能设定

图 8-6　3160 便携式气体检测仪名称与功能（续）

④ 使用方法

a. 按“POWER”，蜂鸣器“哔”鸣叫，电源接通。

b. LCD 主画面上显示“Adj”，条形图进行到读数（预热运转中）。

c. 传感器稳定后，蜂鸣器发出“哔”的声音报警，显示“气体浓度画面”（通常 30 s 以内）。

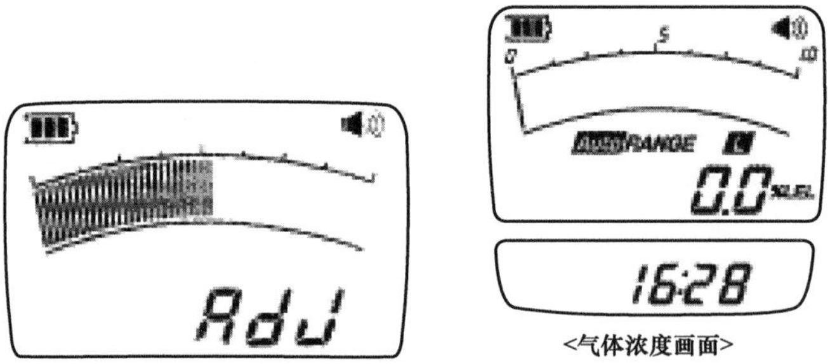

图 8-7　LCD 主画图

8.2.4　氧表

DragerPac7000（见图 8-8 和图 8-9）用于检测环境空气中氧气浓度并在浓度达到设定的报警值时触发报警。

首次打开氧表后，传感器需要的预热时间为 15 min，气体值闪烁，直至预热时间结束。在测量状态下，按“OK”按钮显示浓度峰值和浓度峰值图标（见图 8-8）。

如果浓度低于报警阈值 A1（19%vol），发出一声警报音，并且报警灯闪烁；如果浓度高于报警阈值 A2（23%vol），发出两声警报音，并且报警灯闪烁两次。如果浓度恢复到正常，按下“OK”按钮，则报警信号消失。

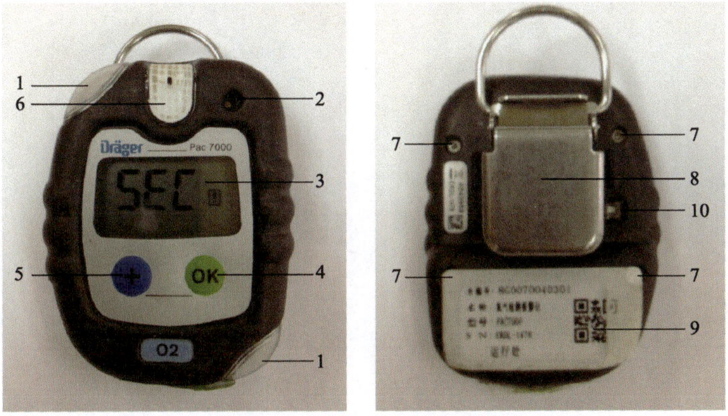

图 8-8　DragerPac 7000

1—报警 LED 灯；2—喇叭；3—浓度显示；4—【OK】打开/关闭/报警确认；5—【+】关闭/功能测试；6—进气口；7—螺钉；8—鳄鱼夹；9—标签；10—红外接口

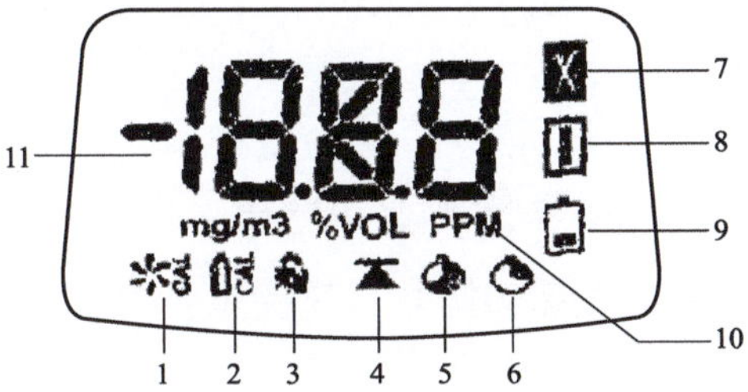

图 8-9　局部显示

1—新鲜空气标定图标；2—灵敏度标定图标；3—密码图标；4—浓度峰值图标；5—TWA 图标；6—STEL 图标；7—故障图标；8—注意图标；9—蓄电池电最低图标；10—已选的测量单位；11—浓度显示

8.3　汽轮机巡检标准

1）记录汽轮机转速（3 000 r/min）；

2）记录同步器行程；

3）飞锤动作指示灯无报警指示；

汽轮机机头照片见图 8-10。

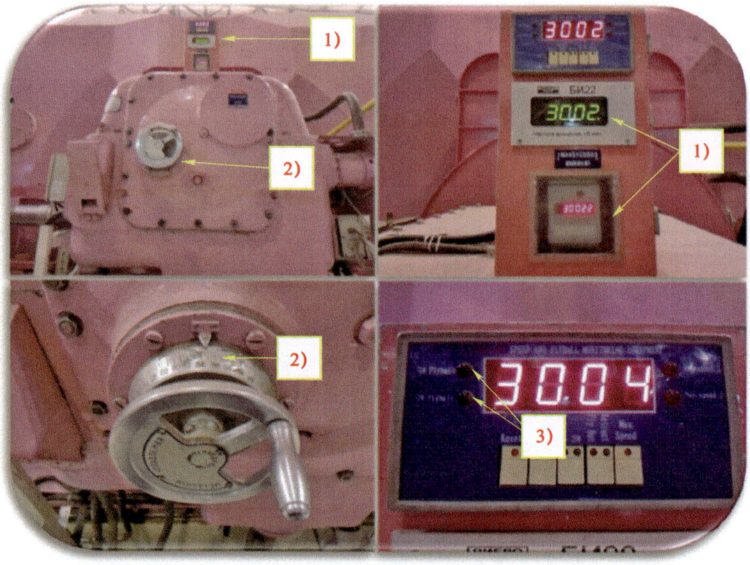

图 8-10　汽轮机机头照片

4）挂闸油压 MAX52CP502 示数正常（4.8～5.2 MPa），仪表见图 8-10。

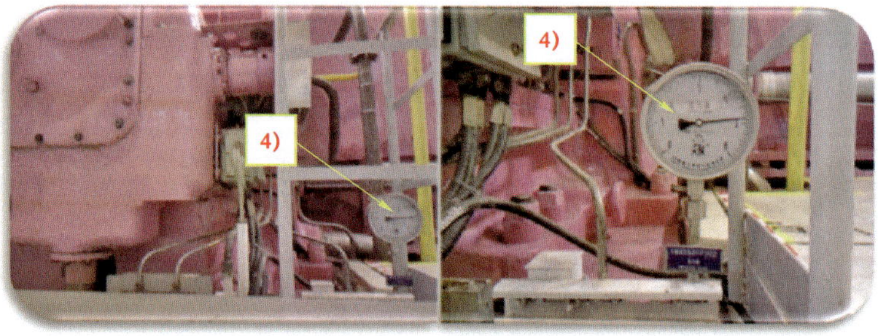

图 8-11　挂闸油压仪表

5）一次脉动油压 MAX52CP506　表读数（2.4～2.6 MPa）；

6）调门控制油压 MAX52CP503　表读数（1～3 MPa）；

7）主汽门控制油压 MAX52CP505　表读数（4.8～5.2 MPa）；

8）附加保安油压 MAX52CP504　表读数（1 号机 $P_{MAX52CP505}-P_{MAX52CP504}\leqslant$ 0.5 MPa、2 号机 MAX52CP504（4.8～5.2 MPa））；

9）功率限制器（见图 8-12）位置 MAX52CG001 就地指示（正常功率运行 0 mm）；

10）同步器（见图 8-13）电动机外观完好，外壳温度正常发热，不高于环境温度 40 ℃；

11）事故停机电磁阀（见图 8-14）外观完好，电磁阀保护外罩完好；

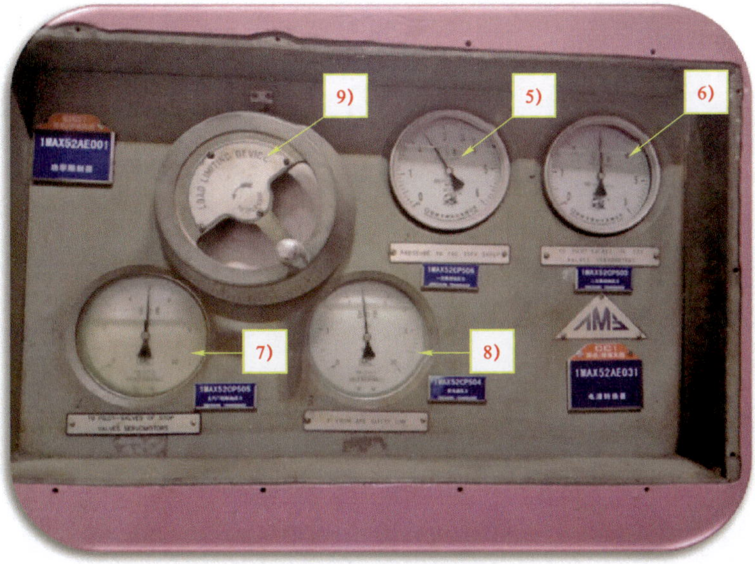

图 8-12　功率限制器

图 8-13　同步器

12）汽轮机保护试验电磁阀外观完好，电磁阀保护外罩完好；

图 8-14　事故停机电磁阀

13）电超速电磁阀完好，接线完好；

14）1 号轴承转子接地炭刷长度正常，与大轴接触良好，无火花油污；汽轮机保护试验电磁阀和 1 号轴承见图 8-15。

图 8-15　汽轮机保护试验电磁阀和 1 号轴承

15）测量大轴接地电流 MAX51GH501（见图 8-16），当 SA 在中间位置时电流不大于 0.5 A，否则发电机后轴承对地绝缘降低；当 SA 在左或右位置时，电流示数在 4～8 A，否则碳刷与大轴接触不好；

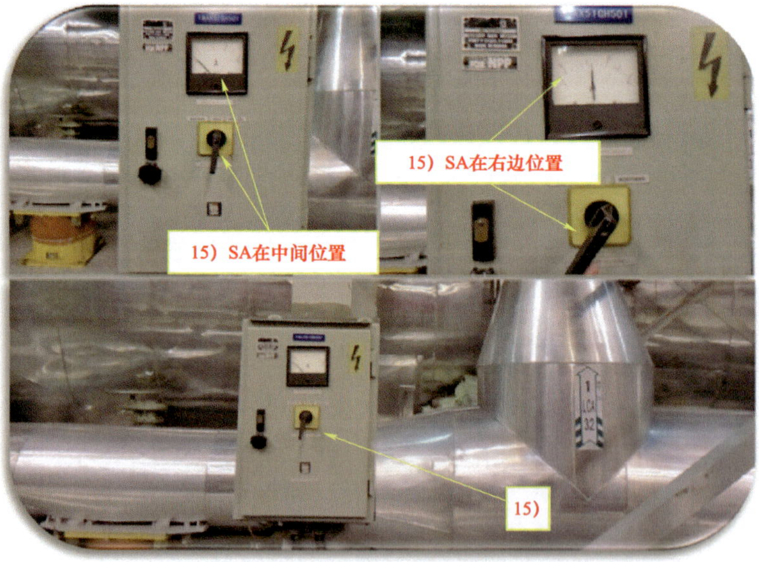

图 8-16　测量大轴接地电流设备 MAX51GH501

16）汽轮机轴承箱与管道连接处无漏油、渗油现象，无异常声音，无异味；

17）汽轮机轴承箱振动正常，外观完好，无锈蚀、落漆现象；

18）汽轮机轴承润滑油回油油量正常，回油畅通；

19）汽轮机轴承油挡无漏油、渗油、甩油现象、无碰磨；

20）汽轮机轴承座油槽无堵塞，无杂物，无积油；

汽轮机宏观图及其轴承箱见图 8-17 和图 8-18。

图 8-17　汽轮机宏观图

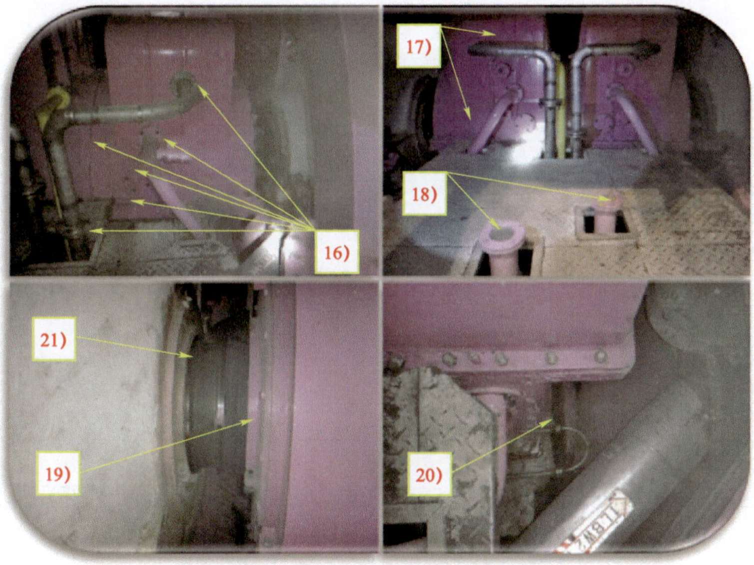

图 8-18　汽轮机轴承箱

21）汽轮机低压缸（见图 8-19）汽封无向外漏汽、向内吸汽，无摩擦异声、哨声，无摩擦火花；

22）汽轮机低压缸缸体及内部汽缸外壁温度正常（不高于环境温度 40 ℃），汽缸内无异常撞击声，无异常振动、无其他异常声音；

23）汽轮机各阀门标牌正常完好且已更新，标牌无腐蚀不清、无脱落、无挂错；

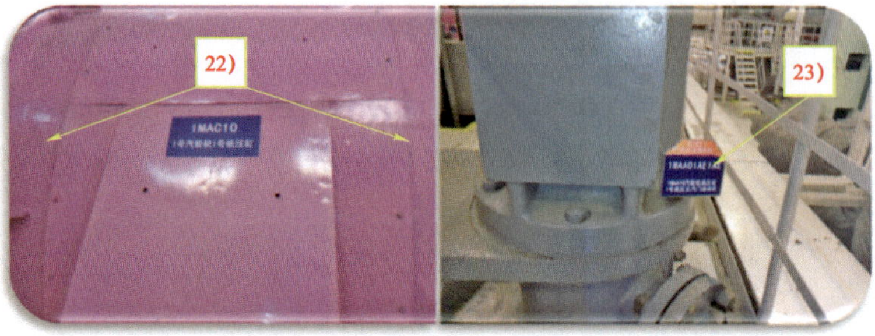

图 8-19　汽轮机低压缸

24）汽轮机高压自动主汽门开度就地指示（0～300 mm）；

25）汽轮机高压自动主汽门活动手轮就地指示（左死点）；

26）汽轮机高压自动主调门开度就地指示（–40～200 mm）；

27）汽轮机高压自动主调门活动手轮就地指示（0 点位置）；

汽轮机高压自动主汽门和主调门见图 8-20。

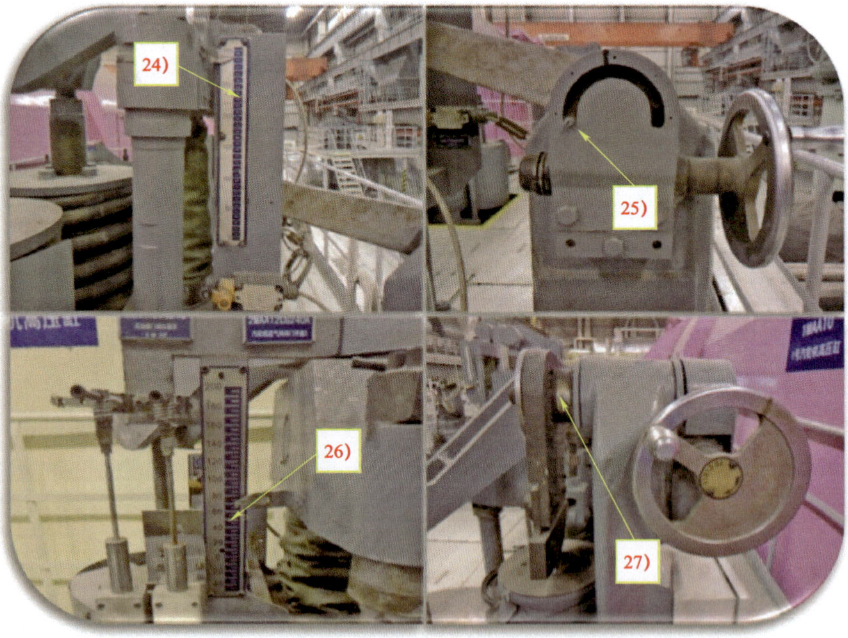

图 8-20　汽轮机高压自动主汽门和主调门

28）汽轮机高压自动主汽门和主调门油动机外观完好（见图 8-21），无渗油、漏油，无漏汽现象，可移动部件无卡涩、偏斜现象，行程开关无歪斜；

图 8-21 汽轮机高压自动主汽门和主调门油动机

29）汽轮机高压自动主汽门和主调门伺服机构冷却水无外漏（见图 8-22）;

图 8-22 汽轮机高压自动主汽门和主调门伺服机构

30）汽轮机润滑油母管压力表 MVJ30CP501（0.11～0.13 MPa），见图 8-23;

图 8-23 汽轮机润滑油母管压力表

31）顶轴油泵启动时，汽轮机轴承顶轴油压正常（MVL21CP501＝9.3 MPa；MVL22CP501＝8.6 MPa；MVL23CP501＝9.1 MPa；MVL24CP501＝9.5 MPa；MVL25CP501＝5.8 MPa；MVL26CP501＝6.8 MPa；MVL27CP501＝10.3 MPa；MVL28CP501＝8.6 MPa；MVL29CP501＝9.2 MPa；MVL30CP501＝9.7 MPa；MVL31CP501＝9.8 MPa；MVL32CP501＝9.4 MPa；允许偏差±1.5 MPa），见图 8-24～图 8-26；

图 8-24　汽轮机轴承顶轴油压

图 8-25　汽轮机轴承顶轴油压

32）汽轮机低压自动主汽门开度就地指示（mm）；

33）汽轮机低自动主汽门活动手轮就地指示（左死点）；

34）汽轮机低自动主调门开度就地指示（mm）；

35）汽轮机低自动主调门活动手轮就地指示；

汽轮机低压自动主汽门和主调门见图 8-27。

汽轮机低压主汽门和主调门见图 8-28。

图 8-26　汽轮机轴承顶轴油压

图 8-27　汽轮机低压自动主汽门和主调门

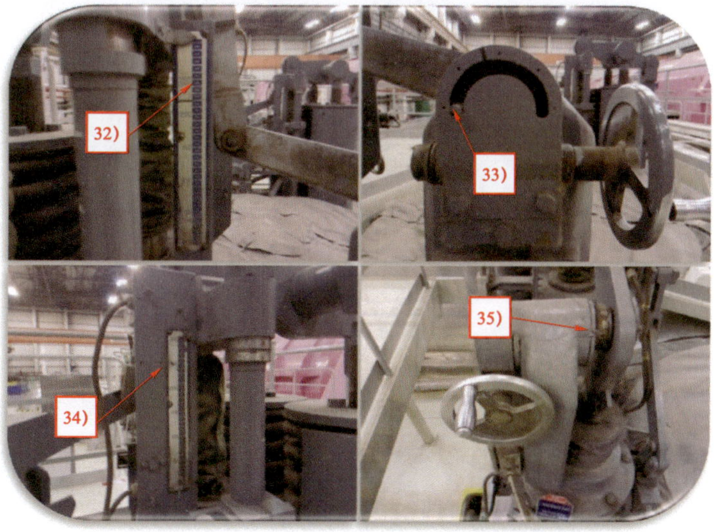

图 8-28　汽轮机低压主汽门和主调门

36）汽轮机低压自动主汽门和主调门油动机外观完好，无渗、漏油，无漏汽现象，可移动部件无卡涩、偏斜现象，行程开关无歪斜，见图 8-29 和图 8-30；

图 8-29　汽轮机低压主汽门和主调门油动机

图 8-30　汽轮机低压自动主调门油动机

37）汽轮机低压自动主汽门和主调门伺服机构（见图 8-31）冷却水无外漏；

图 8-31　汽轮机低压自动主汽门和主调门伺服机构

38）盘车（见图 8-32）装置状态正常，无异音。

图 8-32 汽轮机盘车

8.4 发电机励磁机巡检标准

发电机本体见图 8-33～图 8-42。

1）发电机平台地面无积油，发电机运行中无异音，无异味；

图 8-33 发电机本体

2）11 号轴承箱振动正常，外观完好；

3）11 号轴承润滑油回油油量正常，回油畅通；

4）11 号轴承油挡无漏油、渗油、甩油现象、无碰磨；

5）11 号轴承座油槽无堵塞、无杂物、无积油；

6）发电机前密封瓦进油压力 MKW30CP502 表读数（0.56～0.59 MPa）；

图 8-34　发电机前密封瓦进油压力 MKW30CP502

7）前密封瓦无漏油、渗油现象；

8）发电机前密封瓦空侧回油油量正常，回油畅通；

9）发电机前密封瓦氢侧回油油量正常，回油畅通；

10）前密封瓦氢侧回油管道正常排污，无漏气现象；

图 8-35　发电机前密封瓦氢侧回油

11）发电机定子线棒出水压力 MKF50CP503 表读数（90～110 kPa）；

图 8-36　发电机定子线棒出水压力 MKF50CP503

12）发电机定子线棒进水压力 MKF50CP504 表读数（0.45～0.48 MPa）；

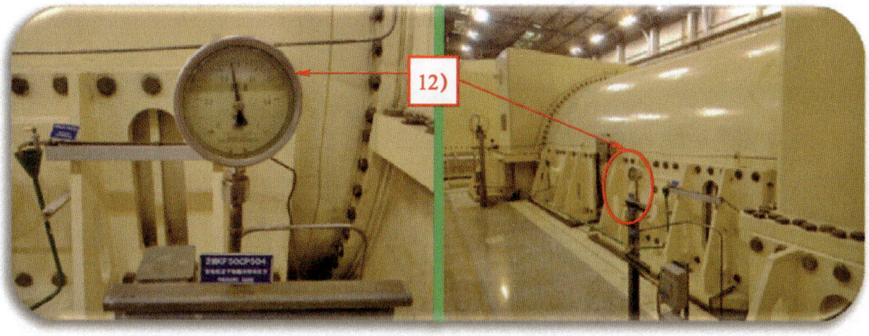

图 8-37　发电机定子线棒进水压力 MKF50CP504

13）内冷水氢气捕捉器手动阀状态正确，用手触摸各管道明显感觉有温度，窥视窗内无气泡；

图 8-38　发电机内冷水氢气捕捉器

14）后密封瓦无漏油、渗油；

15）发电机后密封瓦空侧回油油量正常，回油畅通；

16）发电机后密封瓦氢侧回油油量正常，回油畅通；

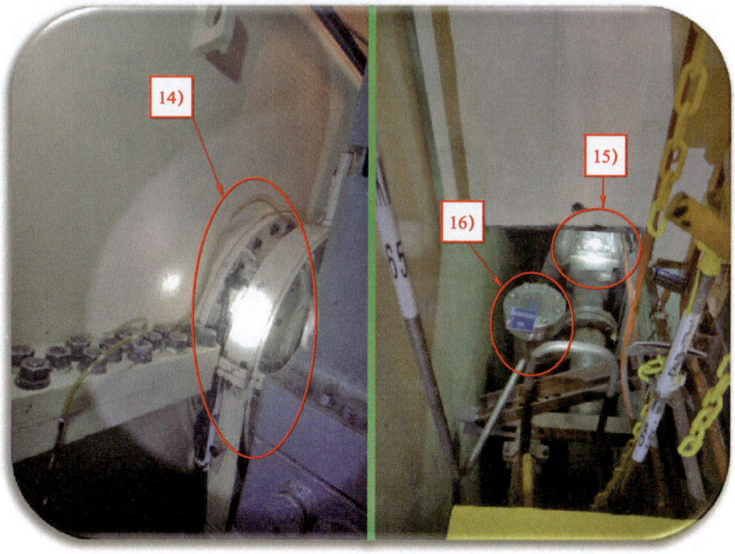

图 8-39　发电机后密封瓦

17）后密封瓦氢侧回油管道正常排污，无漏气现象；

18）发电机后密封瓦进油压力 MKW60CP502 表读数（0.56～0.59 MPa）；

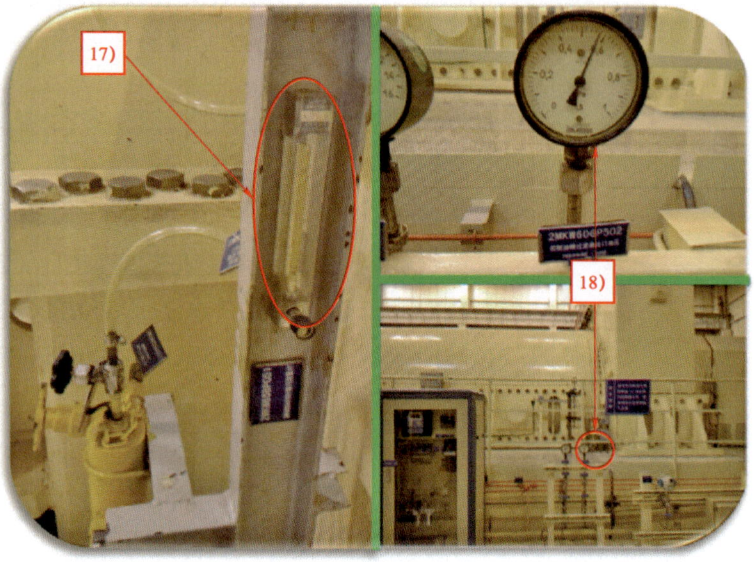

图 8-40　发电机后密封瓦回油正常排污和发电机后密封瓦进油压力 MKW60CP502

19）MKG31AA505、MKG32AA506 阀门关闭；

20）MKG31/32AX002 无积油；

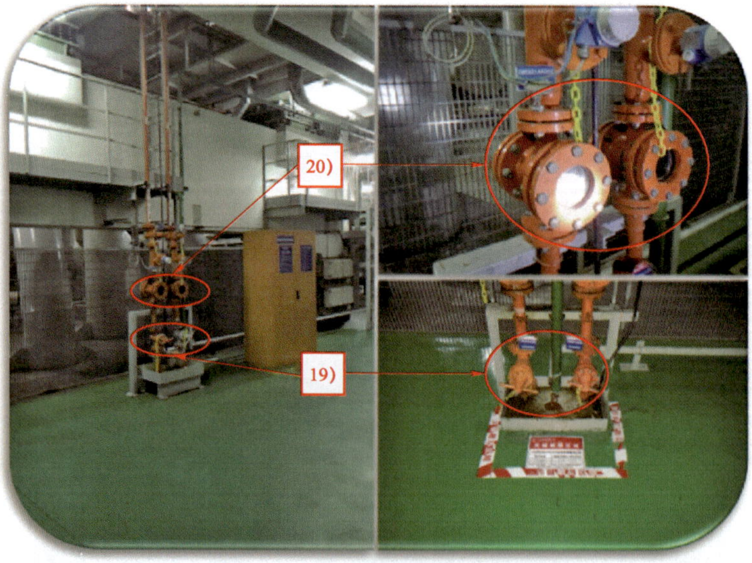

图 8-41　发电机泄漏监测管线

21）氢气除湿机 MKG50AH001 运行正常，运行系列上部、中部温度均低于 50 ℃，面板无故障报警；

22）发电机气体绝缘过热监测装置运行正常，无故障报警，面板显示运行电流大于 70%。

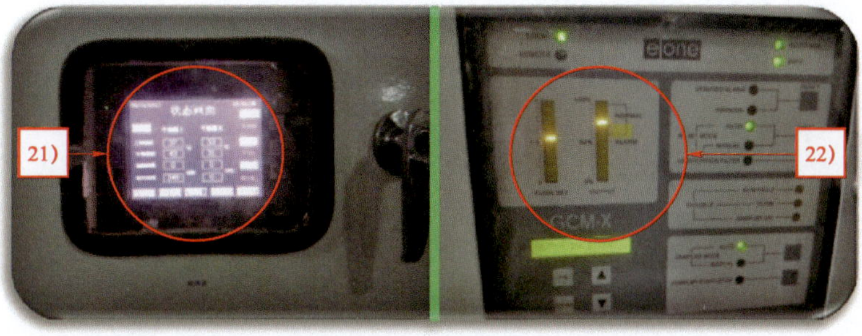

图 8-42　发电机氢气除湿机 MKG50AH001

23）12 号轴承箱振动正常，外观完好，无漏油；

24）12 号轴承润滑油回油油量正常，回油畅通；

25）12 号轴承油挡无漏油、渗油、甩油现象、无碰磨；

26）12 号轴承座油槽无堵塞、无杂物、无积油；

27）12 号轴承顶轴油压 MVL32CP501 表读数（8.4～10.4 MPa）；

励磁机本体见图 8-43。

28）励磁机整体外壳温度比环境温度高，偏差范围在 30 ℃以内，温度均匀，无绝缘过热气味，无异常噪声；

29）转子测量回路炭刷长度正常，接触良好；

30）滑环表面无油污、无冒火花现象；

31）转子接地保护炭刷长度正常，接触良好，无冒火现象，无油污；

图 8-43　励磁机本体

32）13 号轴承箱振动正常，外观完好，无漏油、渗油；

33）13 号轴承润滑油回油油量正常，回油畅通；

34）13 号轴承油挡无漏油、渗油、甩油现象，无碰磨；

35）13 号轴承座油槽无堵塞、无杂物、无积油。

8.5 励磁控制系统巡检标准

电阻见图 8-44。

1）UMA00110 小间无水、汽凝聚；

2）MKC90GH000-R11 电气接头无松动、过热痕迹；

3）MKC90GH000-R01/R09 电气接头无松动、过热痕迹。

图 8-44 励磁控制系统电阻

励磁变压器见图 8-45。

4）BKV01/BKV03 无放电和其他杂音；

5）检查变压器的柜门处于关闭上锁的状态，关闭完好；

6）变压器的前、后盖板是处于关闭、螺栓锁死的状态；

7）变压器运行声音为轻微的“嗡嗡”声、无异常振动；

8）变压器三相温度小于 130 ℃；

9）1BKV01/BKV03 超温灯、1BKV01/BKV03 跳闸灯、1BKV01/BKV03 故障灯均不亮；无异常味道，如绝缘材料烧坏的焦糊味；

10）从变压器柜门的网状处用电筒照着看变压器本体上有无设备松动，无放电现象。

MKC91 柜见图 8-46。

11）励磁机励磁电流、励磁电压正常；

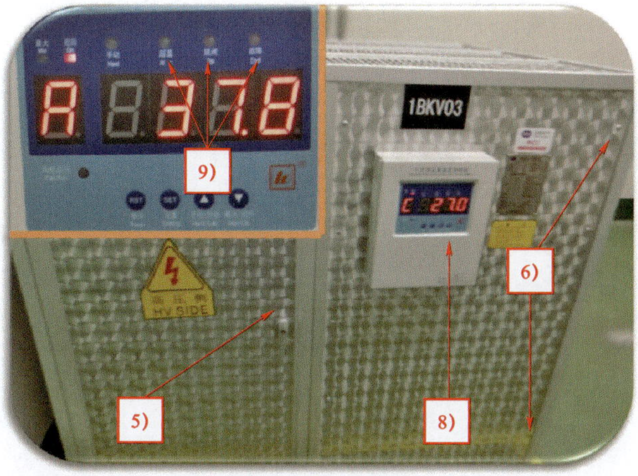

图 8-45　励磁变压器

12）灭磁开关 QE1 在合位；
13）柜内无烧焦的气味；
14）电缆、动力线接头无过热痕迹；
15）励磁故障跳发变组压板 S0 置投入。

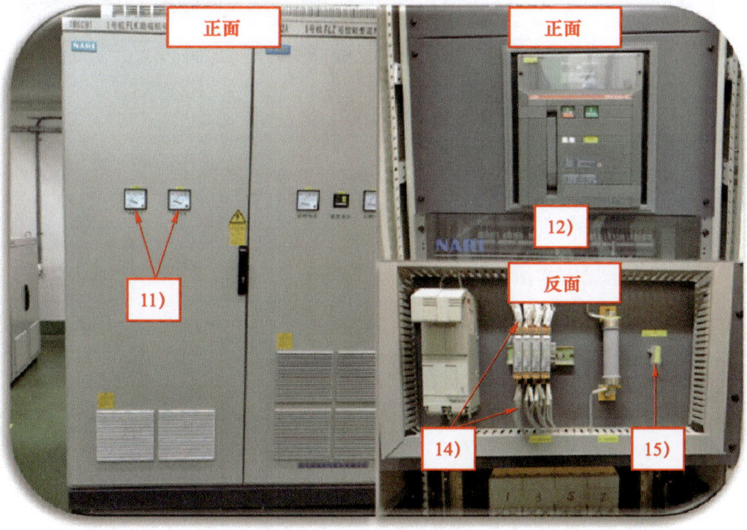

图 8-46　MKC91 柜

MKC92A 可控硅整流柜（11UMA00220）见图 8-47。
16）可控硅整流柜 1 前、后桥电流表电流值正常；
17）可控硅整流柜 1 散热风机运行状态正常；
18）可控硅整流柜 1 温度表温度在 50 ℃以下；
19）QS11、QS12、QS21、QS22、Q19 均在合位；
20）柜内无烧焦的气味；

21）电缆，动力线接头无异常。

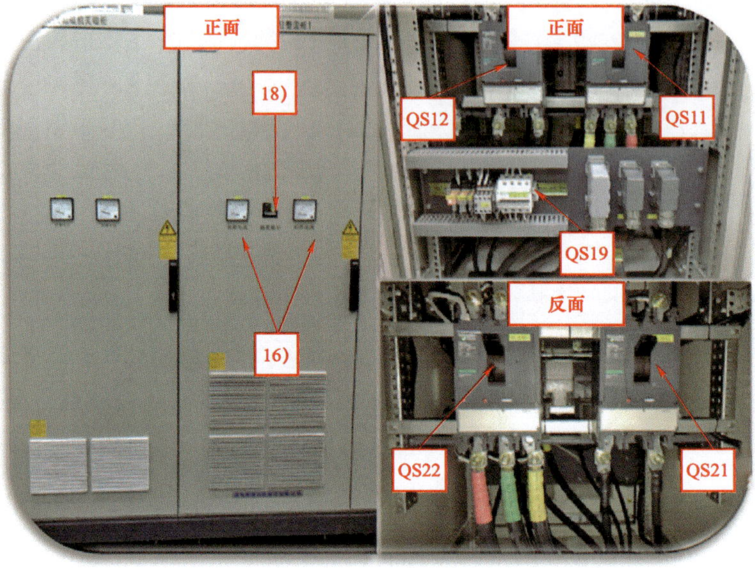

图 8-47 MKC92 柜

MKC92B 可控硅整流柜（11UMA00220）：（同 MKC92A 柜）

22）可控硅整流柜 2 前、后桥电流表电流值正常；

23）可控硅整流柜 2 散热风机运行状态正常；

24）可控硅整流柜 2 温度表温度在 50 ℃以下；

25）QS31、QS32、QS41、QS42、Q20 均在合位；

26）柜内无烧焦的气味；

27）电缆，动力线接头无异常。

MKC93 发电机励磁调节器柜见图 8-48。

28）QK1（PSS 投切开关）置投，QK2（A、B 套置主开关）置中间位置，QK3（远方现地）置远方；

29）Q1、Q2、Q3、Q4 置合闸位，Q11、Q12、Q13、Q14 置合闸位；

30）Q21、Q22、Q24、Q31、Q32 置合闸位；

31）A 套调节器运行灯亮，装置异常灯不亮，主套灯亮，故障灯不亮，告警灯不亮，限制灯不亮，脉冲灯亮；

32）B 套调节器运行灯亮，装置异常灯不亮，主套不灯亮，故障灯不亮，告警灯不亮，限制灯不亮，脉冲灯亮。（同 A 套）

MKC94 柜见图 8-49。

33）记录转子电压表 PV1 指示电压值；

34）记录绝缘监测（AK1）显示阻值；

35）Q1 开关在断开位；

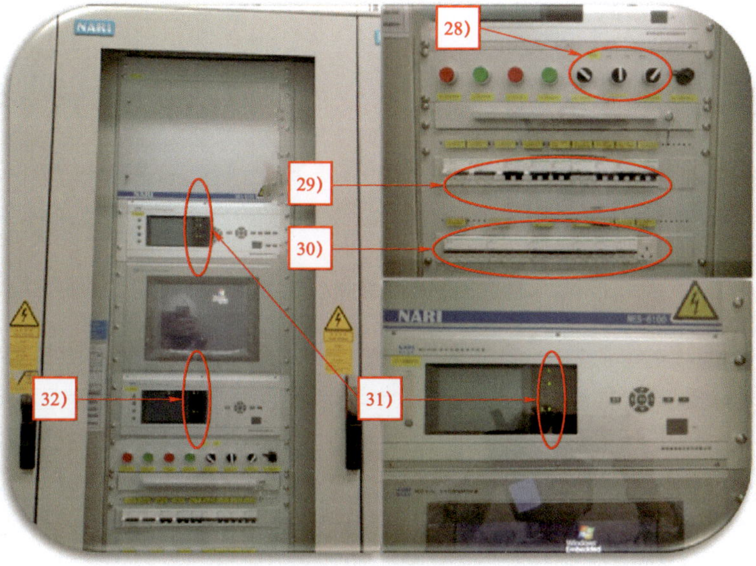

图 8-48　MKC93 柜

36）电缆接头无过热痕迹；

37）转子接地保护功能压板 S12 置退出位；

38）转子接地保护压跳闸压板 S11 置投入位。

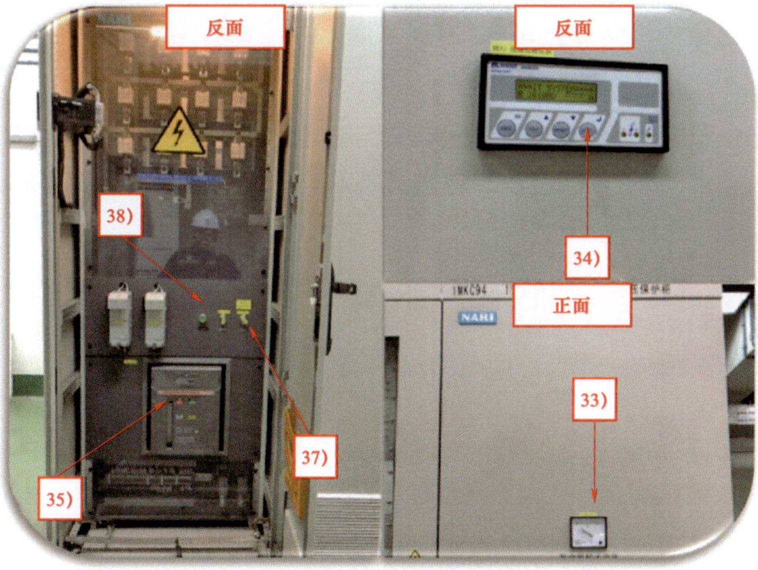

图 8-49　MKC94 柜

UMA00220 小间：

39）UMA00220 小间无水、汽凝聚；

40）消防灭火器 SGN70BB003 压力范围 3.6～4.4 MPa；

41）消防灭火器 SGN70BB004 压力范围 3.6～4.4 MPa；

42）记录空调机 SAM53AH001A 运行状态；

43）记录空调机 SAM53AH002A 运行状态；

44）房间温度/湿度，室内温度：5～40 ℃，室内湿度：5%～95%；

45）退出房间时确认房门关闭上锁。

8.6 变压器巡检标准

主变见图 8-50～图 8-62。

1）检查变压器的外壳、铁芯、铁芯夹件接地良好，各消防喷淋装置完整；

2）主变高、低压侧的套管及 SF_6 出线连接完好，各电流互感器、避雷器等无异常放电等现象；

图 8-50　主变

3）检查主变各相避雷器 SF_6 压力在绿区，中性点 SF_6 压力在绿区；

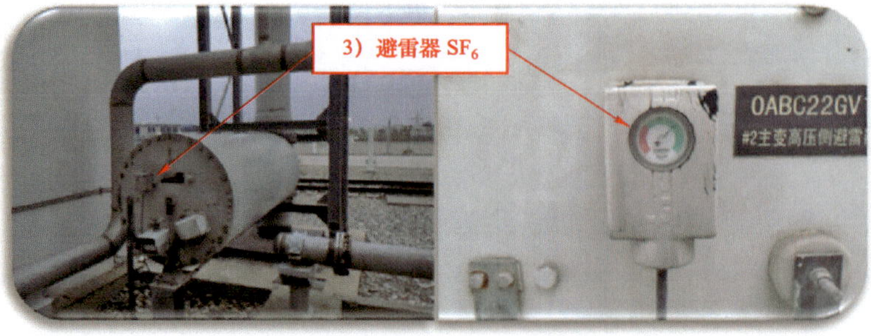

图 8-51　避雷器 SF_6 压力表

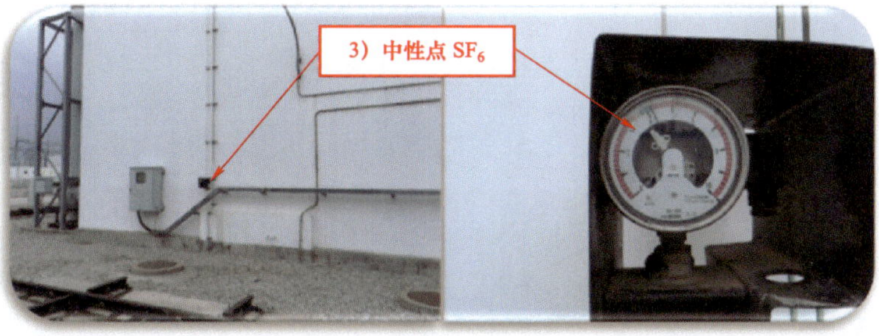

图 8-52　中性点 SF_6 压力表

4）变压器周围清洁、无任何杂物及油污；

5）变压器正常运行时为平稳柔和的“嗡嗡”声，无其他异常声及焦臭味，无放电、摩擦等；

6）检查变压器的油位应正常，油位 1/2 左右（对于国产变压器要求油位在指示牌指示斜线范围，目前 1 号主变 C 相、2 号主变 B 相为国产变压器）；

图 8-53　变压器油位指示

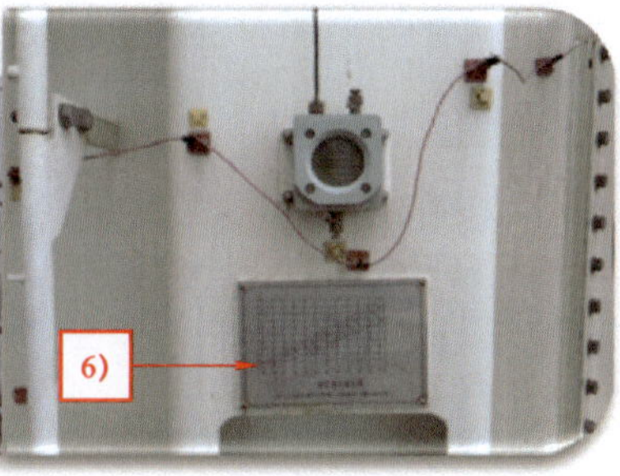

图 8-54　瓦斯取样器

7）检查变压器的油箱油枕呼吸器的硅胶应呈蓝色或紫色，当硅胶中出现呈粉红色且超过 1/3 时应要求更换硅胶（硅胶失效时变为粉红色）；

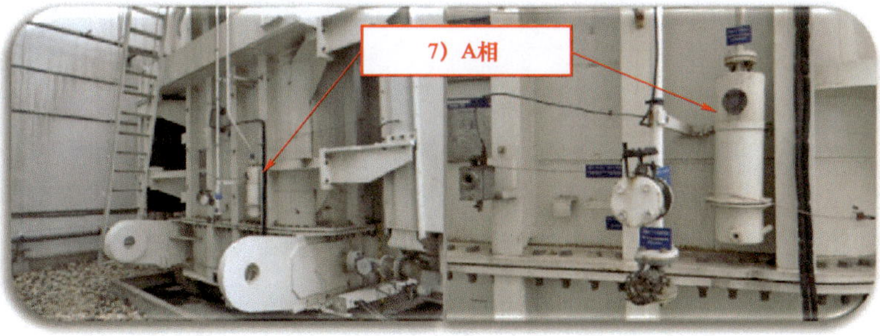

图 8-55　油枕呼吸器

8）检查呼吸器油杯的油位：油位约占 1/2，油封油位浸没呼吸口、环境温度较高时呼吸器的油中有明显的气泡（对于国产变压器要求油位在警戒红线与第二个小孔间，目前 1 号主变 C 相、2 号主变 B 相为国产变压器）；

图 8-56　油枕呼吸器油杯

9）冷却油泵和风扇运行正常：运行平稳，无摩擦声或撞击声，流量指针偏向绿点；

图 8-57　风扇　　　　　　图 8-58　冷却油泵

10）瓦斯取样器无有色气体；

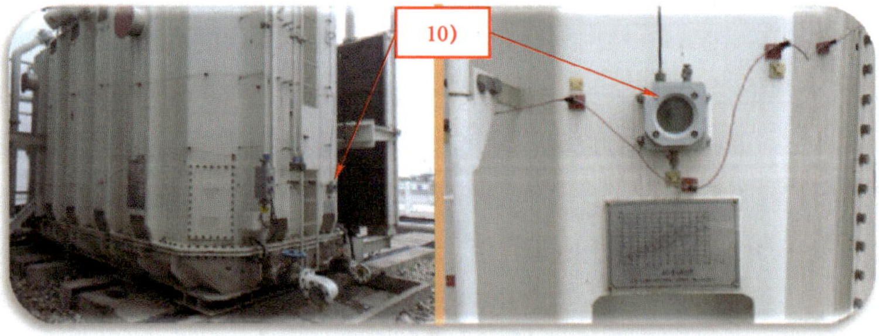

图 8-59　瓦斯取样器

11）检查冷却器控制方式设置正确：全部置自动状态；

12）检查控制柜空调投入，注意应随手关闭柜门；

13）变压器冷却系统空调运行正常，空调运行时，控制柜内温度控制在 13～38 ℃范围，湿度控制在 75%以下。

14）检查变压器的运行温度：绕组温度计读数，绕组温度计读数，上层油温温度计的读数，满足正常运行温度要求，对于改造主变要求上层油温低于 80 ℃，绕组温度小于 105 ℃；国产主变要求油面温度小于 85 ℃，绕组温度小于 100 ℃；

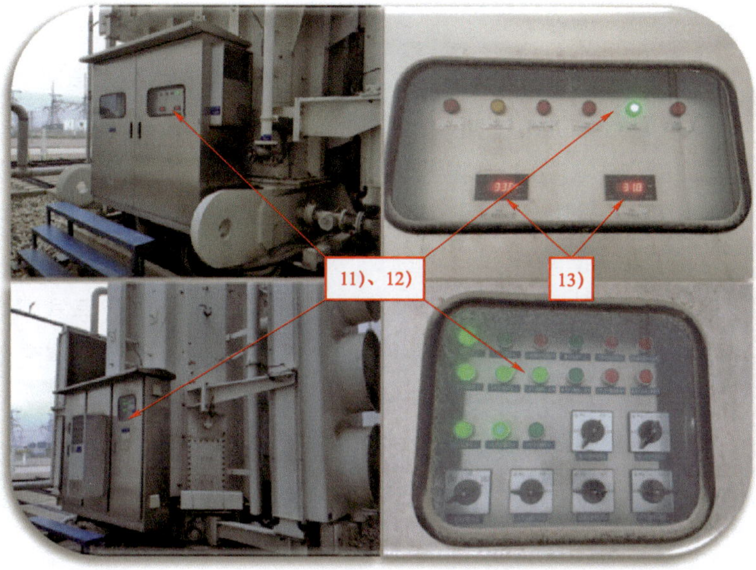

图 8-60　冷却系统控制柜

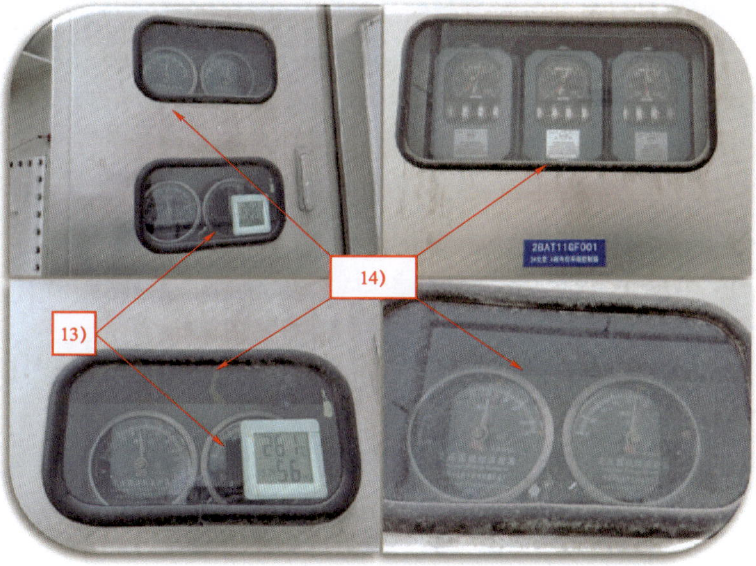

图 8-61　变压器温度计

15）变压器气体在线监测装置相连的管线无漏油现象；

16）检查控制盘内所有开关都合上，动力线无过热现象；

高厂变：

17）检查变压器的外壳接地良好，各消防喷淋装置完整；

18）变压器周围清洁、无任何杂物及油污；

图 8-62 变压器气体在线监测装置

19）变压器正常运行时为平稳柔和的“嗡嗡”声，无其他异常声及焦臭味，无放电、摩擦等；

20）检查变压器的油位应正常，油位 1/2 左右（对于国产变压器要求油位在指示牌指示斜线范围，目前一号厂变为国产变压器）；

21）检查变压器的油箱油枕呼吸器的硅胶应呈蓝色或紫色，当硅胶中出现呈粉红色且超过 1/3 时应要求更换硅胶（硅胶失效时变为粉红色）；

22）检查呼吸器油杯的油位：油位约占 1/2，油封油位浸没呼吸口、环境温度较高时呼吸器的油中有明显的气泡（对于国产变压器要求油位在警戒红线与第二个小孔间，目前一号厂变为国产变压器）；

23）冷却风扇运行正常：运行平稳，无摩擦声或撞击声；

24）瓦斯取样器无有色气体；

25）厂变高、低压侧的套管及 SF_6 出线连接完好，各电流互感器等无异常放电等现象；

26）检查冷却器控制方式设置正确：全部置自动状态；

27）检查变压器的运行温度：绕组温度计读数，上层油温温度计的读数对于新制作的一号机组一号高厂变要求上层油温小于 80 ℃，绕组温度小于 95 ℃；对于俄供高厂变要求上层油温小于 80 ℃，绕组温度小于 95 ℃；

28）变压器气体在线监测装置相连的管线无漏油现象；

29）检查控制盘内所有开关都合上，动力线无过热现象；

30）检查控制柜门关闭严密。

启动变：

31）检查变压器的外壳接地良好，各消防喷淋装置完整；

32）变压器周围清洁、无任何杂物及油污；

33）变压器正常运行时为平稳柔和的“嗡嗡”声，无其他异常声及焦臭味，无放电、摩擦等；

34）检查变压器的油位应正常，油位 1/2 左右（对于国产变压器要求油位在指示牌指示斜线范围，目前一号厂变为国产变压器）；

35）检查变压器的油箱油枕呼吸器的硅胶应呈蓝色或紫色，当硅胶中出现呈粉红色且超过 1/3 时应要求更换硅胶（硅胶失效时变为粉红色）；

36）检查呼吸器油杯的油位：油位约占 1/2，油封油位浸没呼吸口、环境温度较高时呼吸器的油中有明显的气泡（对于国产变压器要求油位在警戒红线与第二个小孔间，目前一号厂变为国产变压器）；

37）冷却风扇运行正常：运行平稳，无摩擦声或撞击声；

38）瓦斯取样器无有色气体；

39）启动变高、低压侧的套管及 SF_6 出线连接完好，各电流互感器等无异常放电等现象；

40）检查冷却器控制方式设置正确：全部置自动状态；

41）检查变压器的运行温度：绕组温度计读数，上层油温温度计的读数，要求上层油温小于 80 ℃，绕组温度小于 115 ℃；

42）检查控制盘内所有开关都合上，动力线无过热现象；

43）检查控制柜门关闭严密。

8.7　发变组保护巡检标准

发变组保护巡检标准相关图见图 8-63～图 8-67。

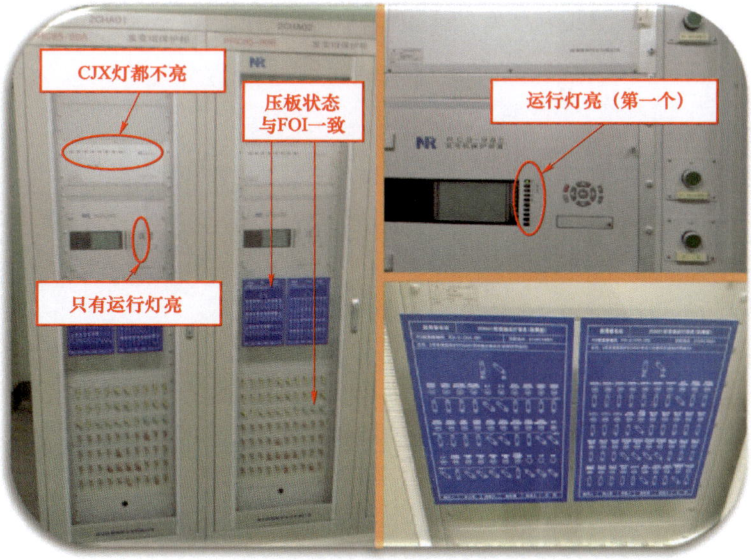

A/B/C/D/E/F屏情况类似

图 8-63　发变组保护柜

1）检查 A 屏上电运行正常，操作继电器箱 CJX 面板灯均不亮，RCS985 运行灯亮，其他灯均不亮；压板状态与 FOI 一致；

2）检查 B 屏上电运行正常，操作继电器箱 CJX 面板灯均不亮，RCS985 运行灯亮，其他灯均不亮；压板状态与 FOI 一致；

3）检查 C 屏上电运行正常，操作继电器箱 CJX 面板灯均不亮；RCS974 运行（OP）灯亮，其他灯均不亮；RCS985U（注入式定子接地保护装置）不运行；压板状态与 FOI 一致；

4）检查 D 屏上电运行正常，操作继电器箱 CJX 面板灯均不亮，RCS985 运行灯亮，其他灯均不亮；压板状态与 FOI 一致；

5）检查 E 屏上电运行正常，操作继电器箱 CJX 面板灯均不亮；RCS985 运行灯亮，其他灯均不亮；压板状态与 FOI 一致；

6）检查 F 屏上电运行正常，操作继电器箱 CJX 面板灯均不亮；RCS974 运行灯亮，其他灯均不亮；

7）检查 G 屏上电运行正常，第一排的第一个运行灯亮；第二排的报警灯均不亮；第三排的第一个 ACT1 灯闪亮；第七排的三个运行灯均亮；第八排的报警灯均不亮；第九排的第二、第三个 ACT 灯闪亮；第十排的第二、第三个 ACT 灯闪亮；第十一排的第三个 ACT 灯闪亮；第十二排的第三个 ACT 灯闪亮；显示屏的电源灯、POWER 灯亮；610H 装置除 HDD 闪亮，其他灯常亮；

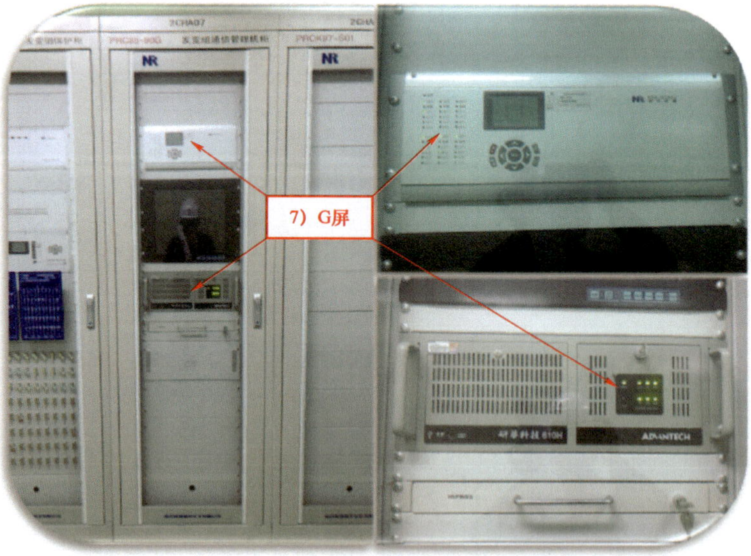

图 8-64　发变组通信管理机柜

8）检查 H 屏上电运行正常，运行灯亮；主从灯亮；秒脉冲灯闪亮（1 s）；分脉冲灯闪亮（1 min）；同步灯亮；

9）D25 工作指示正常，Power 绿灯亮，Run 绿灯亮，XCOM1 两个红灯亮，Local 绿灯亮，其他灯不亮；

10）故障录波器工作正常，无故障启动信号。

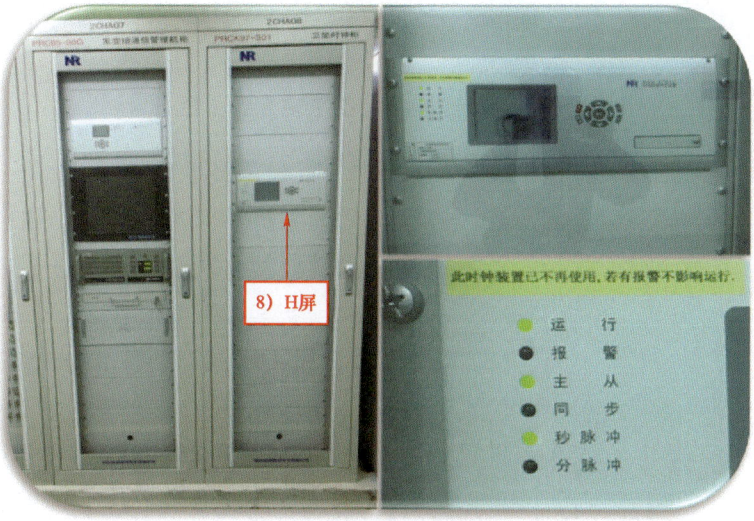

图 8-65　卫星时钟柜

图 8-66　监控柜 D25

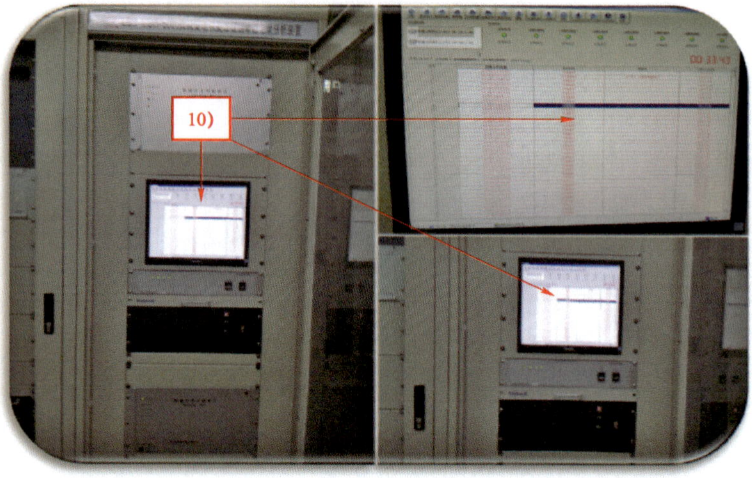

图 8-67　发变组故障录波器柜

8.8　启动变保护巡检标准

CHC01 屏见图 8-68 和图 8-69。

1）检查 CHC01 屏上电运行正常，操作继电器箱 CJX 面板灯均不亮；

2）RCS985—5n 运行灯亮，其他灯均不亮；

3）RCS985—6n 运行灯亮，其他灯均不亮；

4）RCS985—7n 运行灯亮，其他灯均不亮；

5）功能压板状态与 FOI 要求一致；

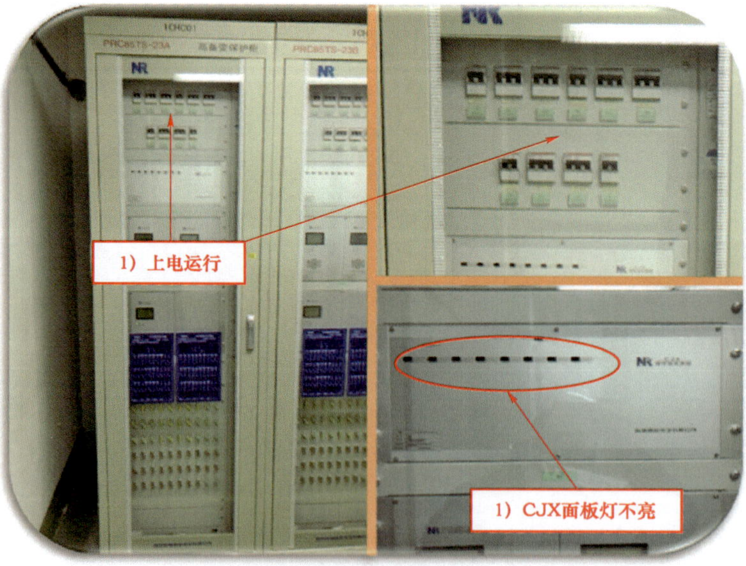

图 8-68　高备变保护柜 1CHC01

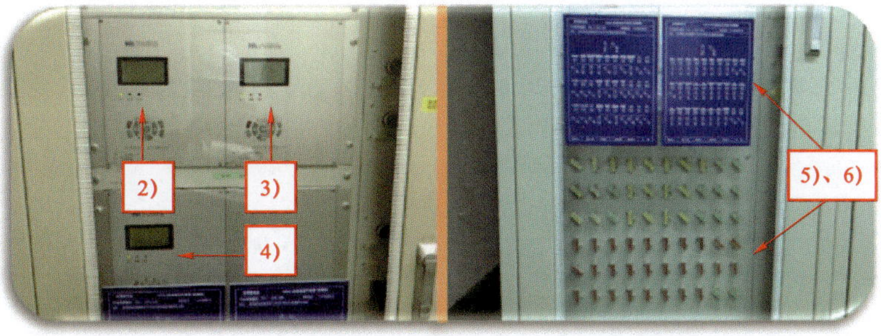

图 8-69　高备变保护柜指示灯及压板

6）出口压板状态与 FOI 要求一致，CHC02 屏：（照片与 CHC01 屏类似）；

7）检查 CHC02 屏上电运行正常，操作继电器箱 CJX 面板灯均不亮；

8）RCS985－5n 运行灯亮，其他灯均不亮；

9）RCS985－6n 运行灯亮，其他灯均不亮；

10）RCS985－7n 运行灯亮，其他灯均不亮；

11）功能压板状态与 FOI 要求一致；

12）出口压板状态与 FOI 要求一致，CHC03 屏见图 8-70；

13）CHC03 H11 档位指示与就地一致；

14）CHC03 信号 H01 灯亮；

15）CHC03 信号 H02 灯不亮；

16）CHC03 信号继电器全黑；

17）CHC03 调压压板闭锁，CHC04 屏见图 8-8；

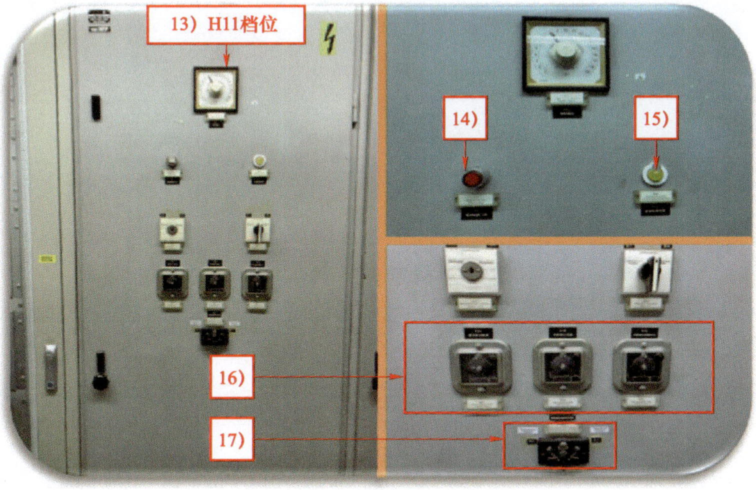

图 8-70　高备变保护柜 1CHC03

18）信号灯不亮，CHC05 屏见图 8-71；

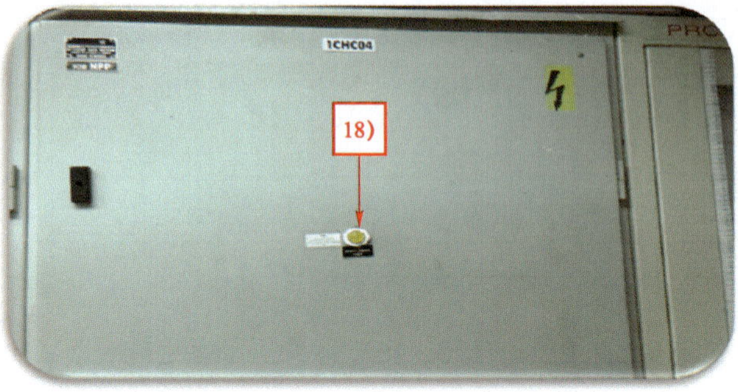

图 8-71　高备变保护柜 1CHC04

19）检查 CHC05 屏上电运行正常；
20）操作继电器箱 CJX 面板灯均不亮；
21）RCS974 运行灯亮，其他灯均不亮；
22）功能压板状态与 FOI 要求一致，黄色为功能压板；
23）出口压板状态与 FOI 要求一致，红色为出口压板。

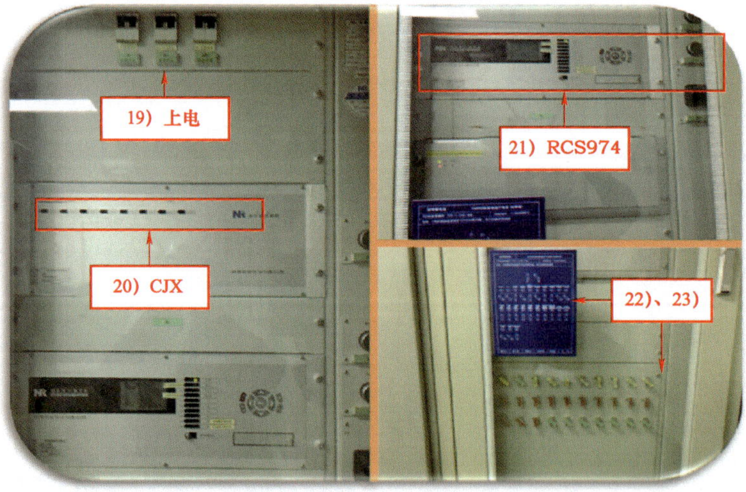

图 8-72　应急柴油机相关控制柜

8.9　开关站巡检标准

（1）500kV 开关站见图 8-73～图 8-80。

1）开关站内通风系统运行正常，环境中 SF_6 含量小于 1 000 ppm，氧含量大于 18%（可通过 SF_6-O_2 在线检测仪检测 SF_6 及氧气含量）；

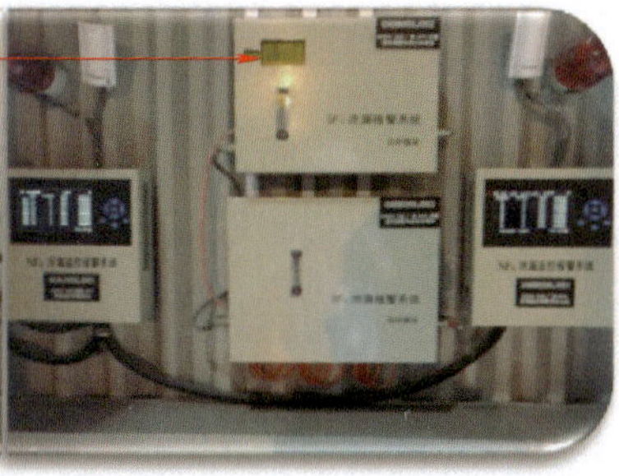

图 8-73　关站内风机控制柜　　　图 8-74　SF_6-O_2 在线检测仪

2）开关站照明正常，地面及设备表面清洁；

3）断路器本体螺栓紧固无锈蚀、无放电声、无异味；

图 8-75　开关站照明　　　图 8-76　断路器螺栓

4）SF_6 气体压力检查在额定压力范围内（绿区）；

图 8-77　SF_6 气体压力表

5）检测每串 GIS 外壳温升（选取 6～9 点），高于 40 ℃的点要记录点位；

6）开关就地控制柜 S1 置于 REMOTE 位、S2 置于 INTERLOCKED 位，并上锁；

7）开关就地控制柜内电加热器定值为 20 ℃，柜门关闭严密；

8）开关就地控制柜无报警信号，控制柜面板指示开关状态与实际状态一致；

9）开关油泵日动作次数小于 10 次；

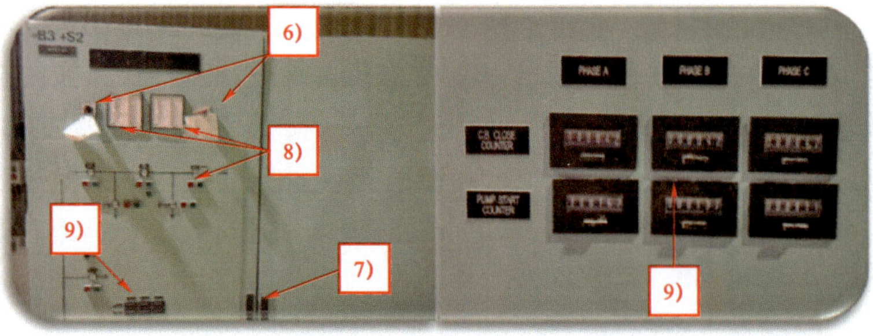

图 8-78 开关就地控制柜

10）厂房内 400 V 配电柜运行正常，0BLC02B1 正常工作电源开关 0BGE02Q0 合闸，0BLC04 备用工作电源开关 0BGF04/1Q0 分闸，负荷开关无报警；

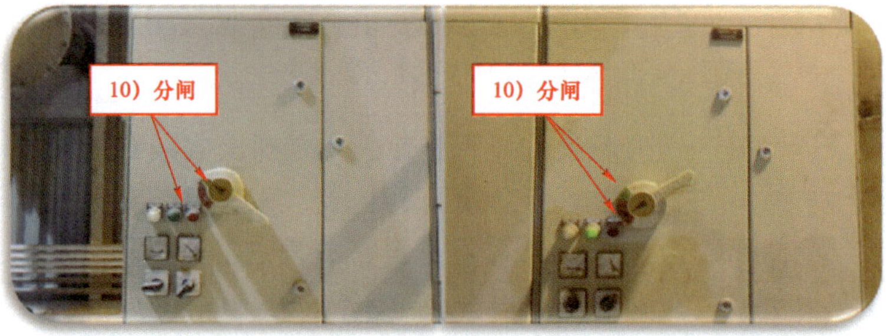

图 8-79 0BLC 配电柜

11）厂房内 400 V 配电柜 0BLC 母线柜上 GIB 廊道潜水泵电源指示灯亮（0GMU76AP901Q0）。

图 8-80 GIB 廊道潜水泵电源指示灯

（2）500 kV 线路见图 8-81～图 8-85。

12）如遇雷雨天气，不宜对户外设备进行巡检，雷雨过后方可进行巡检；

13）电压互感器、避雷器、支持绝缘子、架空线的悬挂绝缘子等外观无放电现象；

14）线路阻波器、结合滤波器运行完好，无放电闪络现象；

15）各设备接地线连接完好；

图 8-81　500 kV 线路接地线及电压互感器

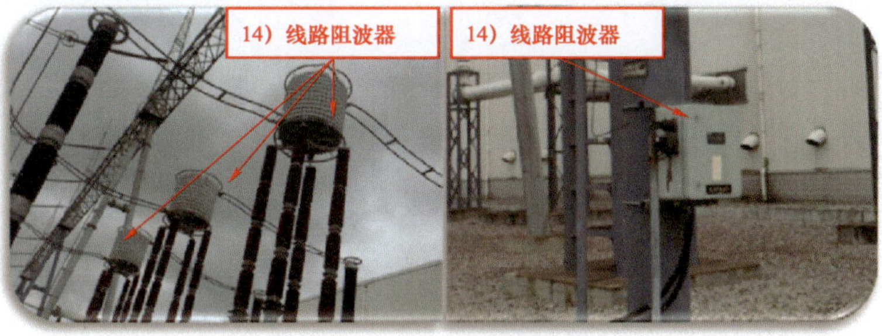

图 8-82　500 kV 线路阻波器

16）检查避雷器应完好，动作计数器和泄漏电流表指示正常；

17）避雷器在运行时，不得用手接触计数器的上端；

18）电压互感器室外端子箱应密封良好，端子牌无锈蚀现象，线路 PT 油位正常。

图 8-83 （a）500 kV 线路避雷器；（b）电压互感器室外端子箱

图 8-84　500 kV 线路 PT 油位及电压互感器室外端子箱

（3）500 kV GIB 廊道见图 8-85～图 8-87。

19）廊道内通风系统运行正常，环境中 SF_6 含量小于 1 000 ppm，氧含量大于 18%（可通过 SF_6-O_2 在线检测仪检测 SF_6 及氧气含量，并全程携带便携式测量装置并监测）；

20）廊道照明正常，地面及设备表面清洁；

21）廊道建筑物无漏水痕迹；

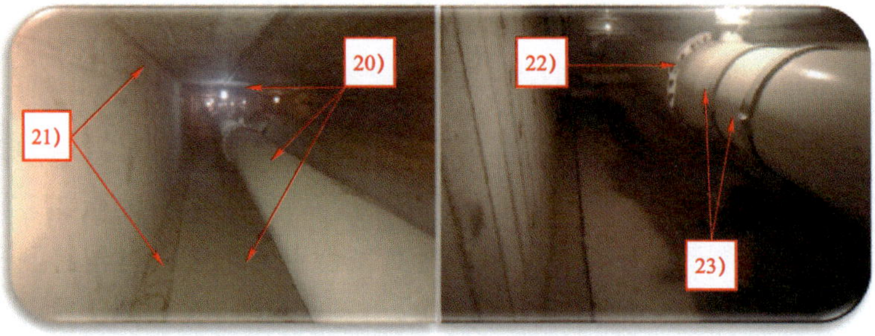

图 8-85　500 kV GIB 廊道

22）GIB 母线螺栓紧固无锈蚀、无放电声、无异味；

23）GIB 母线固定抱箍完好，无位移现象；

24）GIB 母线各气室的 SF_6 气体密度在绿区；

25）廊道内潜污泵工作正常，潜污泵处于自动工作模式。

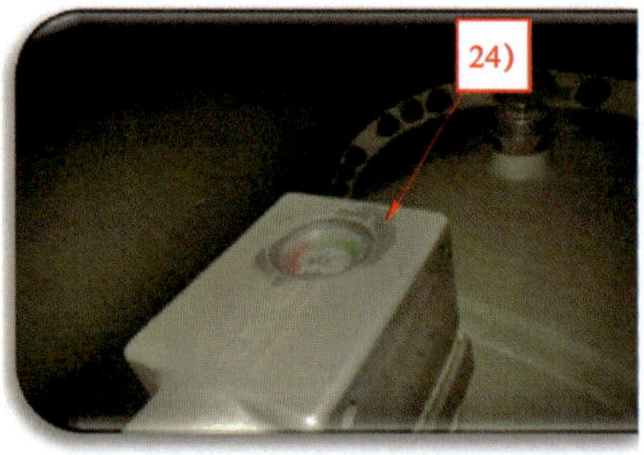

图 8-86　SF_6 气体密度压力表

图 8-87　潜污泵控制箱

（4）220 kV 开关站见图 8-88～8-92。

26）开关站内通风系统运行正常，环境中 SF_6 含量小于 1 000 ppm，氧含量大于 18%（可通过 SF_6-O_2 在线检测仪检测 SF_6 及氧气含量）；

27）开关站照明正常，地面及设备表面清洁；

28）断路器本体螺栓紧固无锈蚀、无放电声、无异味；

29）SF_6 气体压力检查在额定压力范围内（绿区）；

30）检测每串 GIS 外壳温升（选取 6～9 点），高于 40 ℃的点要记录点位；

31）开关就地控制柜 S1 置于 REMOTE 位、S2 置于 INTERLOCKED 位，并上锁；

32）开关就地控制柜内电加热器定值为 20 ℃，柜门关闭严密；

33）开关就地控制柜无报警信号，控制柜面板指示开关状态与实际状态一致；

34）开关油泵日动作次数小于 10 次；

35）厂房内 400 V 配电柜运行正常，0BLD01 正常工作电源开关 0BGE02/1-BQ0 合闸，0BLD02 备用工作电源开关 0BGF04-BQ0 分闸，负荷开关无报警；

图 8-88　SF_6 气体压力表

图 8-89　0BLD 配电柜

36）220 kV 电缆头油压在正常范围内（见表 8-1）；

表 8-1　温度与压力对应的关系

环境温度/℃	正常压力/bar	低油压限值/bar	高油压限值/bar
10	1.2	1.08	1.32
20	1.3	1.17	1.43
30	1.4	1.19	1.61
40	1.5	1.20	1.80

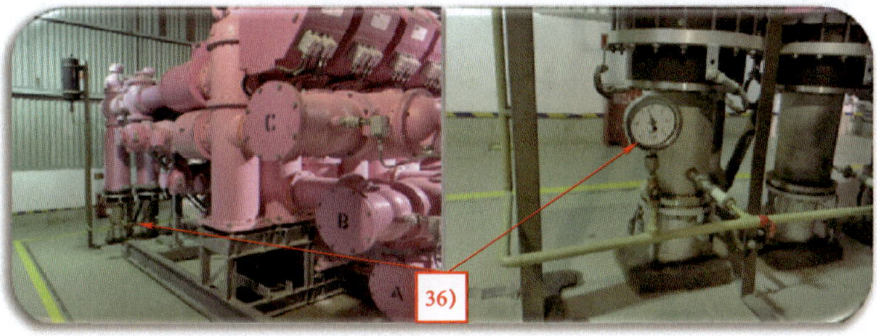

图 8-90　220 kV 电缆头油压表

37）电缆地坑潜污泵电源供电正常，潜污泵处于自动工作模式；

38）220 kV 电缆温度在正常范围内，网控楼操纵员工作站旁边有一台电脑监测 220 kV 电缆运行温度，60 ℃为报警温度。

（5）220 kV 线路（与 500 kV 类似）。

39）如遇雷雨天气，不宜对户外设备进行巡检，雷雨过后方可进行巡检；

40）电压互感器、避雷器、支持绝缘子、架空线的悬挂绝缘子等外观无放电现象；

41）检查避雷器应完好，动作计数器和泄漏电流表指示正常；

42）避雷器在运行时，不得用手接触计数器的上端；

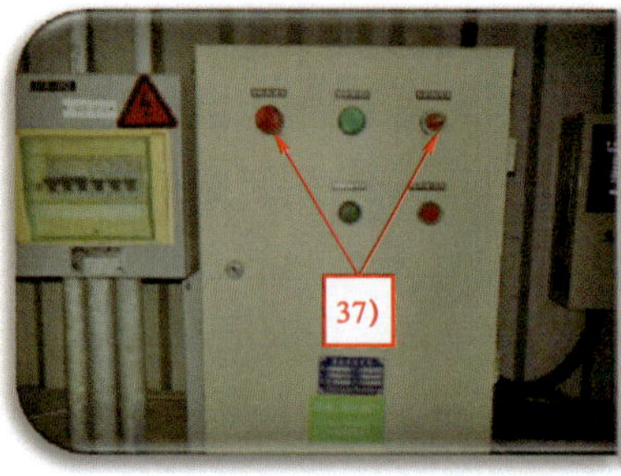

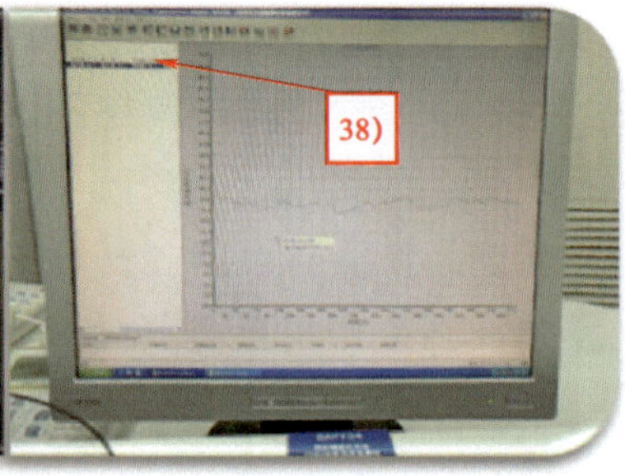

图 8-91　潜污泵控制箱　　图 8-92　220 kV 电缆温度监测站

43）线路阻波器、结合滤波器运行完好，无放电闪络现象；

44）各设备接地线连接完好；

45）电压互感器室外端子箱应密封良好，端子牌无锈蚀现象。

（6）保护装置见图 8-93。

46）保护间温度 5～40 ℃，湿度 10%～90%；

47）保护间照明正常，地面整洁；

48）保护装置电源指示灯亮，装置运行正常，无故障报警；

49）故障录波器无故障时无启动现象。

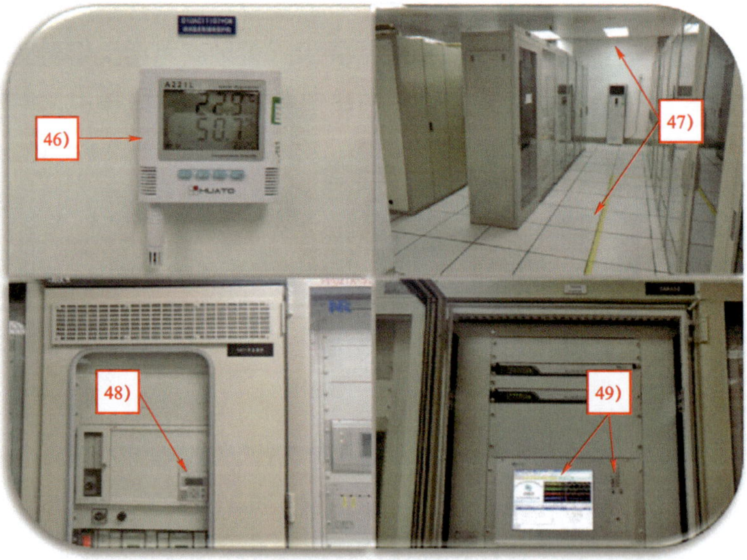

图 8-93　继电保护间

8.10　母线巡检标准

（1）6 kV 正常母线见图 8-94～图 8-99。

1）房间照明及通风系统工作正常；

2）正常时，正常运行母线（BBA、BBB、BBC、BBD）的正常进线开关处于工作位置合闸，备用开关处于工作位置分闸，自动快切投入绿灯亮；

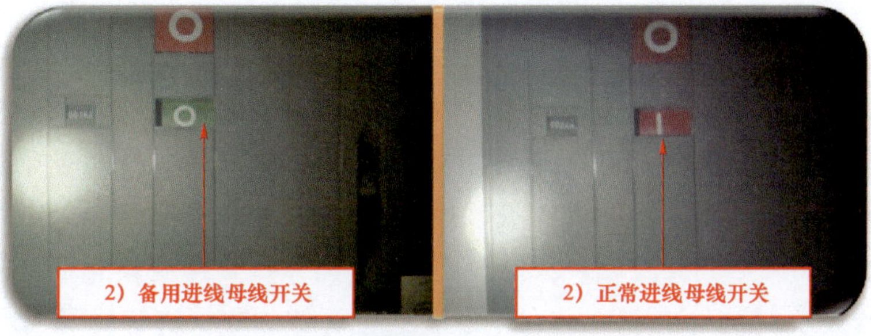

图 8-94　备用进线开关与正常进线开关

3）开关 SPAU 110C Uaux 绿灯亮无故障（未接线的备用开关除外）；

4）6 kV 母线上所有的负荷无故障报警信号；

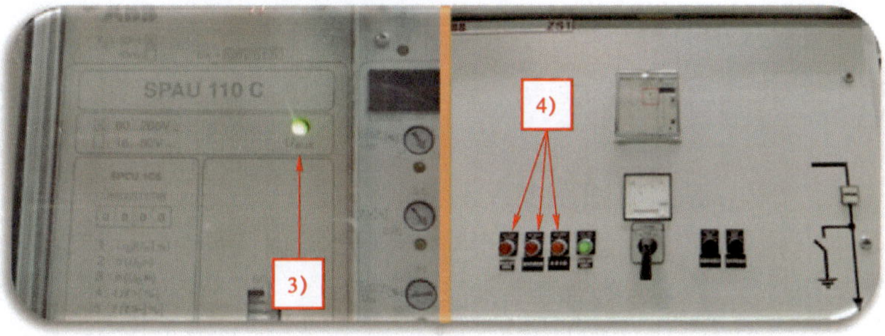

图 8-95　6 kV 开关柜信号灯

5）6 kV 母线的电压应在 5.985～6.615 kV 的范围内运行；

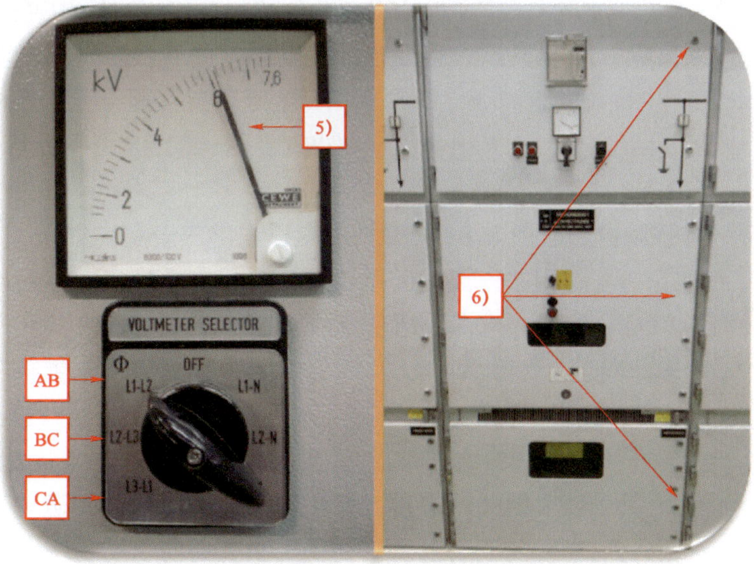

图 8-96　6 kV 开关柜电压表及柜门

6）6 kV 开关的小车室、电缆室柜门应关闭锁紧；

7）电缆孔洞材料填实，封堵严密性好、不应有透光现象；

8）电缆无老化龟裂现象；

9）若现场巡检检查发现有未封堵的或被打开的电缆孔洞时，应询问隔离办是否已经办理了《防火屏障打开许可证》，而且被打开的孔洞已采取了临时的封堵，否则写工作申请或通知工业安全科；

图 8-97　6 kV 电气间照明

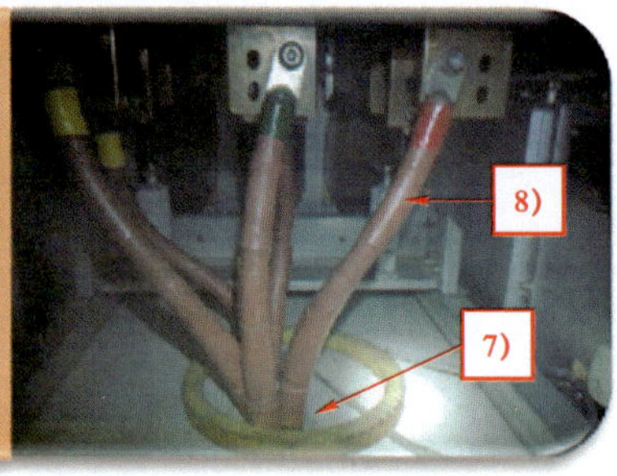

图 8-98　6 kV 开关电缆

10）检查接地变压器的柜门处于关闭上锁的状态，关闭完好；

11）接地变压器的前、后盖板是处于关闭、螺栓锁死的状态；

12）接地变压器运行声音为轻微的“嗡嗡”声、无异常振动；

13）接地变压器无温度高报警，无异常味道；

14）从接地变压器柜门的网状处用电筒照着看看变压器本体上有无设备松动，有无放电现象；

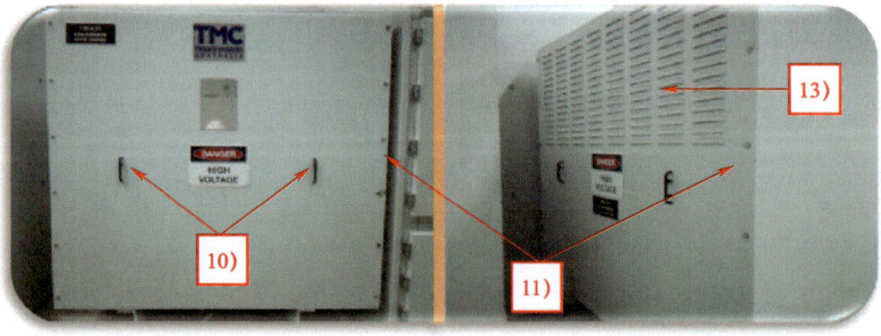

图 8-99　接地变压器柜门及盖板

15）处于隔离状态的开关，检查其状态正确，隔离牢靠，隔离票、隔离锁均状态正确，两者一致，无误隔、错隔现象。

（2）6 kV 可靠母线（照片与 6 kV 正常母线类似）

16）房间照明及通风系统工作正常；

17）正常时，可靠母线（BDA、BDC）的进线开关处于工作位置合闸，本段母线柴油机开关处于工作位置分闸；

18）开关 SPAU 110C Uaux 绿灯亮无故障（未接线的备用开关除外）；

19）6 kV 母线上所有的负荷无故障报警信号；

20）6 kV 母线的电压应在 5.985～6.615 kV 的范围内运行；

21）6 kV 开关的小车室、电缆室柜门应关闭锁紧；

22）电缆孔洞材料填实，封堵严密性好、不应有透光现象；

23）电缆无老化龟裂现象；

24）若现场巡检检查发现有未封堵的或被打开的电缆孔洞时，应询问隔离办是否已经办理了《防火屏障打开许可证》，而且被打开的孔洞已采取了临时的封堵，否则写工作申请或通知工业安全科；

25）处于隔离状态的开关，检查其状态正确，隔离牢靠，隔离票、隔离锁均状态正确，两者一致，无误隔、错隔现象。

（3）6 kV 应急母线：（照片与 6 kV 正常母线类似）

26）房间照明及通风系统工作正常；

27）正常时，可靠母线（BEA、BEB、BEC、BED）的进线开关处于工作位置合闸，本段母线柴油机开关处于工作位置分闸；

28）开关 SPAU 110C Uaux 绿灯亮无故障（未接线的备用开关除外）；

29）6 kV 母线上所有的负荷无故障报警信号；

30）6 kV 母线的电压应在 5.985～6.615 kV 的范围内运行；

31）6 kV 开关的小车室、电缆室柜门应关闭锁紧；

32）电缆孔洞材料填实，封堵严密性好、不应有透光现象；

33）电缆无老化龟裂现象；

34）若现场巡检检查发现有未封堵的或被打开的电缆孔洞时，应询问隔离办是否已经办理了《防火屏障打开许可证》，而且被打开的孔洞已采取了临时的封堵，否则写工作申请或通知工业安全科；

35）处于隔离状态的开关，检查其状态正确，隔离牢靠，隔离票、隔离锁均状态正确，两者一致，无误隔、错隔现象。

（4）400 母线见图 8-100～图 8-103。

配电盘：

36）400 V 母线应检查三相电压应在 372～428 V 的范围内运行；

37）配电盘的外壳安全接地良好，各柜门按要求关闭锁紧；

38）进线开关 SPAU 110C Uaux 绿灯亮无故障；

39）保护装置未出现报警。

干式变压器：

40）6.3 kV/0.4 kV 干式变压器运行温度应低于 130 ℃；

41）检查变压器的柜门处于关闭上锁的状态，关闭完好；

42）变压器的前、后盖板是处于关闭、螺栓锁死的状态；

43）变压器运行声音为轻微的“嗡嗡”声、无异常振动；

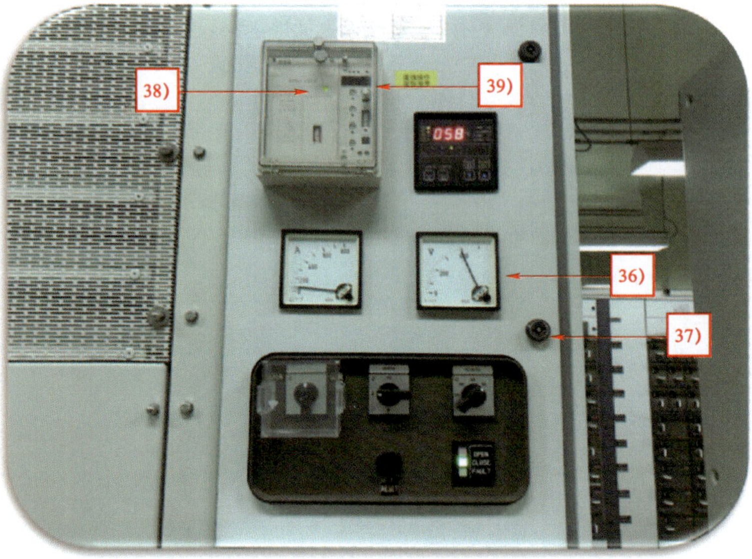

图 8-100　400 V 母线配电盘

44）变压器无温度高报警，无异常味道。如绝缘材料烧坏的焦糊味；

45）从变压器柜门的网状处用电筒照着看看变压器本体上有无设备松动，有无放电现象。

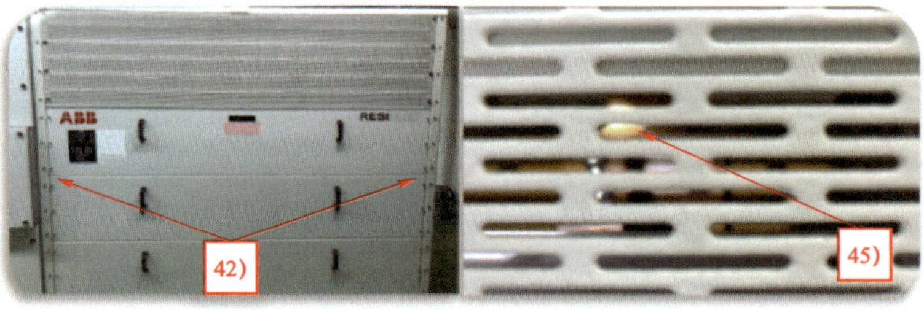

图 8-101　干式变压器柜门及盖板

配电开关：

46）电气间照明及通风正常；

47）运行中的 16E 以上的 400 V 开关完全推入工作位，开关表面平整；

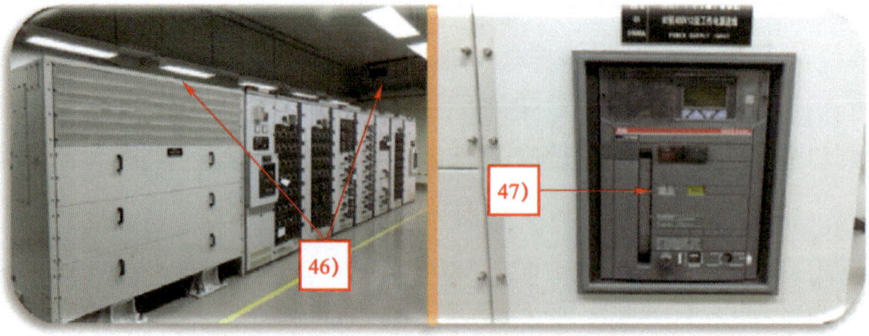

图 8-102　400 V 电气间照明及进线开关

48）禁止在无隔离牌的情况下将 400 V 交、直流（220 V）电气开关置于隔离位置断开；

49）机组正常功率运行时 400 V 交、直（220 V）流电气开关（包括不存在自动开命令的阀门类电源开关、SBH 类电加热器电源开关、未接线的备用开关等），如不需要送电，则应置于工作位置断开状态；

50）对于一旦送电就可能影响安全的 400 V 交、直（220 V）流电气开关（包括两路进线电源的联络开关、存在自动开命令的阀门类电源开关、不在备用状态的转动设备电源开关、送电即运行的电加热器电源等），如不需要送电，则要求断开、置于隔离位置、上锁、挂运行隔离牌；

51）非运行部门管辖的设备（包括厂房电梯电源、厂房吊车电源、反应堆控制棒驱动机构试验台架电源、发电机诊断系统电源、汽轮机干风保养风机电源、蓄电池放电装置接入开关、常规岛废油排放设备电源、燃料破损检测系统电源等）如不需要送电，则由相应的设备管辖部门申请 PT 试验票进行“占用”，要求断开、置于隔离位置、上锁、挂票，“占用”设备开关的停、送电在工作负责人提出申请后由运行处负责，开关停、送电操作时工作负责人应该在场；

52）对于阀门类负荷一般为双向电动机，当阀门开关时不能同时出现 OPEN、CLOSE 灯亮；

53）对于转动机械类负荷运行时，RUNNING 灯应亮；

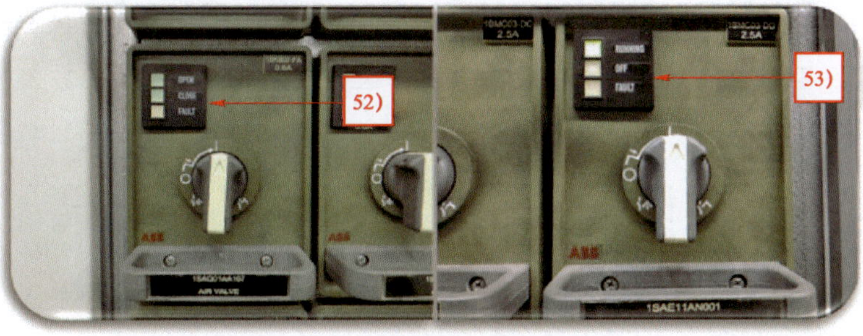

图 8-103　400 V 电气负荷开关

54）检查发现配电开关有故障报警时，应通知 OPM 分别进行下列检查：

① 开关的热偶动作未复位

② 开关自身的保护动作

55）电缆孔洞材料填实，封堵严密性好、不应有透光现象；

56）电缆无老化龟裂现象；

57）若现场巡检检查发现有未封堵的或被打开的电缆孔洞时，应询问隔离办是否已经办理了《防火屏障打开许可证》，而且被打开的孔洞已采取了临时的封堵，否则写工作申请或通知工业安全科；

58）处于隔离状态的开关，检查其状态正确，隔离牢靠，隔离票、隔离锁均状态正确，两者一致，无误隔、错隔现象。

（5）UPS 母线见图 8-104 和图 8-105。

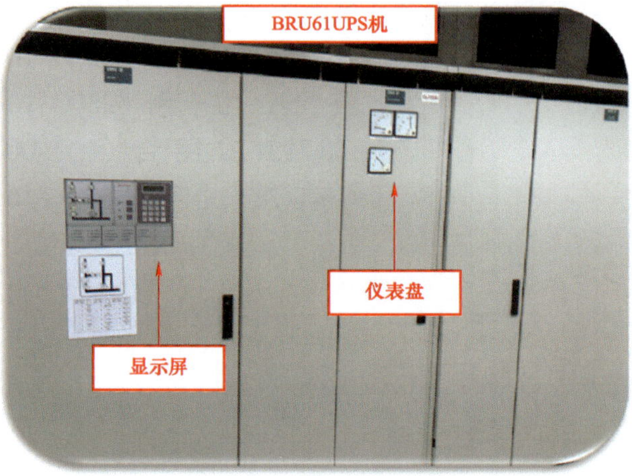

图 8-104　BRU61UPS 机柜

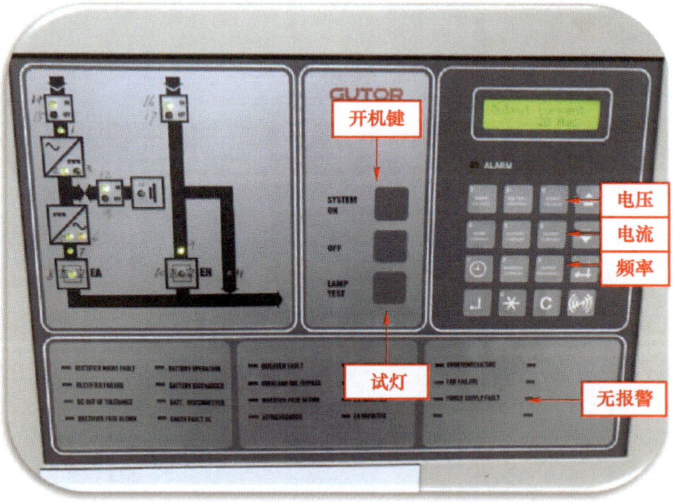

图 8-105　UPS 机柜控制面板

59）电气间照明及通风正常；

60）配电盘的外壳安全接地良好，各柜门按要求关闭锁紧；

61）UPS 电源母线电压应在额定电压的±10%范围内，电压应在 372～428 V 的范围运行；

62）母线上所有的负荷无故障报警信号；

63）观察逆变器的设备温度应正常：正常运行时，由于逆变器的效率低于变压器，发热量较变压器高，因此逆变器的温度较直流盘的整流器温度要高些，可通过温枪对逆变器面板上部指示灯和指示仪表之间的温度进行判断（该处为每个逆变器温度最高的地方），正常时约45 ℃；

64）逆变器正常运行时只有轻微的“嗡嗡”交流声：不应出现较大的噪音或异常的金属振动声。正常运行时，其噪声稳定，不刺耳，当出现异常的声音增大或出现刺耳的声音以及出现金属的撞击声时，应尽快通知主控并找电气人员确认处理；

65）处于隔离状态的开关，检查其状态正确，隔离牢靠，隔离票、隔离锁均状态正确，两者一致，无误隔、错隔现象。

（6）直流母线见图8-106。

66）电气间照明及通风正常；

67）配电盘的外壳安全接地良好，各柜门按要求关闭锁紧；

68）直流母线的电压应在额定电压的±10%范围内运行，110 V 直流母线为99～121 V，220 V直流母线为198～242 V；

69）正常运行时整流器有轻微的“嗡嗡”声，应检查整流器无异常振动及其他响声，无过热及焦糊味；

70）带载运行的整流器其直流侧开关合闸，交、直流输入和输出的电压、电流均有读数；

71）空载备用的整流器其直流侧开关分闸，交、直流输入和输出的电压表指示正常值，当其交、直流输入和输出的电流值为零；

72）无故障报警；

73）处于隔离状态的开关，检查其状态正确，隔离牢靠，隔离票、隔离锁均状态正确，两者一致，无误隔、错隔现象。

图8-106 BVC直流母线柜

8.11 发电机出口开关巡检标准

1）发电机开关（见图 8-107）处运行无异常声音，无异味；
2）BAC10GS601（Q81）断开位（绿灯亮）；
3）BAC10GS602（Q82）断开位（绿灯亮）；
4）BAC10GS600（Q9）合闸位（红灯亮）；
5）BAC10GS001（Q0）合闸位（红灯亮）；
6）选择开关 S2 置于 REMOTE 位。

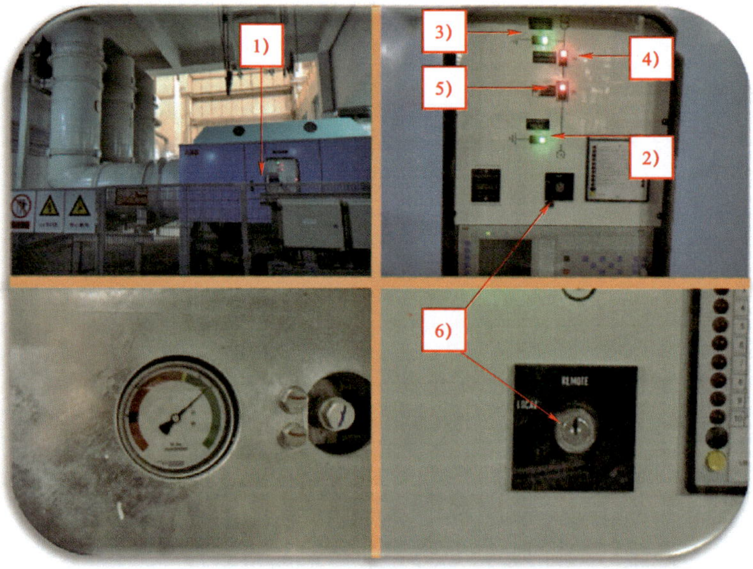

图 8-107 发电机出口开关

8.12 发电机封闭母线巡检标准

发电机封闭母线巡检标准见图 8-108～8-111。

图 8-108 封闭母线 BAA

1）封闭母线 BAA 温度（测开关两侧各两点）小于 90 ℃；

2）封闭母线 BAA 外观（目视能及处）无变形和过热痕迹；

3）封闭母线 BAA 换热器无漏水现象，4 米平台换热器底部监测换热器泄漏的管线无水漏出；

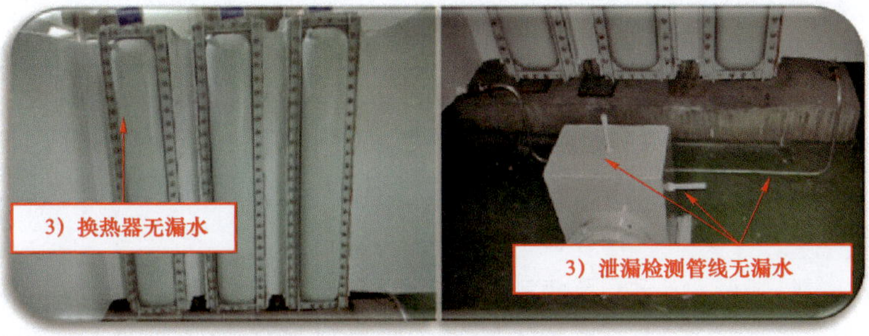

图 8-109　封闭母线 BAA 换热器

4）封闭母线冷却风机 BAA90AN001、BAA90AN002 有一台运行、一台备用，运行风机无异音、无异味。备用风机不反转；

5）风机 MKA90AN001、MKA90AN002 有一台运行、一台备用，运行风机无异音、无异味，备用风机不反转。

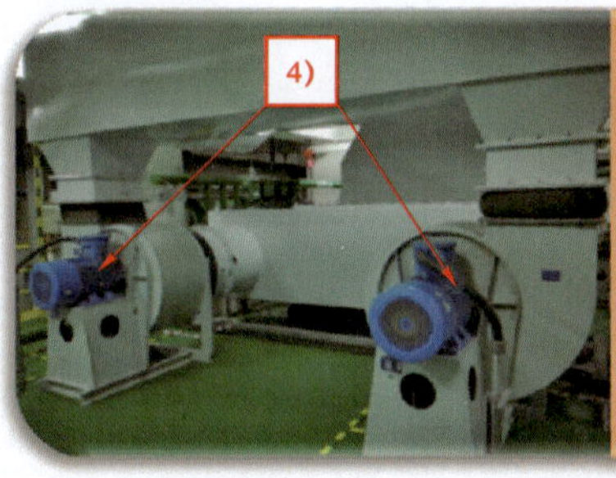

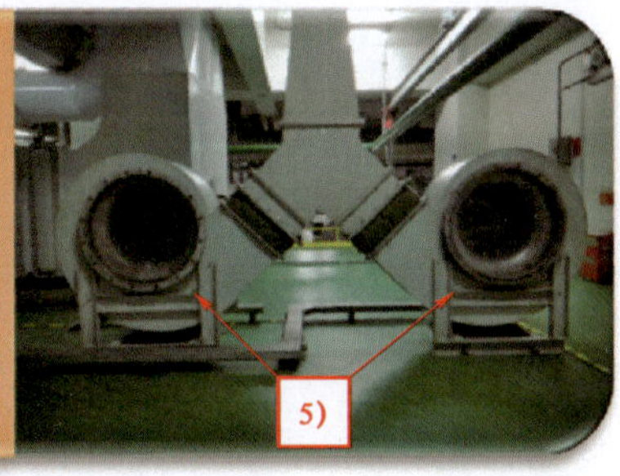

图 8-110　冷却风机 BAA90AN001/002 图 8-111　风机 MKA90AN001/002

8.13　应急柴油机巡检标准

应急柴油机大厅见图 8-112～图 8-128。

1）检查应急柴油机本体及管道设备有无漏油、漏水、漏气现象；

2）检查应急柴油机无异常振动；

3）检查应急柴油机本体及管道设备的支架完好，无锈蚀、无掉漆、无晃动；

4）检查应急柴油机本体螺栓、螺母、组件无松脱或缺失；

5）检查应急柴油发电机轴承端部油孔油位在 1/3 处；

6）检查主启动阀压杆处于机械闭锁位；

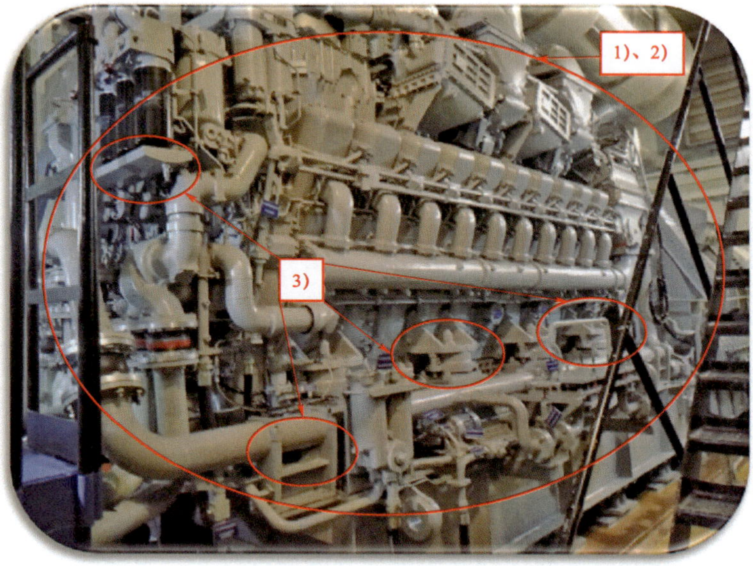

图 8-112　应急柴油机

图 8-113　应急柴油机

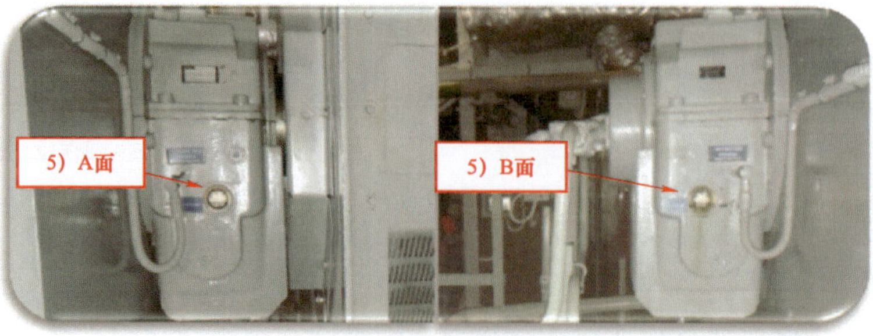

图 8-114　应急柴油机轴承端部油孔

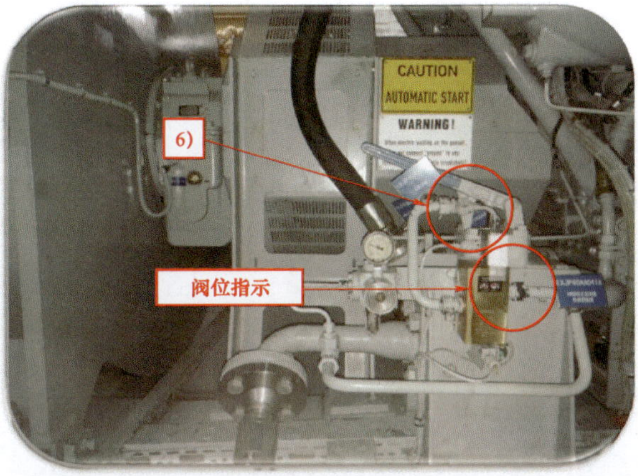

图 8-115　应急柴油机主启动阀压杆

7）检查应急柴油发电机润滑油液位在油尺正常油位；

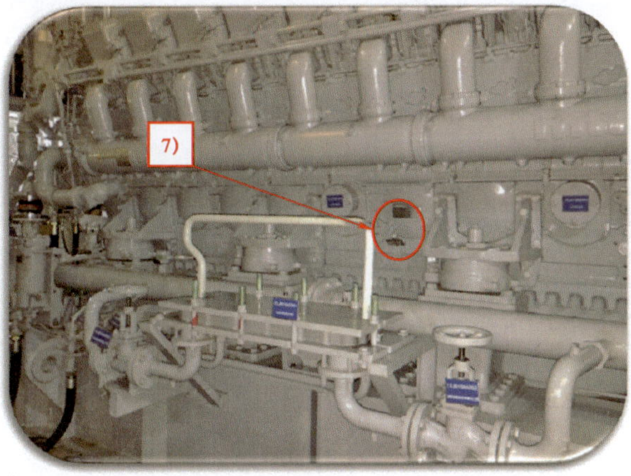

图 8-116　应急柴油机润滑油液位

8）检查冷却水系统预热泵 XJG-AP021 在热备用状态下保持正常运行，并观察检漏孔无液体流出、地面无水迹，冷却水温度在 60～65 ℃的范围内；

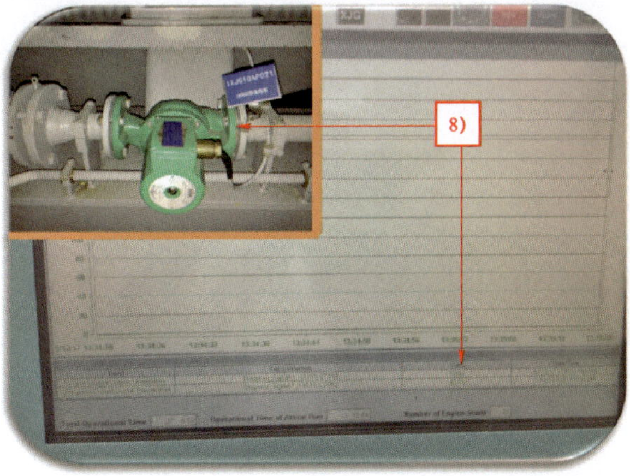

图 8-117　冷却水系统预热泵 XJG-AP02

9）检查不间断润滑油泵 XJV-AP001 在热备用状态下保持正常运行且泵出口压力大于 0.3 bar，润滑油油温在 45～55 ℃；

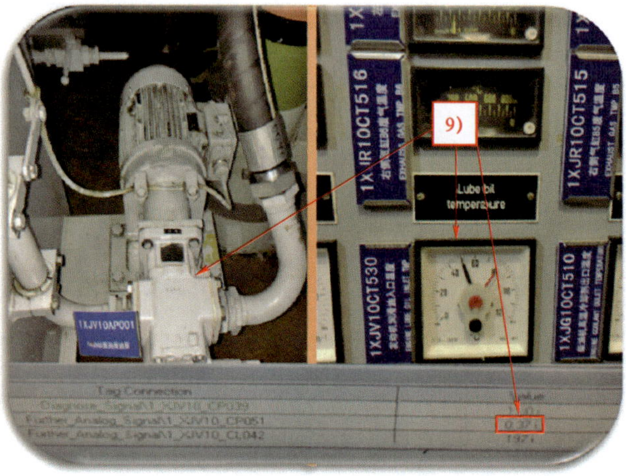

图 8-118　不间断润滑油泵 XJV-AP001

10）检查应急柴油机润滑油盘液位监测箱无泄漏、油位在 290～360 mm，支架固定牢固；

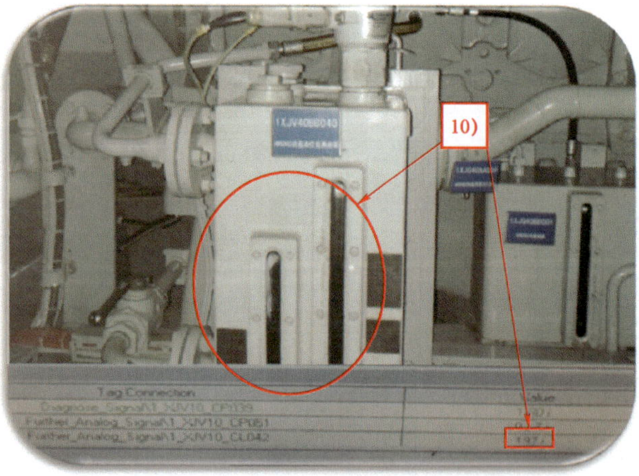

图 8-119　应急柴油机润滑油盘液位监测箱

11）检查应急柴油机进气疏水箱无溢流；

12）检查进气滤器表面清洁；

13）检查应急停机风阀 XJQ-AA042\041 为开启状态；

14）检查排气总管和消音器的排水阀 XJR-AA501 为开状态；

15）检查压缩空气贮气罐内压力在 34～39 bar；

16）检查压缩空气罐及阀门无漏气现象；

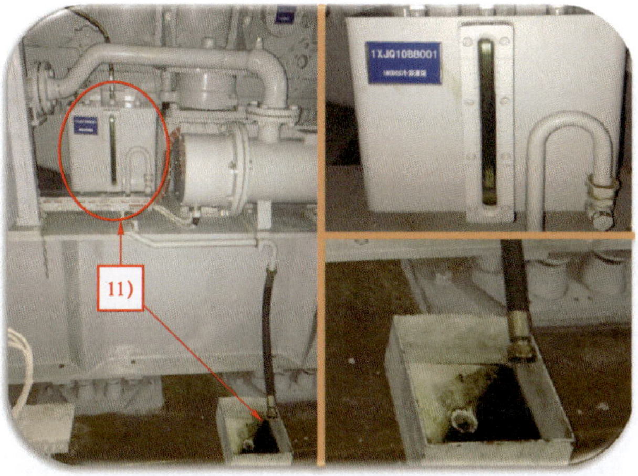

图 8-120 应急柴油机进气疏水箱

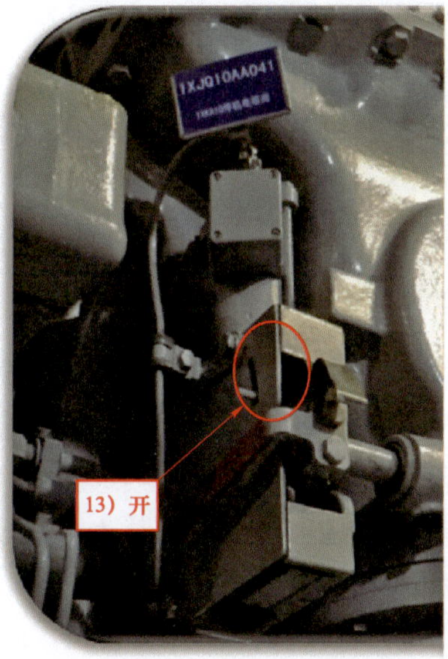

图 8-121 应急停机风阀 XJQ-AA042\041

图 8-122 排气总管和消音器的排水阀

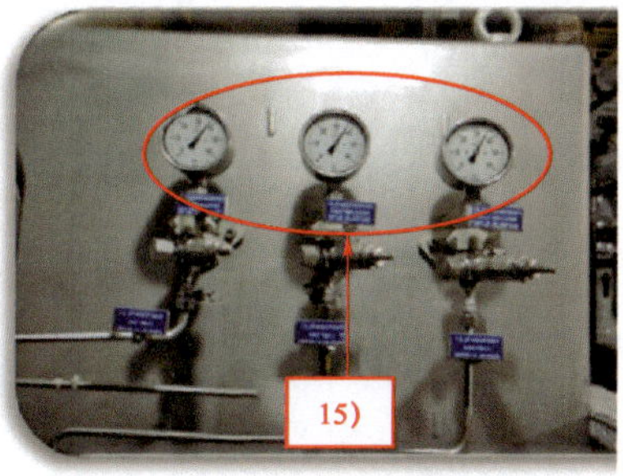

图 8-123 压缩空气储罐压力表

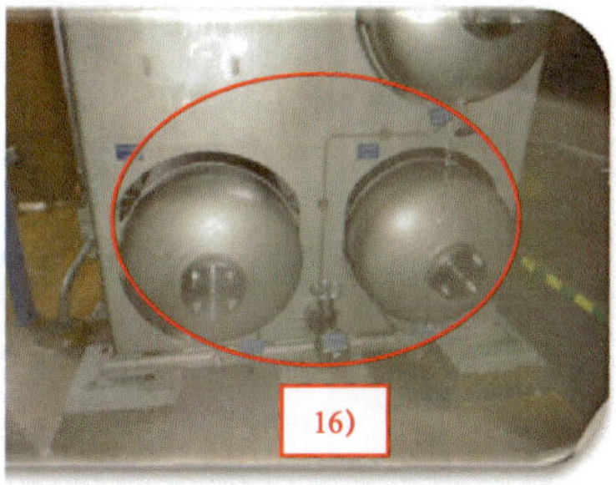

图 8-124 压缩空气罐

17）检查压缩机无漏油、油位正常，无频繁启动；

18）检查压空干燥器控制按钮处于合位；

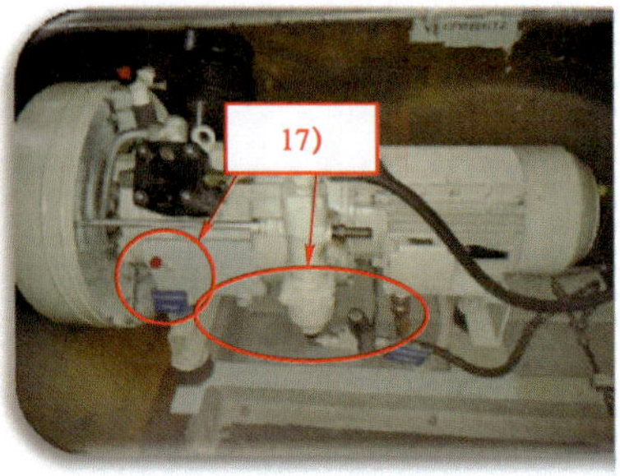

图 8-125　压缩机

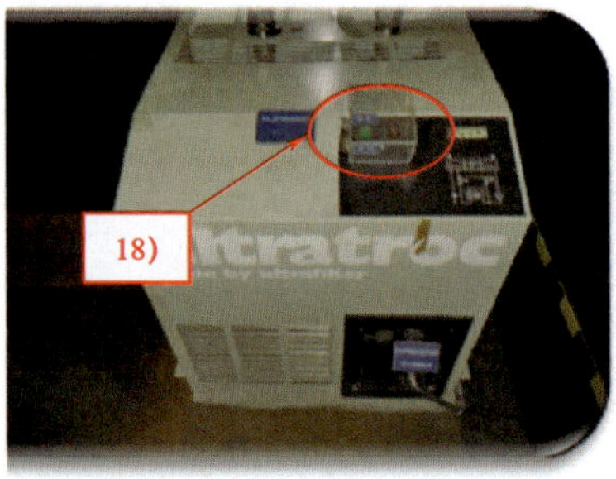

图 8-126　压缩空气干燥器

19）检查应急柴油及辅助设备管道阀门标牌正确完整，无缺失；

20）检查仪表电缆连接正常，紧固无松脱，冗余电缆无散落；

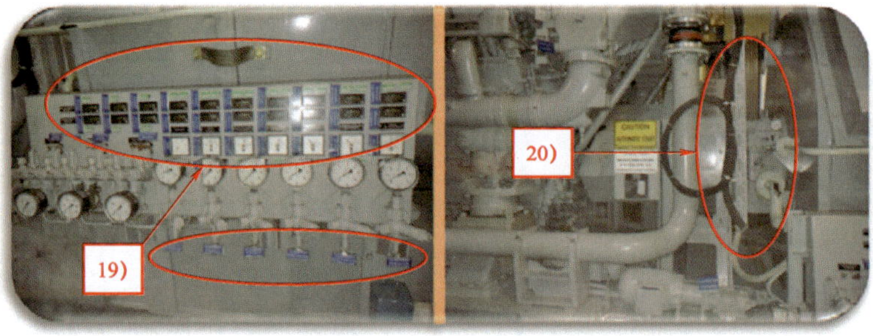

图 8-127　柴油机仪表

21）检查应急柴油机本体及地面清洁，无油污；

22）检查应急柴油机厂房内有无未经许可的物料堆放；

23）检查应急柴油机厂房大厅内通风良好；

图 8-128　柴油机大厅通风

24）检查应急柴油机排气管线保温完好；
25）检查应急柴油机控制室和电气间房门是否锁好；
26）检查应急柴油机大厅消防系统可用；
27）检查应急柴油机大厅内照明正常；
28）检查应急柴油机大厅门关闭，且密封良好。

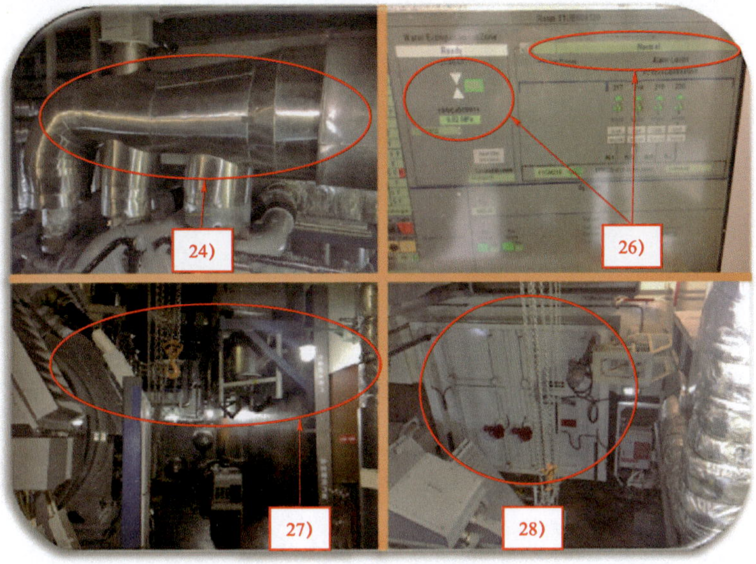

图 8-129　柴油机大厅消防照明等

应急柴油机控制室见图 8-130～图 8-131。
29）检查应急柴油机控制室各机柜、画面正常，可操作、无报警；
30）检查应急柴油机控制、励磁和保护系统均正常；
31）检查应急柴油机 XKV/XKA2/XJG/XJV 画面中曲线完整并可用；

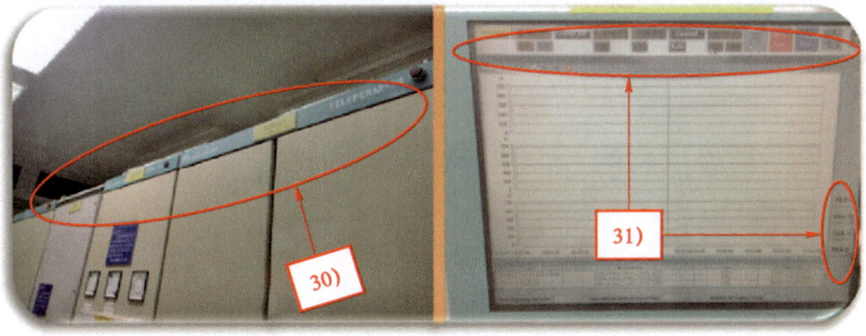

图 8-130　应急柴油机控制柜和控制画面

32）检查 BWS20 柜：
- 检查 24 V 和 220 V 直流电压正常，屏面无故障灯亮
- 检查各开关在“I”位，状态孔为红色

- 检查各负荷开关在“I”位
- 检查各开关对应指示灯不亮

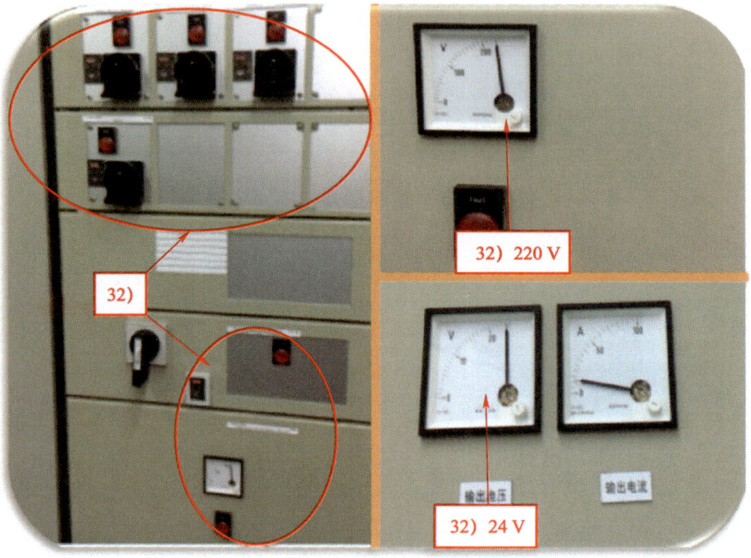

图 8-131　BWS20 控制柜

33）检查 XKC22 柜顶故障灯未亮；

34）检查 CSB01 柜顶故障灯未亮；

35）检查 XKY20 柜顶故障灯未亮；

36）检查 CSB61 柜，屏上无报警灯亮，燃油贮罐液位 CL003 正常，不低于 2.2 m；

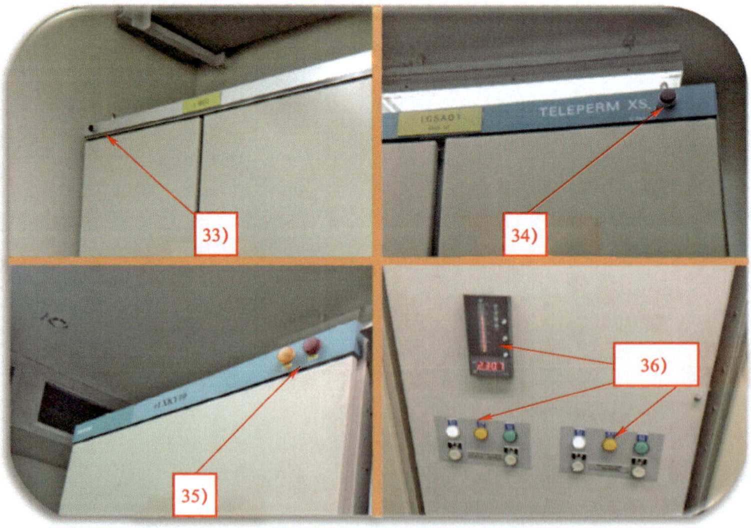

图 8-132　应急柴油机相关控制柜

37）检查 CXN20 柜：

- “LT TEST”检测正常
- 检查控制选择开关位置处于“MCR”
- 检查应急柴油机母线进线开关合位
- 检查应急柴油机出口开关处于开位
- 检查控制屏各页无报警

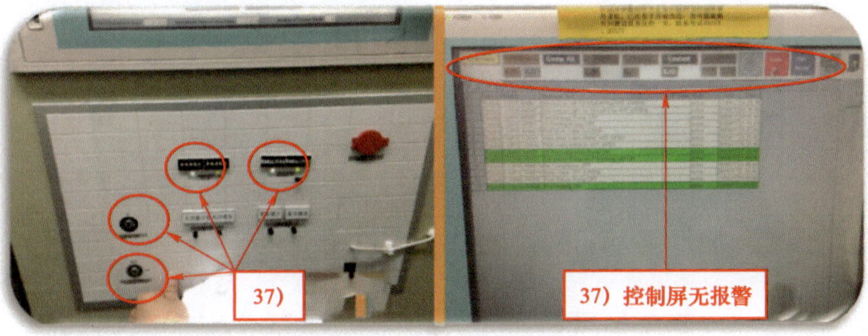

图 8-133　应急柴油机控制柜及控制画面

8.14　机组柴油机巡检标准

机组柴油机大厅见图 8-134～图 8-141。

1）检查机组柴油机本体及管道设备有无漏油、漏水、漏气现象；

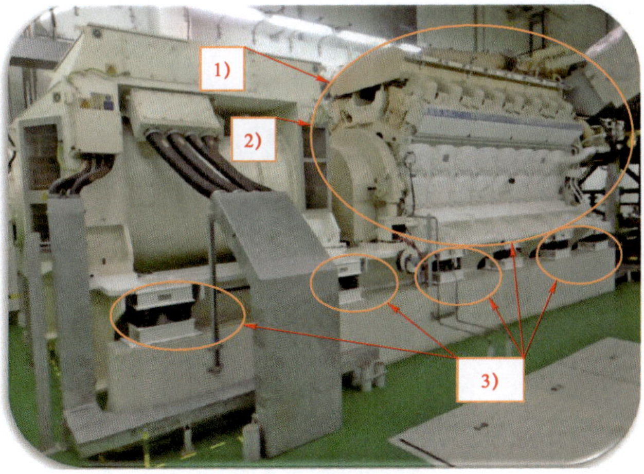

图 8-134　机组柴油机

2）检查机组柴油机无异常振动；

3）检查机组柴油机本体及管道设备的支架完好，无锈蚀、无掉漆、无晃动；

4）检查机组柴油机本体螺栓、螺母、组件无松脱或缺失；

图 8-135　机组柴油机轴承油位

5）检查机组柴油发电机轴承油位在刻度线以上；

6）检查柴油机盘车接线处于脱扣状态；

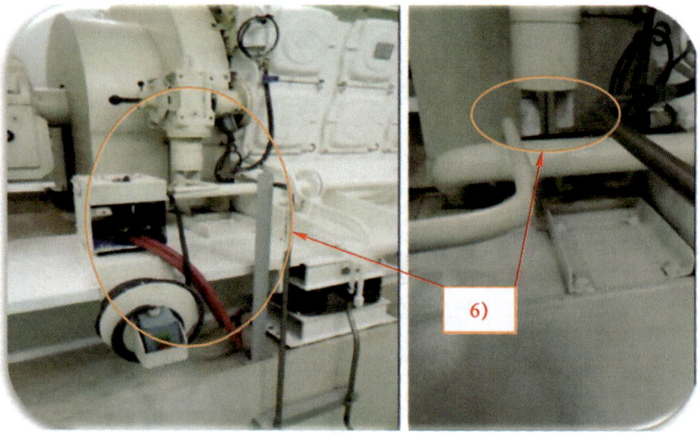

图 8-136　机组柴油机盘车接线

7）检查就润滑油液位在油尺 max 与 min 之间；

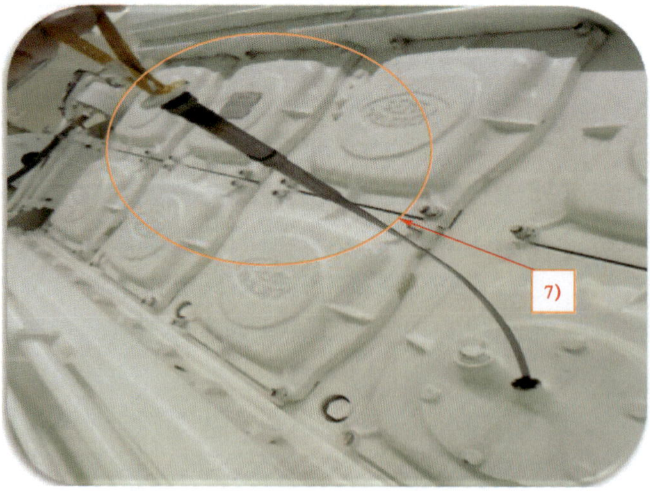

图 8-137　机组柴油机润滑油油尺

8）检查冷却水回路的水温在 50～58 ℃，且预热回路冷却水泵在热备用状态下保持正常运行；

9）检查预热回路冷却水泵出口压力大于 300 kPa；

图 8-138　机组柴油机本体仪表

10）检查润滑油油温在 45～55 ℃，且系统润滑油泵保持有一台运行，且运行无异常；

11）检查润滑油泵出口压力 CP501 不低于 300 kPa；

图 8-139　机组柴油机本体仪表

12）检查启动空气罐内压力在 2 700～2 980 kPa，停机压空罐内压力在 700 kPa 左右；

图 8-140　压空罐仪表

13）检查压缩空气罐及阀门无漏气现象；

14）检查压缩机无漏油、油位正常，无频繁启动；

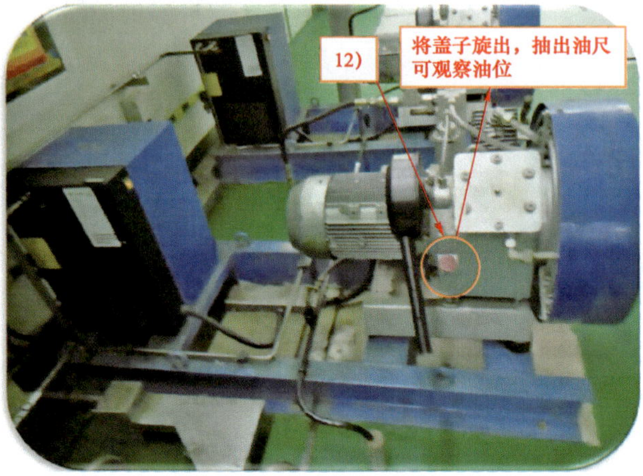

图 8-141　压缩机

15）检查机组柴油机及辅助设备管道阀门标牌正确完整，无缺失；

16）检查仪表电缆连接正常，紧固无松脱，冗余电缆无散落；

17）检查机组柴油机本体及地面清洁，无油污；

18）检查机组柴油机厂房内有无未经许可的物料堆放；

19）检查机组柴油机排气管线保温完好；

20）检查机组柴油机厂房大厅内通风良好；

21）检查机组柴油机控制室和电气间房门是否锁好；

22）检查机组柴油机大厅消防 RCD 控制箱无报警；

23）检查机组柴油机大厅内照明正常；

24）检查机组柴油机大厅门关闭，且密封良好。

机组柴油机控制室见图 8-142～图 8-151。

25）检查机组柴油机控制室画面正常，可操作、无报警；

26）检查机组柴油机控制屏 XJY 画面：

27）柴油机发电机模式选择 DGS MODE SEL EB001B 处于“REMOE”；

28）柴油发电机启动方式选择 DGS STARTING SEL EB002B 处于“START”；

29）柴油发电机控制方式选择 DGS CTRL SEL EB003B 处于“RATED”；

30）柴油发电机辅助系统模式选择 AUX MODE SEL EB004B 处于“AUTO”；

31）画面无报警信息；

32）检查机组柴油机控制屏 XJA 画面；

33）画面无盘车报警，且盘车处于脱扣状态；

34）画面无故障报警；

35）检查机组柴油机控制屏 XJN 画面；

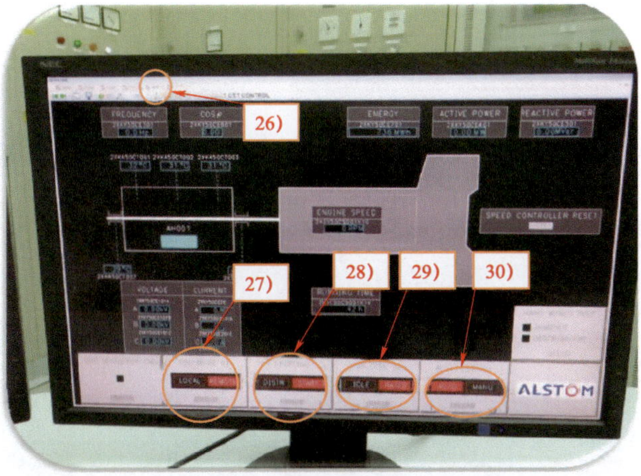

图 8-142　机组柴油机控制画面

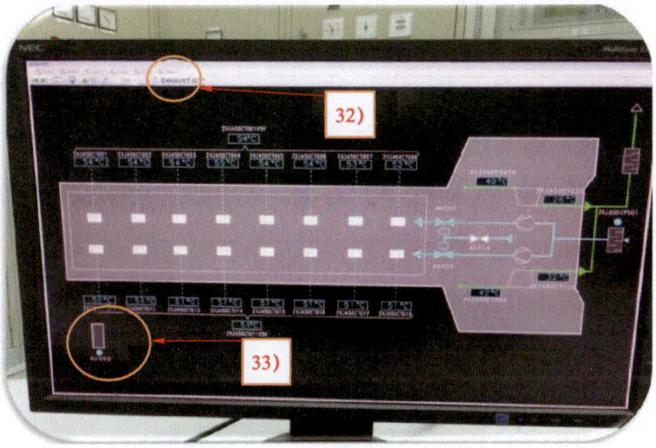

图 8-143　机组柴油机控制画面

36）燃油输送泵选择 TRANS PUMP SEL（EB001B）有一台泵运行；

37）辅助系统模式选择 AUX MODE SEL（EB004B）处于“AUTO”；

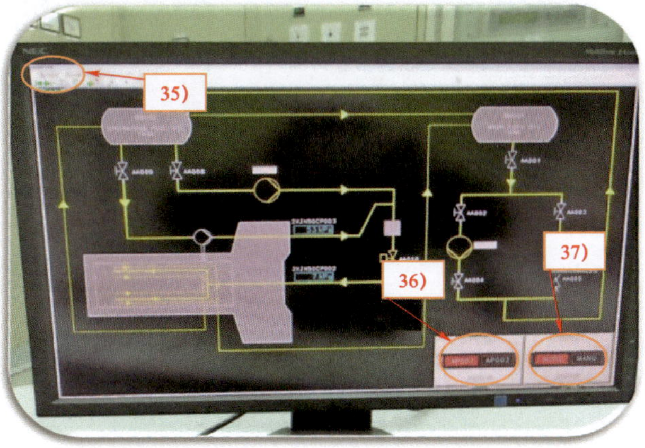

图 8-144　机组柴油机控制画面

38）画面无故障报警；

39）检查机组柴油机控制屏 XJP 画面；

40）启动压缩空气罐 BB001/002 压力在 2 700～3 000 kPa；

41）停机压缩空气罐 BB003 压力在 700 kPa 左右；

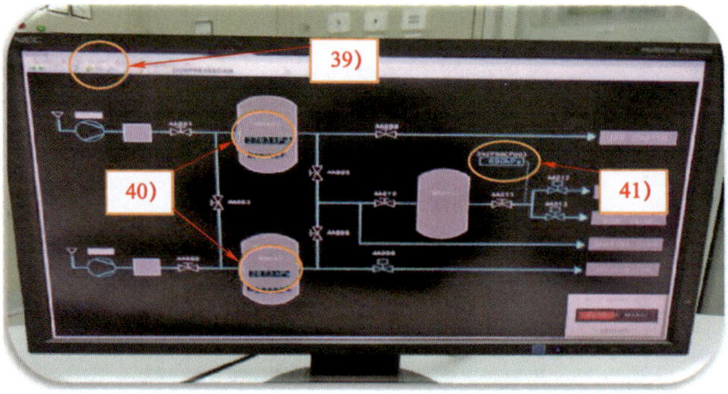

图 8-145　机组柴油机控制画面

42）画面无故障报警。

43）检查机组柴油机控制屏 XJV 画面：

44）预润滑油泵选择 Prelub pump sel EB001B 有一台泵保持运行；

45）辅助系统模式选择 AUX MODE SEL EB004B 处于“AUTO”；

46）润滑油油温 CT001 在 45～55 ℃；

47）检查柴油机入口润滑油压力 CP002/003 正常；

48）检查润滑油泵出口压力 CP001 在 310～430 kPa。

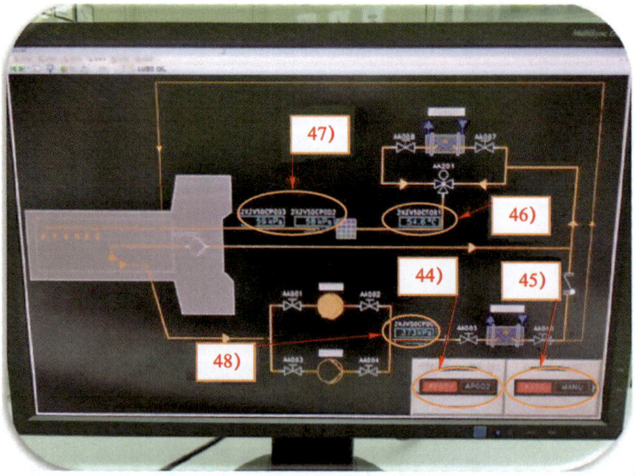

图 8-146　机组柴油机控制画面

49）检查机组柴油机控制屏 XJG 画面：

50）辅助系统模式选择 AUX MODE SEL EB004B 处于“AUTO”；

51）电加热器进出口温度在 50～58 ℃，出口温度稍高；

52）电加热器出口压力正常；

53）柴油机内部冷却水温在 50～58 ℃；

54）膨胀水箱和补水箱也为正常，无液位报警。

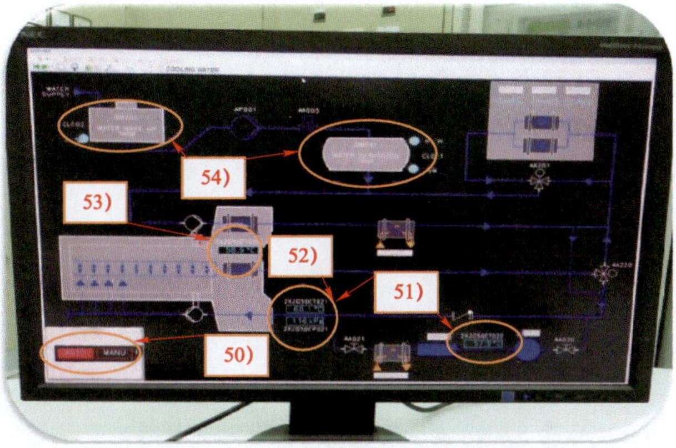

图 8-147　机组柴油机控制画面

55）检查机组柴油机发电机励磁控制柜 GH003：

56）励磁系统就地/远控 LOCAL/REMOTE SELECTOR 处于“REMOTE”；

57）励磁系统投入、退出 EXCITATION 处于“N”；

58）电压/无功与功率因素控制选择 VOLTS/VAR/PF SELECTOR 处于“VOLTS”；

59）手动励磁增加/减少 MANUL EXCITATION 处于“N”；

60）励磁系统手动/自动 MANUL/AUTO SELECTOR 处于“AUTO”；

61）自动励磁增加/减少 AUTO EXCITATION 处于“N”；

62）电流、电压表指示正常；

63）各信号灯，VOLTS 灯、EXCITATION OFF 灯亮，其余灯灭。

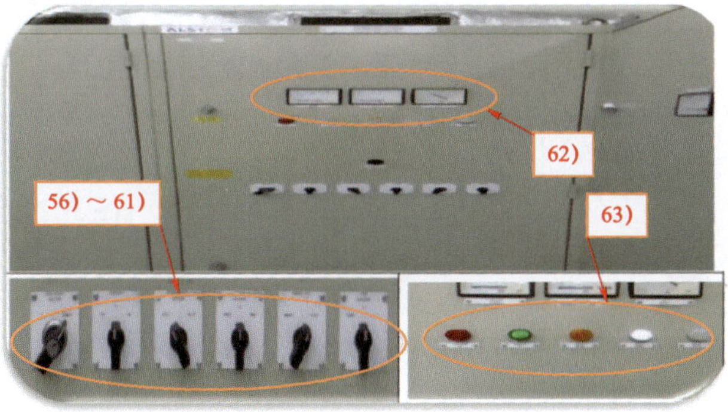

图 8-148　机组柴油机控制柜

64）检查机组柴油机发电机制柜 GH005：

65）同期控制装置 SYNCHRONIZATION 处于“OFF”；

66）应急启动柴油发电 EMERGENCY START 处于“OFF”；

67）状态选择：正常/维修 NORMAL/MAINTENANE 处于“NORMAL”；

68）试灯 LAMP TEST 灯全亮。

69）检查机组柴油机发电机厂房通风系统控制屏；

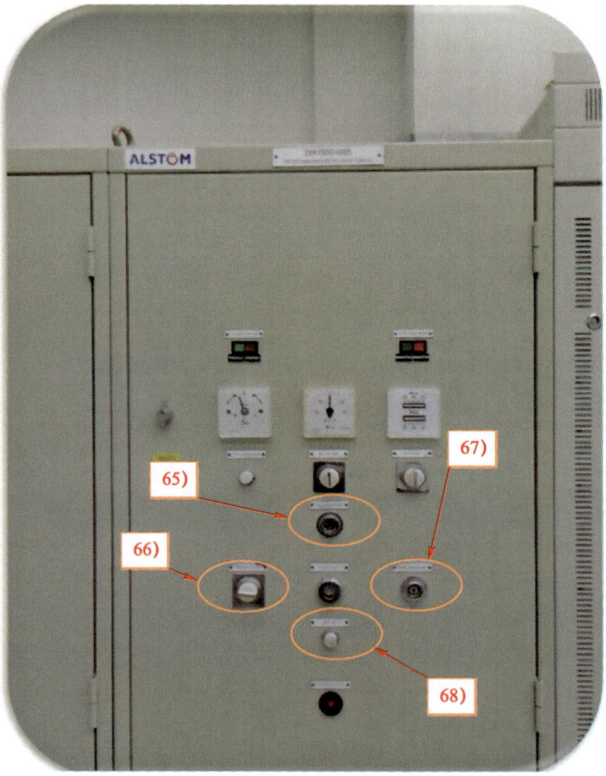

图 8-149　机组柴油机控制柜

70）检查柴油机厂房各通风系统运行及备用状态正常，无报警；

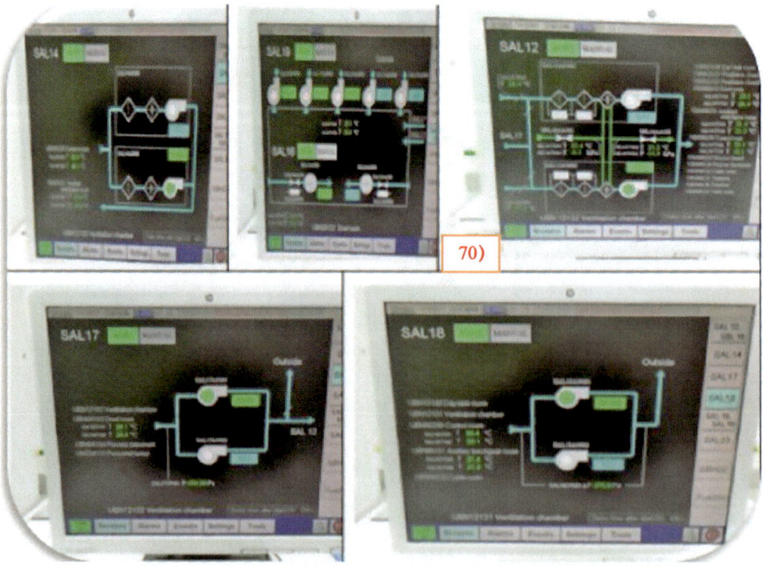

图 8-150　机组柴油机通风系统控制画面

71）检查柴油机燃油箱液位大于 2 300 mm，画面无报警。

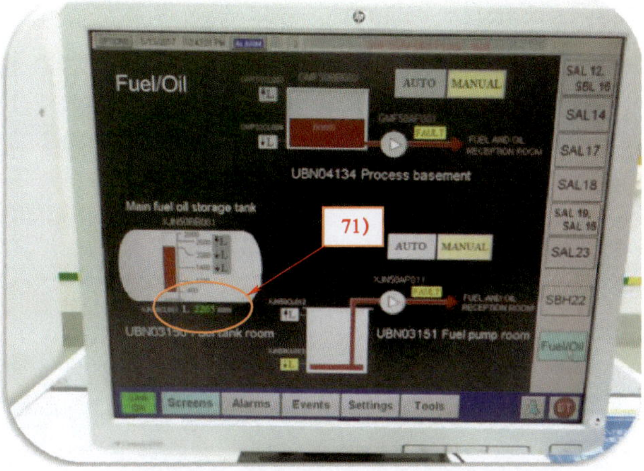

图 8-151　机组柴油机储罐及地坑画面

8.15　蓄电池巡检标准

1）蓄电池的外观有无破损；

2）电池壳、盖有无漏液、鼓胀及损伤；

3）电池上有无灰尘、污渍；

4）外壳、架子、连接线、端子等处有无生锈；

5）螺栓、螺母有无松脱；

6）地面上有无积存的液体；

7）房间内有无异常的气味；

8）电池内所充液体的液位在“MAX”和“MIN”刻度线之间，若液位太高，极易产生泄漏；液位低则会导致电解液容量不足以及电极板暴影响蓄电池寿命；

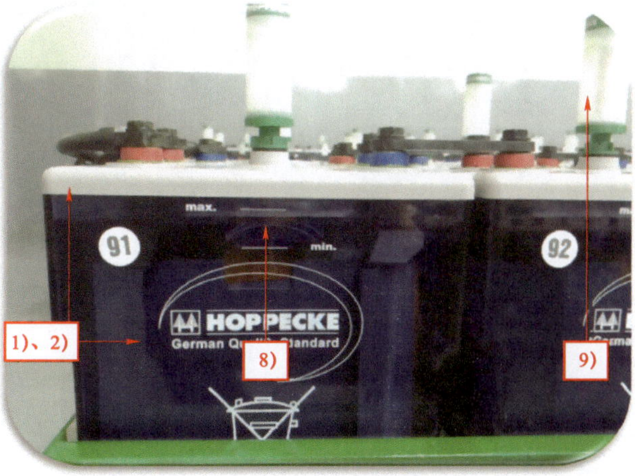

图 8-152　蓄电池

9）注意不要误碰蓄电池本体上端的排气阀（安全阀）；

10）还要注意检查是否有导电材料落在蓄电池上而短接蓄电池的正负端子，同时也要防止自己手上持有导电材料而误接正负端子；

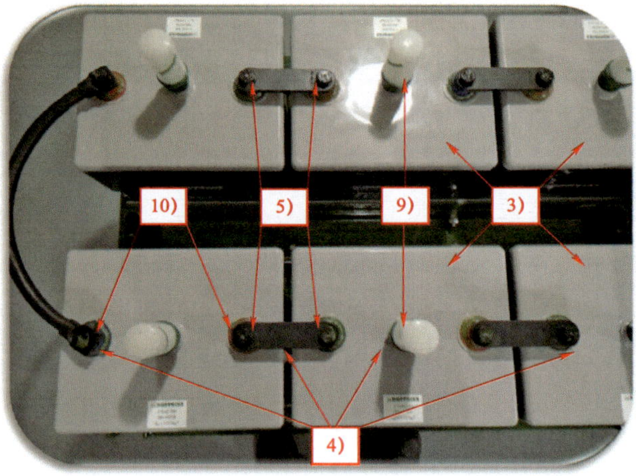

图 8-153　蓄电池俯视图

11）室内清洁：蓄电池房间无杂物，地面清洁整齐，地面无任何液体及腐蚀的痕迹；

图 8-154　蓄电池组

12）室内照明：蓄电池室要求全部使用防爆灯具，应注意检查室内照明良好，重点是灯具的防爆设施完整；

13）通风状况：保证蓄电池房间风机连续稳定地运行，风门状态正确，确保及时排除房间内的氢气。可通过感觉、听声音、电气盘上查看风机状态等手段判断蓄电池房间的通风情况，蓄电池的房间均应保持负压；

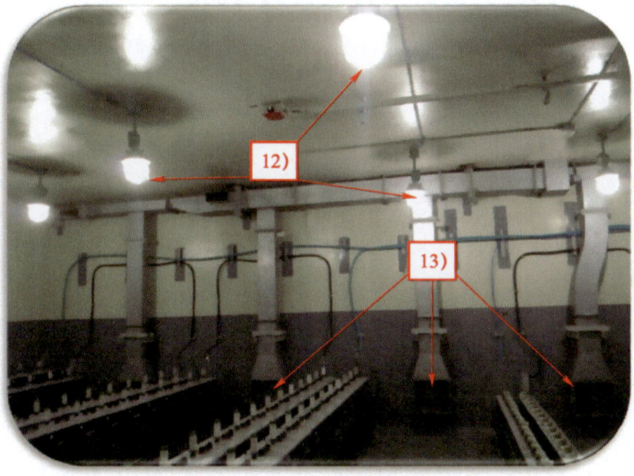

图 8-155　蓄电池房间通风照明

14）洗眼器：重要防护设备：由于蓄电池内的液体是稀硫酸，在更换蓄电池、向电池内加电解液、蓄电池爆炸等情况下，硫酸可能飞溅到人体，对人体特别是眼睛造成严重伤害，这时应立即用清水冲洗，若溅到眼睛，应用清水最少冲洗 15 min。其检查内容：

1）洗眼器能否正常出水，水量正常；

2）出水水质是否清澈；

3）排水管线正常、未发现堵塞等异常现象。

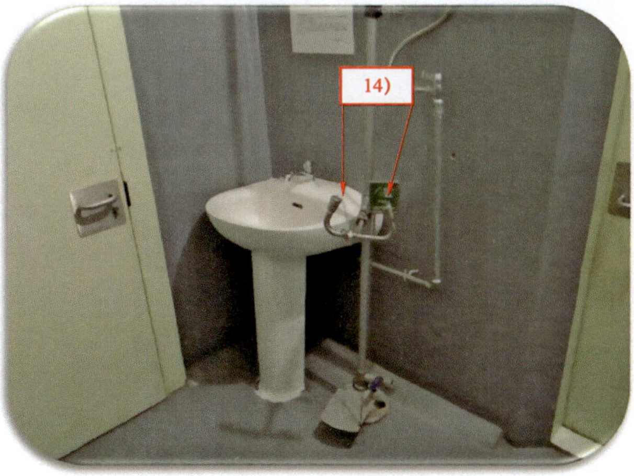

图 8-156　洗眼器

8.16 泵巡检标准

（1）泵电机巡视标准

田湾核电站有各种类型的泵，各类泵电机巡视标准基本一致，本指南选取LCU07AP001M01 作为泵电机代表。

1）标牌正常完好，标牌无腐蚀，内容清楚，无脱落，无挂错；

2）检查泵体外观整洁，周围无杂物，没有蒸汽、水、油污或其他异物在泵体上；

3）电机上无锈渣，无腐蚀，防腐漆无脱落；

4）电机平台螺栓完整、紧固无松脱，电机风扇保护罩完好无腐蚀松脱；

5）电机动力电缆及仪表电缆、接地线、接线盒连接正常，紧固无松脱，冗余电缆无散落，无腐蚀；

6）电机风扇有转向标识，电机运行时，风扇运转方向和转向标识一致；

图 8-157　电机

（2）泵体巡视标准

7）泵的联轴器、保护罩安装正常；

8）泵的联轴器螺栓、螺母齐全，螺母紧固完好。

9）泵备用时出入口手动阀、仪表阀门正常应开启，不存在泵倒转现象；

10）轴承箱润滑油油位正常（按照油位计和通过观察孔目视确定），油中无机械杂质和水、无分层，油位计的密封件无泄漏，泵轴承箱密封件和法兰结合面无泄漏；

11）泵运行时的进出口压力正常（若有就地压力表）；

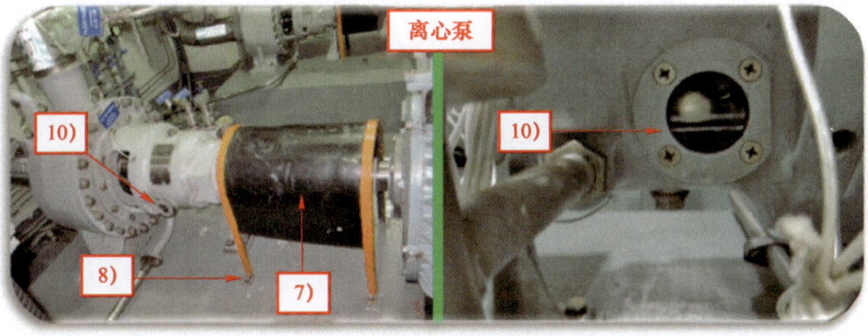

图 8-158　联轴节防护罩及轴承油位

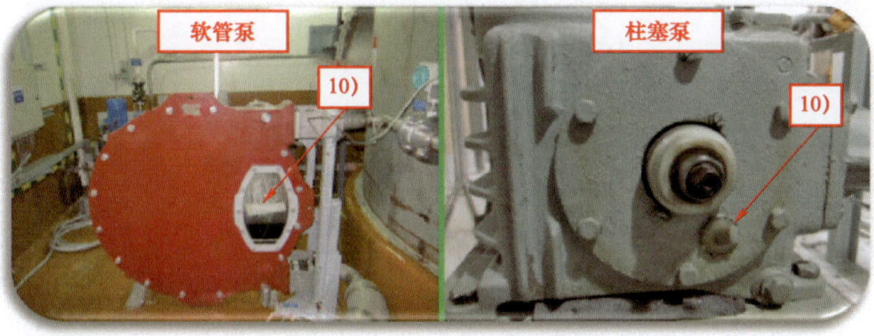

图 8-159　软管泵及柱塞泵

12）泵运行时的外表面温度正常（不超过环境温度 40 ℃）、轴温正常（不超过 80 ℃），泵填料无烧焦气味；

13）泵填料密封无外漏，填料泄漏水流量正常，未发生甩水现象；（外观无法判断泵体是机械密封还是填料密封。需要巡检人员先了解泵体结构，再判断泄漏是否合格）

14）泵体机械密封正常，机械密封泄漏水流量在正常范围（除特殊规定的泵以外，控制区内小泵 0.03 L/h，大泵 0.5 L/h；非控制区小泵 0.2 L/h，大泵 0.5 L/h）；

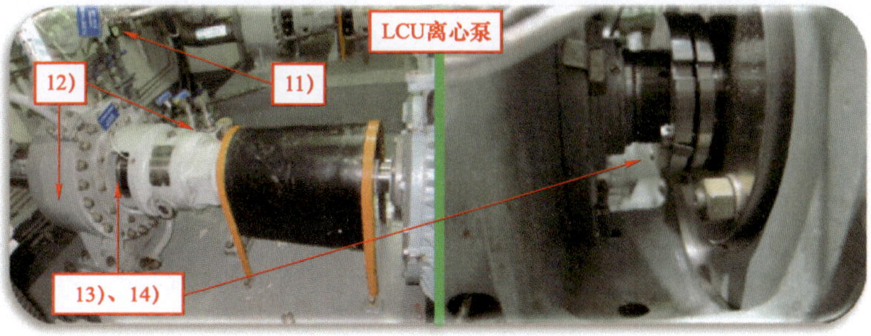

图 8-160　泵的密封

15）泵填料冲洗冷却水供应正常；

16）泵运行时节奏均匀，无异音和异常振动；

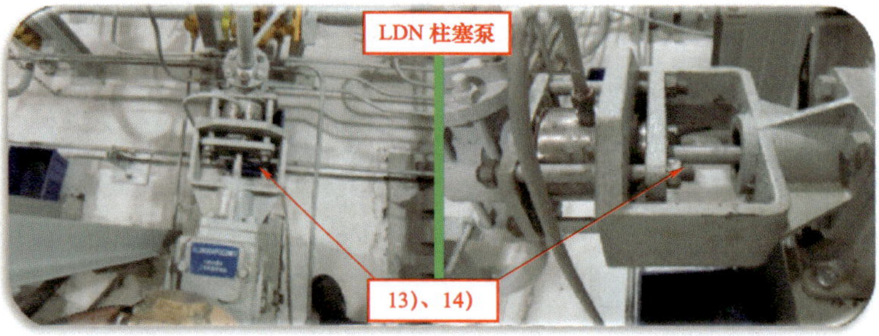

图 8-161 柱塞泵柱塞

17）确认泵运行时轴向位移在要求范围内（就地在规定的两道线之间）；（部分泵可监测泵轴向位移）

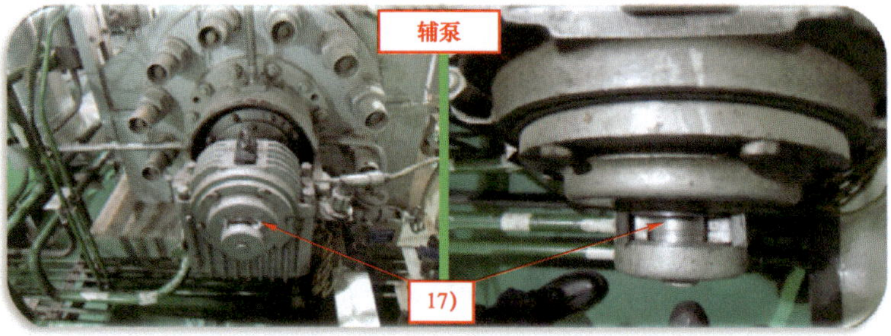

图 8-162 轴向位移显示装置

18）泵轴承冷却水供应阀门处于打开状态；

19）隔膜泵泄漏检测压力表示数为零。

图 8-163 隔膜泵

图 8-164 LDN 柱塞泵及变频器

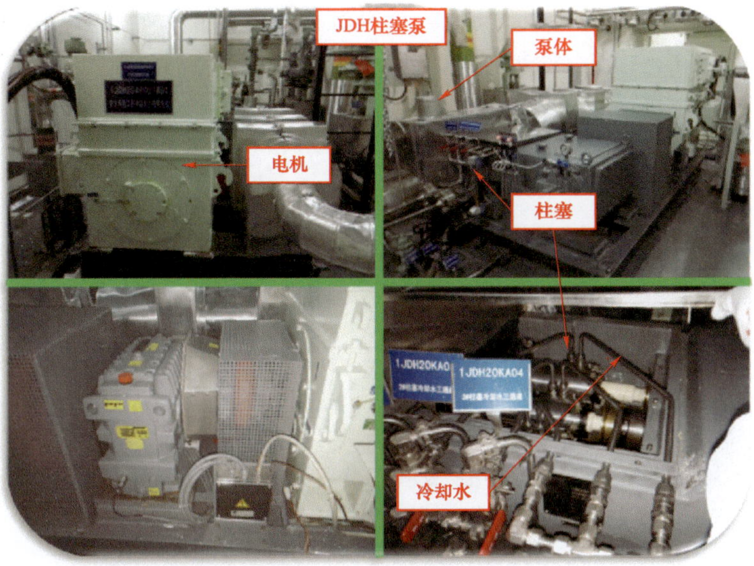

图 8-165　JDH 柱塞泵

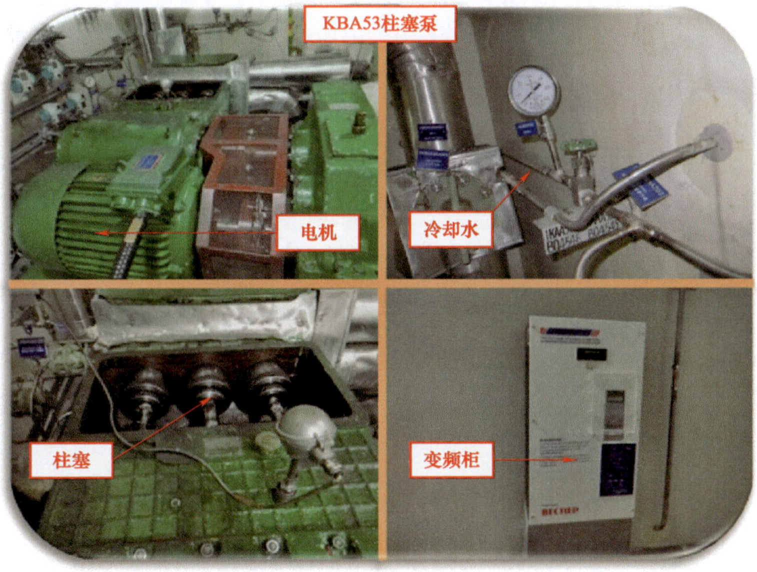

图 8-166　JDH 柱塞泵及变频器

8.17　风机巡检标准

1）标牌正常完好，为蓝底白字，标牌无腐蚀，内容清楚，无脱落，无挂错；

2）电机和风机接地线无异常，接线盒密封完好；

3）检查风机外观整洁完整，周围无杂物，在风机吸入通风栅和风管上无灰尘、污垢、垃圾；

4）风机上无锈渣，无腐蚀，无防腐漆脱落；

5）风机平台螺栓紧固无松脱；

6）电机风扇保护罩完好，无腐蚀松脱，清洁无积灰及异物；

7）电机动力电缆及仪表电缆连接正常，紧固无松脱，冗余电缆无散落；

图 8-167　KLE20 风机变频器

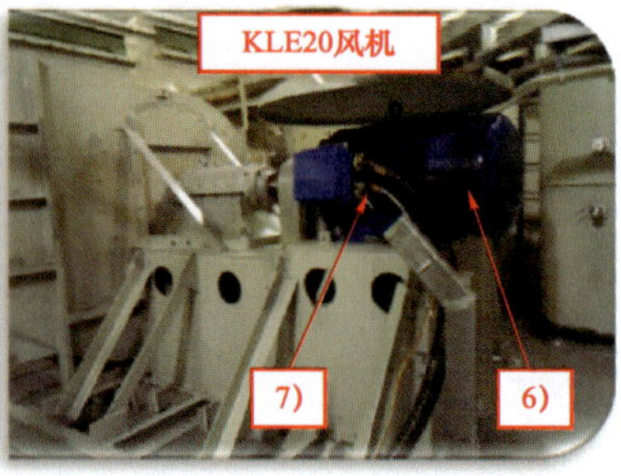

图 8-168　KLE20 风机

8）风机风口无异物（包括积灰、纸屑、柳絮、保温棉等）；

9）风机无检修时出入口手动阀、仪表阀门正常应开启，风机出口逆止阀状态正常，无逆转；

10）风机运行时的出入口压力正常；

11）风机运行时的外表面温度正常，不大于环境温度 40 ℃；轴温正常，温度不超过 85 ℃；

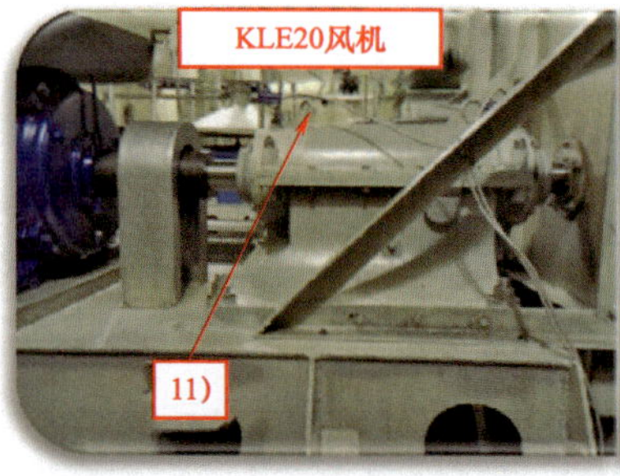

图 8-169　KLE20 风机

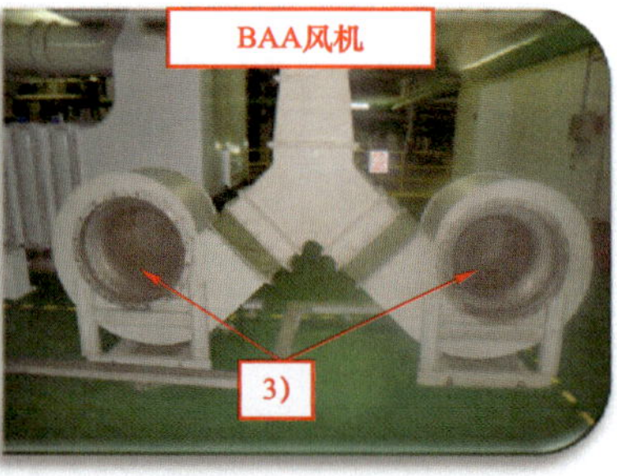

图 8-170　BAA 风机

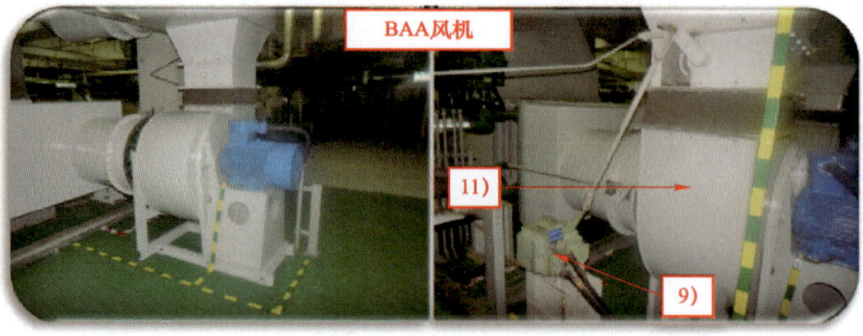

图 8-171　BAA 风机

12）风机运行时节奏均匀，没有撞击声和异音；

13）风机粗/细过滤器压差正常，粗过滤器压差在 45～135 Pa，细过滤器压差小于 500 Pa。

图 8-172　SAC 空调机组

图 8-173　SAC50 空调机组

8.18　清污机/旋转滤网巡检标准

1）检查清污机运行/停运；

2）检查滤网池周围护栏完整；

3）清污机滤网池内杂物不多；

4）6 月份期间巡检注意滤池中是否有麦秆及其聚集趋势；

5）冬季 1—2 月份期间巡检注意滤池中是否有紫菜及其聚集趋势；

6）检查清污机电机与减速器连接完好；

7）检查清污机电机减速器及其他旋转部件上无杂物；

8）清污机的钢索缠绕整齐，目测无损坏、乱绕；

9）旋转机构无跑偏或卡涩；

图 8-174　清污机及旋转滤网

10）传动钢丝未跑偏；
11）法兰、螺栓等部件无严重锈蚀；
12）就地控制箱转换旋钮位置指示 0/1（就地/主控）；
13）记录控制方式（0/1/2）；
14）若清污机运行则检查耙子能上下运行不卡涩，无异常噪声；
15）耙子上升到顶部时，翻转部件可顺利倒出杂物；
16）清污机电机运行平稳；

图 8-175　清污机现场布置

17）检查旋转滤网运行/停运；
18）记录就地控制箱转换旋钮位置指示 0/1（就地/主控）；
19）检查旋转滤网周围护栏完整；
20）滤网池内杂物不多；
21）6 月份期间巡检注意旋转滤网上是否有麦秆及其聚集趋势；
22）冬季 1 至 2 月份期间巡检注意旋转滤网上是否有紫菜及其聚集趋势；
23）检查旋转滤网电机及其他旋转部件上无杂物；

图 8-176　滤网水渠

图 8-177　滤网电机

24）检查旋转滤网盖板门关闭；

25）就地控制箱电缆已接好；
26）旋转机构无跑偏或卡涩；
27）法兰、螺栓等部件无严重锈蚀；
28）滤网冲洗水管线、阀门无锈蚀泄漏；
29）旋转滤网运行时检查旋转滤网缓慢旋转无卡涩，无异常噪声；
30）能看到冲洗水冲刷滤网但水不喷到周围地面或其他设备上；
31）阀后冲洗水压力为 0.2 MPa；

图 8-178　滤网盖板门

图 8-179　冲洗水压力表

32）喷头水量正常、均匀；
33）杂物收集排放槽内杂物不多。

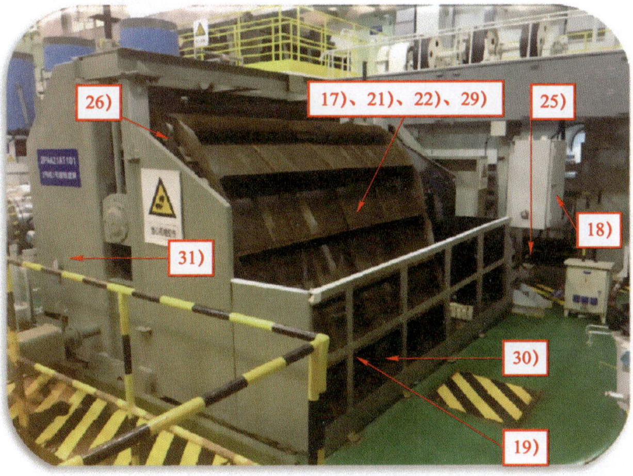

图 8-180　旋转滤网

图 8-181　清污机和旋转滤网就地控制柜

8.19 换热器巡检标准

1）标牌正常完好且已更新，标牌无腐蚀不清、无脱落、无挂错；
2）换热器外观无异常，无腐蚀变形，无涂漆脱落现象；
3）换热器相连管线无异常；
4）换热器人孔密封正常；
5）换热器无水击，无渗漏，运行平稳。

图 8-182　GCP40 换热器

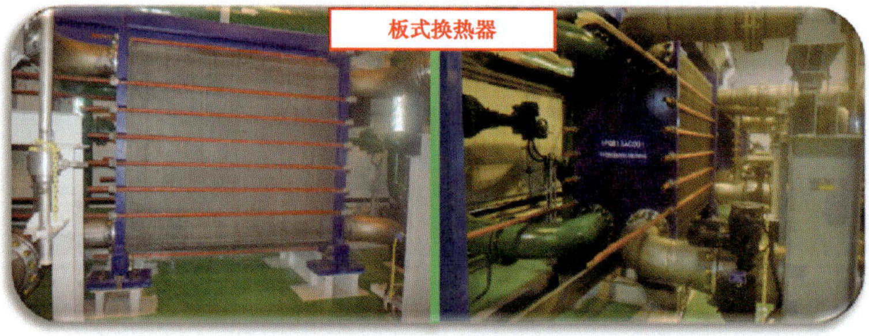

图 8-183　PGB 换热器

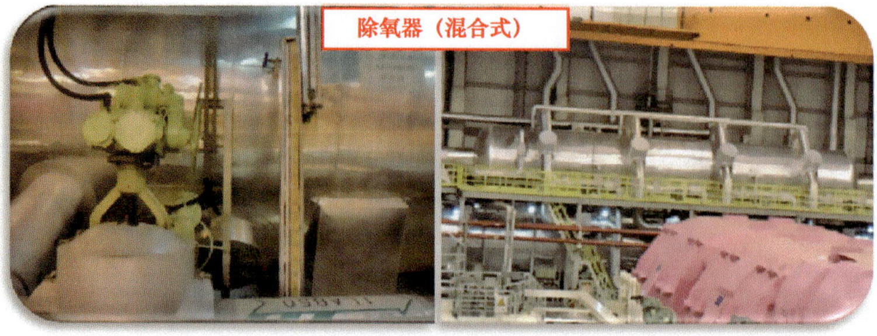

图 8-184　除氧器近景图和远景图

8.20 过滤器巡检标准

1）标牌正常完好且已更新，标牌无腐蚀不清、无脱落、无挂错；

2）过滤器外观无异常，无腐蚀变形，无涂漆脱落现象；

3）过滤器相连管线无异常；

4）过滤器连接仪表指示正常；

5）过滤器压差正常；

6）过滤器无水击，无渗漏，运行平稳。

图 8-185　MKF 过滤器

图 8-186　PGE 过滤器　　图 8-187　消防系统过滤器

8.21 气体控制站巡检标准

1）气体置换控制站发电机内部压力 MKG10CP502 表读数（0.49 MPa±0.1 MPa）；

2）发电机内部压力 MKG30CP502 表读数（0.49 MPa±0.1 MPa）；

3）氮气母管压力 MKG30CP501 表读数（＜1.0 MPa）；

4）发电机内氢气纯度 MKG40CQ001 表读数（＞98%）；

图 8-188　16 米汽轮机大厅气体控制站

5）气体分析仪面板无氢气含量高报警；

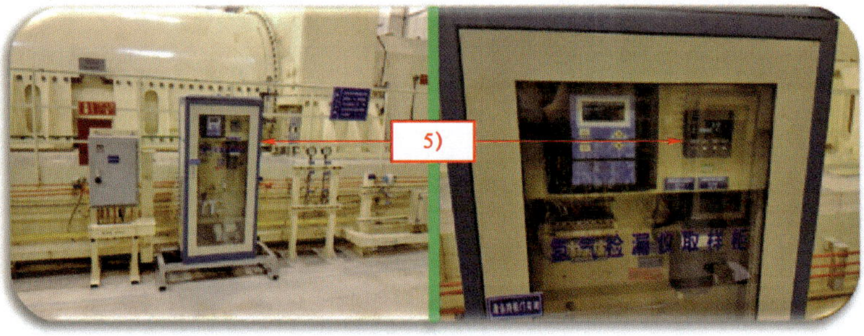

图 8-189　气体分析仪

6）各法兰、接口无漏气声音等现象。

8.22　阀门本体巡检标准

1）阀门标牌正常完好且已更新，标牌无腐蚀不清、无脱落、无挂错；

2）检查阀门外观整洁、完整，周围无杂物，无介质落入到阀门电机、电缆和接线盒上；

3）阀门操作手轮上有方向指示箭头（“开-关”）等开关操作指示，操作手轮安装完好；

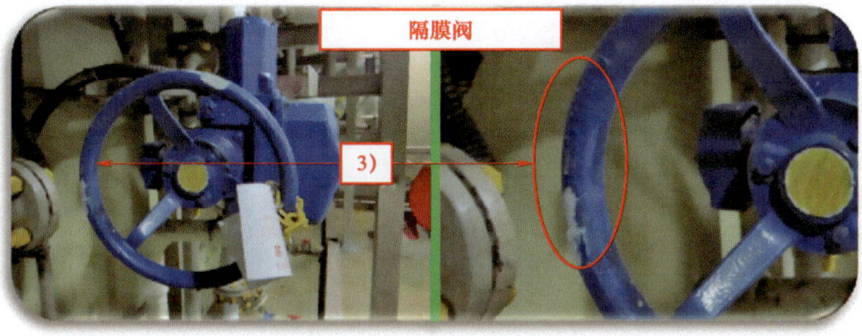

图 8-190　系统隔离阀

4）阀门的法兰结合面和填料函无介质泄漏；

5）隔膜阀泄漏检测孔无介质流出；

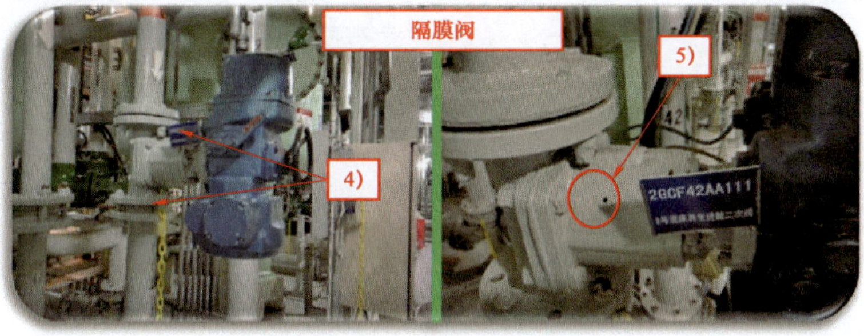

图 8-191　GCF 系统隔膜阀

6）阀门阀杆光亮无划痕，润滑正常，无老化；

7）安全阀无动作痕迹，铅封完好；

8）阀门上无锈渣，无腐蚀，无防腐漆脱落；

图 8-192　GC 系统阀门

9）阀门平台螺栓紧固无松脱；

10）阀门上链条完好无锈渣，无腐蚀，固定方式可合理、可靠（注：“扳手”类阀门的隔离链条应固定在阀门“关闭方向”的管道上，保证能实现有效隔离，防止被误碰打开），长度直径合适，其放置方式不影响任何设备的工作；

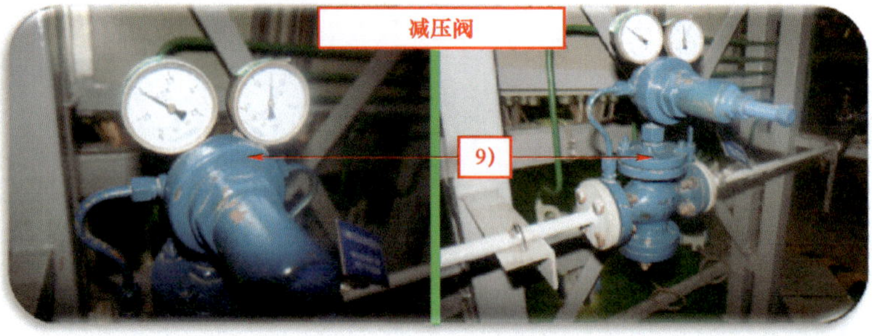

图 8-193　MKG 系统阀门

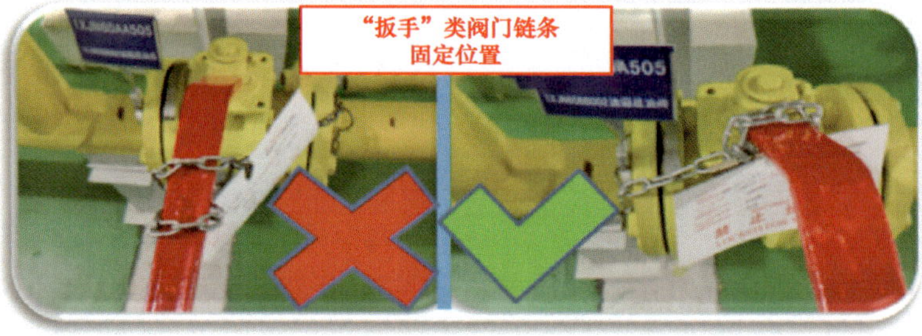

图 8-194　柴油机油系统阀门

11）阀体丝堵无渗漏；

12）阀门本体紧固螺栓、螺母齐全，螺母紧固完好。

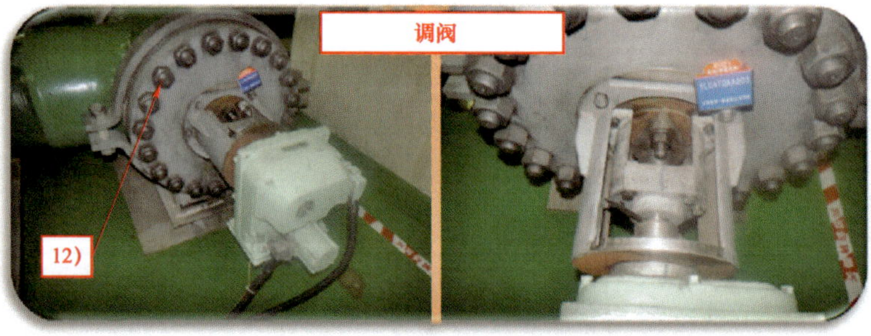

图 8-195　凝结水系统调阀

8.23　阀门电动头巡检标准

1）电动阀动力电缆及仪表电缆连接正常，紧固无松脱，电缆无散落；

2）阀门电动头无渗油现象；

3）阀门电机接线盒完好，接地线连接正常；

4）阀门外表面温度正常，无过热痕迹，无焦糊等异味；

5）阀门及所在管道无水锤、气锤、汽蚀现象，无明显的撞击声，无异常振动；

6）阀门阀杆光亮无划痕，润滑正常，无老化；

7）阀门电动头上链条完好无锈渣，无腐蚀，固定合格，长度直径合适，其放置方式不影响任何设备的工作；

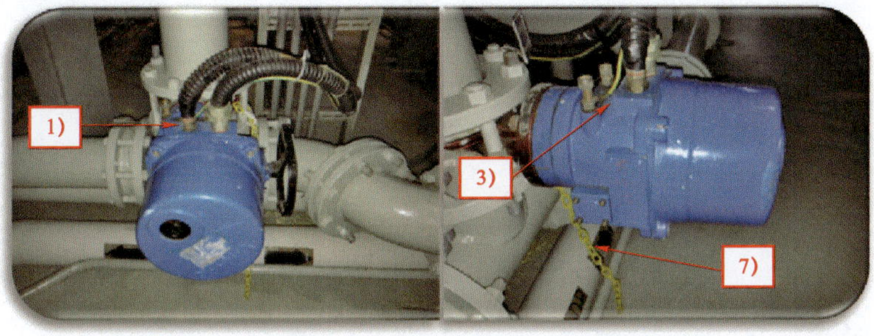

图 8-196　除盐水系统电动阀

8）处于隔离状态的阀门，检查其状态正确，隔离牢靠，隔离票、链条、隔离锁均状态正确，三者一致，无误隔、错隔现象；

9）电动头本体紧固螺栓、螺母齐全，螺母紧固完好。

10）阀门电机上有电机转动方向指示；

11）阀门电动/手动切换装置正常；

图 8-197　电动阀手轮及手自动切换装置

8.24　容器巡检标准

1）标牌正常完好且已更新，标牌无腐蚀不清、无脱落、无挂错；

2）容器法兰结合面无砂眼、泄漏和漏汽；

3）容器压力表、热电偶、玻璃液位计完好；测量仪表读数的可靠性；管接头和凸块无泄漏、砂眼和漏汽；

4）容器中无液压撞击、外来碰撞声和噪声；

5）现场无杂物、垃圾、溢出的介质；

6）容器无异常振动。

图 8-198　PGB 系统头箱

8.25　管道巡检标准

1）标牌正常完好且已更新，标牌无腐蚀不清、无脱落、无挂错；
2）法兰结合面无泄漏、砂眼；
3）管道中无液压撞击、外来碰撞声和噪声；
4）管道振动无异常；
5）管道焊缝无开裂、渗漏现象；
6）无管道卡塞（没有与其他管道、电缆桥架、柱体、设备和阀门碰撞）。

图 8-199　管道法兰

图 8-200　管道焊缝

8.26　管道支吊架巡检标准

1）支架标牌正常完好，标牌无腐蚀不清、无脱落；
2）支吊架无变形、裂纹、断裂，各部件无缺损腐蚀现象；
3）支吊架和设备或管道无摩擦；
4）支吊架闭锁装置解除；
5）液压支撑无漏油；
6）设备管道支吊架工作正常，无异常振动、无异声、无晃动；
7）支架紧固螺栓、螺母齐全，螺母紧固完好；

8）支架表面防腐涂料完好，无锈蚀；

9）管道支架设计合理，安装无别劲、偏斜。

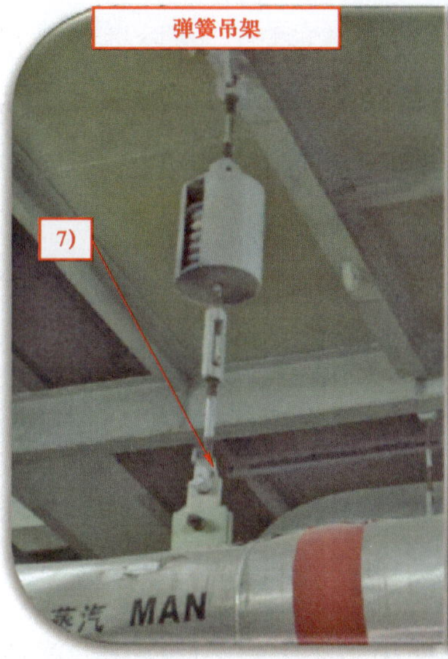

图 8-201　弹簧支架

图 8-202　滑动支架

图 8-203　支架闭锁

图 8-204　刚性支架

8.27　地漏巡检标准

1）标牌正常完好且已更新，标牌无腐蚀不清、无脱落、无挂错；

2）地漏上方及周边无异物；

3）地漏孔眼无堵塞无锈蚀；

4）地漏盖板无锈蚀；

5）地漏盖板阀关闭到位且阀门无异常；

6）地漏开关量液位计触头处无异物；

7）地漏所接排水管均固定良好，位置合适（或有专人看管）。

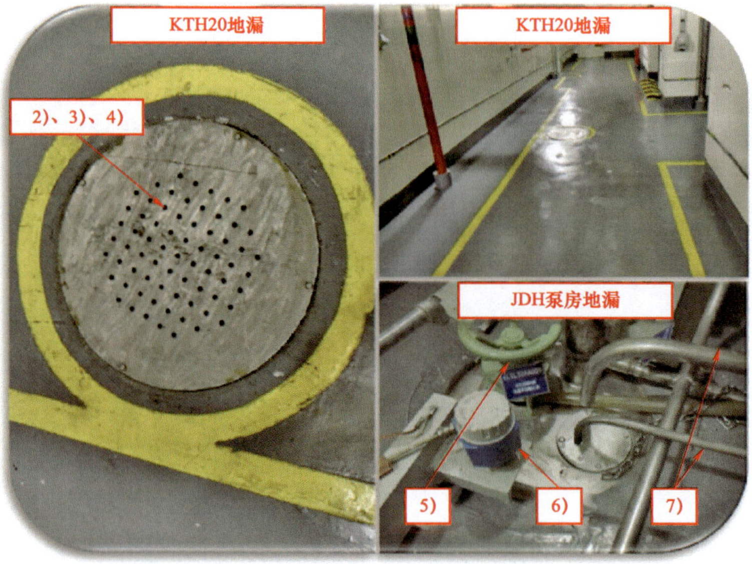

图 8-205　KTH20 地漏和 JDH 地漏

8.28　地坑巡检标准

1）标牌正常完好且已更新，标牌无腐蚀不清、无脱落、无挂错；
2）地坑内部清洁无异物；
3）地坑内防腐层完好无脱落；
4）地坑泵吸入口无异物堵塞；
5）地坑泵运行时无异常噪声；
6）地坑盖板完好；
7）地坑所接排水管均固定良好，位置合适（或有专人看管）；
8）地坑液位计处正常无异物；
9）地坑临时泵使用时有专人看管。

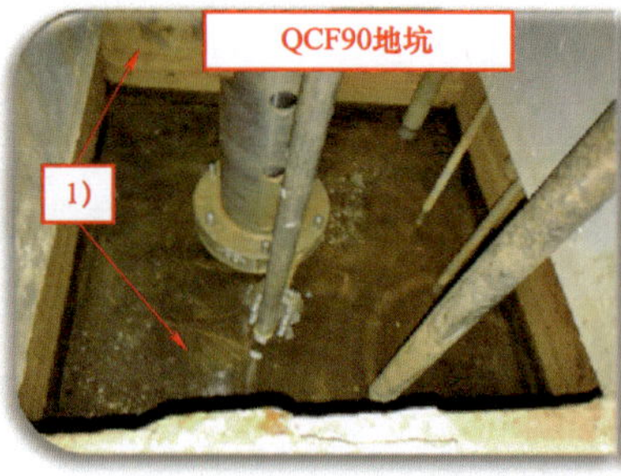

图 8-206　QCF90 地坑

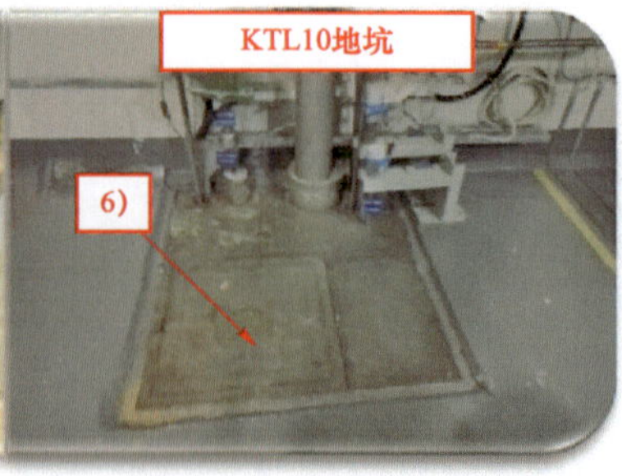

图 8-207　KTL10 地坑

8.29 电缆巡检标准

1）电缆孔洞材料填实，封堵严密性好、不应有透光现象；

2）电缆表面无老化龟裂现象，无啃齿动物咬痕，无破损，无烧焦烧黑，无焦糊味；

图 8-208 电缆孔洞封堵

图 8-209 电缆表面

3）电缆室房间门关闭，房间无啃齿动物活动痕迹；

4）电缆间照明和通风正常；

5）表面涂有防火材料的电缆，防火材料应完整，无脱落现象；

图 8-210 电缆通风照明及防火材料

6）若现场巡检检查发现有未封堵的或被打开的电缆孔洞时，应询问隔离办是否已经办理了《防火屏障打开许可证》，而且被打开的孔洞已采取了临时的封堵，否则写工作申请或通知工业安全科。

8.30 仪表变送器和仪表表头巡检标准

1）设备标识、标牌正确；
2）仪表表头完整无破损；
3）仪表电缆接线完整，电缆接头无松脱；
4）仪表表面清洁无污渍、锈渍；
5）仪表密封、防水处理完好，无漏水、漏油现象；
6）仪表振动正常，有防振措施；
7）仪表本体仪表操作阀门接口完好、无磨损、无堵塞；
8）仪表与管线接口密封性好，无介质泄漏；
9）仪表冗余接口密封完好，无开口；
10）仪表本体、周围无对仪表工作存在潜在威胁的异物；
11）就地仪表指针、数字显示无损坏；
12）仪表就地位置布置合理无妨碍系统运行。

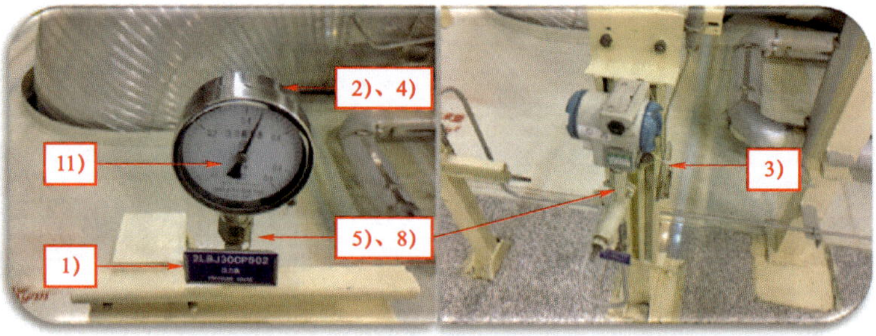

图 8-211　就地压力表

8.31 保温巡检标准

1）保温层固定完好，无保温棉外露等现象；
2）保温层金属外壳无腐蚀变形，无变形；
3）保温层各部件完整，无金属外壳按扣脱落丢失等现象；
4）保温层结构形式合适；
5）保温层无漏水、漏油、漏汽现象；
6）保温设计合理，无妨碍系统运行。

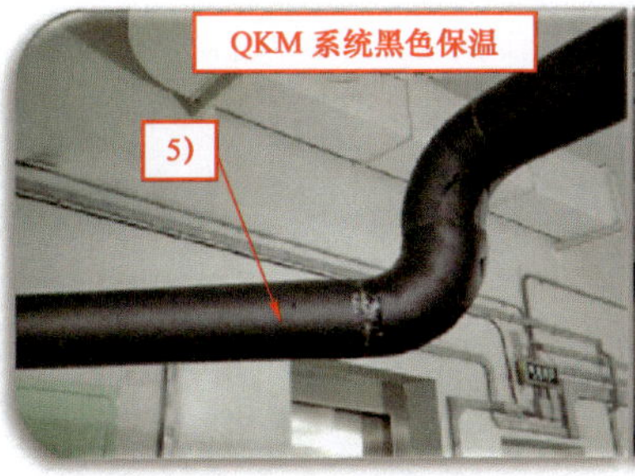

图 8-212　QKM 系统保温

图 8-213　高加系统保温

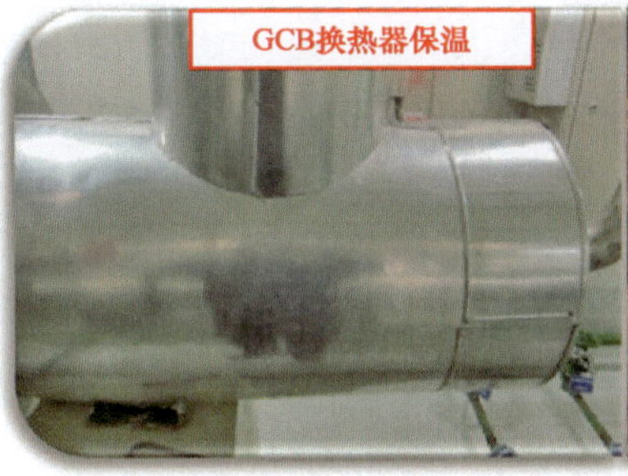

图 8-214　GCB 换热器保温

图 8-215　除氧器保温

8.32　房间走廊过道巡检标准

1）检查房间设备标牌正常完好且已更新，标牌无腐蚀不清、无脱落、无挂错；

2）走廊内辐射剂量探测设备没有异常报警；

3）检查房间门上标识齐全合理没有污损；门开关正常，门及门框无变形腐蚀；目视门密封完好，密封胶条无腐蚀缺损脱落；门把手无变形腐蚀及部件缺失且操作时用力合适，开关时没有卡涩现象；防火门应保持关闭；

4）检查房间正常及应急照明均标识完整、可用且照明充足（如无其他判据则可以按照不低于灯具总数 70%的指数来评估照明充足程度），照明灯无损坏不亮现象，照明开关完好可用，墙壁上的照明灯照明充足，均可用；

5）检查房间通风无异音，进风管和（或）出风管上无异物，无异常振动；房间余压阀完整无损可用，房间压力未超出规程限值；房间的氢气浓度监测仪器无报警；

6）房间温度湿度正常，房间电加热器正常，黄线区域内无物品堆放；

7）检查房间地面整洁无杂物，无未经许可或违章的物料堆放，检查过道、疏散通道、楼梯前厅和楼梯间畅通无阻；

8）检查房间设备、墙壁防腐漆无脱落，无错刷；

9）检查房间消防系统无异常，就地管道阀门无异常，消防报警器外观无损坏，声光报警器工作正常，消防设备通道畅通，房间就地灭火器铅封良好具有检验标签，消防水带的数量、状况符合要求；房间气体灭火系统处于自动工况，气瓶压力正常；防火阀和排烟阀状态正确；

10）房间广播通信系统可用外观正常，电话可用；

11）检查房间无工业安全方面的隐患缺陷，无未经许可的或违章的动火作业，无未经许可的或违章的易燃液体的使用，无未经许可的开孔、洞作业；设备上不存在可疑物质或蓄意的设备损坏，房间内现操维护的工艺设备所在区域没有与维修或运行无关的人员逗留；

12）检查房间设备，管道无跑、冒、滴、漏现象，无油污、无积水，无酸碱痕迹；

13）检查房间设备无腐蚀，管道、螺栓、法兰、阀门、仪表、支吊架、电缆盒、接地线、临时用电设备等无锈蚀，外观完好无部件缺失，检验导线和电缆无裸露的导电部分，无放射火花的痕迹、绝缘烧焦气味及短路痕迹，房间插座完整、无破口，盖子完整可用；

14）检查房间地坑泵正常、地坑泵出口软管连接正常，无腐烂松脱；

15）检查房间地坑液位正常、地坑内无淤积，地坑周围设备整洁；

16）房间及走廊的小神探巡检确认点无脱落，错放等。

8.33 平台、围栏、楼梯、孔洞、马凳（过桥）、爬梯/护笼巡检标准

平台见图 8-216。

1）高处作业平台临边处应设置防坠链条或安全回复门；

2）平台上无油渍、杂物；

3）平台防腐涂层完好，无破损腐蚀；

4）平台/格栅无卷边。

图 8-216 高处作业平台临边护栏

围栏、楼梯见图 8-217 和图 8-218。

5）楼梯支架、围栏结实无松动，完好无缺失、防腐涂层完好，无破损腐蚀；

6）楼梯上无油渍、杂物；

7）楼梯始末级台阶应有安全警示。

图 8-217　钢格栅

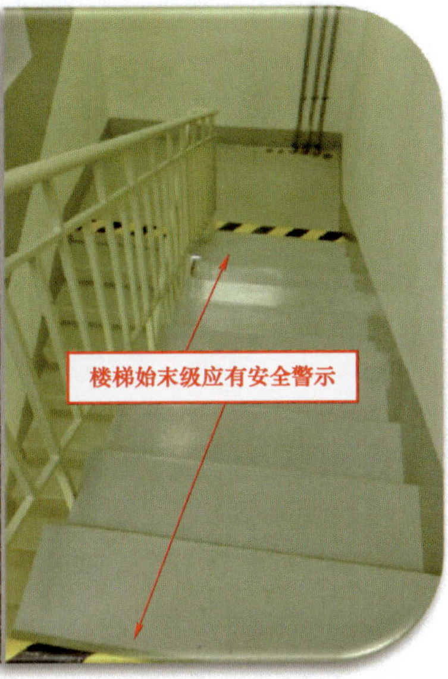

图 8-218　楼梯

孔洞见图 8-219。

8）孔洞必须设置围栏或盖板，且盖板必须铺设牢固；

9）无盖板的孔洞必须安装围栏。

图 8-219　孔洞围栏和盖板

马凳（过桥）见图 8-220。

10）目视检查马凳（过桥）完整、无缺损，放置位置和其他管道无碰磨；

11）核岛厂房内马凳（过桥）需可靠固定在地面（核岛厂房无定位区）；

12）常规岛厂房内的马凳（过桥）需存放在黄线定位区内，黄线定位区以外无其他马凳。

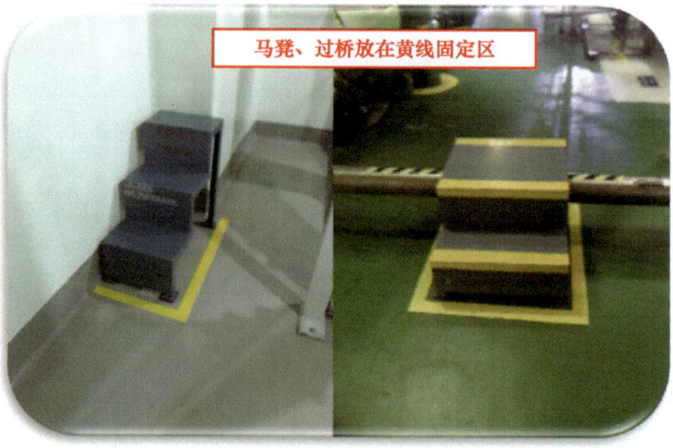

图 8-220　马凳和过桥

爬梯、护笼见图 8-221。

13）梯子、护笼结实无松动，完好无缺失、防腐涂层完好，无破损腐蚀；

14）梯段高度大于 3 m 时宜设置安全护笼，单梯段高度大于 7 m 时，应设置安全护笼。

图 8-221　上下直爬梯